PyQt6 开发及实例

郑阿奇　郑进　主编

电子工业出版社

Publishing House of Electronics Industry

北京·BEIJING

内 容 简 介

PyQt6 是 Python 专业图形界面应用开发的首选平台，本书包括 PyQt6 基础和 PyQt6 开发及实例两部分。PyQt6 基础部分通过一个简单实例初步熟悉 PyQt6 的两种界面开发方式，然后介绍通用窗口、对话框（包括子类控件）和主窗口属性、方法、事件、信号和槽，在此基础上介绍布局管理、常用控件、容器布局、菜单栏、工具栏、状态栏、表格、树、拖曳与剪贴、绘图、二维图表及三维图表、定时器、线程和网页交互等。PyQt6 开发及实例部分包括文档分析器、网上商城、我的美图、我的绘图板、简版微信和简版抖音。

本书内容兼顾代码设计和工具设计，以代码设计为主。PyQt6 基础部分所有实例均采用代码设计，PyQt6 开发及实例部分一般界面采用工具设计，功能实现采用代码设计，与实际应用开发方式相同。实例侧重于综合应用，每一个实例都经过精心考虑，尽可能合理地分配重要知识点和应用模块库，使其既体现主要知识的综合，又是一个简化的流行应用。实例没有严格的学习顺序，读者可以根据需要选择。

本书网络资源包括源代码、学习课件、所有实例的工程文件包和对应的完整内容的二维码文档，读者可通过电子工业出版社华信教育资源网免费下载。

本书可作为 PyQt6 和 Python 学习与应用开发的参考书，也可作为教学和培训用书。

未经许可，不得以任何方式复制或抄袭本书之部分或全部内容。
版权所有，侵权必究。

图书在版编目（CIP）数据

PyQt6 开发及实例 / 郑阿奇，郑进主编. —北京：电子工业出版社，2023.5
ISBN 978-7-121-45590-2

Ⅰ. ①P⋯ Ⅱ. ①郑⋯ ②郑⋯ Ⅲ. ①软件工具－程序设计－高等学校－教材 Ⅳ. ①TP311.561

中国国家版本馆 CIP 数据核字（2023）第 084717 号

责任编辑：白　楠
印　　刷：三河市鑫金马印装有限公司
装　　订：三河市鑫金马印装有限公司
出版发行：电子工业出版社
　　　　　北京市海淀区万寿路 173 信箱　邮编 100036
开　　本：787×1092　1/16　印张：28.75　字数：829 千字
版　　次：2023 年 5 月第 1 版
印　　次：2024 年 8 月第 3 次印刷
定　　价：98.00 元

凡所购买电子工业出版社图书有缺损问题，请向购买书店调换。若书店售缺，请与本社发行部联系，联系及邮购电话：（010）88254888，88258888。
质量投诉请发邮件至 zlts@phei.com.cn，盗版侵权举报请发邮件至 dbqq@phei.com.cn。
本书咨询联系方式：bain@phei.com.cn。

前 言

Python 为目前最受欢迎的开源编程语言之一，其最新的大版本是 Python 3，小版本则不断更新，但 Python 自带的 GUI 库相对较弱，用它开发出具有方便美观界面的应用产品并不现实。Qt 是目前流行的基于 C++开源的编程环境和功能强大、使用方便的开发环境，PyQt 是对 Qt C++图形界面库的完全封装，几乎囊括了 Qt 所有的功能，利用 PyQt 能轻松开发出专业的图形界面，因此它就成为了目前 Python 应用系统界面开发的首选。其流行版本包括 PyQt4、PyQt5 和 PyQt6，PyQt6 是最新版本。

PyQt6 是由 Riverbank Computing 公司开发的基于 Python 的一系列多平台的工具包，可以在 UNIX、Windows 和 Mac OS 主流操作系统上运行。PyQt6 有两个许可证，开发人员可以在 GPL 和商业许可之间进行选择。

PyQt6 是 Python 应用开发的首选平台，虽然功能强大，但国内能够查到的资料却非常有限，出版的技术书籍极少。编者根据 PyQt6 应用实践及在 Qt6 和 Python3 教程开发中积累的经验，及时地推出本书，以方便读者学习。

一、内容安排

本书各章的主要知识点如下。

（1）第 1 章介绍一个简单实例，让读者熟悉在 Python 自带 IDLE 环境下用 PyQt6 开发 GUI 应用程序的入门知识，同时初步熟悉 PyQt6 的两种界面开发方式，最后介绍流行的 PyQt 开发平台 PyCharm。

（2）第 2 章介绍通用窗口、对话框（包括子类控件）和主窗口的属性（界面选择和代码设置）、方法、事件、信号和槽，为后面章节内容的学习打好基础。

（3）第 3~9 章包括布局管理、常用控件、容器布局、菜单栏、工具栏、状态栏、表格、树、拖曳与剪贴、绘图、二维图表及三维图表、定时器、线程和网页交互。

（4）第 10 章开发文档分析器。这是一个典型的 PyQt 多文档应用程序，用树状视图对文件进行导航和分类，再调用各种流行的 Python 库实现对文档的分析，如 pyttsx3 朗读文字、jieba 实现分词、wordcloud 生成词云、爬虫 beautifulsoup4 模块获取网页主题链接、Tesseract 库识别扫描书页中的文字等。

（5）第 11 章开发"网上商城"。这是一个典型的 PyQt 多窗口应用程序，对系统诸多应用功能采用了分包与模块化开发方法，商城销售数据存储于 Excel（openpyxl 操作），界面显示采用"模型-视图"机制，并运用 QtCharts 绘制精美的销售分析图表。

（6）第 12 章开发"我的美图"。这是参考 Photoshop、美图秀秀功能的图像处理软件，综合运用 PIL 库的图像处理技术，实现图像模式转换、像素增强与滤波、多图合成、区域裁剪、重设比例、加水印等功能，还用 OpenCV 技术识别图片中的人脸，实现对面部模糊/清晰化处理、素描轮廓、呈现浮雕状和打马赛克等特效。

（7）第 13 章开发"我的绘图板"。基于 PyQt 的 GraphicsView 图形系统和鼠标事件响应系统，构建了一个方便的绘图软件。用户可拖曳工具箱按钮向场景中任意放置图形、拖曳调整大小、改变线型和填充色，绘制完成的画面以图元对象的形式保存为二进制文件，可再次打开和编辑。

（8）第 14 章开发"简版微信"。本例模仿微信电脑版桌面客户端，用 GraphicsView 图形系统实现微信的聊天界面和主要功能。使用的主要技术包括 PyQt6 网络模块 QtNetwork 以解决点对点消息通信问题、MongoDB 转存聊天消息和资源、SQLite 保存本地聊天历史记录。此外，本书还使用 threading 线程、PyAudio 和 wave 模块实现语音聊天，以及 TCP 实时语音通话等功能。

（9）第 15 章开发"简版抖音"。这是一个自制的短视频软件，以实现抖音的基本功能，将视频作为 GraphicsView 图元处理，用 PyQt6 的 QMediaPlayer 实时播放；Qt 定时器显示视频弹幕；结合 PIL 与 OpenCV 对要发布的视频进行编辑；视频录制采用 QCamera/QMediaRecorder/QMediaCaptureSession；采用 moviepy 给视频增加背景音乐。用户上传的内容存储于后台 MySQL 数据库，其中存储了 longblob 类型的视频、blob 类型的图片、集合 set 类型表示关注的视频作者、json 类型表示用户偏好，软件可自动根据用户喜好推荐对应类别下的视频内容。

二、本书主要特点

（1）界面兼顾代码设计和工具设计，以代码设计为主。基础部分在窗口、布局管理章节介绍工具设计和代码设计。开发及实例部分的一般界面采用工具设计，功能实现采用代码设计，与实际应用开发方式相同。

（2）基础部分所有实例均采用代码设计，以方便读者学习、打牢基础。基础部分中的每个实例尽可能包含各种基本控件功能，方便相互配合，提高代码的效率。

（3）开发及实例部分侧重于综合应用，每一个实例经过精心考虑，尽可能合理地分配重要知识点和应用模块库，使其既体现主要知识的综合，又是一个简化的流行应用。

（4）实例没有严格的学习顺序，读者可以根据需要选择。

（5）PyQt6 与 Python 内容有机融合，有利于读者学习。

三、本书网络资源

（1）基础部分标注"例 xxxx.py"的源代码程序均调试通过，运行结果与书中内容相同。

（2）每一章均配有学习课件，以方便读者学习，以及教学和培训。

（3）所有实例的工程文件包都包含资源文件，以方便读者学习模仿。

（4）本书提供对应内容的二维码，通过扫描二维码，可以浏览文档内容。

本书配套资源可通过电子工业出版社华信教育资源网免费下载。

本书由郑阿奇（南京师范大学）和郑进（陆军军事交通学院）主编，部分同志参加了编写和实例开发等工作，在此一并表示感谢！

由于编者水平有限，疏漏和错误在所难免，敬请广大师生、读者批评指正，意见和建议可反馈至编者电子邮箱 easybooks@163.com。

编　者

目 录

第1章 PyQt6 图形界面程序设计入门 ············· 1
  1.1 第一个实例：采用代码计算圆面积 ············· 1
    1.1.1 创建窗口 ············· 2
    1.1.2 计算圆面积 ············· 3
  1.2 第二个实例：采用设计器计算圆面积 ············· 7
    1.2.1 工具的安装 ············· 7
    1.2.2 界面开发 ············· 7
    1.2.3 功能开发 ············· 13
  1.3 PyQt6 集成开发环境搭建 ············· 15
    1.3.1 安装及配置 PyCharm ············· 15
    1.3.2 PyCharm 整合 PyQt6 界面设计工具 ············· 19

第2章 窗口 ············· 22
  2.1 PyQt6 窗口和应用程序 ············· 22
    2.1.1 PyQt6 界面设计环境：Qt Designer ············· 22
    2.1.2 应用程序类：QApplication ············· 23
  2.2 通用窗口：QWidget ············· 23
    2.2.1 坐标系统和类 ············· 23
    2.2.2 常用属性 ············· 25
    2.2.3 事件 ············· 32
    2.2.4 信号/槽 ············· 37
    2.2.5 通用窗口实例 ············· 40
  2.3 对话框：QDialog ············· 42
    2.3.1 对话框属性 ············· 42
    2.3.2 对话框实例 ············· 43
    2.3.3 对话框子类控件 ············· 44
  2.4 主窗口：QMainWindow ············· 53
    2.4.1 主窗口属性 ············· 53
    2.4.2 主窗口举例 ············· 55

第3章 布局管理 ············· 57
  3.1 设计器中的控件对象布局 ············· 57
    3.1.1 使用布局管理器布局 ············· 57

                3.1.2　使用容器进行布局 59
                3.1.3　弹性间隔控件布局 59
        3.2　通过代码进行控件对象布局 61
                3.2.1　布局方式 61
                3.2.2　布局嵌套 66
                3.2.3　其他布局方法 69
第 4 章　控件功能 71
        4.1　控件及其继承类 71
                4.1.1　控件分类 71
                4.1.2　控件及其属性列表 71
                4.1.3　控件类和继承类 72
        4.2　常用控件 73
                4.2.1　标签：Label 73
                4.2.2　单行文本框：QLineEdit 76
                4.2.3　多行文本框：QTextEdit 82
                4.2.4　命令按钮：QPushButton 84
                4.2.5　单选按钮：QRadioButton 86
                4.2.6　复选框：QCheckBox 88
                4.2.7　列表框：QListView 和 QListWidget 89
                4.2.8　下拉列表框：QComboBox 94
                4.2.9　计数器：QSpinBox 和 QDoubleSpinBox 96
                4.2.10　日历：QCalendar 98
                4.2.11　日期时间：QDateTimeEdit 100
        4.3　滑动条、进度条、滚动条和旋钮控件 102
                4.3.1　滑动条：QSlider 102
                4.3.2　进度条：QProgressBar 104
                4.3.3　滚动条：QScrollBar 106
                4.3.4　旋钮：QDial 108
第 5 章　容器布局 110
        5.1　控件容器布局 110
                5.1.1　框架：QFrame 110
                5.1.2　分组框：QGroupBox 113
                5.1.3　选项卡：QTabWidget 115
        5.2　窗口布局 118
                5.2.1　堆栈窗口：QStackedWidget 118

    5.2.2 停靠：QDockWidget 120
    5.2.3 多文档界面：MDI 124
    5.2.4 工具盒：ToolBox 127

第6章 菜单栏、工具栏和状态栏 130
6.1 菜单栏 130
    6.1.1 菜单栏：QMenuBar 类 130
    6.1.2 菜单栏菜单：QMenu 131
    6.1.3 动作对象：QAction 131
6.2 工具栏：QToolBar 136
6.3 状态栏：QStatusBar 138
6.4 主窗口综合测试实例 140
6.5 用 Qt Designer 设计菜单与工具栏 142
    6.5.1 菜单项与 QAction 的创建 142
    6.5.2 QAction 的设计 144
    6.5.3 添加工具栏与 QAction 144

第7章 表格、树、拖曳与剪贴板 147
7.1 表格 147
    7.1.1 表格：QTableView 147
    7.1.2 表格：QTableWidget 149
7.2 树 159
    7.2.1 树：QTreeView 159
    7.2.2 树：QTreeWidget 163
7.3 拖曳与剪贴板 169
    7.3.1 拖曳：Drag 与 Drop 169
    7.3.2 剪贴板：QClipboard 171

第8章 绘图、二维图表及三维图表 174
8.1 基本图形绘制 174
    8.1.1 绘图基础类 174
    8.1.2 绘图方法 178
    8.1.3 路径绘图 185
8.2 二维图表绘制 187
    8.2.1 QtCharts 基础 187
    8.2.2 绘制函数曲线 189
    8.2.3 绘制柱状/折线图 192
    8.2.4 绘制饼状图 194

　　　　8.2.5　matplotlib 绘图 196
　　8.3　三维图表绘制 197
　　　　8.3.1　QtDataVisualization 基础 197
　　　　8.3.2　三维绘图实例 199

第9章　定时器、线程和网页交互 203
　　9.1　定时器和线程 203
　　　　9.1.1　定时器：QTimer 203
　　　　9.1.2　线程：QThread 204
　　9.2　网页交互 206
　　　　9.2.1　显示指定地址的网页 207
　　　　9.2.2　嵌入网页的 HTML 代码 208
　　　　9.2.3　嵌入网页的 JavaSciprt 代码 209

第10章　PyQt6 开发实例：文档分析器 212
　　【技术基础】 212
　　【实例开发】 213
　　10.1　创建项目 213
　　　　10.1.1　项目结构 213
　　　　10.1.2　界面设计 213
　　　　10.1.3　主程序框架 216
　　10.2　文档的管理功能开发 218
　　　　10.2.1　目录导航 218
　　　　10.2.2　文档归类 219
　　　　10.2.3　打开文档 221
　　　　10.2.4　多文档窗口布局 222
　　10.3　文档的分析功能开发 224
　　　　10.3.1　文本文字的分析 225
　　　　10.3.2　获取网页主题链接 229
　　　　10.3.3　识别扫描书页文字 231
　　　　10.3.4　分析结果处理 235
　　10.4　其他功能开发 235

第11章　PyQt6 开发及实例：网上商城 237
　　【技术基础】 237
　　【实例开发】 238
　　11.1　创建项目 238
　　　　11.1.1　数据准备 238

11.1.2　初步了解项目结构 ···239
11.2　功能导航功能开发 ···240
　　　11.2.1　界面设计 ···240
　　　11.2.2　功能开发 ···241
11.3　商品选购功能开发 ···242
　　　11.3.1　界面设计 ···243
　　　11.3.2　程序框架 ···244
　　　11.3.3　功能开发 ···246
　　　11.3.4　数据演示 ···250
11.4　下单结算功能开发 ···251
　　　11.4.1　界面设计 ···251
　　　11.4.2　程序框架 ···253
　　　11.4.3　功能开发 ···254
　　　11.4.4　数据演示 ···261
11.5　销售分析功能开发 ···262
　　　11.5.1　界面设计 ···263
　　　11.5.2　程序框架 ···264
　　　11.5.3　功能开发 ···265

第 12 章　PyQt6 开发及实例：我的美图 ···271
【技术基础】 ··271
12.1　PIL 图像处理技术 ···271
　　　12.1.1　图像载入（打开）与显示 ···272
　　　12.1.2　基础处理 ···272
　　　12.1.3　高级处理 ···274
12.2　用到的其他控件和技术 ···276
【实例开发】 ··276
12.3　创建项目 ···276
　　　12.3.1　项目结构 ···276
　　　12.3.2　界面创建 ···277
　　　12.3.3　主程序框架 ···278
12.4　图片打开、显示和保存功能开发 ···280
　　　12.4.1　图片打开和保存 ···281
　　　12.4.2　图片自适应显示 ···282
12.5　图片区域选择与操作功能开发 ···283
　　　12.5.1　区域形状设置 ···284

					12.5.2　区域选择 285
					12.5.3　区域操作 288
			12.6　图像变换功能开发 291
					12.6.1　转换显示模式 292
					12.6.2　调整宽高像素比 292
					12.6.3　镜像、旋转和缩放 294
					12.6.4　图像加水印文字 296
			12.7　图像美化功能开发 297
					12.7.1　图像增强 299
					12.7.2　图像合成 305
					12.7.3　人脸识别与处理 307

第13章　PyQt6开发及实例：我的绘图板 312
	【技术基础】 312
		13.1　绘图相关技术 312
		13.2　绘图场景数据结构 313
				13.2.1　数据结构设计 313
				13.2.2　数据结构处理 315
	【实例开发】 316
		13.3　创建项目 316
				13.3.1　项目结构 316
				13.3.2　主程序框架 317
		13.4　主界面开发 318
				13.4.1　界面设计 318
				13.4.2　文件管理栏开发 320
				13.4.3　样式栏开发 321
				13.4.4　工具箱开发 325
				13.4.5　绘图区和状态栏开发 326
		13.5　绘图功能开发 328
				13.5.1　创建图元 328
				13.5.2　调整图元大小 333
				13.5.3　设置样式 336
				13.5.4　操纵图元 342
		13.6　图元文件管理功能开发 343

第14章　PyQt6开发及实例：简版微信 349
	【技术基础】 350

14.1 网络通信 350
    14.1.1 基于 UDP 的数据通信 350
    14.1.2 基于 TCP 的字节传输 353
14.2 MongoDB 数据库 356
    14.2.1 安装 MongoDB 356
    14.2.2 创建数据库 MyWeDb 357
    14.2.3 数据库访问与操作 357
14.3 SQLite 应用 360
    14.3.1 访问 SQLite 361
    14.3.2 创建聊天日志 361
    14.3.3 记录日志 361
    14.3.4 加载日志 362
14.4 用到的其他控件和技术 363
【实例开发】 363
14.5 创建项目 363
    14.5.1 客户端项目 363
    14.5.2 服务器项目 366
14.6 界面开发 368
    14.6.1 界面设计 368
    14.6.2 初始化 371
    14.6.3 界面切换 372
14.7 微信基本功能开发 374
    14.7.1 用户管理 374
    14.7.2 文字聊天 377
    14.7.3 信息暂存与转发 381
14.8 微信增强功能开发 382
    14.8.1 功能演示 383
    14.8.2 文件、图片、语音的传输 385
    14.8.3 实时语音通话 396

第 15 章 PyQt6 开发及实例：简版抖音 401
【技术基础】 401
15.1 视频播放处理 401
15.2 MySQL 数据库 402
    15.2.1 设计数据库 MyTikTok 402
    15.2.2 数据库访问与操作 404
    15.2.3 读写特殊数据类型 405

· XIII ·

【实例开发】 405
15.3 创建项目 405
　　15.3.1 项目结构 405
　　15.3.2 主程序框架 406
15.4 主界面开发 407
　　15.4.1 界面设计 407
　　15.4.2 初始化 410
　　15.4.3 运行效果 411
15.5 视频基本功能开发 411
　　15.5.1 视频播放 411
　　15.5.2 视频控制 415
　　15.5.3 视频信息显示 416
15.6 特色功能开发 418
　　15.6.1 关注和点赞 418
　　15.6.2 评论与弹幕 422
　　15.6.3 根据用户喜好推荐视频 425
15.7 视频录制、编辑与发布功能开发 427
　　15.7.1 视频录制 427
　　15.7.2 视频编辑与发布 430
附录 PyQt6 项目工程打包 442

第1章 PyQt6 图形界面程序设计入门

Python 是荷兰数学和计算机科学研究学会的吉多·范罗苏姆于 20 世纪 90 年代设计的解释型编程语言，高效的数据结构、简单有效的面向对象编程和动态类型使它成为多数平台上编写脚本和快速开发应用的编程语言，丰富的标准库提供了适用于各个主要系统平台的源码或机器码，已经成为最受欢迎的程序设计语言之一。

Python 常见的 GUI 库包括 Tkinter、wxPython、PyQt 等，用它们可以开发出具有图形界面的 Python 应用程序。其中，PyQt 是对著名的 Qt C++图形界面库的完全封装，几乎囊括了 Qt 所有的功能，能轻松开发出专业的图形界面，成为目前 Python 下应用系统界面开发的首选，流行版本包括 PyQt4、PyQt5 和 PyQt6，PyQt6 是最新版本。

PyQt6 是由 Riverbank Computing 公司开发的基于 Python 的一系列多平台的工具包，可以在 UNIX、Windows 和 Mac OS 等主流操作系统上运行。PyQt6 有两个许可证，开发人员可以在 GPL 和商业许可之间进行选择。

在 Python 安装后就可以使用 Python 自带的开发环境 IDLE。在 IDLE 环境下，可直接执行 Python 语句，创建 PY 文件（即.PY 文件），执行 PY 文件，并且可以进行简单 Python 程序调试。在 Python 中使用 PyQt6，需要安装 PyQt6。

在 Windows 命令行窗口中安装 PyQt6：

```
pip install pyqt6
```

PyQt6 设计图形界面程序有两种基本方式。

（1）在 PyQt6 安装后，采用 Python 自带或者第三方提供的 IDLE 开发 PyQt6 的程序。

（2）在 PyQt6 安装后再安装配套的工具包 QtTools，通过其包含的 Qt Designer 可视化工具设计功能界面形成 UI 文件，将其转换为 PY 文件，再编写实现功能的代码（PY 文件），与界面程序 PY 文件一起配合运行。或者直接修改 UI 文件，转换为 PY 文件，加入实现功能的代码。

下面分别介绍这两种基本方式。

1.1 第一个实例：采用代码计算圆面积

这里先通过简单实例介绍 PyQt6 GUI 窗口程序的创建，并在此基础上介绍用代码计算圆面积。

注意：这里仅仅需要读者大致了解。

1.1.1 创建窗口

【例 1.1】 创建一个 PyQt6 图形界面窗口。

代码如下（simpleWin.py）：

```
from PyQt6.QtWidgets import QApplication,QWidget,QPushButton    #（a）
import sys

def btnfunc():                                                  #（b）
    pass

app = QApplication(sys.argv)                                    #（c）
w = QWidget()                           # 创建一个通用窗口（Widget）对象 w
w.resize(300, 200)                      # 设置窗口 w 尺寸为 300 像素宽、200 像素高
w.move(260,240)                         # 将窗口 w 移到屏幕坐标(x=260, y=240)处
w.setWindowTitle('PyQt 窗口 ')          # 设置窗口 w 标题内容

btn = QPushButton(w)                    # 创建按钮控件对象 btn
btn.setText("Test Button")              # 设置 btn 按钮显示内容
btn.move(120, 150)                      # 将 btn 按钮移到窗口的(x=120, y=150)处
btn.clicked.connect(btnFunc)                                    #（b）

w.show()                                # 窗口 w 显示创建的控件对象
sys.exit(app.exec())                                            #（d）
```

运行结果如图 1.1 所示。

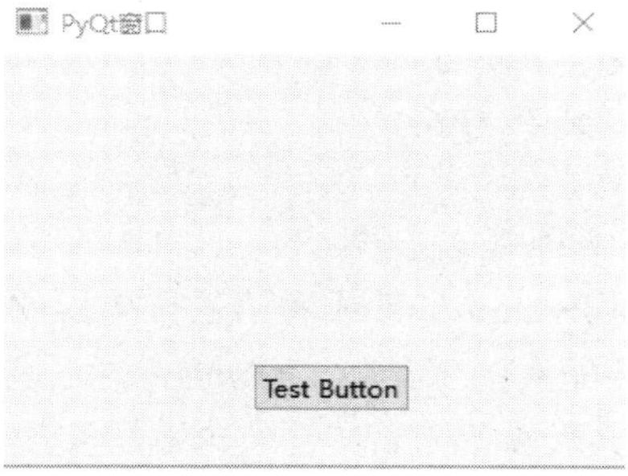

图 1.1 窗口

说明：

（a）引入必要的包：

```
from PyQt6.QtWidgets import QApplication, QWidget, QPushButton
import sys
```

其中：QApplication 创建应用程序，所有控件继承 QtWidgets，QPushButton 是命令按钮控件。

（b）单击（clicked）命令按钮 btn，执行 btnfunc 函数。

```
def btnfunc():
    pass
```

```
btn.clicked.connect(btnFunc)
```
（c）创建一个应用程序对象 app。
```
app = QApplication(sys.argv)
```
每个 PyQt6 应用程序都必须创建一个应用程序对象，sys.argv 参数是来自命令行的参数列表。
（d）接收事件和进行处理。
```
sys.exit(app.exec())
```
进入应用程序的主循环，事件处理从这里开始。主循环从窗口系统接收事件并进行相应处理。如果程序调用系统的 exit 方法或关闭窗口，则主循环结束。

1.1.2　计算圆面积

【例 1.2】设计一个简单的具备图形界面的圆面积计算程序，如图 1.2 所示。

图 1.2　具备图形界面的圆面积计算程序

1．设计界面

界面上用到三类控件，设计如下。

（1）标签 Label（3 个）。

它用于显示文字信息"半径=""周长=""面积="。

（2）单行文本框 LineEdit（3 个）。

第 1 个接收用户输入的圆半径值，取名 leRadius。

第 2 个显示圆周长，取名 leLength，用户不可输入。

第 3 个显示圆面积，取名 leArea，用户不可输入。

（3）命令按钮 PushButton（1 个）。

单击命令按钮，读取 leRadius 文本框的值，计算周长值并放入 leLength 文本框，计算面积值放入 leArea 文本框。

2．代码及其说明

启动 Python 自带的 IDLE，选择主菜单"File"→"New File"命令，打开代码编辑窗口，编写程序（circleCal.py）如下：

```
from PyQt6.QtWidgets import QApplication, QDialog, QLabel, QLineEdit, QPushButton
import sys
#（a）====定义圆计算界面类====
```

```python
class CircleCal(QDialog):
    # (b) 初始化函数
    def __init__(self):
        super().__init__()
        self.initUi()
    # 界面设计函数
    def initUi(self):
        QLabel('半径=', self).setGeometry(80, 40, 71, 21)          # (c)
        self.leRadius = QLineEdit(self)                              # (d)
        self.leRadius.setGeometry(140, 40, 113, 21)
        self.leRadius.returnPressed.connect(self.calCircle)          # (h)

        QLabel('周长=', self).setGeometry(80, 80, 71, 21)          # (c)
        self.leLength = QLineEdit(self)
        self.leLength.setGeometry(140, 80, 113, 21)
        self.leLength.setEnabled(False)              # 设置该文本框为不可输入

        QLabel('面积=', self).setGeometry(80, 120, 71, 21)  # (c)
        self.leArea = QLineEdit(self)
        self.leArea.setGeometry(140, 120, 113, 21)
        self.leArea.setEnabled(False)                # 设置该文本框为不可输入

        self.pbCal = QPushButton('计算', self)        # (e)
        self.pbCal.setGeometry(140, 160, 93, 28)
        self.pbCal.clicked.connect(self.calCircle)   # (h)

        self.resize(350, 200)                         # (f)
        self.move(300, 300)
        self.setWindowTitle('计算圆面积')
    # (g) 计算功能函数
    def calCircle(self):
        r = int(self.leRadius.text())    # 获取半径文本框内容，转换为整数赋予变量r
        if r >= 0:
            length = 2 * 3.14159 * r                 # 计算周长
            area = 3.14159 * r * r                   # 计算面积
            self.leLength.setText(str(length))       # 设置要显示的周长值
            self.leArea.setText(str(area))           # 设置要显示的面积值

app = QApplication(sys.argv)                 # 创建应用
dlg = CircleCal()                            # 创建圆计算界面实例
dlg.show()                                   # 显示界面
sys.exit(app.exec())                         # 关闭窗口，退出应用程序
```

说明：
（a）定义圆计算类：
```
class CircleCal(QDialog):
    ...
```
圆计算类继承 QDialog(对话框类)，QDialog 的基类是 QtWidgets 类，所以从 PyQt6 的

QtWidgets 库中需要导入使用的界面控件类。

圆计算类包含 3 个函数：初始化函数（__init__）、界面设计函数（initUi）和计算功能函数（calCircle）。界面设计函数实现创建 3 个标签、3 个文本框、1 个命令按钮和对话框窗口。

（b）初始化函数。

```
def __init__(self):
    super().__init__()
    self.initUi()
```

其中：

super().__init__()：构建界面基本功能。

self.initUi()：构建用户定义界面功能。

（c）创建 3 个标签，显示"半径=""周长=""面积="。

```
QLabel('半径=', self).setGeometry(80, 40, 71, 21)
QLabel('周长=', self).setGeometry(80, 80, 71, 21)
QLabel('面积=', self).setGeometry(80, 120, 71, 21)
```

其中：

QLabel('半径=', self)：创建标签（QLabel）控件对象。

x.setGeometry(80, 40, 71, 21)：将已经创建的 x 对象放到对话框窗口（x=80，y=40）处，控件大小为 width=71、height=21。

因为标签对象在创建后不需要再引用，所以创建时不需要定义名字，可将上述两步合在一起。其他标签类似。

（d）创建半径输入文本框（leRadius）：

```
self.leRadius = QLineEdit(self)
self.leRadius.setGeometry(140, 40, 113, 21)
self.leRadius.returnPressed.connect(self.calCircle)
```

其中：

self.leRadius.returnPressed.connect(self.calCircle)：在半径文本框按 Enter 键（对应 returnPressed 信号）将执行计算功能函数（calCircle）。

周长和面积文本框用于存放计算结果，不允许在文本框中输入：

```
self.leLength.setEnabled(False)
self.leArea.setEnabled(False)
```

注意：在变量名前一定要加"self."，表示作用范围为 CircleCal(QDialog)类，只有这样，这个控件才能被整个类的程序中其他函数（如功能函数）的代码引用，引用要采用"self.变量名"的形式。

（e）创建"计算"命令按钮：

```
self.pbCal = QPushButton('计算', self)
self.pbCal.setGeometry(140, 160, 93, 28)
self.pbCal.clicked.connect(self.calCircle)
```

其中：

self.pbCal.clicked.connect(self.calCircle)：在单击命令按钮 pbCal（对应 clicked 信号）时执行计算功能函数（calCircle）。

也就是说，单击"计算"命令按钮和在半径文本框中按 Enter 键均执行计算功能函数（calCircle）。

（f）设置对话框窗口（QDialog）：

```
self.resize(350, 200)                # 指定对话框在屏幕中的位置(x,y)
self.move(300, 300)                  # 指定对话框在屏幕中的大小(宽度、高度)
self.setWindowTitle('计算圆面积')    # 设置窗口标题
```

（g）计算功能函数：

```
def calCircle(self):
    r = int(self.leRadius.text())    # 获取半径文本框内容，转换为整数赋予变量 r
    if r >= 0:
        length = 2 * 3.14159 * r     # 计算周长
        area = 3.14159 * r * r       # 计算面积
        self.leLength.setText(str(length))  # 设置 leLength 标签显示周长值
        self.leArea.setText(str(area))      # 设置 leArea 标签显示面积值
```

> **注意**：文本框存放的是文本，获取半径文本框内容 self.leRadius.text() 需要转换成数值才能进行数值运算，因为采用 int 函数转换，所以只能在半径文本框中输入整型字符，否则就会出错。如果允许输入小数点，可以改成 float 函数进行转换。
>
> 将周长结果变量 length 中数值转换为字符串 str(length) 才能放入周长文本框显示。

（h）为使控件能响应用户操作，必须设置信号（控件接收的事件）与槽（功能函数）之间的关联。信号与槽是 PyQt6 的核心机制，当信号发出时，与之连接的槽就会自动执行，设置信号与槽关联的语句形式为：

```
self.变量名.信号名.connect(self.槽名)
```

其中，变量名也就是产生信号的控件的引用名。

```
self.leRadius.returnPressed.connect(self.calCircle)
self.pbCal.clicked.connect(self.calCircle)
```

前者将半径（leRadius）文本框的按 Enter 键（returnPressed）信号关联到 calCircle（函数）槽。后者将命令按钮（pbCal）的 clicked 信号关联到 calCircle（函数）槽。

在程序执行时用户在输入半径值后直接按 Enter 键，就会执行计算圆面积的功能函数（calCircle）。单击"计算"按钮也会执行同样的功能函数（calCircle）。

3. 运行程序

在 IDLE 打开的 circleCal.py 源文件窗口中，选择主菜单"Run"→"Run Module"命令，程序成功启动运行，出现界面，输入半径值后按 Enter 键或单击"计算"按钮，就会输出计算结果。

4. 打包发布

实际开发时通常要将源代码打包成可执行文件发布，这样才能脱离 Python 开发环境运行。例如使用 Python 第三方打包库 PyInstaller，安装库的命令如下：

```
pipinstall Pyinstaller -i https://pypi.tuna.tsinghua.edu.cn/simple
```

本例仅一个程序文件 circleCal.py，可直接执行打包命令：

```
PyInstaller -F 文件路径\circleCal.py
```

命令执行后会生成一个 dist 文件夹，根据命令行输出的提示信息到指定目录下找到这个文件夹，可以看到里面有一个 circleCal.exe 文件，双击即可直接运行程序。

1.2 第二个实例：采用设计器计算圆面积

上节的程序以纯代码编写界面，窗口和控件的属性均通过代码设置，PyQt6 的 Qt Designer 设计器能够以可视化方式设计界面，再借助 PyUic 工具转换成界面 PY 文件，与实现业务功能的程序 PY 文件分开，这样可避免界面代码对功能代码的干扰。

1.2.1 工具的安装

要采用可视化的方式设计界面，需要安装与 PyQt6 配套的工具包 QtTools，安装命令如下：

```
pip install pyqt6-tools
```

在 QtTools 中包含下列两个关键的工具。

1. 设计器 Qt Designer

Qt Designer 是用来设计 PyQt6 程序界面的工具，它的启动文件是 designer.exe，默认位于用户计算机 Python 安装目录的\Lib\site-packages\qt6_applications\Qt\bin\路径下（为方便使用，建议读者在桌面上创建其快捷方式）。

2. 文件转换工具 PyUic

用 Qt Designer 设计好的界面保存为 UI 文件，须通过 PyUic 将其转换为 Python 源文件（PY 文件）才能成为 PyQt6 程序的组成部分。

PyUic 安装后位于 Python 安装目录的\Scripts\路径下，文件名为 pyuic6.exe。在命令行窗口用 cd 命令进入该路径可启动 PyUic 来执行转换。如果读者在安装 Python 时已选择自动将路径添加到当前用户的环境变量中，就可直接运行 PyUic，命令如下：

```
Pyuic6 -o 界面文件名.py 界面文件名.ui
```

1.2.2 界面开发

1. 新建窗体模板

双击 designer.exe 启动设计器，弹出"新建窗体"对话框，如图 1.3 所示。
在 templates\forms 列表中看到下列窗体模板选项。
Dialog with Buttons Bottom：对话框，"OK"和"Cancel"按钮在底部。
Dialog with Buttons Right：对话框，"OK"和"Cancel"按钮在右侧。
Dialog without Buttons：简易对话框，不带任何按钮。
Main Window：主窗体，包含中央部件（Central Widget）区、菜单栏和状态栏。
Widget：通用窗体，可嵌入其他窗体中作为部件使用。

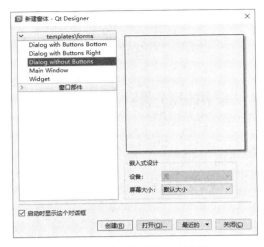

图 1.3 "新建窗体"对话框

其中，对话框是顶级窗体，不能用作其他窗体的部件。本例的程序界面简单，选择 Dialog without Buttons（简易对话框）即可，单击"创建"按钮，进入 Qt Designer 设计环境。

说明：在 Qt Designer 中把 Dialog、Main Window 和 Widget 均称为窗体，其他称为窗口，而代码中将其统称窗口。

2. 熟悉设计器环境

Qt Designer 设计环境由几个区域构成，主要包括左侧的窗口部件盒、中央的设计区以及右侧的对象检查器、属性编辑器和资源浏览器等子窗口，如图 1.4 所示。

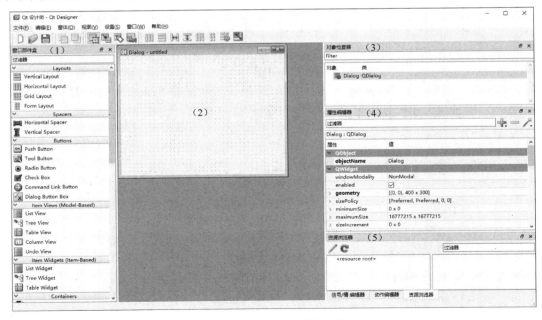

图 1.4 Qt Designer 设计环境

各部分介绍如下。

（1）窗口部件盒：列出了 PyQt6 所有控件。

（2）设计区：根据用户所选的窗体模板在该区生成相应类型默认尺寸的窗体，因为在"新建窗体"对话框中选择了"Dialog without Buttons"模板，这里就生成了一个 400×300 的简易对话框窗体。设计过程中用户从"窗口部件盒"内选择控件拖曳到窗体上，控件一旦放上去就被实例化，成为一个对象，每个控件对象在窗体中都有唯一的名字来标识。

（3）对象检查器：以两列表格的形式列出窗体中每个控件的对象名及所属类。初始由于窗体上尚未放置任何控件，仅有窗体自身，可看到它的类型为 QDialog（对话框）。

（4）属性编辑器：以两列表格的形式显示当前窗体或其上被选中控件的属性和值，可根据设计需要在其中修改属性值。

（5）其他子窗口：位于设计环境右下角的区域，包括资源浏览器、动作编辑器和信号/槽编辑器，分别用于浏览程序资源文件、编辑菜单/工具栏的选项动作、添加信号/槽关联，各子窗口用标签切换。

3．设计界面

从窗口部件盒中拖曳 3 个标签 Label、3 个单行文本框 LineEdit 和 1 个按钮 PushButton 放到窗体上，调整各控件的大小和相对位置布局，使之整齐，再根据表 1.1 在属性编辑器中分别设置各控件的属性，完成后设计区窗体呈现的效果如图 1.5 所示。

表 1.1　各控件的属性

编　号	控件类别	对象名称	属 性 说 明
	Dialog	默认	windowTitle："计算圆面积"
①	Label	默认	text："半径="
②	Label	默认	text："周长="
③	Label	默认	text："面积="
④	LineEdit	leRadius	
⑤	LineEdit	leLength	enabled：取消勾选，表示本文本框不可输入
⑥	LineEdit	leArea	enabled：取消勾选，表示本文本框不可输入
⑦	PushButton	pbCal	text："计　算"

此时在对象检查器中可看到窗体中各控件对象的名称及所属的类，如图 1.6 所示。

图 1.5　设计区窗体呈现的效果

图 1.6　对象检查器的内容

4．关联信号/槽

单击"计算"按钮（发出 clicked 信号）时，执行槽函数（calCircle）；在半径文本框输入值后回车（发出 returnPressed 信号），也会执行同样的计算函数（calCircle 槽）。为实现这种交互，需要先往系统中添加槽函数 calCircle，然后将"计算"按钮的 clicked 信号、半径文本框的 returnPressed 信号都关联到这个槽，操作步骤如下。

（1）添加槽

右击对象检查器中的"Dialog"对象，弹出快捷菜单，选择"改变 信号/槽"命令，弹出"Dialog 的信号/槽"对话框，单击上部"槽"列表框左下角的 按钮，列表中出现可编辑条目，输入"calCircle()"，单击"OK"按钮，如图 1.7 所示。

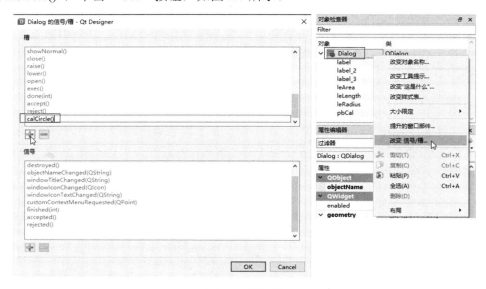

图 1.7　添加槽

（2）进入"信号/槽"编辑模式

单击工具栏上的 （编辑信号/槽）按钮或选择主菜单"编辑"→"编辑信号/槽"命令。

（3）clicked 信号连接槽

移动鼠标指针到"计算"（pbCal）按钮上，按钮周边出现红色边框，按下左键拖曳，从按钮上拉出一条接地线，如图 1.8 所示。在窗体上任意空白区域释放鼠标，接地线固定后弹出"配置连接"对话框。在左边"计算"按钮的信号列表里选中"clicked()"，在右边的槽列表中选中"calCircle()"，单击"OK"按钮，就将 clicked 信号连接到了 calCircle()槽。

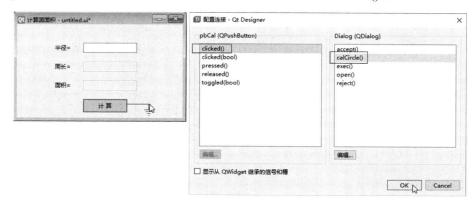

图 1.8　连接 clicked 信号与 calCircle()槽

（4）returnPressed 信号连接槽

操作与第 3 步类似，拖曳半径文本框（leRadius），在弹出的"配置连接"对话框中分别选中文本框的 returnPressed 信号与窗体的 calCircle()槽，单击"OK"按钮。

两个信号与槽关联好的界面如图 1.9 所示。

5．保存界面 UI 文件

单击工具栏 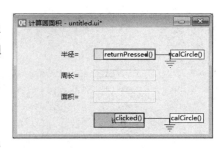（编辑窗口部件）按钮退出信号/槽编辑模式，再单击"保存"按钮将设计好的界面 UI 文件保存到指定的路径，文件名设为 circleCal.ui。

图 1.9　两个信号与槽关联好的界面

6．界面 UI 文件转换为 PY 文件

打开 Windows 命令行窗口，通过 cd 命令进入界面 UI 文件保存的目录，执行转换命令：
```
Pyuic6 -o circleCal_ui.py circleCal.ui
```
这里将转换后的文件命名为"circleCal_ui"，加"_ui"说明这是一个由界面 UI 文件转换而来的 Python 源文件，以便与后面将要编写的功能程序文件区分。

转换生成的界面 PY 文件与界面 UI 文件位于同一目录中。

说明：

这个界面 PY 文件只有定义图形界面的代码，并不包含启动入口和实现计算圆面积的功能代码，所以是不能直接运行的。

7．界面 PY 文件分析

启动 Python 的 IDLE，选择主菜单"File"→"Open"命令，进入 circleCal_ui.py 所在目录，打开文件，可以看到源码（原文件中并没有（1）、（2）等注释，这里是为了分析说明而加入的），这里先大致了解一下，代码如下：

```
# Form implementation generated from reading ui file 'circleCal.ui'
#
# Created by: PyQt6 UI code generator 6.3.0
#
# WARNING: Any manual changes made to this file will be lost when pyuic6 is
# run again.  Do not edit this file unless you know what you are doing.

from PyQt6 import QtCore, QtGui, QtWidgets


class Ui_Dialog(object):
    def setupUi(self, Dialog):                                          # (a)
        Dialog.setObjectName("Dialog")                                  # (b)
        Dialog.resize(350, 200)                                         # (c)
        self.label = QtWidgets.QLabel(Dialog)                           # (d)
        self.label.setGeometry(QtCore.QRect(80, 40, 71, 21))            # (e)
        self.label.setObjectName("label")                               # (f)
        self.label_2 = QtWidgets.QLabel(Dialog)
        self.label_2.setGeometry(QtCore.QRect(80, 80, 71, 21))
        self.label_2.setObjectName("label_2")
```

```
        self.label_3 = QtWidgets.QLabel(Dialog)
        self.label_3.setGeometry(QtCore.QRect(80, 120, 71, 21))
        self.label_3.setObjectName("label_3")
        self.leRadius = QtWidgets.QLineEdit(Dialog)
        self.leRadius.setGeometry(QtCore.QRect(140, 40, 113, 21))
        self.leRadius.setObjectName("leRadius")
        self.leLength = QtWidgets.QLineEdit(Dialog)
        self.leLength.setEnabled(False)
        self.leLength.setGeometry(QtCore.QRect(140, 80, 113, 21))
        self.leLength.setObjectName("leLength")
        self.leArea = QtWidgets.QLineEdit(Dialog)
        self.leArea.setEnabled(False)
        self.leArea.setGeometry(QtCore.QRect(140, 120, 113, 21))
        self.leArea.setObjectName("leArea")
        self.pbCal = QtWidgets.QPushButton(Dialog)
        self.pbCal.setGeometry(QtCore.QRect(140, 160, 93, 28))
        self.pbCal.setObjectName("pbCal")

        self.retranslateUi(Dialog)                                      # (g)
        self.pbCal.clicked.connect(Dialog.calCircle)                    # (h)
        self.leRadius.returnPressed.connect(Dialog.calCircle)           # (h)
        QtCore.QMetaObject.connectSlotsByName(Dialog)                   # (h)

    def retranslateUi(self, Dialog):
        _translate = QtCore.QCoreApplication.translate
        Dialog.setWindowTitle(_translate("Dialog", "计算圆面积"))
        self.label.setText(_translate("Dialog", "半径="))
        self.label_2.setText(_translate("Dialog", "周长="))
        self.label_3.setText(_translate("Dialog", "面积="))
        self.pbCal.setText(_translate("Dialog", "计算"))
```

说明：

（a）界面 PY 文件包含两个函数：setupUi 函数用于创建界面，retranslateUi 函数用于显示对话框标题和控件对象上的文本。

（b）Dialog.setObjectName("Dialog")：给对话框命名为"Dialog"（默认）。

（c）Dialog.resize(350, 200)：设置对话框窗体的尺寸。

（d）self.label = QtWidgets.QLabel(Dialog)：在对话框中创建 QtWidgets 类的 QLabel 子类对象。

（e）self.label.setGeometry(QtCore.QRect(80, 40, 71, 21))：设置标签 label 在对话框中的位置、宽度和高度。

（f）self.label.setObjectName("label")：指定标签对象 label 的名称为"label"。

因为标签控件仅显示界面文字，不会被程序引用，所以都保持默认名（label 显示"半径="、label_2 显示"周长="、label_3 显示"面积="），其他控件则按照表 1.1 设置各自的对象名称。

（g）self.retranslateUi(Dialog)：设置对话框标题及所有控件对象上的文本。

（h）关联信号/槽。

self.pbCal.clicked.connect(Dialog.calCircle)：将 pbCal 对象的 clicked 信号与对话框的 calCircle 槽函数关联起来。

self.leRadius.returnPressed.connect(Dialog.calCircle)：将 leRadius 对象的 returnPressed 信号与对话框的 calCircle 槽函数关联起来。

QtCore.QMetaObject.connectSlotsByName(Dialog)：按控件对象名绑定信号/槽。

从上面分析可见，界面 PY 文件的作用就相当于前面用代码实现计算圆面积程序中自定义的界面类 CircleCal(QDialog)及界面加载函数 initUi 的作用。

1.2.3 功能开发

虽然功能开发也可以直接编写在界面 PY 文件中，但这里为了展示功能与界面分离，以便应用程序修改、扩展和维护，另外创建 Python 文件专注于实现业务逻辑功能。

本例另创建一个 circleCal.py 来实现程序启动及圆面积计算功能，它使用界面 UI 文件生成的界面 PY 文件（circleCal_ui.py）来加载图形界面。

1. 修改界面 PY 文件（circleCal_ui.py）

界面 PY 文件中定义了一个 Ui_Dialog 类，继承自 Python 抽象的 object 类。为了让功能程序能基于这个 Ui_Dialog 类生成对话框窗口，需要将它修改为继承 QDialog（对话框类）。

采用 Python 自带的 IDLE 修改界面 PY 文件如下：

```python
...
from PyQt6 import QtCore, QtGui, QtWidgets
from PyQt6.QtWidgets import QDialog              # 导入 PyQt6 的对话框类

class Ui_Dialog(QDialog):                        # 明确其父类是对话框类
    def setupUi(self, Dialog):
        ...
```

将修改后的界面 PY 文件另存到一个名为 ui 的文件夹下。

2. 编写计算功能程序文件

用 IDLE 新建功能程序文件 circleCal.py，存放于 ui 文件夹的上级目录中。

代码如下：

```python
from ui.circleCal_ui import Ui_Dialog            # (a)
from PyQt6.QtWidgets import QApplication
import sys

class CircleCal(Ui_Dialog):                      # (b)
    # 初始化函数
    def __init__(self):
        super(CircleCal, self).__init__()
        self.setupUi(self)                       # 加载图形界面

    # 功能函数
    def calCircle(self):                         # (c)
        r = int(self.leRadius.text())
        if r >= 0:
            length = 2 * 3.14159 * r
```

```
                area = 3.14159 * r * r
                self.leLength.setText(str(length))
                self.leArea.setText(str(area))

# 启动入口
if __name__ == '__main__':                                    # (d)
    app = QApplication(sys.argv)
    dlg = CircleCal()
    dlg.show()
    sys.exit(app.exec())
```

说明：

（a）由于界面 PY 文件位于 ui 文件夹下，故要声明从"ui.界面 PY 文件名"导入其中的 Ui_Dialog 类，才能借助它来生成对话框图形界面。

（b）自定义的功能程序主类 CircleCal 继承自 Ui_Dialog 类，这样可以用自定义的界面创建图形界面，在其初始化函数中调用 setupUi 函数来生成对话框窗体及其上所有的控件。

（c）功能函数实现业务功能，与前面用纯代码实现计算圆面积程序的功能函数完全一样。PyQt6 界面开发中信号所关联的每一个槽函数在功能程序中都必须有其定义，并带一个 self 参数，在函数代码中通过 self 引用界面上的控件或调用其他函数。

（d）这个启动代码也与前面实现计算圆面积程序的代码一样。开发中，单窗体程序必须在最后加上启动代码才能运行；对于多窗体程序，主窗体源文件中也必须有启动代码，其余子窗体则没有启动代码，由主窗体来启动它们。

注意：
```
if __name__ == '__main__':
    ...
```
表示本程序文件既可以作为主窗体（'__main__'）运行，也可以作为子窗体被其他程序文件调用。如果只作为主窗体使用，就不需要 if 判断语句，如果只作为子窗体，这段代码就不需要了。

3. 运行程序

在 IDLE 打开的 circleCal.py 功能程序文件窗口中，选择主菜单"Run"→"Run Module"命令，程序成功启动运行，出现界面，输入半径值回车或单击"计算"按钮输出结果。

4. 打包发布

在 Windows 命令行中通过 cd 命令进入功能程序文件 circleCal.py 所在的目录，执行打包命令：

```
PyInstaller -F circleCal.py
```

当前目录下会生成一个 dist 文件夹，里面有一个 circleCal.exe 文件，双击即可运行。

说明：

虽然本例有两个程序文件（circleCal.py 和 circleCal_ui.py），但 PyInstaller 会将它们打包进同一个 EXE 文件中，将打包生成的 circleCal.exe 文件复制到其他路径甚至别的计算机上也照样可以运行程序。

1.3 PyQt6 集成开发环境搭建

Python 自带的 IDLE 功能有限，一般用于学习和调试简单的程序，并不适合解决实际问题的规模较大的应用项目开发。实际应用开发多使用集成开发环境（IDE），本书选择 Python 官方推荐的 PyCharm 作为 IDE，在其中整合 PyQt6 的 Qt Designer 及 PyUic 工具来搭建开发环境。

1.3.1 安装及配置 PyCharm

1. 安装 PyCharm

（1）访问 PyCharm 官方网站，下载得到安装文件 pycharm-community-2021.3.2.exe，双击启动安装向导，如图 1.10 所示，单击"Next"按钮。

（2）在"Choose Install Location"界面中可选择 PyCharm 的安装目录，如图 1.11 所示，单击"Next"按钮。

图 1.10 PyCharm 安装向导

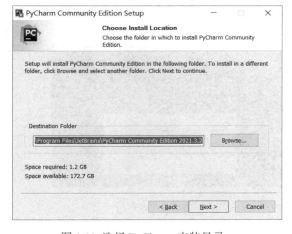
图 1.11 选择 PyCharm 安装目录

（3）在"Installation Options"界面中配置安装选项，这里选中"PyCharm Community Edition"（在桌面创建 PyCharm 快捷启动图标）、"Add "bin" folder to the PATH"（将 PyCharm 安装目录添加到环境变量中）、".py"（将 PyCharm 关联到 Python 源文件），如图 1.12 所示。单击"Next"按钮，在最后一个界面中单击"Install"按钮开始安装。稍候片刻，如图 1.13 所示，安装完成，可见"Reboot now"单选按钮已选中，单击"Finish"按钮重启计算机。

2. 启动 PyCharm

初次启动 PyCharm，会弹出对话框询问是否导入已有的 PyCharm 配置，这里编者的计算机第一次安装 PyCharm，选中"Do not import settings"单选按钮，单击"OK"按钮，启动界面如图 1.14 所示。

PyCharm 默认的主题颜色是灰色，为使界面看起来更舒服，通常需要自定义，单击界面左侧的"Customize"选项，在"Color theme"下拉列表框中选择"IntelliJ Light"，将主题颜色改为白色，如图 1.15 所示。

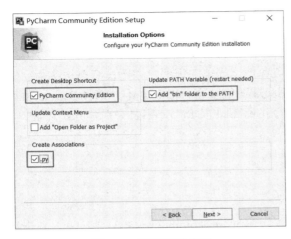

图 1.12 配置安装选项　　　　　　　　　图 1.13 安装完成

图 1.14 启动界面

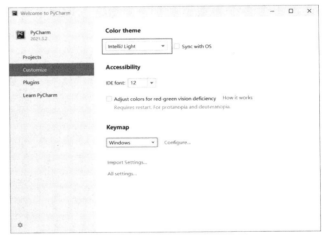

图 1.15 自定义环境主题颜色

3．配置 Python 解释器

用 PyCharm 开发的应用程序项目既可以用本地计算机安装的 Python，也可使用项目虚拟环境（venv\Scripts）自带的 Python 解释器来运行，但第三方库（如本书用的 PyQt6、QtTools 等）通常都安装在本地计算机的 Python 中，所以在用 PyCharm 创建项目后首先要做的就是将项目解释器更换为本地 Python，操作步骤如下。

（1）单击图 1.15 中"Projects"选项，单击"New Project"按钮，新建一个 PyCharm 项目，如图 1.16 所示。

（2）在"New Project"对话框中对项目进行配置，如图 1.17 所示。

① "Location"栏填写项目保存的路径及项目名。

② 默认选中的"New environment using"下的"Base interpreter"栏配置项目虚拟环境所基于的 Python 解释器，这里设为本地计算机 Python（python.exe）所在的路径。

③ 取消勾选"Create a main.py welcome script"复选框，不创建默认 main.py 文件。单击"Create"按钮，创建项目，进入 PyCharm 开发环境。

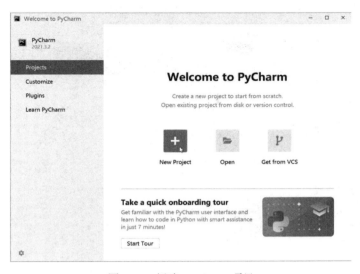

图 1.16　新建 PyCharm 项目

图 1.17　配置 PyCharm 项目

（3）选择主菜单"File"→"Settings"命令，在出现的"Settings"对话框中，左侧"Project：项目名"→"Python Interpreter"项已选中，但是中央列表区却并没有列出已安装的 Python 第三方库，这是因为当前默认的解释器还是虚拟环境中的，而非本机 Python，必须切换至本地 Python 解释器才能在项目中使用已安装的第三方库，如图 1.18 所示。

单击"Python Interpreter"栏右端的 ✿ 按钮，选择"Add"命令添加自定义的解释器。

图 1.18　虚拟环境的 Python 解释器无法使用第三方库

（4）出现"Add Python Interpreter"对话框，左侧选择"System Interpreter"，"Interpreter"栏选择本地 Python 解释器所在路径，单击"OK"按钮，如图 1.19 所示。

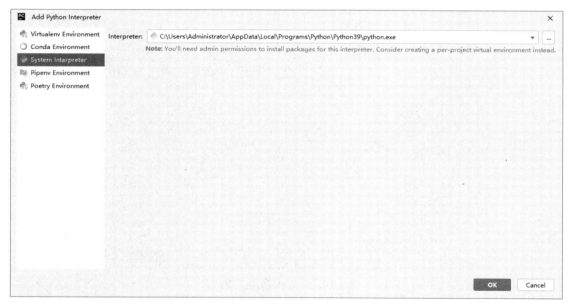

图 1.19　添加本地 Python 解释器

（5）回到"Settings"对话框，可见"Python Interpreter"栏已变更为本地 Python 解释器的路径，下方自动加载所有安装的 Python 库（也包括 PyQt6 系列库），如图 1.20 所示，说明配置成功了，单击"OK"按钮。

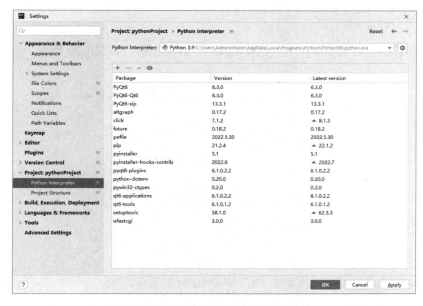

图 1.20　本地 Python 解释器配置成功

1.3.2　PyCharm 整合 PyQt6 界面设计工具

下面将 PyQt6 配套的界面设计器 Qt Designer 与界面文件转换工具 PyUic 整合进 PyCharm，以便在集成开发环境下使用，操作步骤如下。

1. 打开"Create Tool"对话框

在 PyCharm 环境下选择主菜单"File"→"Settings"命令，在出现的"Settings"对话框中，左侧选择"Tools"→"External Tools"项，单击 + （Add）按钮，弹出"Create Tool"对话框，这个对话框是专门用于往 PyCharm 中添加集成扩展工具的，如图 1.21 所示。

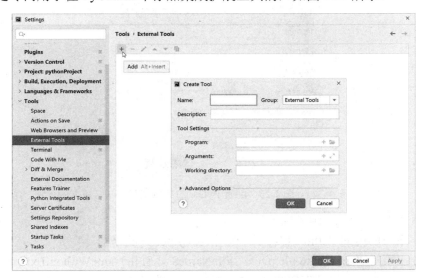

图 1.21　"Create Tool"对话框

2. 集成 Qt Designer

在"Create Tool"对话框中配置 Qt Designer 的集成信息，如图 1.22 所示。

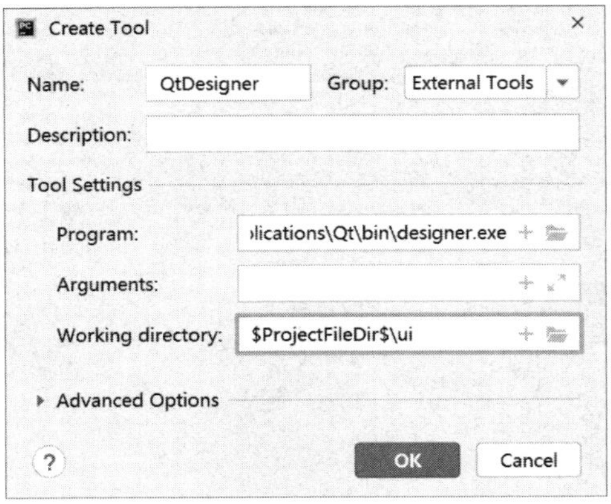

图 1.22　配置 Qt Designer 的集成信息

Name：填写"QtDesigner"（这是标识名，读者也可根据喜好和习惯另取名）。

Program：填写 Qt Designer 启动文件 designer.exe 的路径。designer.exe 默认安装在 Python 安装目录的\Lib\site-packages\qt6_applications\Qt\bin\路径下，读者请根据自己的实际安装路径设置。

Working directory：填写开发时界面 UI 文件的保存路径，编者将设计的界面文件统一保存在项目的 ui 文件夹（自己创建）下，故此处填写"$ProjectFileDir$\ui"。

单击"OK"按钮。

3. 集成 PyUic

再次打开"Create Tool"对话框，在其中配置 PyUic 的集成信息，如图 1.23 所示。

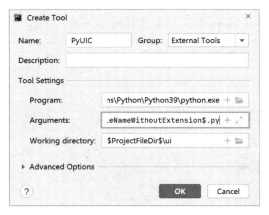

图 1.23　配置 PyUic 的集成信息

Name：填写"PyUIC"（读者也可另取名）。
Program：填写所用的 Python 解释器（即本地 Python）的路径。
Arguments：填写"-m PyQt6.uic.pyuic $FileName$ -o $FileNameWithoutExtension$.py"。
Working directory：填写开发时界面 UI 文件的保存路径"$ProjectFileDir$\ui"。

单击"OK"按钮。

4．完成整合

回到"Settings"对话框，可看到中央出现了"External Tools"树状列表，其下有"QtDesigner"和"PyUIC"（与前面配置时 Name 栏填写的名称相同），单击"OK"按钮回到开发环境，在 PyCharm 主菜单"Tools"→"External Tools"下也可看到有这两项，如图 1.24 所示，说明整合成功。

图 1.24　整合成功

5．基本使用方法

在开发 PyQt6 应用项目时，用户在 PyCharm 环境中通过菜单"Tools"→"External Tools"→"QtDesigner"命令就可以启动 Qt Designer 来开发图形界面，完成后保存为界面 UI 文件，在 PyCharm 项目目录中右击该文件，在快捷菜单中选择"External Tools"→"PyUIC"命令即可自动转换为对应的界面 PY 文件，十分方便。

第 2 章 窗口

QDialog、QWidget、QMainWindow 统称窗体类，是界面控件对象的容器，实例化后为窗口。QDialog 是对话框类（有标题栏、帮助和关闭按钮），QWidget 是通用窗口类（有标题栏，最小化、最大化和关闭按钮），QMainWindow 是主窗口类。主窗口类除了包含 QWidget 特性，窗口中还可以包含菜单栏、工具栏、状态栏等。

QWidget 是用户界面（包括 QMainWindow、QDialog）的基类，它从窗口系统接收鼠标、键盘和其他事件，并在屏幕上绘制自己。

一个 Python 应用程序（QApplication 类）可以包括一个或者多个窗口。多个窗口之间不是并列的，调用的窗口是父窗口，被调用的窗口为子窗口，最上面的称为顶层窗口。如果有多个窗口，主窗口只能作为顶层窗口，QWidget 窗口可作为父窗口，也可以作为子窗口。QDialog 对话框类是独立的顶层窗口。

2.1 PyQt6 窗口和应用程序

2.1.1 PyQt6 界面设计环境：Qt Designer

Qt Designer 安装后，在有关目录中生成了 designer.exe 文件，双击 designer.exe，会启动 Qt Designer，弹出"新建窗体"对话框，如图 2.1 所示。

图 2.1 "新建窗体"对话框

Qt Designer 设计环境如图 2.2 所示。

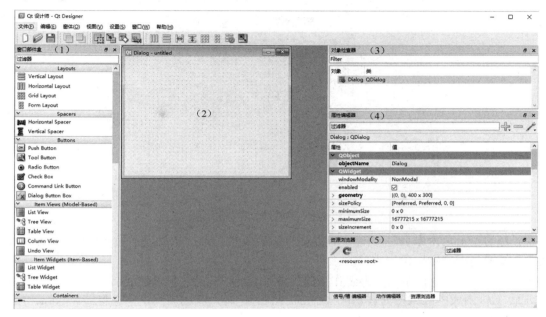

图 2.2 Qt Designer 设计环境

控件是图形界面上用户输入或操作数据的对象，PyQt6 的控件完全来自 Qt，种类十分丰富，所有的控件都直接或间接派生自 QWidget（通用窗口部件）类，窗口部件盒中的控件已按功能进行了分组，设计界面时用鼠标拖曳所需控件至设计区的窗体上，即可"画"出程序界面，十分方便。

2.1.2 应用程序类：QApplication

QApplication 是管理 GUI 程序类，处理主事件循环，也处理应用程序的初始化和收尾工作，并提供对话管理。

对于任何一个 GUI 应用，不管这个应用有没有窗口或有多少个窗口，有且只有一个 QApplication 对象，其指针可以通过 instance 函数获取。对于非 GUI 应用，则有且只有一个 QCoreApplication 对象，并且这个应用不依赖 QtGui 库。

由于 QApplication 需要完成许多初始化工作，因此它必须在创建其他与用户界面相关的类之前创建。QApplication 能够处理命令行参数，所以在想要处理命令行参数之前就要创建它。

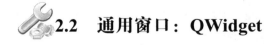 2.2 通用窗口：QWidget

2.2.1 坐标系统和类

1. QWidget 坐标系统

PyQt6 使用统一的坐标系统来定位窗口控件的位置和大小，QWidget 坐标系统如图 2.3 所示。

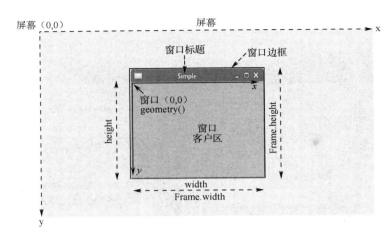

图 2.3 QWidget 坐标系统

以屏幕的左上角为原点，即(0, 0)，从左向右为 x 轴正向，从上向下为 y 轴正向，整个屏幕的坐标系统就是用来定位顶层窗口的。

QWidget 坐标系统以窗口左上角作为原点(0, 0)，从左向右为 x 轴正向，从上向下为 y 轴正向，x 轴、y 轴围成的区域称为客户区（Client Area），客户区的周围是标题栏（Window Title）和边框（Frame）。

2．QWidget 类

Qt Designer 新建窗口时选择 Widget 模板，Widget 窗口如图 2.4 所示。

图 2.4 Widget 窗口

在属性编辑器中，仅保留显示父类，Widget 模板窗口由 QObject 类和 QWidget 类组成。

展开 QObject 类，仅包含 objectName 属性，该属性用于设置和显示控件对象名。当前只有一个窗口对象，初始对象名为"Form"。如果选择"Dialog"模块，初始对象名为"Dialog"；如果选择"QMainWindow"模块，初始对象名为"MainWindow"。

展开对象检查器中的 QWidget 类，显示该类包含的属性。Qt Designer 中显示的 QWidget 属性可分为控件大小控制、外观控制、事件响应控制和信息管理几类。有些属性包含在相关属性组中，例如 x、y、width、height 属性包含在 geometry 属性组中。

注意： 不是所有的属性都可以通过界面设置的，有些属性是只读的，有些属性是通过其他属性计算得出的，有些属性运行时才有意义。

2.2.2　常用属性

QWidget 属性很多，但下面介绍的属性比较常用，其他属性请参考相关文档。在对象检查器中选择 QWidget 对象（例如“Form”），属性是 QWidget 对象的。如果在对象检查器中选择窗口中的控件，那么也包括 QWidget 类属性，但此时属性编辑器中是该控件继承 QWidget 类后的控件属性。这里不加区分，因为后面介绍控件时均不会再专门介绍控件这方面的属性，仅仅介绍控件本身的属性。

1. 窗口的标题：windowTitel 属性

设置如图 2.5 所示。

设置方法：setWindowTitle(字符串)

获取方法：windowTitle()

∨ windowTitle	Form
可翻译的	☑
澄清	
注释	

图 2.5　windowTitel 属性设置

2. 初始大小属性组：geometry

设置如图 2.6 所示。

代码设置（可选择一种）：

```
setGeometry(QtCore.QRect(x, y, 宽度, 高度 ))
setGeometry(QRect )
```

∨ geometry	[(60, 80), 211 x 31]
X	60
Y	80
宽度	211
高度	31

图 2.6　geometry 设置

获得当前参数：

x()、y()：相对于父控件的 x、y 位置。

pos()：x 和 y 的组合 QPoint(x, y)。

width()、height()：控件的宽度、高度。

size()：width 和 height 的组合 QSize(width, height)。

geometry()：相对于父控件的位置和尺寸组合 QRect(x, y, width, height)。

说明：

（1）geometry 属性定义了控件相对于其父级对象的位置和大小，包括左上角的坐标位置、长度和高度。QRect 类在平面上定义了一个矩形，使用整数表达，包括左上角（x,y）及宽和高，可以用一个 QPoint（点）和一个 QSize（大小）来表达。

（2）运行时，当控件调整大小时，如果控件可见将立即接收 moveEvent 事件和（或）resizeEvent 事件。如果控件当前不可见，则保证它在显示之前接收适当的事件。

（3）控件大小不超出 minimumSize()和 maximumSize()属性定义的范围。

【例 2.1】 窗口大小及位置控制测试。

代码如下（geometry.py）：

```
import sys
from PyQt6.QtWidgets import QApplication,QWidget
```

```
from PyQt6.QtCore import Qrect

app = QApplication(sys.argv)
w = QWidget()
w.setGeometry(260,240,300,200)
w.setWindowTitle("窗口测试")                    # 设置窗口标题
w.show()
print(w.x(),w.y(),w.width(),w.height())
print(w.pos(),w.size())
print(w.geometry())
app.exec()
```

运行程序,显示如图 2.7(a)所示,命令执行窗口中的显示如图 2.7(b)所示。

```
260 209 300 200
PyQt6.QtCore.QPoint(260, 209) PyQt6.QtCore.QSize(300, 200)
PyQt6.QtCore.QRect(260, 240, 300, 200)
```

(a)　　　　　　　　　　　　　　(b)

图 2.7　窗口大小及位置

说明:

(1) 下列命令与 w.setGeometry(260,240,300,200)效果相同:

```
rect=QRect(260,240,300,200)         # 创建方框对象 rect,包含位置和大小
w.setGeometry(rect)                  # 用 rect 对象设置窗口
```

(2) 下列命令也与 w.setGeometry(260,240,300,200)效果基本相同:

```
w.move(260,240)                      # 移动窗口到(x=260,y=240)位置
w.resize(300, 200)                   # 重新设置窗口大小为(w=300, h=200)
```

3. 控件不同部分的颜色控制:palette

Qt Designer 的控件属性中有控件调色板(palette)的属性,如图 2.8 所示。

左边为颜色角色和激活的典型颜色,右边为典型控件激活、非激活和实效调色效果预览。可以将调色结果保存到文件中,或者将已有的调色文件载入。

Qt 中调色板 palette 用于管理控件的一组外观显示设置,对应 PyQt6 中的 QPalette 类,可以管理控件和窗体的所有颜色。

(1) 颜色角色:ColorRole。

颜色角色是指界面中颜色对应的部分界面外观组合,通过枚举 QPalette.ColorRole.x 来定义。x 就是颜色值对应的枚举名。

(2) 颜色组:ColorGroup。

颜色组是指同一外观组合在活动状态(active,获得焦点)、非活动状态(inactive,未获得焦点)、禁止状态(disable,不能获得焦点)时的对应颜色。

代码描述颜色:

(1) 在代码描述颜色时可以采用系统定义的颜色,Qt.GlobalColor.red 表示红色。

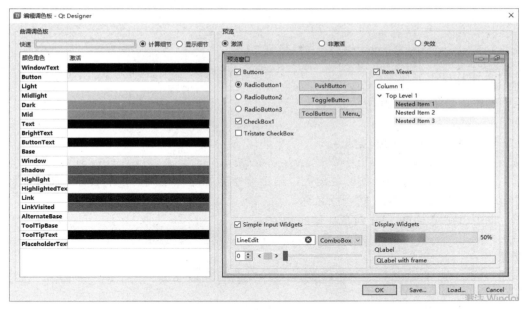

图 2.8 控件调色板

（2）颜色类 QColor。QColor 颜色类使用红色、绿色和蓝色（RGB）顺序强度值的组合，最常见的是 RGB 十进制值或十六进制值。十六进制的有效值为 0~255，0 表示完全透明，255 表示完全不透明。

例如：QColor(0, 0, 0)是不可见的颜色，QColor(255, 0, 0)是红色。

也可以使用十六进制值定义颜色：QColor("#0000FF")是蓝色。

代码设置：

```
color.setNamedColor('#d4d4d4')
```

【例 2.2】颜色测试代码。

代码如下（color.py）：

```
import sys
from PyQt6.QtWidgets import QApplication,QWidget, QLabel,QTextEdit
from PyQt6.QtCore import Qt
from PyQt6.QtGui import QPalette,QColor
app = QApplication(sys.argv)
w = QWidget()
w.setGeometry(260,240,300,200)
w.setWindowTitle("窗口测试")
palette = QPalette()
palette.setColor(QPalette.ColorRole.Window, Qt.GlobalColor.red)        # (a)
lb = QLabel("标签测试文本",w)
lb.move(100,20)
lb.resize(100, 20)
lb.setAutoFillBackground(True)
lb.setPalette(palette)
color = QColor(10,50,255)                                              # (b)
te = QTextEdit(w)
te.move(100,60)
```

```
te.resize(100, 20)
te.setTextColor(color)
te.setText("文本框测试文本")
w.show()
app.exec()
```

运行程序，显示如图 2.9 所示。

说明：

（a）创建 QPalette 类对象 palette：

```
palette.setColor(QPalette.ColorRole.Window, Qt.GlobalColor.red)
```

第 1 个参数指定 Window 的颜色角色，第 2 个参数指定颜色成员枚举名称。在开发环境中输入"Qt."后会列出系统定义的颜色名称。

（b）也可以在定义 QColor 对象后修改颜色：

```
color.setNamedColor('#0A32ff')
```

或者

```
color.setNamedColor('10,50,255')
```

4．字体设置：font 属性

其设置如图 2.10 所示。

图 2.9　颜色测试　　　　　　图 2.10　font 属性设置

font 属性包括字体的字体簇（Family）、大小（Size）、粗体（Bold）、斜体（Italic）、下画线（Underline）、删除线（Strikeout）、字距调整（Kerning，主要针对不规则形状的英文字符，使字形之间的空间相似）、反锯齿（Antialiasing）。

属性既可以通过列表项分别设置，也可以单击其后的"…"按钮，通过"选择字体"对话框设置，如图 2.11 所示。单击 按钮，则清空已经设置的内容。

图 2.11　"选择字体"对话框

代码设置:
```
label.setFont(QFont(字体名,字号))
```
或者
```
font=Qfont()
font.setFamily('Arial')
font.setPointSize(16)
font.setBold(True)
label.setFont(font)
```

【例 2.3】 字体测试。

代码如下 (font.py):
```
import sys
from PyQt6.QtGui import *
from PyQt6.QtWidgets import QApplication,QWidget,QLabel
app = QApplication(sys.argv)
w = QWidget()
w.setGeometry(260,240,300,200)
w.setWindowTitle("字体测试")
lb = QLabel("标签测试Text",w)
lb.move(60,20)
lb.resize(160, 30)
font=QFont()
font.setPointSize(16)
font.setFamily('Arial')
font.setBold(True)
lb.setFont(font)
#lb.setFont(QFont('Times', 14))
w.show()
app.exec()
```

运行程序,显示如图 2.12 所示。

图 2.12 字体测试

5. 定义控件外观样式表:styleSheet 属性

在 Qt 中 styleSheet 样式表类似于 HTML 的 CSS,这是专门为 Qt 中的控件开发的。styleSheet 的定义语法也类似 CSS,并且是支持跨平台的。

可以通过 QApplication.setStyleSheet()在整个应用程序上设置样式。如果在不同级别设置了多个样式表,Qt 将从所有设置的样式表中派生出有效的样式表,称为样式级联。

1）编辑样式表

单击"…"按钮，显示"编辑样式表"对话框，如图 2.13 所示。

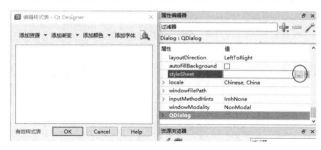

图 2.13 "编辑样式表"对话框

代码设置：
```
setStyleSheet("font-size:字号;font-weight:bold;font-family:字体; …")
```
例如，设置标签对象 label 的字体、字号、加黑和颜色：
```
label.setStyleSheet("color:rgb(20,20,255);font-size:25px; \
    font-weight:bold;font-family: Courier New;")
```
获取方法：styleSheet()

2）样式表的组成

样式表由一系列样式规则组成。样式规则由选择器和声明组成，选择器指定哪些控件受规则影响，声明指定应在控件上设置哪些属性。

例如：QPushButton { color: red }

其中，QPushButton 是选择器，{ color: red }是声明，表示所有 QPushButton 按钮及其派生类对象的文本颜色设置为红色。如果该规则样式表应用在窗口上，则窗口上所有没有指定 styleSheet 的 pushButton 控件的文字颜色会显示为红色，通过 styleSheet 指定控件 color 按自己指定颜色显示。

说明：

（1）styleSheet 属性也包括字体属性。如果 styleSheet 与 setFont 在同一个控件上使用，则样式表优先。

（2）在样式定义语句中，通常情况下大小写都可以，但类名、对象名和属性名是区分大小写的。

【例 2.4】styleSheet 样式测试。

代码如下（styleSheet.py）：
```python
from PyQt6.QtWidgets import *
import sys
class myWidget(QWidget):
    def __init__(self):
        super(myWidget, self).__init__()
        self.setWindowTitle("样式测试")
        pb1 = QPushButton("命令按钮 1")
        pb2 = QPushButton("命令按钮 2")
        pb3 = QPushButton("命令按钮 3")
```

```python
        lb = QLabel("标签文本")
        #（a）
        vLay = QVBoxLayout()
        vLay.addWidget(pb1)
        vLay.addWidget(pb2)
        vLay.addWidget(pb3)
        vLay.addWidget(lb)
        self.setLayout(vLay)
        #（b）
        lb.setStyleSheet("color:rgb(20,20,255);font-size:24px; \
            font-weight:bold;font-family: Courier New;")
if __name__ == "__main__":
    app = QApplication(sys.argv)
    #（c）选择器
    pbStyle = """
        QPushButton {
            background-color:red;
            fireground-color:blue;
            font-family: 黑体;
            font-size:16px;
        }
    """
    w = myWidget()
    w.setStyleSheet(pbStyle)
    w.show()
    sys.exit(app.exec())
```

运行程序，显示如图 2.14 所示。

说明：

（a）创建垂直布局 vlay，将 3 个命令按钮和 1 个标签放入其中。控件布局后面还要专门介绍。

（b）设置标签对象 lb 的样式。

（c）给窗口中的命令按钮（QPushButton）类设置样式。

图 2.14　样式测试

6．设置窗口类型

1）设置窗口类型

代码如下，通过 windowType 函数可获取当前窗口的类型：

```
setWindowsFlages(窗口类型枚举)
```

部分窗口类型（**Qt.WindowType.x**）如下。

Widget：QWidget 类的默认类型。

Window：QWidget 类创建的主窗口。

Dialog：对话框。

SplashScreen：启动窗口。窗口表现为启动窗口，没有边框和标题，无法调整大小，是 QSplashScreen 类的默认值。

Desktop：桌面。窗口表现为桌面，不会在屏幕上显示。

SubWindow：子窗口。窗口表现为子窗口，有边框、标题栏，不能单独存在，也无法用鼠标调整大小。

ForeignWindow：外部窗口。窗口是另一进程创建的。

2）设置窗口属性

在设置窗口时可用"|"一次设置多个属性，通过 windowFlags 函数可获取当前窗口的属性。常用的一些属性如下。

MSWindowsFixedSizeDialogHint：禁止调整窗口尺寸。

FramelessWindowHint：去除边框和标题栏，不能调整、移动窗口。

NoDropShadowWindowHint：去除窗口的阴影。

CustomizeWindowHint：去除边框和标题栏，但增加 bulk 效果，尺寸可调整。

WindowTitleHint：增加窗口标题。

WindowSystemMenuHint：增加系统菜单和关闭按钮。

WindowMinimizeButtonHint：增加最小化按钮。

WindowMaximizeButtonHint：增加最大化按钮。

WindowMinMaxButtonsHint：增加最小化、最大化按钮。

WindowCloseButtonHint：增加关闭按钮。

WindowContextHelpButconHint：增加帮助按钮。

WindowStaysOnTopHint：将窗口置顶。

WindowStaysOnBottomHint：将窗口置底。

【例 2.5】 设置窗口属性。

代码如下（appSimple.py）：

```
import sys
from PyQt6.QtWidgets import *
from PyQt6.QtCore import Qt
app = QApplication(sys.argv)
label = QLabel("<font color=blue size=64><b>程序正在启动...</b></font>")
label.setWindowFlags(Qt.WindowType.SplashScreen | Qt.WindowType.FramelessWindowHint)
label.show()
app.exec()
```

运行程序，显示的窗口没有边框，如图 2.15 所示。

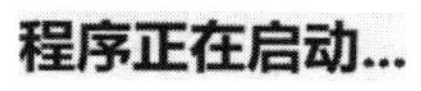

程序正在启动...

图 2.15　启动窗口

2.2.3　事件

在 PyQt6 的 GUI 编程中，基于 QWidget 的应用程序都是由事件 event 驱动的，它的每个动作都会触发事件。例如单击命令按钮，系统就产生了鼠标单击事件，在文本框中输入内容就产生了键盘事件，最小化窗口等会产生相应的事件等。

PyQt6 是事件驱动的，下列应用程序中主窗口事件循环：

```
app = QApplication(sys.argv)
w = QWidget()
w.show()
sys.exit(app.exec())
```

其中，app.exec()开启了应用程序的事件处理循环。应用程序会对事件队列中排队的事件进行处理，还可以对相同事件进行合并处理。

另外，exec()有返回值，show()没有返回值。调用show()的作用仅仅是将 Widget 及其上的内容都显示出来。

1. 系统事件类型

常见的系统事件分类如下。

（1）键盘事件

按键按下和松开、焦点移动、获得焦点和失去焦点等。

（2）鼠标事件

鼠标按键按下、松开和指针移动、双击、进入和离开 Widget，用鼠标进行拖放，鼠标滚轮滚动等。

（3）窗口事件

Widget 的位置改变、大小改变、显示、隐藏和关闭，窗口是否为当前窗口等。

（4）绘制屏幕图形

窗口绘制和重绘动作等。

（5）定时事件

定时器到时。

此外，还有 Socket 事件、剪贴板事件、字体改变事件、布局改变事件等。

2. 默认事件处理函数

PyQt6 中，事件是一种对象，事件的基类是抽象类 QEvent。QEvent 有众多子类表示具体的事件，例如 QKeyEvent 表示按键事件，QMouseEvent 表示鼠标事件，QPaintEvent 表示窗体绘制事件。当一个事件发生时，PyQt6 会根据事件的具体类型用 QEvent 相应的子类创建一个事件对象，然后传递给产生事件的对象的 event(self,e))函数进行处理，其中参数 e 就是 PyQt6 调用 event 函数时传入的事件对象。

QEvent 类定义了下列接口函数。

accept()：接收此事件，被接收的事件不会再继续上传至上层容器控件。

ignore()：忽略此事件，被忽略的事件会继续上传至上层容器控件。

type()：返回事件的类型。事件类型是枚举，例如 QMouseEvent 的 type 枚举值为 5。不同事件类型对应的枚举值可以参考官方文档。

事件会优先发送给触发事件对象的 event 函数，但是 event 函数默认是不做额外的具体处理，而是将事件转派给触发事件对象的各种事件的默认处理函数。例如：event 函数会将 type 为 QMouseEvent（移动鼠标）的事件转派给触发事件对象的 mouseMoveEvent 函数，会将 type 为 QMouseButtonDblClick（双击鼠标）的事件转派给触发事件对象的 mouseDoubleClickEvent 函数。

每一个 QWidget 都定义了很多这样的默认事件处理函数，都会接收一个具体的 event 事件对象。每一个 event 对象除了实现基础 QEvent 对象的接口，还会提供很多其他的与事件相关的函数。例如 QMouseEvent 对象还提供了返回鼠标位置的 pos、localPos 等函数。

用户在继承 QWidget 或者其子类的自定义类中可以重新实现这些默认的事件处理函数，从而实现自己需要的功能。例如，某些控件没有 clicked 信号，那么就不能通过信号/槽的方式实现对鼠标单击的处理，但是可以重新实现鼠标按下事件 mousePressEvent 或鼠标松开事件 mouseReleaseEvent 函数对鼠标事件进行处理。

【例 2.6】 事件处理测试。

代码如下（event.py）：

```python
from PyQt6 import QtWidgets
from PyQt6.QtGui import *
from PyQt6.QtCore import Qt,QEvent
from PyQt6.QtWidgets import QWidget
import sys

''' (a) 自定义的QLabel类'''
class myLabel(QtWidgets.QLabel):
    def __init__(self, parent=None):
        super(myLabel, self).__init__(parent)
        font = QFont("楷体", 16)
        self.setFont(font)
    # (b) 重载鼠标按下事件
    def mousePressEvent(self, event):
        if event.buttons() == Qt.MouseButton.LeftButton:         # 左键按下
            self.setText("单击鼠标左键")
        elif event.buttons() == Qt.MouseButton.RightButton:      # 右键按下
            self.setText("单击鼠标右键")
        elif event.buttons() == Qt.MouseButton.MidButton:        # 中键按下
            self.setText("单击鼠标中键")
        elif event.buttons() == Qt.MouseButton.LeftButton | \
Qt.MouseButton.RightButton:                                      # 左右键同时按下
            self.setText("同时单击鼠标左右键")
    # (c) 重载滚轮滚动事件
    def wheelEvent(self, event):
        angle = event.angleDelta() / 8
                            # 返回QPoint对象，为滚轮转过的数值，单位为1/8度
        angleX = angle.x()      # 水平滚过的距离(此处用不上)
        angleY = angle.y()      # 竖直滚过的距离
        if angleY > 0:
            self.setText("滚轮向上滚动")
            print("鼠标滚轮上滚",angleY)
        else:  # 滚轮下滚
            self.setText("滚轮向下滚动")
            print("鼠标滚轮下滚",angleY)
    # (d) 重载鼠标双击事件
    def mouseDoubieCiickEvent(self, event):
        print("鼠标双击")
```

```python
    # (d) 重载鼠标键释放
    def mouseReleaseEvent(self, event):
        self.setText("鼠标按键释放")

'''定义主窗口'''
class myWidget(QtWidgets.QWidget):
    def __init__(self):
        super(myWidget, self).__init__()
        self.setWindowTitle('事件测试')
        self.resize(300, 120)                        # 设置 myWidget 窗口的大小
        self.lb = myLabel(self)
        self.lb.setText("---------------")
        self.lb.setGeometry(60, 40, 160, 50)         # 设置标签 lb 在窗口中的位置和大小
    # (e) 重载鼠标移动事件
    def mouseMoveEvent(self, event):
        print("鼠标移动",self.x(),self.y())
    # (e) 重载窗体大小改变的事件
    def resizeEvent(self, event):
        message="窗口大小调整为：\
QSize({0},{1})".format(event.size().width(),event.size().height())
        print(message)
        #self.update()
    # (f) 重载按键事件
    def keyPressEvent(self,event):
        print('Key')
        if event.key()==Qt.Key.Key_Escape:
            self.close()
    # (f) 重载总事件
    def event(self,event):
        if ( event.type() == QEvent.Type.KeyPress and event.key() == \
Qt.Key.Key_Q ):
            print("A Key")
            self.close()
            return True
        return QWidget.event(self,event)
if __name__ == "__main__":
    app = QtWidgets.QApplication(sys.argv)
    w = myWidget()
    w.show()
    sys.exit(app.exec())
```

运行程序，显示如图 2.16 所示。

图 2.16　事件处理测试

说明：

（a）自定义标签类（继承 QLabel），设置标签使用字体和字号。

（b）重载鼠标按下事件 mousePressEvent(self, event)，通过 event.buttons 函数确定鼠标按下的是哪一个按键。按键的标识是 Qt.MouseButton 中定义的枚举常数。通过左右按键枚举值或运算可以判断这两个按键是否同时按下。鼠标还有中键，这里没有列出。

（c）重载滚轮滚动事件，显示 y 方向滚动的距离。

（d）重载鼠标双击事件和重载鼠标按键释放。因为一般鼠标按键后均需要释放，所以在标签上停留显示的是"鼠标按键释放"，其他状态只有在按下按键没有释放时才能显示。

（e）重载鼠标移动事件，同时显示鼠标指针相对于标签的位置。重载窗体大小改变的事件，显示窗口大小。

（f）重载按键事件，按 Esc 键，退出窗口。重载总事件，如果是按键事件并且按 Q 键则退出窗口。

注意：在自定义标签类中重载事件，只有鼠标指针在标签区域中才会产生作用。

3．事件过滤

使用 PyQt6 的事件过滤器（eventfilter），可以将一个对象上发生的事件委托给另一个对象来检测并处理。

实现事件过滤功能需要完成以下两项操作。

（1）被监测对象使用 installEvenFilter 函数将自己注册给监测对象。

（2）监测对象实现 eventFilter 函数，对监测对象的事件进行处理。

【例 2.7】 事件过滤测试。

代码如下（eventFilter.py）：

```python
import sys
from PyQt6.QtWidgets import QApplication,QWidget, QLabel
from PyQt6.QtCore import QEvent

class myWidget(QWidget):
    def __init__(self, parent=None) -> None:
        super().__init__(parent)
        self.resize(400, 300)
        self.setWindowTitle('事件委托测试')

        self.lb1 = QLabel(self)
        self.lb1.setGeometry(20, 20, 300, 60)
        self.lb1.setText('第==1==标签')
        font = self.lb1.font()                      # (a)
        font.setPointSize(16)
        font.setBold(True)
        self.lb1.setFont(font)
        self.lb1.installEventFilter(self)           # (b)

        self.lb2 = QLabel(self)
        self.lb2.setGeometry(20, 100, 300, 60)
```

```
            self.lb2.setText('第==2==标签')
            self.lb2.setFont(font)                    # (a)
            self.lb2.installEventFilter(self)         # (b)
    # (c) 对监测对象的事件进行处理
    def eventFilter(self, lb, event) -> bool:
        if lb == self.lb1:
            if event.type() == QEvent.Type.Enter:
                self.lb1.setStyleSheet(\
'background-color:rgb(170,255,255);')
            if event.type() == QEvent.Type.Leave:
                self.lb1.setStyleSheet('')
        if lb == self.lb2:
            if event.type() == QEvent.Type.Enter:
                self.lb2.setStyleSheet('background-color:rgb(255,0,0);')
            if event.type() == QEvent.Type.MouseButtonPress:
                self.lb2.setStyleSheet('background-color:rgb(0,255,0);')
            if event.type() == QEvent.Type.MouseButtonRelease:
                self.lb2.setStyleSheet('background-color:rgb(0,0,255);')
            if event.type() == QEvent.Type.Leave:
                self.lb2.setStyleSheet('')
        return super().eventFilter(lb, event)
app = QApplication(sys.argv)
w = myWidget()
w.show()
sys.exit(app.exec())
```

说明：

（a）标签采用原来的字体，仅仅改变字号和加黑。

（b）安装过滤器。

（c）对监测对象的事件进行处理。

myWidget 窗口有两个标签对象 lb1 和 lb2，它们将事件处理全部委托给了 myWidget。这样，一旦这两个标签上发生事件，myWidget 的 eventFilter 函数就会被触发。它通过条件语句判定事件源和事件类型。因为并不是对两个标签对象事件都处理，所以最后需要使用 QWidget 的 eventFilter 函数做善后处理。

2.2.4 信号/槽

事件与信号是有区别的，但是也有关联。控件信号包括系统信号和自定义信号。

1. 系统信号

PyQt6 为某个界面控件定义的信号通常是对某个事件的封装。例如 QPushButton 有 clicked 信号，就可以看成对 QPushButton 的 QMouseReleaseEvent 事件的封装。每个控件包含的系统信号会在后面介绍常用控件时分别说明。

通过编写与信号关联的槽函数可以实现当信号发射时做的事情。

每一个 QObject 对象和所有继承自 QWidget 的控件都支持信号/槽机制。在 PyQt6 中信号/

槽通过下列语句建立连接：

```
控件对象.信号（参数）.connect(槽函数)
```

当信号发射时，连接的槽函数将会自动执行。

PyQt6 窗口控件类中有很多内置信号，也可以添加自定义信号。

信号与槽具有如下特点：

（1）一个信号可以连接多个槽；
（2）一个信号可以连接另一个信号；
（3）信号参数可以是任何 Python 类型的；
（4）一个槽可以监听多个信号；
（5）信号/槽的连接方式可以是同步连接，也可以是异步连接；
（6）信号/槽的连接可能会跨线程；
（7）信号可能会断开。

2．自定义信号

PyQt6 内置信号是系统定义的，用户可以自定义信号。

1）创建一个信号

使用 PyQt6.QtCore.pyqtSignal 函数可以为 QObject 对象创建一个信号，使用 pyqtSignal 函数可以把信号定义为类的属性。

例如：

```
class pyqtSignal:
    def __init__(self, *types, name: str = ...) -> None: ...
```

其中，types 参数表示定义信号时参数的类型，name 参数表示信号的名称，默认使用类的属性名称。

2）定义信号

使用 pyqtSignal 函数创建一个或多个重载的未绑定的信号作为类的属性，信号只能在 QObject 的子类中定义。使用 pyqtSignal 函数定义信号时，信号可以传递多个参数，并指定信号传递参数的类型，参数类型是标准的 Python 数据类型，包括字符串、日期、布尔类型、数字、列表、字典、元组。

例如：

```
from PyQt6.QtCore import pyqtSignal, QObject
class StandardItem(QObject):
    # 定义信号，两个参数的类型分别为str,str,信号名称为statusChanged
    data_changed = pyqtSignal(str, str, name="statusChanged")
    # 更新信息，发送信号
    def update(self):
        self.dataChanged.emit("老状态", "新状态")
```

3）将信号绑定到槽函数上

使用 connect 函数可以将信号绑定到槽函数上，使用 disconnect 函数可以解除信号与槽函数的绑定，使用 emit 函数可以发射信号，触发与信号关联的槽函数。

```
QObject.signal.connect(self, slot, type=None, no_receiver_check=False)
```

建立信号到槽函数的连接，type 为连接类型。
QObject.signal.disconnect(self, slot=None)
断开信号到槽函数的连接。

【例 2.8】 自定义信号测试。

代码如下（eventDefSignal.py）：

```python
import sys
from PyQt6.QtCore import pyqtSignal
from PyQt6.QtWidgets import QWidget, QApplication, QPushButton

class myWidget (QWidget):
    closeWindow = pyqtSignal()                              # (a)
    def __init__(self, parent=None):
        super().__init__(parent)
        self.setWindowTitle("自定义信号测试")
        self.resize(200, 100)
        btn = QPushButton("关闭窗口", self)
        # 连接内置信号 clicked 与自定义槽函数
        btn.clicked.connect(self.onClicked)
        # 连接自定义信号 closeWindow 与自定义槽函数 onClose
        self.closeWindow.connect(self.onClose)              # (b)
    # 自定义槽函数
    def onClicked(self):
        # 发送自定义信号
        self.closeWindow.emit()                             # (c)
    # 自定义槽函数
    def onClose(self):
        self.close()
if __name__ == "__main__":
    app = QApplication(sys.argv)
    w = myWidget ()
    w.show()
    sys.exit(app.exec())
```

运行程序，显示如图 2.17 所示。

说明：

（a）自定义信号，名称为 closeWindow。

（b）关联自定义信号 closeWindow，定义槽函数 onClose(self)，执行系统函数关闭窗口。如果实际应用时关闭窗口，也可以在关联自定义信号 closeWindow 的槽函数时直接采用系统函数，关联代码如下。

图 2.17 自定义信号测试

```python
self.closeWindow.connect(self.close())
```

（c）单击"关闭窗口"按钮，发出 closeWindow 信号。

根据 closeWindow 信号执行其对应的槽函数——onClose 函数，在函数中执行系统函数 self.close，关闭窗口。

2.2.5 通用窗口实例

下面通过实例介绍通用窗口的创建，然后设置它的主要属性，窗口中包含常用控件，设置常用事件和关联槽函数。

【例 2.9】 由 QWidget 类创建通用窗口对象，窗口包含一个命令按钮，单击该按钮，在 Python 命令窗口显示窗口位置和大小。

代码如下（widgetTest）：

```
from PyQt6.QtWidgets import QApplication,QWidget,QPushButton
import sys

app = QApplication(sys.argv)
w = QWidget()
w.resize(300, 200)
w.move(260,240)
w.setWindowTitle('PyQt 窗口')

def btnFunc():
    print("窗口左上角(x,y)=%d,%d" %(w.x(),w.y()))
    print("窗口宽高（w,h)=%d,%d" %(w.width(), w.height()))
    print("窗口客户区左上角(x,y)=%d,%d" %(w.geometry().x(), w.geometry().y()))
    print(w.frameGeometry())
    print("窗口内控件(x,y)=%d,%d" %(btn.x(),btn.y()))
btn = QPushButton(w)
btn.setText("Test Button")
btn.move(120, 150)
btn.clicked.connect(btnFunc)

w.show()
sys.exit(app.exec())
```

程序运行，单击"Test Button"按钮，结果如图 2.18 所示。

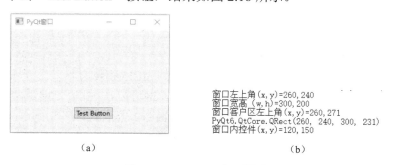

(a)　　　　　　　　　　　　(b)

图 2.18　QWidget 窗口测试

说明：

（1）QWidget 直接的成员函数：x、y 函数获得窗口左上角在屏幕上的坐标，width、height 函数获得客户区的宽度和高度。

（2）QWidget 的 geometry 成员函数：x、y 函数获得客户区左上角的坐标，width、height 函数获得客户区的宽度和高度。

（3）QWidget 的 frameGeometry 成员函数：x、y 函数获得窗口左上角的坐标，width、height 函数获得包含客户区、标题栏和边框在内的整个窗口的宽度和高度。

【例 2.10】 创建窗口类，从 QWidget 继承，窗口包含一个命令按钮。设置窗口图标，显示按钮和窗口指定字体提示信息。

代码如下（widgetClassTest）：

```python
import sys
from PyQt6.QtWidgets import QApplication, QWidget, QPushButton, QToolTip
from PyQt6.QtGui import QFont,QIcon

class WinForm(QWidget):
    def __init__(self):
        super().__init__()
        self.initUI()
    def initUI(self):
        self.setWindowTitle('图标和气泡提示')
        self.setWindowIcon(QIcon('./images/python.ico'))        #（a）
        self.setGeometry(300, 300, 400, 200)
        QToolTip.setFont(QFont('SansSerif', 10))               #（b）
        self.setToolTip('这是<b>QWidget</b> 窗口！')
        btn = QPushButton('按钮', self)                         #（c）
        btn.setToolTip('这个控件属于 <b>QPushButton</b>类！ ')
        btn.move(50, 50)
        btn.resize(btn.sizeHint())

        self.show()
if __name__ == '__main__':
    app = QApplication(sys.argv)
    w = WinForm()
    sys.exit(app.exec())
```

运行程序，将鼠标指针放到"按钮"上，显示提示信息如图 2.19（a）所示。将鼠标指针放到窗口上，显示提示信息如图 2.19（b）所示。

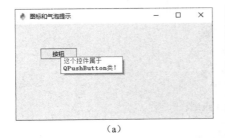
（a）

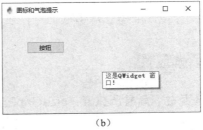
（b）

图 2.19 窗口图标和气泡

说明：

（a）给窗口设置图标。

QIcon(x)：创建 QIcon 对象。

self.setWindowIcon(x)：将 x 对象作为窗口图标。
（b）设置提示信息字体和窗口提示信息。
QToolTip.setFont(QFont('SansSerif', 10))：设置提示信息字体。
self.setToolTip('这是QWidget 窗口！')：设置窗口提示信息。
QWidget：表示加粗显示"QWidget",表达方式类似于 HTML 标记。
（c）设置按钮提示信息。
btn = QPushButton('按钮', self)：在窗口中创建命令按钮（btn），显示"按钮"。
btn.setToolTip(…)：设置 btn 按钮提示信息。
btn.move(50, 50)：指定 btn 按钮的位置。
btn.resize(btn.sizeHint())：指定 btn 按钮采用默认大小。

2.3 对话框：QDialog

QDialog 是对话框的基类，对话框一般用来执行短期任务，或者与用户进行互动，它可以是模态的，也可以是非模态的。对话框的标题栏上没有最小化和最大化控件，QDialog 没有菜单栏、工具栏、状态栏等。

1．模态对话框

应用程序模态对话框：一旦调用该对话框，就会成为应用程序唯一能够与用户进行交互的部件。在关闭该对话框之前，用户不能使用应用程序的其他部件。当然，用户还可以使用其他的应用程序。

窗口模态对话框：它会阻止与其父窗口、父窗口的父窗口并直至顶层窗口等的交互，当然也会阻止与父窗口同层各兄弟窗口的交互。对于只有一个顶层窗口的应用程序，其作用与应用程序模态对话框相同。

调用 exec 函数后，调用线程将会被阻塞，直到 Dialog 关闭。

2．非模态对话框

当调用非模态对话框时，用户可以与该对话框以及应用程序的其他部分交互。这种情况可以存在于不同窗口同时修改程序的状态，可能造成两者相互影响。

即使关闭主窗口，非模态对话框仍然存在。

2.3.1 对话框属性

1．窗口是否右下角显示抓痕：sizeGripEnabled

窗口右下角标记的三根斜线的图案就是抓痕，抓痕表示可以通过拖曳对窗口大小进行调整，如图 2.20 所示。

有无抓痕都能拖动右下角调整窗口大小，但有抓痕时拖动区域包括右下角顶点及抓痕部分，无抓痕时只能拖动右下角顶点，这意味着该属性扩展了右下角窗口大小调整的拖动区域。默认情况下，该属性为 False。

设置方法：setSizeGripEnabled(逻辑值)
获取方法：isSizeGripEnabled()

2. 是否模态对话框：modal 属性

modal 属性表示对应对话框是否是模态对话框，默认值是 False。

如果设置为模态，当打开对话框时，用户必须完成与对话框的交互并关闭它，然后才能访问其他与该对话框关联的其他窗口。模态对话框只阻止访问与对话框关联的窗口，允许用户继续使用应用程序中的其他窗口。对话框为非模态时，在弹出对话框后仍然可以操作其他窗口，包括它的父窗口（主窗口），即使关闭主窗口，对话框仍然存在。

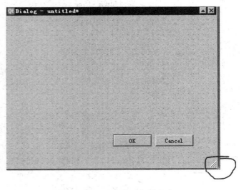

图 2.20　对话框抓痕

设置方法：setModal(逻辑值)或者 setWindowModality()
获取方法：isModal()

说明：

（1）不管是否为模态，当用户按 Esc 键时，将会默认调用 QDialog.reject 方法来关闭对话框。

（2）与 exec 函数不同，show 函数立即将控制权返回给调用者。如果同时使用 show 函数和 setModal(True)进行长时间的操作，则必须在处理过程中周期性地调用 QCoreApplication::processEvents 函数，才能让用户与对话框进行交互。

2.3.2　对话框实例

下面通过实例介绍对话框的创建，在主窗口下调用对话框，模态和非模态对话框与父窗口的关系。

【例 2.11】 在主窗口上单击按钮，弹出模态对话框。

代码如下（dialogTest.py）：

```
import sys
from PyQt6.QtWidgets import QApplication, QMainWindow, QDialog, QPushButton
from PyQt6.QtCore import Qt

class MainWindow(QMainWindow):
    """
    主窗口类
    """
    def __init__(self, parent=None):
        super(MainWindow, self).__init__(parent)
        self.setWindowTitle('主窗口')
        self.resize(400, 300)
        self.btn = QPushButton(self)
        self.btn.setText('弹出对话框')
        self.btn.move(150, 150)
        self.btn.clicked.connect(self.show_dialog)
    def show_dialog(self):
        self.dialog = Dialog()
```

```
            self.dialog.show()
            self.dialog.exec()
# 自定义对话框类
class Dialog(QDialog):
    """
    对话框类
    """
    def __init__(self, parent=None):
        super(Dialog, self).__init__(parent)
        # 设置对话框标题及大小
        self.setWindowTitle('对话框')
        self.resize(200, 200)
        # 设置对话框为模态
        self.setModal(True)
if __name__ == '__main__':
    app = QApplication(sys.argv)
    m = MainWindow()
    m.show()
    sys.exit(app.exec())
```

程序运行，显示如图 2.21（a）所示。单击"弹出对话框"按钮，弹出对话框，如图 2.21（b）所示。因为该对话框设置为模态，所以只有关闭对话框后，才能对主窗口进行操作。

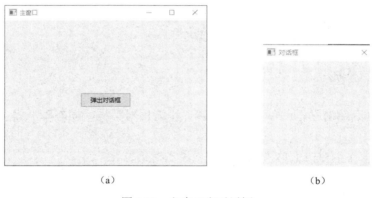

（a）　　　　　　　　　　　　　（b）

图 2.21　主窗口和对话框

说明：

（1）单击 QWidget 窗口中的"弹出对话框"（PushButton）按钮时，将给按钮的 clicked 信号添加槽函数 showdialog：

```
self.btn.clicked.connect(self.showdialog)
```

（2）创建对话框，设置对话框的标题栏和窗口大小，设置对话框为模态。

```
self.setWindowTitle('对话框')
self.resize(200, 200)
self.setModal(True)
```

2.3.3　对话框子类控件

PyQt6 中定义了多个标准对话框类，它们是 QDialog 类的子类，主要包括 QMessageBox、QFileDialog、QFontDialog、QInputDialog 等，能够方便和快捷地完成字号、字体颜色以及文件选择等功能。

1. 弹出式对话框：QMessageBox

QMessageBox 类通过不同图标提供提示、警告、错误、询问、关于等弹出式对话框。QMessageBox 类中的常用方法如表 2.1 所示。

表 2.1 QMessageBox 类常用方法

方法	描述
information(参数)	显示"i"图标，弹出消息对话框。 参数： 　parent：父对象 　title：对话框标题 　text：对话框文本 **标准按钮类型**：多个标准按钮，默认为 OK 按钮 defaultButton=默认选中的标准按钮，默认采用第一个标准按钮 返回：QMessageBox 标准按钮类型
question(参数)	显示"？"图标，弹出问答对话框
warning(参数)	显示"！"图标，弹出警告对话框
ctitical(参数)	显示"x"图标，弹出严重错误对话框
about(参数)	弹出关于对话框
setTitle()	设置标题
setText()	设置消息正文
setIcon()	设置弹出对话框的图片

其中，标准按钮类型为 QMessageBox.StandarButton.枚举常量，常用标准按钮类型枚举如表 2.2 所示。

表 2.2 常用标准按钮类型枚举

标准按钮类型（枚举常量）	描述	标准按钮类型（枚举常量）	描述
Close	关闭操作	Open	打开操作
Ignore	忽略操作	Retry	重试操作
No	取消操作	Save	保存操作
Ok	同意操作	Yes	同意操作

其中，defaultButton 可以选择一种，buttons 可以选择多种，通过"|"进行组合。

【例 2.12】 弹出式对话框测试。

代码如下（messageBoxTest.py）：

```python
import sys
from PyQt6.QtWidgets import QApplication, QWidget, QPushButton,QMessageBox
class MyWidget(QWidget):
    def __init__(self):
        super(MyWidget, self).__init__()
```

```python
        self.setWindowTitle("QMessageBox测试")
        self.resize(300, 100)
        self.btn = QPushButton(self)
        self.btn.setText("显示MessageBox")
        self.btn.clicked.connect(self.myMsg)
    def myMsg(self):
        reply = QMessageBox.information(self, '标题内容', '文本内容',
QMessageBox.StandardButton.Yes|QMessageBox.StandardButton.No,
defaultButton=QMessageBox.StandardButton.No)
        if reply==QMessageBox.StandardButton.Yes:
            print("OK!")
if __name__=='__main__':
    app = QApplication(sys.argv)
    w = MyWidget()
    w.show()
    sys.exit(app.exec())
```

运行程序，显示如图2.22（a）所示。单击"显示MessageBox"按钮，显示如图2.22（b）所示。

图2.22 弹出式对话框测试

在弹出的对话框中默认选择"No"按钮，单击"Yes"按钮，在Python命令行窗口中显示"OK!"。

2. 输入对话框：QInputDialog

QInputDialog控件由一个可供输入的文本框和两个按钮（OK按钮和Cancel按钮）组成。可以输入数字、字符串或列表中的选项，标签用于提示必要的信息。当用户单击OK按钮或按Enter键后，父窗口可以收集输入的信息。

QInputDialog类常用方法如表2.3所示。

表2.3 QInputDialog类常用方法

方　　法	描　　述
getInt(参数)	从对话框中获得标准整数输入 参数： 　parent：父对象 　title：对话框标题 　text：标签文本 　defaultValue：默认值 　minValue：最小值 　maxValue：最大值 　stepValue：步长 返回： 　第1个为选择的整数值 　第2个为是否正常返回

续表

方　　法	描　　述
getDouble(参数)	从对话框中获得标准浮点数输入 参数： 　　parent：父对象 　　title：对话框标题 　　text：标签文本 　　defaultValue：默认值 　　minValue：最小值 　　maxValue：最大值 　　decimals：小数点位数 返回： 　　第 1 个为选择的小数值 　　第 2 个为是否正常返回
getText(参数)	从对话框中获得标准字符串输入 参数： 　　parent：父对象 　　title：对话框标题 　　text：标签文本 返回： 　　第 1 个为选择项 　　第 2 个为输入文本
getItem(参数)	从对话框中获得列表里的选项 参数： 　　parent：父对象 　　title：对话框标题 　　text：对话框文本 　　items：选择项 　　defaultitem：默认选择项 返回： 　　第 1 个为选择项 　　第 2 个单击"OK"按钮为 True，单击"Cancel"按钮为 False

【例 2.13】 输入对话框测试。

代码如下（inputDialogTest.py）：

```python
import sys
from PyQt6.QtWidgets import QApplication, QWidget, QPushButton,QMessageBox
from PyQt6.QtWidgets import *

class MyWidget(QWidget):
    def __init__(self, parent=None):
        super(MyWidget, self).__init__(parent)
        self.setWindowTitle("Input Dialog 测试")

        self.btn1 = QPushButton("文本测试")
```

```python
        self.btn1.clicked.connect(self.getText)
        self.btn2 = QPushButton("选项测试")
        self.btn2.clicked.connect(self.getItem)
        self.btn3 = QPushButton("整数测试")
        self.btn3.clicked.connect(self.getInt)
        self.te = QLineEdit()
        #（a）
        layout = QHBoxLayout()
        layout.addWidget(self.btn1)
        layout.addWidget(self.btn2)
        layout.addWidget(self.btn3)
        layout.addWidget(self.te)
        self.setLayout(layout)
    def getText(self):
        text, ok = QInputDialog.getText(self, '文本测试', '输入姓名：')    #（b）
        if ok:
            self.te.setText(str(text))
    def getItem(self):
        items = ("计算机导论", "C++", "Java", "数据结构")
        item, ok = QInputDialog.getItem(self, "选项测试", "课程列表",items, 1,True)
        #（c）
        if ok and item:
            self.te.setText(item)
    def getInt(self):
        num, ok = QInputDialog.getInt(self, "整数测试", "输入成绩")         #（d）
        if ok:
            self.te.setText(str(num))
if __name__ == '__main__':
    app = QApplication(sys.argv)
    demo = MyWidget()
    demo.show()
    sys.exit(app.exec())
```

运行程序，显示如图2.23（a）所示。分别单击"文本测试""选项测试""整数测试"按钮，弹出对话框如图2.23（b）、（c）、（d）所示。

图2.23　输入对话框测试

说明：

（1）为了把3个按钮和1个文本框放在同一行上，需要用到水平布局（后面专门介绍）。

```
layout = QHBoxLayout()
layout.addWidget(self.btn1)
```
先创建水平布局,然后把控件按序加入其中。
(2)将输入的内容在文本框中显示。
```
self.te.setText(...)
```

3. 字体、颜色选择对话框:QFontDialog 和 QColorDialog

QFontDialog 控件是一个常用的字体选择对话框,其静态方法 getFont 用于选择所显示文本的字号大小、样式和格式,返回的第一个参数是选择的状态对象,第二个参数是单击"Ok"(True)还是"Cancel"(False)按钮。

QColorDialog 控件是颜色选择对话框,用户可以从中选择颜色。最常用的方法是 getColor 用来获取在颜色选择对话框中选择的颜色信息,返回值是一个 QColor 对象,存储选择颜色的相关信息。

【例 2.14】 QFontDialog 和 QColorDialog 测试。

代码如下(fontDialogTest.py):

```
import sys
from PyQt6.QtWidgets import *
class MyWidget(QWidget):
    def __init__(self, parent=None):                       #(a)
        super(MyWidget, self).__init__(parent)
        self.setWindowTitle("Font Dialog 测试")
        self.setGeometry(300,200,360,200)
        self.btn = QPushButton(self)
        self.btn.setText("字体颜色\n 测试")
        self.btn.move(260,60); self.btn.resize(60,40)
        self.btn.clicked.connect(self.getFont)
        self.te = QTextEdit(self)
    def getFont(self):
        font, ok = QFontDialog.getFont()                   #(b)
        if ok:
            self.te.setFont(font)
            color = QColorDialog.getColor()                #(c)
            self.te.setTextColor(color)
if __name__=='__main__':
    app = QApplication(sys.argv)
    w = MyWidget()
    w.show()
    sys.exit(app.exec())
```

运行程序,在文本框中输入"初始字体颜色",显示如图 2.24(a)所示。

单击"字体颜色测试"按钮,显示字体选择对话框,如图 2.24(b)所示,单击"OK"按钮。

显示颜色选择对话框,如图 2.24(c)所示,单击"OK"按钮。在文本框中输入"修改字体颜色",显示修改后的字体和颜色,如图 2.24(d)所示。

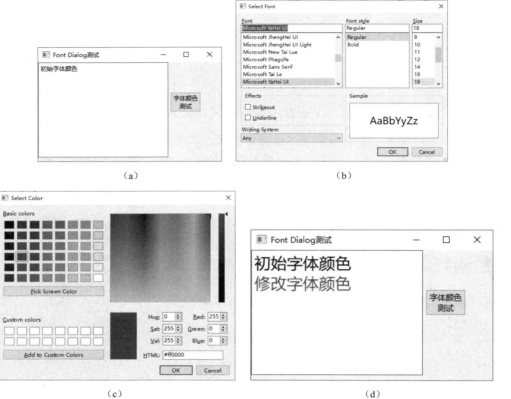

图 2.24 字体、颜色选择对话框测试

4．文件选择对话框：QFileDialog

QFileDialog 是用于打开和保存文件的标准对话框，它在打开文件时使用了文件过滤器，用于显示指定扩展名的文件。也可以设置打开文件时的起始目录和指定扩展名。

QFileDialog 类常用方法如表 2.4 所示。

表 2.4　QFileDialog 类常用方法

方　　法	描　　述
getOpenFileName(参数)	返回用户所选择文件的名称，并打开该文件 参数： 　　parent：父对象 　　title：对话框标题 　　defaultdir：默认目录（.表示当前目录，/表示根目录） 　　extfilter：扩展名过滤描述 返回： 　　第 1 个为选择项 　　第 2 个为输入文本
getSaveFileName(参数)	使用用户选择的文件名并保存文件

续表

方　　法	描　　述
setFileMode(文件类型)	显示描述文件：QFileDialog.FileMode.枚举常量 枚举常量： AnyFile：任何文件 ExistingFile：已存在的文件 ExistingFiles：已存在的多个文件 Directory：文件目录
setFilter(过滤描述)	显示过滤描述的文件和目录：QDir.Filter.枚举常量 枚举常量： Files：多个文件 Dirs：多个命令 NoFilter：不过滤 AllDirs：所有目录 …
exec()	执行选择文件
selectedFiles()	获得选择的文件列表

【例2.15】文件选择对话框测试

代码如下（fileDialogTest.py）：

```
import sys
from PyQt6.QtWidgets import QApplication, QWidget, QPushButton
from PyQt6.QtCore import QDir
from PyQt6.QtGui import *
from PyQt6.QtWidgets import *
class MyWidget(QWidget):
    def __init__(self, parent=None):                                         #（a）
        super(MyWidget,self).__init__(parent)
        self.setWindowTitle("File Dialog 例子")
        layout = QVBoxLayout()
        self.btn1 = QPushButton("选择图片文件显示")
        self.btn1.clicked.connect(self.ImgFile)
        layout.addWidget(self.btn1)
        self.lb = QLabel("")
        layout.addWidget(self.lb)
        self.btn2 = QPushButton("选择文本文件显示")
        self.btn2.clicked.connect(self.TextFile)
        layout.addWidget(self.btn2)
        self.te = QTextEdit()
        layout.addWidget(self.te)
        self.setLayout(layout)
    #（b）显示图片
    def ImgFile(self):
        fname, _tmp =QFileDialog.getOpenFileName(self,'Open file','E:\myPython\
PyQT6\code\D03\images',"*.png *.ico")                                        #（c）
        self.lb.setPixmap(QPixmap(fname))
```

```python
#（b）显示文本
def TextFile(self):
    dlg = QFileDialog()
    dlg.setFileMode(QFileDialog.FileMode.AnyFile)
    dlg.setFilter(QDir.Filter.Files)

    if dlg.exec():
        fnames=dlg.selectedFiles()
        f = open(fnames[0],'r')
        with f:
            txt=f.read()
            self.te.setText(txt)
if __name__=='__main__':
    app = QApplication(sys.argv)
    w = MyWidget()
    w.show()
    sys.exit(app.exec())
```

运行程序，显示如图 2.25（a）所示，分别单击"选择图片文件显示"和"选择文本文件显示"按钮后界面如图 2.25（b）所示，选择图片文件的界面如图 2.25（c）所示。

（a） （b）

图 2.25 文件选择对话框测试

2.4 主窗口：QMainWindow

QMainWindow 是主窗口类，是 Python 图形界面 GUI 程序的主窗口。

如果一个窗口包含一个或多个窗口，那么这个窗口就是父窗口，被包含的窗口则是子窗口。没有父窗口的窗口是顶层窗口，QMainWindow 就是顶层窗口。主窗口除了可以包含控件对象，还可以包含菜单栏、工具栏、状态栏、标题栏等。

2.4.1 主窗口属性

QMainWindow 继承自 QWidget 类，拥有它的所有派生方法和属性。在主窗口中会有一个控件（QWidget）占位符来占着中心窗口，可以使用 setCentralWidget 来设置中心窗口，如图 2.26 所示。

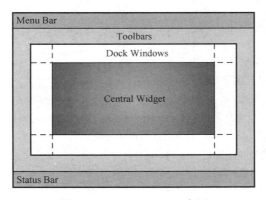

图 2.26　QmainWindow 布局

QMainWindow 类常用方法如表 2.5 所示。

表 2.5　QMainWindow 类常用方法

方　　法	描　　述
界面设置：toolButtonStyle （toolButtonStyle 下拉列表：ToolButtonIconOnly / ToolButtonTextOnly / ToolButtonTextBesideIcon / ToolButtonTextUnderIcon / ToolButtonFollowStyle）	设置工具栏样式： ToolButtonIconOnly（默认）：只显示图标 ToolButtonTextOnly：只显示文本 ToolButtonTextBesideIcon：在图标旁边显示文本 ToolButtonTextUnderIcon：在图标下面显示文本 ToolButtonFollowStyle：图标文本 follow
界面设置：animated 设置方法：setAnimated(逻辑值) 获取方法：isAnimated()	设置是否展示动画： 逻辑值为 True 表示展示动画（默认），逻辑值为 False 表示不展示动画
界面设置：documentMode 设置方法：setDocumentMode(逻辑值) 获取方法：documentMode()	设置是否启用文档模式： 逻辑值为 True 时，不会呈现选项卡控件框架，即选项卡页面和其后的窗口等页面无框架区分，看起来是一个整体，节省了选项卡控件框架占用的部分空间，对于页面需要显示文档类型的情况非常有用。默认为 False，表示不启用

续表

方 法	描 述
界面设置：tabShape 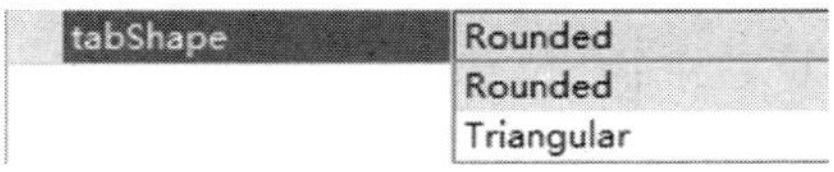 （tabShape: Rounded / Rounded / Triangular） 设置方法： setTabShape(　　QTabWidget.TabShape s) 获取方法：tabShape()	控制主窗口标签控件（Tab Widget）中标签的形状： QTabWidget.Rounded（默认）：对应值为 0，表示圆形标签，实际上只有右上角是弧形的，如下图： 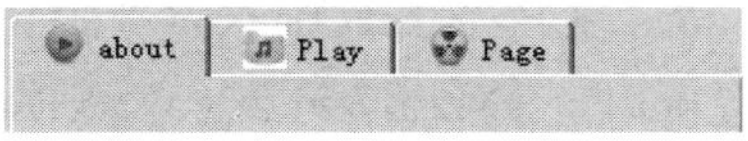 QTabWidget.Triangular：对应值为 1，表示三角形标签，如下图： 
界面设置：dockNestingEnabled 设置方法： setDockNestingEnabled(逻辑值) 获取方法：isDockNestingEnabled()	主窗口的浮动控件（dock widget）是否允许嵌套： 如果为 False（默认），则浮动控件停靠区域只能包含一个浮动控件（水平或垂直）。如果为 True，则浮动控件所占的区域可以沿任意方向拆分，以包含更多的浮动控件 注意：当控件被拖到主窗口上时，控件嵌套会导致更复杂（且不太直观）的行为
界面设置：dockOptions 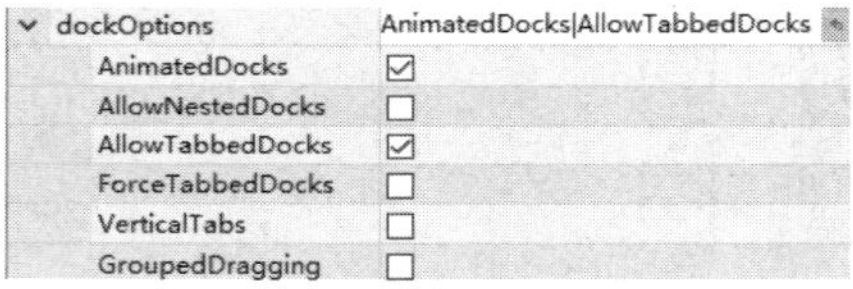 （AnimatedDocks / AllowNestedDocks / AllowTabbedDocks / ForceTabbedDocks / VerticalTabs / GroupedDragging） 这些枚举值可以组合使用，仅控制主窗口中的浮动控件。它们不会重新排列浮动控件以符合指定的选项。应该在将任何浮动控件添加到主窗口之前设置这个属性。但 AnimatedDocks 和 VerticalTabs 可以随时设置 设置方法：setDockOptions(　　QMainWindow.DockOptions 选项) 获取方法：dockOptions()	主窗口对浮动控件停靠的反应： QMainWindow.AnimatedDocks（0x01）：图标可展示动画，作用与 animated 属性相同 QMainWindow.AllowNestedDocks（0x02）：浮动控件是否允许嵌套，作用与 dockNestingEnabled 属性相同 QMainWindow.AllowTabbedDocks（0x04）：可以将一个浮动控件放在另一个浮动控件的顶部。这两个控件堆叠在一起，出现一个选项卡栏，用于选择哪个可见 QMainWindow.FaceTabbedDocks（0x08）：每个浮动控件停靠区域包含一个单独的选项卡式浮动控件堆栈。即不能相邻存放，AllowTabbedDocks 将不起作用 QMainWindow.VerticalTabs（0x10）：窗口两侧的两个垂直停靠区域垂直显示其选项卡。如果未设置此选项，则所有停靠区域都会在底部显示其选项卡，表明 AllowNestedDocks QMainWindow.（0x20）：当拖动一个浮动控件标题栏时，将拖动所有与标题栏一起标记的选项卡，表明 AllowNestedDocks。如果某些 QDockWidgets 对象在允许的区域有限制，则无法正常工作 默认值是 AnimatedDocks | AllowTabbedDocks
设置方法：setWindowIcon(QIcon('文件名'))	设置应用程序图标： 通常显示在标题栏的左上角，如果用户不采用系统默认图标。 应用程序图标可以从 easyicon 网站免费下载 图标格式：png、ico、icns
界面设置：iconSize 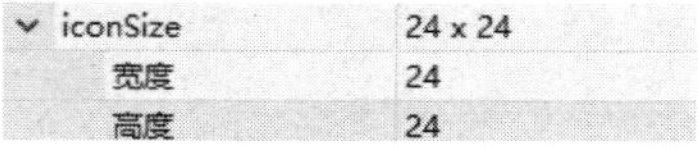 （iconSize: 24 x 24；宽度: 24；高度: 24） 设置方法：setIconSize(w, h)	设置图标大小：24×24（默认） 设置图标方法：setIcon('文件名')
设置方法：addToolBar()	添加工具栏
设置方法：setCentralWidget(窗口) 获取方法：centralWidget()	设置窗口中心的控件 返回窗口中心的一个控件，未设置时返回 NULL

注意: QMainWindow 不能设置布局（使用 setLayout 方法），因为它有自己的布局。

2.4.2 主窗口举例

下面通过实例介绍主窗口及其主要属性、主窗口中的控件、屏幕中的主窗口等。

【例 2.16】 主窗口在屏幕上居中显示，主窗口包含命令按钮。单击命令按钮，显示控件标题，关闭主窗口。

代码如下（mainWin.py）：

```python
import sys
from PyQt6.QtWidgets import QApplication, QMainWindow, QPushButton

class MainWin(QMainWindow):
    __mySize=None
    def __init__(self, parent=None):
        super(MainWin, self).__init__(parent)
        # 设置主窗口属性
        self.resize(400, 200)
        self.setWindowTitle('主窗口居中显示')
        self.myCenter()
        # （a）主窗口中按钮位于窗口中间
        self.btn = QPushButton(self)
        self.btn.setText('关闭主窗口')
        self.btn.move(int(self.__mySize.width()/2)-self.btn.width()/2, \
                    int(self.__mySize.height()/2)-self.btn.height()/2 )
        self.btn.clicked.connect(self.onButtonClick)
    def myCenter(self):
        # （b）获取屏幕和主窗口参数
        screen = QApplication.primaryScreen().size()
        self.__mySize = self.geometry()
        self.move((screen.width() - self.__mySize.width())/ 2,
                (screen.height() - self.__mySize.height()) / 2)
    def onButtonClick(self ):
        # （c）获取发送信号的对象，关闭应用
        mySender = self.sender()              # sender()获取发送信号的对象
        print(mySender.text()+'控件')
        app.quit()

if __name__ == '__main__':
    app = QApplication(sys.argv)
    m = MainWin()
    m.show()
    sys.exit(app.exec())
```

运行结果如图 2.27 所示。

图 2.27 屏幕和主窗口

单击"关闭主窗口"按钮，运行窗口显示"关闭主窗口控件"。

说明：

(a) 实现按钮位于窗口中间，关联单击事件信号函数。

self.btn = QPushButton(self)：在创建主窗口（self）时创建按钮。

self.btn.setText('关闭主窗口')：设置按钮显示标题。

self.btn.move(x,y)：按钮相对窗口移至(x,y)，(x,y)是按钮相对主窗口左上角的位置，x=主窗口宽度一半减去按钮宽度一半；y=主窗口高度一半减去按钮高度一半。

即：x= int(self.__mySize.width()/2)-self.btn.width()/2

　　y= int(self.__mySize.height()/2)-self.btn.height()/2

self.btn.clicked.connect(self.onButtonClick)：命令按钮（btn）单击事件信号与类 onButtonClick 函数关联。

(b) 实现窗口位于屏幕中间。

screen = QApplication.primaryScreen().size()：获取屏幕大小参数，存放在局部变量 screen 中。其中，screen.Width()为屏幕宽度（像素），screen.height()为屏幕高度（像素）。

self.__mySize = self.geometry()：获取主窗口大小参数，存放在 MainWin 类私有变量__mySize 中。self.__mySize.Width()为主窗口宽度（像素），self.__mySize height()为主窗口高度（像素）。

self.move(x,y)：主窗口相对屏幕移至(x,y)，(x,y)是主窗口相对屏幕左上角的位置，x=屏幕宽度一半减去主窗口宽度一半；y=屏幕高度一半减去主窗口高度一半。

即：x=(screen.width() - self.__mySize.width())/ 2

　　y=(screen.height() - self.__mySize.height()) / 2

(c) 获取当前操作的控件，显示出它的文本，退出应用。

mySender = self.sender()：获取当前控件对象，保存到 mySender 变量中。

mySender.text()：获取当前控件对象的标题字符串。

app.quit()：关闭 app 应用。

第 3 章 布局管理

PyQt6 的布局方式包括绝对布局、水平布局、垂直布局、网格布局和表单布局。
绝对布局：直接设置控件对象在参考坐标中的位置。
水平布局：对加入的控件对象从左到右顺序排列。
垂直布局：对加入的控件对象从上到下顺序排列。
网格布局：对加入的控件对象按照指定网格排列。
表单布局：对加入的控件对象按先后顺序以两列的形式布局在表单中，其中左列包含标签，右列包含输入控件。

下面分别介绍在设计器中的控件对象布局和通过代码进行控件对象布局。

3.1 设计器中的控件对象布局

在设计器（Qt Designer）中选择控件对象，然后设置控件 geometry 属性，控制控件在窗口中的位置（即控件对象相对窗口左上角的位置），就是对控件进行绝对布局。

也可以通过布局管理器和容器控件进行布局。

3.1.1 使用布局管理器布局

在 Qt Designer 的窗口部件盒中，布局（Layouts）类控件如图 3.1 所示。

它们分别为 Vertical Layout（垂直布局）、Horizontal Layout（水平布局）、Grid Layout（网格布局）和 Form Layout（表单布局）。

说明：
（1）从"窗口部件盒"把布局控件拖到窗口中，在窗口上显示默认大小的红色矩形框。

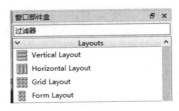

图 3.1 布局类控件

（2）选择红色矩形框布局控件，移动到相应位置，改变布局控件的大小。但实际上这是初始大小，会随着加入控件对象的类型和个数自动调整。用户可以随时调整其大小。

（3）把控件对象拖入布局控件中。拖入的控件对象宽度会根据布局的情况进行自动调整，控件对象高度不变。

（4）也可以先把控件放在窗口上，然后把有关控件拖到布局控件中。

（5）可以先将控件拖到窗口中，根据需要设置这些控件对象的大小和位置，然后按住 Ctrl 键的同时选择需要布局的控件对象，选择系统"窗体"主菜单，单击对应的菜单命令进行布局。

（6）如果控件对象在窗口中，控件对象的位置采用绝对布局，可以随时修改 geometry 属性。当控件对象加入布局控件时，显示的控件位置是相对于所属布局的，geometry 属性不可修改。

1．垂直布局

加入的控件对象宽度扩展为布局宽度，随着加入的控件对象的类型和个数不同，布局会在高度上扩展。例如，窗口中 4 个按钮的垂直布局如图 3.2 所示。

2．水平布局

加入的控件对象宽度扩展为布局宽度，随着加入的控件对象的类型和个数不同，控件对象会均分布局宽度，当控件对象最小宽度无法容纳时布局会在宽度上扩展。例如，窗口中 4 个按钮的水平布局如图 3.3 所示。

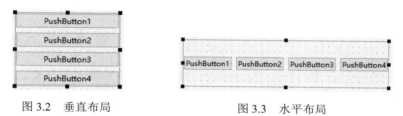

图 3.2　垂直布局　　　　　　　　图 3.3　水平布局

3．网格布局

拖动控件到网格布局中不太好控制，可以先把控件在窗口内移到合适位置，然后选择"窗体"→"栅格布局"命令。

已经存在的网格布局可以合并单元格进行扩展。例如，窗口中多个控件的网格布局如图 3.4 所示。

4．表单布局

虽然表单布局一般用于左边为标签、右边为输入或者选择控件的情况，但实际左右两边的控件类型并没有限制，而且左右两边的个数也不一定相同。系统会根据左右控件对象类型和个数进行自动调整。例如，窗口中多个控件的表单布局如图 3.5 所示。

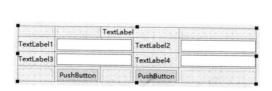
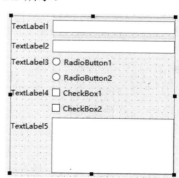

图 3.4　网格布局　　　　　　　　图 3.5　表单布局

3.1.2 使用容器进行布局

所谓容器就是存放控件的控件,也就是可以在窗口中放置容器控件,然后把控件放入其中。跟布局控件一样,容器中的控件位置以容器为基准,移动容器控件,容器中的控件一起移动。删除容器,容器中的控件一起被删除。

在 Qt Designer 的窗口部件盒中,包含的容器类控件如图 3.6 所示。

这里以 Frame 控件为例进行说明。

实际上,布局管理器中的四个控件也是容器控件,其中每一个布局控件中均可以容纳若干个控件。系统把它们归为 Layouts 类中。

1. 容器控件的布局

先拖动 Frame 控件到窗口中作为容器布局对象 Frame_1,然后拖动其他控件到 Frame_1 对象中,如图 3.7 所示。

图 3.6 容器类控件

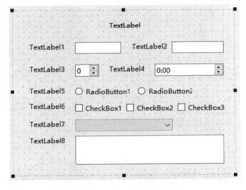

图 3.7 Frame 控件布局

关于 Frame 控件后面章节还会专门介绍。

2. 容器控件的布局与布局管理器的区别

(1)容器中的控件的位置可以任意排列,而布局管理器是指定的。水平布局控件一般处于同一行,垂直布局控件一般处于同一列。表单布局只有两列,网格布局的控件只能在单元格中。

(2)容器中控件的位置由 geometry 属性相对容器左上角的距离精确指定(像素),而布局管理器的 geometry 属性不能指定。

3.1.3 弹性间隔控件布局

在 Qt Designer 的窗口部件盒中,间隔(Spacers)类有两种控件,如图 3.8 所示。

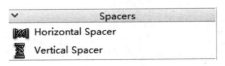

图 3.8 间隔(Spacers)类的控件

其中:

(1) Horizontal Spacer (水平间隔): 放在控件之间, 当窗口水平伸缩时, 水平间隔控件的长度伸缩, 控件虽然位置移动, 但宽度没有变化。

(2) Vertical Spacer (垂直间隔): 放在控件之间, 当窗口垂直伸缩时, 垂直间隔控件高度伸缩, 控件虽然位置移动, 但高度没有变化。

1. 水平间隔

控件水平间隔如图 3.9 所示。

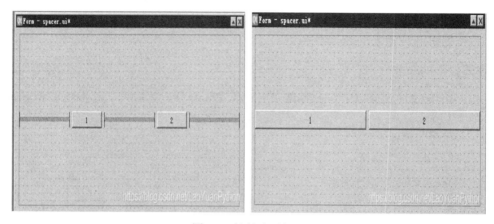

图 3.9 控件水平间隔

2. 垂直间隔

控件垂直间隔如图 3.10 所示。

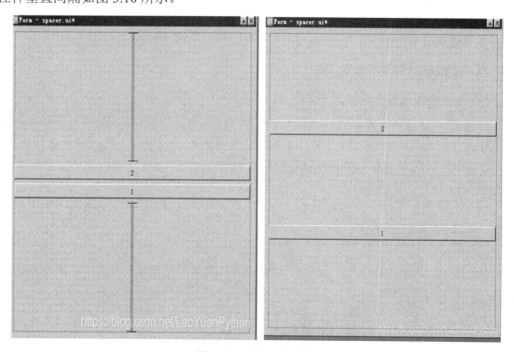

图 3.10 控件垂直间隔

Spacers 类控件非常简单，除了名字只有三个属性，分别是 orientation、sizeType 和 sizeHint。Spacers 类控件对应的类实际上是 QSpacerItem 类，但没有 orientation、sizeType 这两个属性。

3.2 通过代码进行控件对象布局

在 PyQt6 图形用户界面中，窗口上有很多控件对象，通过设计器布局比较方便，但最终仍然要转换成代码，而对窗口控件对象进行精细化布局，只能通过代码进行。

PyQt6 采用绝对位置和下列布局类进行布局。

（1）水平布局类（QHBoxLayout）：将添加的控件对象在水平方向上依次排列。
（2）垂直布局类（QVBoxLayout）：将添加的控件在垂直方向上依次排列。
（3）网格布局类（QGridLayout）：将添加的控件以网格的形式排列。
（4）表单布局类（QFormLayout）：将添加的控件以两列表单的形式排列。

两种布局方法：
（1）addWidget 方法：用于在布局中插入控件。
（2）addLayout 方法：用于在布局中插入子布局。

3.2.1 布局方式

1．绝对位置布局：move(x,y)

在绝对位置布局中，窗口中的控件采用绝对位置进行布局。

以窗口左上角(0,0)的位置定位控件对象的具体位置，绝对位置方法 move(x,y)中，x 是横坐标，从左到右变化；y 是纵坐标，从上到下变化。

设置窗口在屏幕中的位置和窗口的大小：
```
self.setGeometry(300, 300, 320, 120)
```
也可以使用下列方法：
```
self.move(300, 300)             # 移动窗口到指定位置
self.resize(320, 120)           # 设置窗口大小
```
窗口对象的位置是相对屏幕而言的。

设置控件在窗口中的位置和窗口大小，与上面相同，仅设置对象为控件。

例如：
```
lb=QLabel('姓名：', self)
lb.move(120, 80)
```
控件对象的位置是相对于所在窗口或容器而言的。

绝对位置布局的优点是可以直接定位每个控件的位置，它的缺点是如果窗口的大小改变，窗口中控件的大小和位置不会随之改变；改变控件字体可能会破坏原来的布局；新增或者删除一个控件，为了界面美观，就必须全部重新布局，既烦琐又费时。另外，在不同操作系统中的效果可能不一样。

2．水平布局和垂直布局：QHBoxLayout 和 QVBoxLayout

可以在水平方向（QHBoxLayout）和垂直方向（QVBoxLayout）上排列控件，它们继承

自 QBoxLayout 类。布局对象通过 setLayout(布局对象)方法在窗口中显示出来。

水平布局按照从左到右的顺序来添加控件。QHBoxLayout 类常用方法如表 3.1 所示。

表 3.1 QHBoxLayout 类常用方法

方法	描述
addLayout(布局对象, stretch=0)	在窗口的右边添加控件 stretch：伸缩量，默认值为 0

addWidget(控件对象，stretch，alignment)	在布局中添加控件
	stretch：伸缩量，只适用于 QboxLayout
	alignment：指定对齐的方式，Qt.AlignmentFlag.x
	  水平方向居左对齐：x=AlignLeft
	  水平方向居右对齐：x=AlignRight
	  水平方向居中对齐：x=AlignCenter
	  水平方向两端对齐：x=AlignJustlfy
	  垂直方向靠上对齐：x=AlignTop
	  垂直方向靠下对齐：x=AlignBottom
	  垂直方向居中对齐：x=AlignVCenter

addSpacing(间距)	设置各控件的上下间距
addStretch(stretch=0)	在布局管理器中增加一个可伸缩的控件（QSpaceItem），将 stretch 作为伸缩量添加到布局末尾。stretch 参数表示均分的比例，默认值为 0

【例 3.1】水平布局和垂直布局的测试。

代码如下（hboxLayout.py）：

```
import sys
from PyQt6.QtWidgets import QApplication, QWidget, QPushButton,QHBoxLayout
from PyQt6.QtGui import *
from PyQt6.QtCore import Qt
#from PyQt6.QtWidgets import *

class MyWidget(QWidget):
    def __init__(self,parent=None):
        super(MyWidget,self).__init__(parent)
        self.setWindowTitle("水平布局测试")

        # 创建水平布局
        layout = QHBoxLayout()
        layout.setSpacing(10)                          # 设置控件间距为10
        layout.addWidget( QPushButton("A"),0, Qt.AlignmentFlag.AlignLeft | Qt.AlignmentFlag.AlignTop)
        layout.addWidget( QPushButton("B"),0, Qt.AlignmentFlag.AlignRight | Qt.AlignmentFlag.AlignTop)
        layout.addWidget( QPushButton("C"))
        layout.addWidget( QPushButton("D"),0, Qt.AlignmentFlag.AlignRight | Qt.AlignmentFlag.AlignBottom)
        layout.addWidget( QPushButton("E"),0, Qt.AlignmentFlag.AlignLeft | Qt.AlignmentFlag.AlignBottom)
```

```
        self.setLayout(layout)
if __name__=='__main__':
    app = QApplication(sys.argv)
    w = MyWidget()
    w.show()
    sys.exit(app.exec())
```

运行程序，显示如图 3.11 所示。

如果将上面程序中 layout = QHBoxLayout()语句修改成 layout = QVBoxLayout()，运行程序，显示如图 3.12 所示。

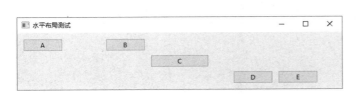
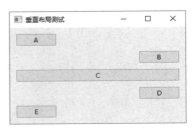

图 3.11　水平布局　　　　　　　　　图 3.12　垂直布局

3．网格布局：QGridLayout

网格布局（QGridLayout）是将窗口中的控件在网格中进行排列。通常可以使用函数 addWidget 将控件对象添加到布局中（可设置跨越行数和列数），或者使用 addLayout 函数将布局对象添加到布局中。QGridLayout 类常用方法如表 3.2 所示。

表 3.2　QGridLayout 类常用方法

方　　法	描　　述
addWidget(widget, row, col, alignment=0)	给网格布局添加控件，设置行和列 起始位置（左上角）的默认值是(0, 0) widget：所添加的控件对象 row：控件的行数，默认从 0 开始 column：控件的列数，默认从 0 开始 alignment：对齐方式
addWidget(widget, fromRow, fromColumn, rowSpan, columnSpan, alignment=0)	所添加的控件跨越很多行或列时，使用这个函数 widget：所添加的控件 fromRow：控件的起始行数 fromColumn：控件的起始列数 rowSpan：控件跨越的行数 columnSpan：控件跨越的列数 alignment：对齐方式
setSpacing(间隔)	设置控件在水平和垂直方向上的间隔

【例 3.2】 网格布局测试。

代码如下（gridLayout.py）：

```
import sys
```

```python
from PyQt6.QtWidgets import QApplication,QWidget, QGridLayout, QPushButton
class MyWidget(QWidget):
    def __init__(self,parent=None):
        super(MyWidget, self).__init__(parent)
        self.initUI()
    def initUI(self):
        self.setWindowTitle('网格布局测试')
        self.move(300, 150)
        grid = QGridLayout()
        self.setLayout(grid)

        txt=[[ '7' ,'8' , '9' , '/'],
             [ '4' ,'5' , '6' , '*'],
             [ '1' ,'2' , '3' , '-'],
             [ '0' ,'00' ,'.' , '+'],
             [ 'C', '<-', ' ' , '=']]
        for i in range(0,5):
            for j in range(0,4):
                if txt[i][j]== ' ':
                    continue
                btn = QPushButton(txt[i][j])
                grid.addWidget(btn,i,j)
if __name__ =="__main__":
    app = QApplication(sys.argv)
    w = MyWidget()
    w.show()
    sys.exit(app.exec())
```

运行程序，显示如图 3.13 所示。

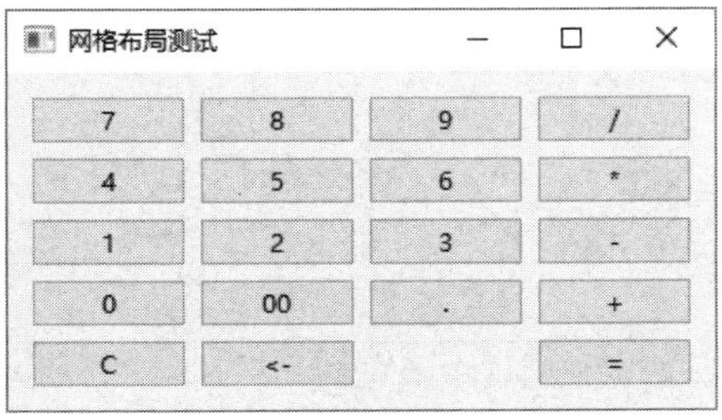

说明：

（1）这里采用单一的网格，一个单元格中布局一个按钮控件。

txt[5][4]是 5 行 4 列二维列表，存放按钮显示的文本。分别创建布局按钮对象 btn，采用 txt[i][j]内容作为显示文本，布局在 i 行 j 列单元格中。

```
btn = QPushButton(txt[i][j])
grid.addWidget(btn,i,j)
```

图 3.13 网格布局

（2）可修改上例，实现部分按钮单元格跨行和跨列布局。

修改代码（gridLayout-1.py）：

```python
txt=[[ '7' ,'8' , '9' , '/'],
     [ '4' ,'5' , '6' , '*'],
     [ '1' ,'2' , '3' , '-'],
     [ '0' ,'.' , ' ' , '+'],
     [ 'C', '=', ' ' , ' ']]
for i in range(0,5):
    for j in range(0,4):
```

```
            if txt[i][j]== ' ':
                continue
            btn = QPushButton(txt[i][j])
            if txt[i][j]== '+':
                btn.setFixedHeight(60)
                grid.addWidget(btn, i, j, 2, 1)
            elif txt[i][j]== '=':
                grid.addWidget(btn, i, j, 1, 2)
            else:
                grid.addWidget(btn, i, j)
```

运行程序，显示如图 3.14 所示。

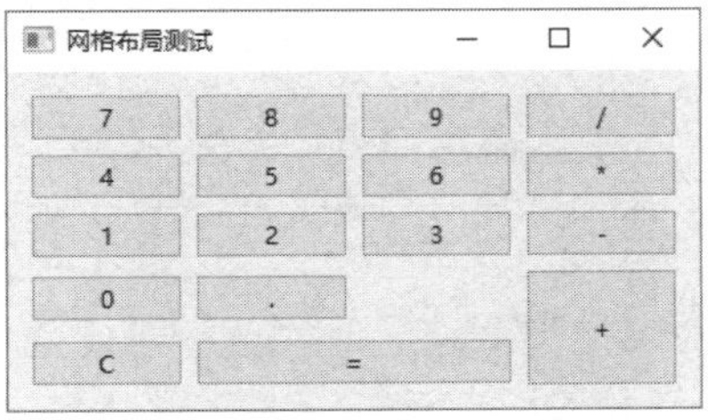

图 3.14 网格布局（合并单元格）

其中，在 3 行 3 列（"+"按钮）合并两列单元格：

```
if txt[i][j]== '+':
    btn.setFixedHeight(60)
    grid.addWidget(btn, i, j, 2, 1)
```

在 4 行 1 列（"="按钮）合并两行单元格：

```
elif txt[i][j]== '=':
    grid.addWidget(btn, i, j, 1, 2)
```

4．表单布局：QFormLayout

QFormLayout 是表单方式的布局。表单是用户进行交互的一种模式，主要由两列组成，第一列用于显示信息，第二列用于用户选择或输入。

【例 3.3】 表单布局测试。

代码如下（formLayout.py）：

```python
import sys
from PyQt6.QtWidgets import QApplication,QWidget, QFormLayout, QLabel,QLineEdit
class MyWidget(QWidget):
    def __init__(self,parent=None):
        super(MyWidget,self).__init__(parent)
        self.setWindowTitle("表单布局测试")
        self.resize(400, 100)

        fromlayout = QFormLayout ()
        lbNum=QLabel("学号"); leNum = QLineEdit()
        lbName=QLabel("姓名"); leName = QLineEdit()
        lbBirth=QLabel("出生日期"); leBirth = QLineEdit()
        lbSpec=QLabel("专业"); leSpec = QLineEdit()
```

```
        # 加入表单布局
        fromlayout.addRow(lbNum,leNum)       # 学号和对应单行文本框作为表单一行
        fromlayout.addRow(lbName, leName)    # 姓名和对应单行文本框作为表单一行
        fromlayout.addRow(lbBirth, leBirth)  # 出生日期和对应单行文本框作为表单一行
        fromlayout.addRow(lbSpec, leSpec)    # 专业和对应单行文本框作为表单一行

        self.setLayout(fromlayout)
if __name__ =="__main__":
    app = QApplication(sys.argv)
    w = MyWidget()
    w.show()
    sys.exit(app.exec())
```

运行程序，显示如图 3.15 所示。

图 3.15　表单布局

3.2.2　布局嵌套

一般来说，如果界面布局复杂，采用单一布局无法实现，需要对布局进行嵌套。布局嵌套包含下列两种方式。

1. 在布局中添加布局

先创建布局 A、布局 B，在它们中加入控件，再把 B 加入 A，这就是布局嵌套。

【例 3.4】用布局嵌套设计学生信息输入界面。

代码如下（layoutNest.py）：

```
import sys
from PyQt6.QtWidgets import QApplication, QWidget, QHBoxLayout, QVBoxLayout, QFormLayout, QPushButton, QLabel, QLineEdit
from PyQt6.QtCore import Qt

class MyWidget(QWidget):
    def __init__(self):
        super().__init__()
        self.setWindowTitle('布局嵌套测试')

        # 创建外部垂直布局
        vlayout_w = QVBoxLayout()
        # 创建内部布局：表单布局和水平布局
        hlayout = QHBoxLayout()
        flayout = QFormLayout()
        # 直接将 QLabel 控件对象加入外部垂直布局
```

```
            vlayout_w.addWidget(QLabel("<b>学生信息输入</b>"), 0, Qt.AlignmentFlag.
AlignCenter)
            # 创建表单对象
            lbNum = QLabel("学号"); leNum = QLineEdit()
            lbName = QLabel("姓名"); leName = QLineEdit()
            lbBirth = QLabel("出生日期"); leBirth = QLineEdit()
            lbSpec = QLabel("专业"); leSpec = QLineEdit()
            # 将表单对象加入表单布局
            flayout.addRow(lbNum, leNum)
            flayout.addRow(lbName, leName)
            flayout.addRow(lbBirth, leBirth)
            flayout.addRow(lbSpec, leSpec)
            # 创建按钮对象并加入水平布局
            hlayout.addWidget(QPushButton("确定"))
            hlayout.addWidget(QPushButton("取消"))
            hlayout.addWidget(QPushButton("清除"))
            # 创建两个窗口
            wf = QWidget()
            wh = QWidget()
            # 使用两个窗口设置内部布局
            wf.setLayout(flayout)
            wh.setLayout(hlayout)
            # 将两个窗口添加到外部布局中
            vlayout_w.addWidget(wf)
            vlayout_w.addWidget(wh)
            # 将自建类窗口设置为外部布局
            self.setLayout(vlayout_w)
```

运行程序，显示如图 3.16 所示。

说明：外面采用垂直布局，共 3 行。第 1 行直接加入控件对象，第 2 行又包含 3 行的表单布局，第 3 行包含 3 个控件的水平布局，如图 3.17 所示。

图 3.16　布局嵌套

图 3.17　布局嵌套示意图

2. 在控件中添加布局

【例 3.5】 采用在控件中添加布局的方式设计学生信息输入界面。

代码如下（layoutNest-1.py）：

```python
import sys
from PyQt6.QtWidgets import QApplication, QWidget, QHBoxLayout, QVBoxLayout,
```

```python
QFormLayout, QPushButton, QLabel, QLineEdit, QGridLayout
from PyQt6.QtCore import Qt

class MyWidget(QWidget):
    def __init__(self):
        super().__init__()
        self.setWindowTitle('布局嵌套测试')
        self.resize(300, 200)
        # （a）创建窗口对象，加入垂直布局vlayout_ww，将其作为外部布局
        ww = QWidget(self)
        vlayout_ww = QVBoxLayout(ww)
        # （b）将标签控件对象直接加入垂直布局vlayout
        vlayout = QVBoxLayout()
        vlayout.addWidget(QLabel("<b>学生信息输入</b>"), 0, Qt.AlignmentFlag.AlignCenter)
        # （c）创建控件对象，把控件对象加入表单布局flayout
        lbNum = QLabel("学号"); leNum = QLineEdit()
        lbName = QLabel("姓名"); leName = QLineEdit()
        lbBirth = QLabel("出生日期"); leBirth = QLineEdit()
        lbSpec = QLabel("专业"); leSpec = QLineEdit()
        flayout = QFormLayout()
        flayout.addRow(lbNum, leNum)
        flayout.addRow(lbName, leName)
        flayout.addRow(lbBirth, leBirth)
        flayout.addRow(lbSpec, leSpec)
        # 创建命令按钮对象，加入水平布局hlayout
        hlayout = QHBoxLayout()
        hlayout.addWidget(QPushButton("确定"))
        hlayout.addWidget(QPushButton("取消"))
        hlayout.addWidget(QPushButton("清除"))
        # 将内部布局添加到外部布局中
        vlayout_ww.addLayout(vlayout)
        vlayout_ww.addLayout(flayout)
        vlayout_ww.addLayout(hlayout)
if __name__ == "__main__":
    app = QApplication(sys.argv)
    w = MyWidget()
    w.show()
    sys.exit(app.exec())
```

运行程序，显示如图3.18所示。

图3.18 在控件中添加布局

说明：

垂直布局 vlayout_ww 作为外部布局，仅包含窗口（QWidget）对象 ww，然后将其他布局加入外部布局。

3.2.3 其他布局方法

1．控件分离器

QSplitter 可以认为是动态的布局管理器，运行时用户通过拖动其中的控件对象的边界来改变控件的大小，并提供一个处理拖曳子控件的控制器。

在 QSplitter(常数)创建对象时加入其中的控件对象默认采用横向布局（Qt.Orientation.Horizontal），也可以采用垂直布局（Qt.Orientation.Vertical）。QSplitter 类常用方法如表 3.3 所示。

表 3.3 QSplitter 类常用方法

方　　法	描　　述
addWidget(控件对象)	将控件对象添加到布局管理器中
indexOf(控件对象)	返回控件对象在布局管理器中的索引
insertWidget(控件对象)	根据指定的索引将一个控件对象插入布局管理器
setOrientation(常数)	设置布局方向： Qt.Orientation.Horizontal，水平方向 Qt.Orientation.Vertical，垂直方向
setSizes(大小)	设置控件对象的初始化大小
count()	返回控件对象在布局管理器中的数量

【例 3.6】控件分离器测试。

代码如下（Splitter.py）：

```python
from PyQt6.QtWidgets import QApplication, QWidget, QVBoxLayout, QSplitter, QTextEdit, QPushButton
from PyQt6.QtCore import Qt
import sys

class MyWidget(QWidget):
    def __init__(self):
        super(MyWidget, self).__init__()
        self.initUI()

    def initUI(self):
        VLayout = QVBoxLayout(self)
        self.setWindowTitle('动态改变控件大小测试')
        self.setGeometry(360, 260, 300, 200)
        btn1 = QPushButton("A")
        btn2 = QPushButton("B")
        splitter1 = QSplitter(Qt.Orientation.Vertical)
        splitter1.addWidget(btn1)
```

```
            splitter1.addWidget(btn2)
            splitter1.setSizes([100, 100])
            splitter2 = QSplitter(Qt.Orientation.Horizontal)
            splitter2.addWidget(QTextEdit())
            splitter2.addWidget(splitter1)

            VLayout.addWidget(splitter2)
            self.setLayout(VLayout)
if __name__=='__main__':
    app = QApplication(sys.argv)
    w = MyWidget()
    w.show()
    sys.exit(app.exec())
```

运行程序，显示效果如图 3.19（a）所示。调整大小，显示效果如图 3.19（b）所示。

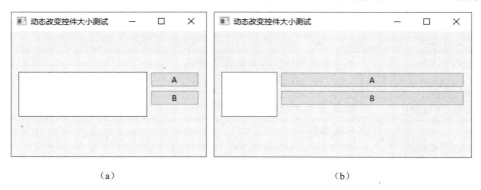

图 3.19　动态改变控件大小

说明：

使用两个 QSplitter，splitter1 对象包含了两个 QPushButton 对象（btn1 和 btn2），并按照垂直方向进行布局。在 splitter2 对象中，第一个添加了 QTextEdit()对象，第二个添加了 splitter1 对象，并按照水平方向进行布局。

2. 弹性间隔：spacerItem

Qt Designer 窗口部件盒的 Spacers 类控件包括 Horizontal Spacer 和 Vertical Spacer。但这两种控件对应的类都是 QSpacerItem 类，主要通过宽度和高度进行区分。QSpacerItem 类主要用在布局管理器中，使布局管理器中的控件布局更加合理。

第 4 章 控件功能

PyQt6 的界面包括对话框、窗口和主窗口，它们是一个容器，可以包含各种控件对象。本章将介绍常用的控件。

4.1 控件及其继承类

4.1.1 控件分类

Qt Designer 窗口部件盒提供了 8 大类可视化控件，如图 4.1 所示。

图 4.1　窗口部件盒

控件类型分别为布局控件（Layouts）、分隔控件（Spacers）、按钮控件（Buttons）、表项视图（Item Views）、表项控件（Item Widgets）、容器（Containers）、输入控件（Input Widgets）、显示控件（Display Widgets）等。

在使用 Qt Designer 进行界面设计时，能够将各控件拖到窗口上，然后对控件对象设置属性。

4.1.2 控件及其属性列表

在 Qt Designer 中，窗口及其控件对象在"对象检查器"分级列表中显示。当前选择的控件的属性在属性编辑器中显示和设置，如图 4.2 所示。

将相关属性节点收起后，顶层的节点为控件对应的类及全部父类，而且节点基本上按照父类在上、子类在下的方式排列，体现了类的继承关系以及类对应的属性。

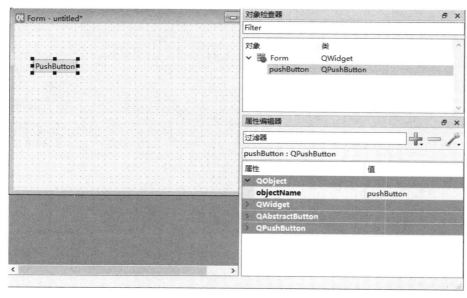

图 4.2　属性编辑器

4.1.3　控件类和继承类

如果在当前对话框中选择一个控件对象，就会显示该控件对象对应类和继承的类。
例如：

（1）在对话框中选择单行文本框对象，对应 QLineEdit、QWidget 和 QObject 类属性，如图 4.3（a）所示。

（2）在对话框中选择标签对象，对应 QLabel、QFrame、QWidget 和 QObject 类属性，如图 4.3（b）所示。QFrame 类主要用来控制边框的样式，例如凸起、凹下、阴影等美化功能。通过控制这些属性可以使标签对象显示得丰富多彩。

（3）在对话框中选择多行文本框对象，对应 QTextEdit、QAbstractScrollArea、QFrame、QWidget 和 QObject 类属性，如图 4.3（c）所示。因为多行文本框可进行多行操作，QAbstractScrollArea 类可实现控件内部内容滚动查看。

(a)　　　　　　(b)　　　　　　(c)

图 4.3　控件类

">"表示可以展开的项，展开的项包括对应该控件类的属性。

因为所有控件除了属于本身的类（例如：单行文本框为 QLineEdit 类），均包含 QObject 类和 QWidget 类，按钮类控件还继承 QAbstractButton 类。

1. QObject 类

objectName：控件对象名。创建时采用系统默认名，用户可以修改。在窗体内部，通过控件对象名引用控件对象。

代码设置：

```
setObjectName("对象名")
```

2. QWidget 类

QWidget 类是所有用户界面（包括 QMainWindow、QDialog 等）对象的基类。窗口控件是用户界面基本元素，它从窗口系统接收鼠标、键盘和其他事件，并且将自己的表现形式绘制在屏幕上。QWidget 有很多成员函数，QWidget 有字体属性，但是自己从来不用，被很多继承它的子类使用，比如 QLabel、QPushButton、QCheckBox 等。

3. QAbstractButton 类

虽然不同按钮根据不同的使用场景实现不同的功能，有不同的表现形式，但它们有共性。按钮的基类是 QAbstractButton 类，提供了按钮的通用功能。它为抽象类，不能实例化，必须由其他的按钮类继承。

QAbstractButton 类状态如表 4.1 所示。

表 4.1 QAbstractButton 类状态

状 态	含 义
isDown()	提示按钮是否被按下
isChecked()	提示按钮是否已经标记
isEnable()	提示按钮是否可以被用户单击
isCheckAble()	提示按钮是否为可标记的
setAutoRepeat()	设置按钮是否在用户长按时自动重复执行

QAbstractButton 类信号如表 4.2 所示。

表 4.2 QAbstractButton 类信号

信 号	含 义
Pressed	当鼠标指针在按钮上并按下左键时触发该信号
Released	当鼠标左键被释放时触发该信号
Clicked	当鼠标左键被按下并释放时，或者快捷键被释放时触发该信号
Toggled	当按钮的标记状态发生改变时触发该信号

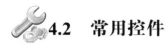

4.2 常用控件

4.2.1 标签：Label

Label 控件属于 QLabel 类，可以显示文本（纯文本或者丰富文本）、链接或图片，也可以放置一个 GIF 动画。QLabel 类常用方法如表 4.3 所示。

表 4.3 QLabel 类常用方法

方　　法	描　　述
界面设置：alignment alignment 　水平的　　左对齐 　垂直的　　垂直中心对齐 设置方法：setAlignment (Qt.AlignmentFlag.x)	设置文本对齐 水平的（x）： 左对齐：AlignLeft 右对齐：AlignRight 水平中心对齐：AlignCenter 两端对齐：AlignJustify 垂直的（x）： 顶部对齐：AlignTop 底部对齐：AlignBottom 垂直中心对齐：AlignVCenter
界面设置：indent 设置方法：setIndent(n)	设置文本缩进值 n=-1（默认）
界面设置：pixmap 设置方法：setPixmap(QPixmap 对象名) 设置方法：setMovie(QMovie 对象名)	设置显示一个 pixmap 图片 QPixmap 对象名= QPixmap(图片文件名)，图片文件可以是 JPG、PNG、ICO 和 GIF 文件 QMovie 对象名= QMovie(GIF 动画文件名)
界面设置：text text　　TextLabel 　可翻译的　☑ 　澄清 　注释 设置方法：setText(字符串) 获取方法：text()	设置标签内容为指定字符串 字符串可以是纯文本或者 HTML 格式文本
界面设置：buddy 设置方法：setBuddy()	设置助记符及 buddy(伙伴) 即使用 QLabel 设置快捷键，会在快捷键后将焦点设置到其 buddy 上，这里用到了 QLabel 的交互控件功能。此外，buddy 可以是任何一个 Widget 控件。使用 setBuddy(QWidget*)设置，其 QLabel 必须是文本内容，并且使用"&"符号设置了助记符
界面设置：wordWrap 设置方法：setWordWrap(逻辑值)	设置是否延单词边界换行 逻辑值为 True 表示换行，逻辑值为 False 表示不换行（默认）
获取方法：selectedText()	获得所选择的字符
设置方法：setOpenExternlLinks(逻辑值)	设置允许访问超链接

QLabel 类常用信号如表 4.4 所示。

表 4.4 QLabel 类常用信号

信　　号	描　　述
linkActivated	当单击标签中嵌入的超链接，希望在新窗口中打开这个超链接时，setOpenExtemalLinks 特性必须设置为 ture
linkHovered	当鼠标指针滑过标签中嵌入的超链接时，需要用槽函数与这个信号进行绑定

【例 4.1】 标签测试。

代码如下（labelTest.py）：

```python
from PyQt6.QtWidgets import *
from PyQt6.QtCore import Qt
from PyQt6.QtGui import QPixmap,QPalette
import sys

class MyWidget(QWidget):
    def __init__(self):
        super().__init__()
        self.setWindowTitle("QLabel 测试")

        label1 = QLabel(self)
        label2 = QLabel(self)
        label3 = QLabel(self)
        label4 = QLabel(self)
        # （a）label1：普通文本标签，可用鼠标选择文本内容
        label1.setText("初始文本标签")
        label1.setTextInteractionFlags( \
Qt.TextInteractionFlag.TextSelectableByMouse)
        # （b）label2：控制标签文本颜色和背景颜色
        label2.setText('<font size="6" color="red">红色 3 号字文本标签</font>')
        label2.setAlignment(Qt.AlignmentFlag.AlignCenter)
        label2.setAutoFillBackground(True)
        palette = QPalette()
        palette.setColor(QPalette.ColorRole.Window, Qt.GlobalColor.white)
        label2.setPalette(palette)
        # （c）label3：图片标签，单击信号关联槽函数
        label3.setToolTip('图片标签...')
        label3.setPixmap(QPixmap("images/荷花.jpg"))
        label3.linkActivated.connect(self.clickedFunc)
        # （d）Label4：超链接标签，滑过标签，执行关联槽函数
        label4.setText("<a href='                    '>网易超链接标签</a>")
        label4.setAlignment(Qt.AlignmentFlag.AlignRight)
        label4.setOpenExternalLinks(True)              # 打开允许访问超链接
        label4.linkHovered.connect(self.hoveredFunc)   # 滑过关联槽函数
        # （e）
        vbox = QVBoxLayout()
        vbox.addWidget(label1)
        vbox.addWidget(label2)
        vbox.addWidget(label3)
        vbox.addStretch()
        vbox.addWidget(label4)
        self.setLayout(vbox)

    def hoveredFunc(self):
        print("鼠标滑过标签 4...")
    def clickedFunc(self):
```

```
        print("鼠标点击标签3...")
if __name__ == "__main__":
    app = QApplication(sys.argv)
    w = MyWidget()
    w.show()
    sys.exit(app.exec())
```

图 4.4 标签

运行程序，显示如图 4.4 所示。

说明：

（a）label1 标签：指定如何选择显示的文本，鼠标选择为 extSelectableByMouse，键盘选择为 TextSelectableByKeyboard。

（b）label2 标签：采用 HTML 格式化标签显示文本和红色，内容居中，指定背景色为白色。

（c）label3 标签：显示图像标签，有文本提示，单击标签将执行关联槽函数。

（d）label4 标签：显示超链接的标题，单击标签在浏览器中打开指定的 URL 网页；显示内容右对齐，打开外部超链接。鼠标指针在标签上滑动，执行关联槽函数。

（e）垂直布局 4 个标签，label3 和 label4 之间加空隙。

4.2.2 单行文本框：QLineEdit

在 Qt Designer 中，用于图形界面数据输入的控件 Input Widgets 如表 4.5 所示。

表 4.5 Input Widgets

名 称	含 义	名 称	含 义
Combo Box	组合框	Font Combo Box	字体组合框
Line Edit	单行文本框	Text Edit	多行文本框
Plain Text Edit	纯文本编辑框	Spin Box	数字选择框
Double Spin Box	小数选择框	Time Edit	时间编辑框
Date Edit	日期编辑框	Date/Time Edit	日期时间编辑框
Dial	旋钮	Horizontal Scroll Bar	水平滚动条
Vertical Scroll Bar	垂直滚动条	Horizontal Slider	水平滑块
Vertical Slider	垂直滑块	Key Sequence Edit	按键编辑框

QLineEdit 类是一个单行文本框控件，可以输入单行字符串。如果需要输入多行字符串，则使用 QTextEdit 类。

1）单行文本框控件的属性和方法

QLineEdit 类常用属性和方法如表 4.6 所示。

表 4.6　QLineEdit 类常用属性和方法

属性/方法	方法参数描述
界面设置：alignment 设置方法：setAlignment(n)	文本对齐属性（参考标签控件）
界面设置：echoMode 设置方法：setEchoMode(枚举)	设置文本框显示格式 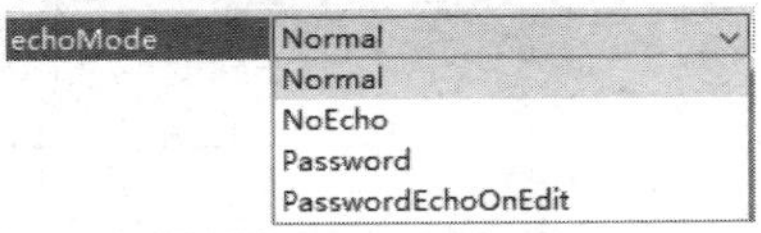 （QLineEdit.EchoMode.x）： Normal（默认）：正常显示所输入的字符 NoEcho：不显示任何输入的字符 Password：不显示输入字符，而显示掩码字符（默认为圆点） PasswordEchoOnEdit：在编辑时显示字符，失去焦点后显示掩码字符
界面设置：placeholder 设置方法：setPlaceholderText(s)	设置文本框浮显文字为字符串 s 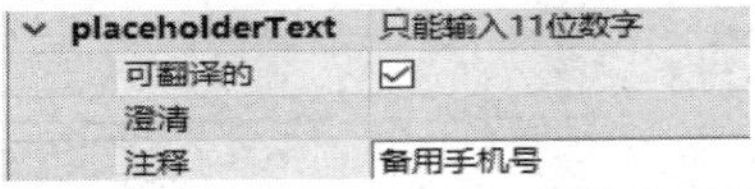
界面设置：maxLength 设置方法：setMaxLength(n)	设置文本框允许输入的最大字符数（默认为 32767）
界面设置：readOnly 设置方法：setReadOnly(逻辑值)	设置文本框是否为只读 逻辑值为 True 表示只读，逻辑值为 False 表示可输入
界面设置：text 设置方法：setText(s) 获得内容：text()	设置文本框内容为指定字符串或者获得文本框内容 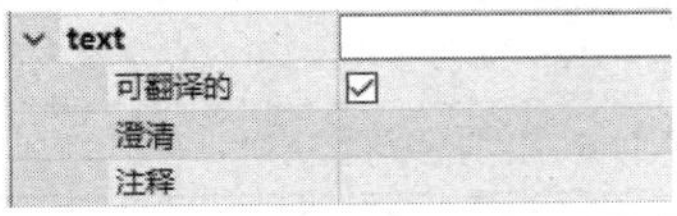
界面设置：dragEnabled 设置方法：setDragEnabled(逻辑值)	设置文本框是否可被拖动 逻辑值为 True 表示可拖动，逻辑值为 False 表示不可拖动
界面设置：inputMask 设置方法：setInputMask(s)	设置输入字符串掩码，控制输入符合要求的字符串
设置方法：setValidator(枚举)	设置文本输入验证方案 QIntValidatoe：限制输入整数 QDoubleValidator：限制输入小数 QEegExpValidator：检查输入是否符合设置的正则表达式
设置方法：clear()	清除文本框内容
设置方法：setText(s)	设置文本框内容
设置方法：selectAll()	文本框内容全选
设置方法：setFocus()	文本框得到焦点

2）单行文本框控件输入字符串掩码

单行文本框控件通过 inputMask 属性或者 SetInputMask(s)方法设置字符串掩码，运行时该单行文本框需要输入指定的规范字符串。

表 4.7 中列出了掩码的字符和含义。

表 4.7 掩码的字符和含义

字　符	含　义
A	必须输入 A~Z、a~z
a, n	允许输入的 ASCII 字符，但不是必需的
N	必须输入 A~2、a~z、0~9
X	任何字符都是必须输入的
x	任何字符都是允许输入的，但不是必需的
9	必须输入 0~9
0	允许输入 0~9，但不是必需的
D	必须输入 1~9
d	允许输入 1~9，但不是必需的
#	允许输入数字或加/减符号，但不是必需的
H	必须输入十六进制字符 A~F、a~f、0~9
h	允许输入十六进制字符 A~F、a~f、0~9，但不是必需的
B	必须输入二进制字符 0、1
b	允许输入二进制字符 0、1，但不是必需的
>	所有的字母都大写
<	所有的字母都小写
!	关闭大小写转换
\	使用"\"转义上面列出的字符

掩码由掩码字符和分隔符字符串组成，后面可以跟一个分号和空白字符，空白字符在编辑后会从文本中删除。

例如：

日期掩码：0000-00-00

时间掩码：00:00:00

IP 地址：000.000.000.000;

MAC 地址：HH:HH:HH:HH:HH;

3）单行文本框控件常用信号

QLineEdit 类常用信号如表 4.8 所示。

表 4.8 QLineEdit 类常用信号

信 号 标 识	描　述
selectionChanged	当选择的文本内容改变时发送
textEdited	当文本被编辑时发送
returnPressed	光标在行编辑框内按 Enter 键时发送

续表

信号标识	描述
textChanged	当修改文本内容时发送
editingFinished	当按 Esc 键或者按 Enter 键时，或者行编辑失去焦点时发送
cursorPositionChanged	当光标位置改变时发送
inputRejected	如果 setValidator() 等设置了合法字符范围，当用户输入不合法字符时发送

【例 4.2】 单行文本框测试 1。

代码如下（lineText-1.py）:

```python
from PyQt6.QtWidgets import QApplication,QLineEdit,QWidget,QFormLayout
from PyQt6.QtGui import QIntValidator, \
QDoubleValidator, QRegularExpressionValidator
from PyQt6.QtCore import QRegularExpression
import sys

class MyWidget(QWidget):
    def __init__(self,parent=None):
        super( MyWidget, self).__init__(parent)
        self.setWindowTitle("QLineEdit 测试")

        fLayout = QFormLayout()
        leBH = QLineEdit(); leXM = QLineEdit()
        leMM = QLineEdit(); leCSRQ = QLineEdit()
        leGL = QLineEdit(); leJBGZ = QLineEdit()
        leIP = QLineEdit(); leCH = QLineEdit()
        fLayout.addRow("编    号", leBH)
        fLayout.addRow("姓    名", leXM)
        fLayout.addRow("登录密码", leMM)
        fLayout.addRow("出生日期", leCSRQ)
        fLayout.addRow("工    龄", leGL)
        fLayout.addRow("基本工资", leJBGZ)
        fLayout.addRow("本机 IP 地址", leIP)
        fLayout.addRow("车    号", leCH)
        self.setLayout(fLayout)
        #（a）编号只能 6 位数字
        leBH.setPlaceholderText("编号为 6 位")
        leBH.setInputMask("999999")
        #（b）密码输入字符显示圆点，只能是字母和数字的组合
        leMM.setPlaceholderText("密码是字母数字组合")
        leMM.setEchoMode(QLineEdit.EchoMode.Password)
        reg=QRegularExpression("[a-zA-Z0-9]+$")
        mmValidator = QRegularExpressionValidator(self)
        mmValidator.setRegularExpression(reg)
        leMM.setValidator(mmValidator)
        #（c）工龄（整型）范围[1, 45]
        glIntValidator = QIntValidator(self)
```

```
        glIntValidator.setRange(1,45)
        leGL.setValidator(glIntValidator)
        #（d）基本工资（浮点）范围[0,9999]，2位小数
        jbDoubleValidator = QDoubleValidator (self)
        jbDoubleValidator.setRange(0.00,9999.99)
        jbDoubleValidator.setNotation( \
QDoubleValidator.Notation.StandardNotation)
        jbDoubleValidator.setDecimals(2)
        leJBGZ.setValidator(jbDoubleValidator)
        #（e）
        leCSRQ.setInputMask("9999-00-00")
        leIP.setInputMask("000.000.000.000")
        leCH.setInputMask("XXXXXXX")
if __name__ == "__main__":
    app = QApplication(sys.argv)
    w = MyWidget()
    w.show()
    sys.exit(app.exec())
```

运行程序，显示如图4.5所示。

图4.5　单行文本框1

说明：

（a）编号文本框：显示初始提示信息"编号为6位"。

```
leBH.setPlaceholderText("编号为6位")
leBH.setInputMask("999999")
```

（b）密码文本框：显示初始提示信息，输入（大小写字符和数字）字符显示圆点。

```
leMM.setPlaceholderText("密码是字母数字组合")
leMM.setEchoMode(QLineEdit.EchoMode.Password)
reg=QRegularExpression("[a-zA-Z0-9]+$")
mmValidator = QRegularExpressionValidator(self)
mmValidator.setRegularExpression(reg)
leMM.setValidator(mmValidator)
```

（c）工龄文本框：整数，范围为1~45。

```
glIntValidator = QIntValidator(self)
glIntValidator.setRange(1,45)
leGL.setValidator(glIntValidator)
```

（d）基本工资文本框：浮点数，范围为0~9999，可含两位小数。

```
        jbDoubleValidator = QDoubleValidator (self)
```

```python
        jbDoubleValidator.setRange(0.00,9999.99)
        jbDoubleValidator.setNotation( \
QDoubleValidator.Notation.StandardNotation)
        jbDoubleValidator.setDecimals(2)
        leJBGZ.setValidator(jbDoubleValidator)
```

（e）出生时间文本框：年有 4 位，月和日有 1、2 位，之间用"-"分隔。IP 地址：4 部分，每部分有 1~3 位数字，用"."分隔。车号有 7 个字符。

```python
leCSRQ.setInputMask("9999-00-00")
leIP.setInputMask("000.000.000.000")
leCH.setInputMask("XXXXXXX")
```

【例 4.3】 单行文本框测试 2。

代码如下（lineText-2.py）：

```python
from PyQt6.QtWidgets import QApplication,QLineEdit,QWidget,QFormLayout
from PyQt6.QtGui import QIntValidator, QDoubleValidator,QFont
from PyQt6.QtCore import Qt
import sys

class MyWidget(QWidget):
    def __init__(self, parent=None):
        super(MyWidget, self).__init__(parent)
        # (a)
        le1 = QLineEdit()
        le1.setValidator(QIntValidator())
        le1.setMaxLength(6)
        # (b)
        le2 = QLineEdit()
        le2.setValidator(QDoubleValidator(0.99, 99.99,2))
        le2.textChanged.connect(self.textchanged)
        # (c)
        le3 = QLineEdit()
        le3.setInputMask('+99-0000-00000000')
        # (d)
        le4 = QLineEdit("软件工程")
        le4.setFont(QFont("黑体",20))
        le4.setAlignment(Qt.AlignmentFlag.AlignRight)
        le4.editingFinished.connect(self.enterPress)
        # (e)
        le5 = QLineEdit("2022-07-28")
        le5.setReadOnly(True)

        self.setWindowTitle("QLineEdit 测试")
        fLayout = QFormLayout()
        fLayout.addRow("整数（0-6 位)",le1)
        fLayout.addRow("实数（xx.xx)",le2)
        fLayout.addRow("文本字体字号对右",le3)
        fLayout.addRow("输入文本",le4)
        fLayout.addRow("只读文本",le5)
```

```
            self.setLayout(fLayout)

    def textchanged(self, txt):
        print("输入: "+txt)
    def enterPress(self):                 # (d)
        print("本行输入完成! ")
if __name__ =="__main__":
    app = QApplication(sys.argv)
    w = MyWidget()
    w.show()
    sys.exit(app.exec())
```

图 4.6　单行文本框 2

运行程序，显示如图 4.6 所示。

说明：

（a）控制输入 0~6 位整数。

（b）控制输入实数，含两位小数。在调试窗口显示数据改变过程。

（c）控制输入完整电话号码。

（d）控制右对齐显示指定文本，本行输入完成，在调试窗口显示数据改变信息。

（e）显示程序输入信息，不可交互输入（只读）。

4.2.3　多行文本框：QTextEdit

QTextEdit 类是一个多行文本框控件，可以输入和显示多行文本内容，当文本内容超出控件显示范围时，可以显示垂直滚动条。QTextEdit 不仅可以显示文本还可以显示 HTML 文档。

QTextEdit 类常用方法如表 4.9 所示。

表 4.9　QTextEdit 类常用方法

方　　法	描　　述
setPlainText()	设置多行文本框的文本内容
toPlainText()	返回多行文本框的文本内容
setTextColor()	设置文本颜色，例如，将文本显示为蓝色，参数为 PyQt6.QtGui.QColor(0,0,255)
setTextBackgroundColor()	设置文本的背景颜色，颜色参数与 setTextColor0 相同
setHtml()	设置多行文本框的内容为 HTML 文档
toHtml()	返回多行文本框的 HTML 文档内容
setWordWrapMode()	设置自动换行
clear()	清除多行文本框的内容

QTextEdit 类常用信号如表 4.10 所示。

表 4.10 QTextEdit 类常用信号

信号标识	描述
textChanged	文本内容发生改变时发送
selectionChanged	选中内容发生改变时发送
cursorPositionChanged	光标位置发生改变时发送
currentCharFormatChanged	当前字符格式发生改变时发送
copyAvailable	复制可用时发送
redoAvailable	重做可用时发送
undoAvailable	撤销可用时发送

【例 4.4】 多行文本框测试。

代码如下（textEdit.py）：

```python
from PyQt6.QtWidgets import \
    QApplication,QWidget,QTextEdit,QVBoxLayout,QPushButton
import sys

class MyWidget(QWidget):
    def __init__(self, parent=None):
        super(MyWidget, self).__init__(parent)
        self.setWindowTitle("QTextEdit 测试")
        self.resize(300, 270)
        self.te = QTextEdit()
        self.btn1 = QPushButton ("显示 HTML")
        self.btn2 = QPushButton ("恢复显示")
        vlayout = QVBoxLayout()
        vlayout.addWidget(self.te)
        vlayout.addWidget(self.btn1)
        vlayout.addWidget(self.btn2)
        self.setLayout(vlayout)
        #（a）设置文本框初始显示内容和颜色
        self.te.setPlainText("Python 编程\nPyQt6 界面编程")
        self.te.setTextColor(PyQt6.QtGui.QColor(0,0,255))

        self.btn1.clicked.connect(self.btn1Clicked)
        self.btn2.clicked.connect(self.btn2Clicked)
    def btn1Clicked(self):
        global tmp
        tmp=self.te.toPlainText()           #（b）
        self.te.setHtml("<font color='red' size='6'>C++程序设计<p>Spring Boot 应用开发</font>")    #（b）
    def btn2Clicked(self):
        global tmp
        self.te.setPlainText(tmp)
if __name__=="__main__":
```

```
tmp=''
app = QApplication(sys.argv)
w = MyWidget()
w.show()
sys.exit(app.exec())
```

运行程序，显示如图 4.7 所示。

图 4.7　多行文本框

说明：

（a）设置文本框为普通文本内容，设置文本显示颜色。

（b）保存文本内容到全局变量中，改变文本框显示的 HTML 文档，显示效果与浏览器效果一样。

4.2.4　命令按钮：QPushButton

在 Qt Designer 窗口部件盒中，包含下列按钮类控件。

（1）Push Button：命令按钮控件，对应 QPushButton 类。

（2）Tool Button：工具按钮控件，对应 QToolButton 类，为命令或选项提供快速访问按钮，通常在 QToolBar 中使用。

（3）Radio Button：单选按钮控件，对应 QRadioButton 类。

（4）Check Button：检查按钮控件，对应 QCheckButton 类。

（5）Command Link Button：命令链接按钮控件，对应 QCommandLinkButton 类。

（6）Dialog Button Box：对话命令按钮控件，对应 QDialogButtonBox 类。

命令按钮控件属于 QPushButton 类，可显示文本标题或图标，单击命令按钮（或者快捷键）执行指定的功能，常见的有"确认""申请""取消""关闭""是""否"等按钮。

为 QPushButton 设置快捷键，比如文本标题"&Download"的快捷键是 Alt+D，"&"不会显示，但字母 D 会显示一条下画线。如果只想显示"&"，那么需要像转义一样使用"&&"。更多的关于快捷键的使用请参考 QShortcut 类。

QPushButton 类常用方法如表 4.11 所示。

表 4.11　QPushButton 类常用方法

方　　法	描　　述
setCheckable(逻辑值)	设置按钮是否已经被选中。如果为 True，则表示按钮将保持已点击和释放状态

续表

方法	描述
setIcon(参数)	设置按钮上的图标。参数：QtGui.QIcon('图标路径')
setIconSize(参数)	设置按钮图标的大小。参数：QtCore.QSize(int width,int height)
setEnabled(逻辑值)	设置按钮是否可用。如果为False，按钮变成不可用状态，单击它不会发送信号
setDefault()	设置按钮的默认状态
setShortcut(参数)	设置按钮的快捷键，可以设置为键盘的按键或组合键
setText(文本)	设置按钮的显示文本
text()	返回按钮的显示文本
isChecked()	返回按钮的状态。如果为True，表示按下状态；如果为False，表示释放状态
toggle()	在按钮状态之间进行切换

QPushButton 类常用信号：clicked，单击命令按钮发送该信号。

【例 4.5】 命令按钮测试。

代码如下（pushButton.py）：

```python
import sys
from PyQt6.QtGui import *
from PyQt6.QtWidgets import *

class MyDialog(QDialog):
    def __init__(self, parent=None):
        super(MyDialog, self).__init__(parent)
        self.setWindowTitle("QPushButton测试")
        # (a)
        self.btn1 = QPushButton("文本按钮")
        self.btn1.setCheckable(True)
        self.btn1.toggle()
        self.btn1.clicked.connect(lambda:self.btnText(self.btn1))
        # (b)
        self.btn2 = QPushButton('图片按钮')
        self.btn2.setIcon(QIcon(QPixmap("images/python.ico")))
        self.btn2.clicked.connect(lambda:self.btnText(self.btn2))
        # (c)
        self.btn3 = QPushButton ("&Change")
        self.btn3.setDefault(True)
        self.btn3.clicked.connect(self.btnChange)
        self.btn3.clicked.connect(lambda:self.btnText(self.btn3))

        vlayout = QVBoxLayout()
        vlayout.addWidget(self.btn1)
        vlayout.addWidget(self.btn2)
        vlayout.addWidget(self.btn3)
        self.setLayout(vlayout)
    # (d)
```

```python
    def btnChange(self):
        if self.btn1.isChecked():
            print("文本按钮选择")
        else:
            print("文本按钮释放")
        if self.btn2.isEnabled():
            self.btn2.setEnabled(False)
        else:
            self.btn2.setEnabled(True)
    def btnText(self, btn):
        print("单击"+btn.text()+"! ")
if __name__ =='__main__':
    app = QApplication(sys.argv)
    d = MyDialog()
    d.show()
    sys.exit(app.exec())
```

运行程序，显示如图 4.8（a）所示。切换状态后，显示如图 4.8（b）所示。

图 4.8　命令按钮

说明：

（a）btn1 按钮：文本按钮，初始显示按钮按下，每次操作进行状态切换。

（b）btn2 按钮：按钮上有图片和文本。

（c）btn3 按钮：包含快捷键按钮，默认为按下状态。

（d）切换 btn1 按钮显示按下和释放，切换 btn2 按钮的可用和不可用。

4.2.5　单选按钮：QRadioButton

单选按钮属于 QRadioButton 类，继承自 QAbstractButton 类。它提供了一组可供选择的包含文本标签的按钮，用户可以选择其中一个选项。单选按钮是一种开关按钮，可以切换为开或者关，即 checked 或者 unchecked。

如果需要多个单选按钮组合，则将它们放在 QGroupBox、QButtonGroup 控件或其他布局容器中。

QRadioButton 类常用方法如表 4.12 所示。

表 4.12　QRadioButton 类常用方法

方　　法	描　　述
setCheckable(逻辑值) setChecked(逻辑值)	设置按钮是否被选中，可以改变单选按钮的选中状态，如果设置为 True，则表示单选按钮将保持选中状态

续表

方法	描述
isChecked()	返回单选按钮的状态，返回值为 True 或 False
setText(文本)	设置单选按钮显示的文本
text()	返回单选按钮显示的文本

QRadioButton 类常用信号：当单选按钮切换状态时，就会发送 toggled 信号。而 clicked 信号则在每次单击单选按钮时都会发送。

【例 4.6】 单选按钮测试。

代码如下（radioButton.py）：

```python
import sys
from PyQt6.QtWidgets import *

class MyWidget(QWidget):
    def __init__(self, parent=None):
        super(MyWidget, self).__init__(parent)
        self.setWindowTitle("RadioButton测试")
        
        self.rb1 = QRadioButton ("南京大学")
        self.rb1.setChecked(True)
        self.rb1.toggled.connect(lambda:self.rbFunc(self.rb1))
        self.rb2 = QRadioButton("东南大学")
        self.rb2.toggled.connect(lambda:self.rbFunc(self.rb2))
        self.rb3 = QRadioButton("南京师范大学")
        self.rb3.toggled.connect(lambda:self.rbFunc(self.rb3))
        
        hLayout = QHBoxLayout()
        hlayout.addWidget(self.rb1)
        hLayout.addWidget(self.rb2)
        hLayout.addWidget(self.rb3)
        self.setLayout(hLayout)
    
    def rbFunc(self,rb):
        if rb.isChecked()==True:
            print(rb.text())
if __name__=='__main__':
    app = QApplication(sys.argv)
    w=MyWidget()
    w.show()
    sys.exit(app.exec())
```

运行程序，显示如图 4.9 所示。

图 4.9　单选按钮

说明：

（1）因为这三个单选按钮在一个布局中，所以只能选择其中一个。初始第 1 个单选按钮选中：`self.rb1.setChecked(True)`

（2）每一个单选按钮的 toggle 信号均与槽函数 rbFunc 连接。使用 lambda 的方式允许将源信号传递给槽函数，将单选按钮作为参数。

rbFunc 函数检查单选按钮的状态，可获得选中的单选按钮。

4.2.6 复选框：QCheckBox

复选框属于 QCheckBox 类，继承自 QAbstractButton 类。它提供了一组带文本（图标）标签的复选框，多个选项可以同时选择。可以使用 isChecked() 来查询复选框是否被选中。

只要复选框被选中或者取消选中，都会发送一个 stateChanged 信号。

复选框除了常用的选中和未选中，还提供了半选中来表明"没有变化"。如果需要第三种状态，可以通过 setTristate() 来使它生效，并使用 checkState() 来查询当前的切换状态。

QCheckBox 类常用方法如表 4.13 所示。

表 4.13 QCheckBox 类常用方法

方　　法	描　　述
setChecked(逻辑值)	设置复选框的状态，True 表示选中，False 表示取消选中
setText(文本)	设置复选框的显示文本
setIcon(图标)	设置复选框的显示图标
text()	返回复选框的显示文本
isChecked()	检查复选框是否被选中
setTriState()	设置复选框为一个三态复选框

三态复选框有三种状态，如表 4.14 所示。

表 4.14 复选框三种状态（Qt.CheckState 枚举）

名称（枚举值）	值	描　　述
Checked	2	控件没有被选中（默认值）
PartiallyChecked	1	控件被半选中
Unchecked	0	控件被选中

QCheckBox 类常用信号：stateChanged 复选框状态改变时发送该信号。

【例 4.7】复选框测试。

代码如下（checkButton.py）：

```
import sys
from PyQt6.QtCore import *
from PyQt6.QtGui import *
from PyQt6.QtWidgets import *
from PyQt6.QtCore import Qt
```

```python
class MyWidget(QWidget):
    def __init__(self, parent=None):
        super(MyWidget, self).__init__(parent)
        self.setWindowTitle("CheckBox测试")

        self.checkBox1=QCheckBox("&1-复选框")           #(b)
        self.checkBox1.setChecked(True)                 #(a)
        self.checkBox1.stateChanged.connect(lambda:self.btnstate\
(self.checkBox1))
        self.checkBox2 = QCheckBox("&2-复选框")          #(b)
        self.checkBox2.toggled.connect(lambda:self.btnstate\
(self.checkBox2))
        self.checkBox3=QCheckBox("&3-复选框")           #(b)
        self.checkBox3.setTristate(True)                #(a)
        self.checkBox3.setCheckState(Qt.CheckState.PartiallyChecked)
                                                        #(a)
        self.checkBox3.stateChanged.connect(lambda:self.btnstate
(self.checkBox3))
        hLayout = QHBoxLayout()
        hLayout.addWidget(self.checkBox1)
        hLayout.addWidget(self.checkBox2)
        hLayout.addWidget(self.checkBox3)
        self.setLayout(hLayout)

    def btnstate(self, btn):
        print("1-复选框:" + str(self.checkBox1.checkState()))   #(c)
        print("2-复选框:" + str(self.checkBox2.checkState()))   #(c)
        print("3-复选框:" + str(self.checkBox3.checkState()))   #(c)

if __name__=='__main__':
    app = QApplication(sys.argv)
    w = MyWidget()
    w.show()
    sys.exit(app.exec())
```

运行程序，显示如图4.10所示。

说明：

（a）初始状态第1个复选框选中，第2个复选框不选中，第3个复选框不确定。

图4.10 复选框

（b）设置3个复选框的快捷键分别为1、2、3。

（c）3个复选框关联系统槽函数，通过checkState()获得它们的状态。

4.2.7 列表框：QListView 和 QListWidget

1. QListView

QListView 用于以列表方式展示数据，它的子类是 QListWidget。QListView 是基于模型

（Model）的，需要程序来建立模型，然后保存数据。它已经建立了一个数据存储模型（QListWidgetItem），直接调用 addItem 函数，就可以添加条目（Item）。QListView 类常用方法如表 4.15 所示。

表 4.15　QListView 类常用方法

方　　法	描　　述
setModel(Model)	用来设置 View 所关联的 Model，可以使用 list 数据类型作为数据源
selectedItem(n)	选中 Model 中的条目 n
isSelected()	判断 Model 中的某条目是否被选中

QListView 类常用信号如表 4.16 所示。

表 4.16　QListView 类常用信号

信　　号	描　　述
clicked	单击某项时发送
doubleClicked	双击某项时发送

【例 4.8】列表框测试 1。

代码如下（listView.py）：

```
from PyQt6.QtWidgets import QApplication, QWidget, QVBoxLayout, QListView, QMessageBox
from PyQt6.QtCore import QStringListModel
import sys

class myWidget(QWidget):
    def __init__(self, parent=None):
        super(myWidget, self).__init__(parent)
        self.setWindowTitle("QListView测试")
        self.resize(300, 260)
        # (a)
        listModel = QStringListModel()
        self.list=['C++','Java','C#','Python']
        listModel.setStringList(self.list)
        listView = QListView()
        listView.setModel(listModel)
        # (b)
        listView.clicked.connect(self.clickedFunc)

        layout = QVBoxLayout()
        layout.addWidget(listView)
        self.setLayout(layout)

        # (b)
    def clickedFunc(self, Index):
        QMessageBox.information(self,"ListView","选择:"+\
```

```
    self.list[Index.row()])

if __name__=="__main__":
    app = QApplication(sys.argv)
    w = myWidget()
    w.show()
    sys.exit(app.exec())
```

运行程序，显示如图 4.11 所示。

图 4.11 列表框 1

说明：

（a）将 list 内容转换为 QStringListModel()字符串列表模式，然后作为 QListView()模式项。关联 QListView()单击信号对应的槽函数。

（b）单击 QListView()对象列表项，在槽函数中根据列表项号找出 list 数据对应的项目。

【例 4.9】 列表框测试 2。

代码如下（listView.py）：

```
import sys
from PyQt6.QtWidgets import *
from PyQt6.QtGui import QStandardItemModel,QStandardItem

class myWidget(QWidget):
    def __init__(self, parent=None):
        super(myWidget, self).__init__(parent)
        self.setWindowTitle("QListView测试")
        self.resize(200,200)

        self.list = ['C++', 'Java', 'C#', 'Python']
        self.mode = QStandardItemModel(4,1)                      # (1)
        for i in range(self.mode.rowCount()):                    # (2)
            item = QStandardItem(self.list[i])
            self.mode.setItem(i,0,item)
        self.mode.insertRow(4, QStandardItem("数据结构"))         # (3)
        # (4)
        self.listview = QListView()
        self.listview.setModel(self.mode )

        self.le = QLineEdit()
```

```python
        self.addPb = QPushButton("增加项",clicked= self.addItem )
        self.delPb = QPushButton("删除项",clicked= self.delItem )
        self.sortPb = QPushButton("项目排序",clicked= self.sortItem )

        hLayout = QHBoxLayout()
        hLayout.setContentsMargins(0,0,0,0)
        hLayout.addWidget(self.addPb)
        hLayout.addWidget(self.delPb)
        hLayout.addWidget(self.sortPb)
        self.vLayout = QVBoxLayout(self)
        self.vLayout.addWidget(self.listview)
        self.vLayout.addWidget(self.le)
        self.vLayout.addLayout(hLayout)
    def addItem(self):                 #(a)增加列表项
        num = self.mode.rowCount()
        s = self.le.text()
        if s!= '':
            self.mode.appendRow(QStandardItem(s))
    def delItem(self):                 #(c)删除列表项
        num = self.mode.rowCount()
        self.mode.removeRow(num-1)
    def sortItem(self):                #(b)列表项排序显示
        self.mode.sort(0)
if __name__ == '__main__':
    app = QApplication(sys.argv)
    w = myWidget()
    w.show()
    sys.exit(app.exec())
```

运行程序，在文本框中输入"aaa"，单击"增加项"按钮，如图4.12（a）所示；单击"项目排序"按钮，如图4.12（b）所示（注意首字母小写a比大写字母编码大）；选择"数据结构"项，单击"删除项"按钮，如图4.12（c）所示。

图 4.12 列表框 2

说明：

（1）创建4行1列标准数据模型对象。

（2）将列表数据中的列表项作为标准数据模型项。

（3）插入新的标准数据模型项。
（4）创建列表框对象，将标准数据模型项作为列表项。

2. QListWidget

QListWidget 是一个基于条目的接口，用于从列表中添加或删除条目。列表中的每个条目都是一个 QListWidgetItem 对象，可以设置为多重选择。QListWidget 类常用方法如表 4.17 所示。

表 4.17　QListWidget 类常用方法

方　　法	描　　述
addItem()	在列表中添加 QListWidgetItem 对象或字符串
addItems()	添加列表中的每个条目
insertItem()	在指定的索引处插入条目
clear()	删除列表框内容
setCurrentItem()	设置当前所选条目
sortItems()	按升序重新排列条目

QListWidget 类常用信号如表 4.18 所示。

表 4.18　QListWidget 类常用信号

信　　号	描　　述
currentItemChanged(cItem, pItem)	当列表框中的条目发生改变时发送 cItem：表示当前选择项 pItem：在此之前的选择项
currentRowChanged(row)	当列表框部件中的当前项发生变化时发送 row 为当前项行号，如果没有当前项，其值为-1
currentTextChanged(text)	当列表框部件中的当前项发生变化时发送 text 为当前项对应文本
itemChanged(item)	当前项的文本发生改变时发送
itemClicked(item)	单击时发送
itemDoubleClicked(item)	双击时发送
itemEntered(item)	接收到鼠标指针时发送 设置 mouseTracking 属性为 True 表示发送，否则只有鼠标指针移动到某项上按下按键时才发送
itemPressed(item)	在某项上按下鼠标按键时发送
itemSelectionChanged()	列表框中进行选择操作时发送

【例 4.10】 列表框测试 3。将文本框中输入的内容作为列表框的项目。

代码如下（listWidget.py）：

```
from PyQt6 import QtWidgets
from PyQt6.QtWidgets import *
import sys
class myWidget(QWidget):
```

```
    def __init__(self):
        super(myWidget, self).__init__()
        self.resize(400, 300)
        self.listW = QtWidgets.QListWidget(self)
        self.btn = QtWidgets.QPushButton("确定")
        self.btn.clicked.connect(self.addFunc)
        self.le = QLineEdit()
        fLayout = QFormLayout()
        fLayout.addRow('输入课程名称: ', self.listW)
        fLayout.addRow(self.le, self.btn)
        self.setLayout(fLayout)

    def addFunc(self):
        s = self.le.text()
        if s != '':
            self.listW.addItem(s)
            self.listW.setCurrentRow(self.listW.currentRow() + 1)

if __name__ == '__main__':
    app=QApplication(sys.argv)
    w=myWidget()
    w.show()
    sys.exit(app.exec())
```

运行程序，显示如图 4.13 所示。

图 4.13　列表框 3

说明：把文本框内容加入列表项，将当前列表项数量加 1。

```
self.listW.addItem(s)
self.listW.setCurrentRow(self.listW.currentRow() + 1)
```

4.2.8　下拉列表框：QComboBox

下拉列表框属于 QComboBox 类，是一个集按钮和下拉选项于一体的控件。QComboBox 类常用方法如表 4.19 所示。

表 4.19　QComboBox 类常用方法

方　　法	描　　述
addItem()	添加一个下拉选项
addItems()	在列表中添加下拉选项，一次可添加一个或者多个
clear()	删除下拉选项集合中的所有选项
count()	返回下拉选项集合中的数目
curTentText()	返回选中选项的文本
itemText(i)	获取索引为 i 的 item 的选项文本
currentIndex()	返回选中项的索引
setItemText(int index, text)	改变序号为 index 项的文本

QComboBox 类常用信号如表 4.20 所示。

表 4.20　QComboBox 类常用信号

信　　号	描　　述
activated	当用户选中一个下拉选项时发送
currentIndexChanged	当下拉选项的索引发生改变时发送
highlighted	当选中一个已经选中的下拉选项时发送

【例 4.11】 下拉列表框测试。

代码如下（comboBox.py）：

```python
import sys
from PyQt6.QtWidgets import *

class MyWidget(QWidget):
    def __init__(self, parent=None):
        super(MyWidget, self).__init__(parent)
        self.setWindowTitle("ComBox 测试")
        self.resize(300, 100)
        # (a)
        self.lb1 = QLabel("选择课程：")
        self.lb2 = QLabel(" ")
        self.cb = QComboBox()
        self.cb.addItem("计算机")
        self.cb.addItems(["软件工程","通信工程","人工智能"])
        self.cb.currentIndexChanged.connect(self.selectFunc)

        vlayout = QVBoxLayout()
        vlayout.addWidget(self.lb1)
        vlayout.addWidget(self.cb)
        vlayout.addWidget(self.lb2)
        self.setLayout(vlayout)
        # (b)
```

```
    def selectFunc(self,i):
        selectItem=self.cb.currentText()
        for count in range(self.cb.count()):
            if self.cb.itemText(count)==selectItem:
                self.lb2.setText("选择"+str(count)+\
"项: "+ selectItem)

if __name__ =='__main__':
    app = QApplication(sys.argv)
    w = MyWidget()
    w.show()
    sys.exit(app.exec())
```

运行程序，显示如图 4.14 所示。

图 4.14 下拉列表框

说明：

（a）下拉列表框中有 4 个选项，可以使用 QComboBox 的 addItem 方法添加。当下拉列表框中的选项发生改变时将发送 currentIndexChanged 信号，关联槽函数 selectionChange。

（b）先获得当前选择的列表项：

```
selectItem=self.cb.currentText()
```

然后用 for 循环按序遍历下拉列表框中的选项，将每一项与当前选择项比较：

```
if self.cb.itemText(count)==selectItem:
```

获得当前选择项在列表中的序号。

4.2.9 计数器：QSpinBox 和 QDoubleSpinBox

计数器控件属于 QSpinBox 类和 QDoubleSpinBox 类，均派生自 QAbstractSpinBox 类，前者用于输入整数数据，后者用于输入浮点数。通过单击向上/向下按钮或按键盘上的上/下方向键来增加/减少当前显示的值，也可以直接输入值。

在默认情况下，QSpinBox 取值范围是 0～99，每次改变的步长值为 1。QDoubleSpinBox 的默认精度是两位小数，但可以通过 setDecimals 方法来改变。QSpinBox 类常用方法如表 4.21 所示。

表 4.21 QSpinBox 类常用方法

方法	描述
setMinimum()	设置计数器的下界
setMaximum()	设置计数器的上界
setRange()	设置计数器的最大值、最小值和步长值
setValue()	设置计数器的当前值

续表

方法	描述
value()	获取计数器的当前值
setSingleStep()	设置计数器的步长值
singleStep()	获取计数器的步长值

QSpinBox 类常用信号如下。

valueChanged：每次单击向上/向下按钮时，QSpinBox 计数器都会发送该信号。可以通过 value 方法获得计数器的当前值。

textChanged：当前值发生改变（针对字符串类型）时发送该信号。

【例 4.12】 计数器测试。

代码如下（spinBox.py）：

```python
import sys
from PyQt6.QtCore import *
from PyQt6.QtWidgets import*

class MyWidget(QWidget):
    def __init__(self, parent=None):
        super(MyWidget, self).__init__(parent)
        self.setWindowTitle("SpinBox 测试")
        self.resize(300, 100)
        
        self.lb1 = QLabel("选择或者输入数字:")
        self.sb = QSpinBox()
        self.sb.valueChanged.connect(self.valueFunc)         # (b)
        
        self.lb2 = QLabel(" ")
        self.lb2.setAlignment(Qt.AlignmentFlag.AlignCenter)
        # (a)
        hLayout = QHBoxLayout()
        hLayout.addWidget(self.lb1)
        hLayout.addWidget(self.sb)
        ww = QWidget(self)
        vLayout_ww = QVBoxLayout(ww)
        vLayout_ww.addLayout(hLayout)
        vLayout_ww.addWidget(self.lb2)
    # (b)
    def valueFunc (self):
        self.lb2.setText("输入值: "+str(self.sb.value()))
if __name__=='__main__':
    app = QApplication(sys.argv)
    ex = MyWidget()
    ex.show()
    sys.exit(app.exec())
```

运行程序，显示如图 4.15 所示。

图 4.15　计数器

说明：

（a）标签和计数器放置在一个水平布局中，然后将其和显示输入值标签放在垂直布局中。

（b）将计数器的 valueChanged 信号关联槽函数 valueFunc。

4.2.10　日历：QCalendar

日历控件属于 QCalendar 类，它基于月份的视图，通过鼠标或键盘选择日期，默认选中的是当天的日期。QCalendar 类常用方法如表 4.22 所示。

表 4.22　QCalendar 类常用方法

方　　法	描　　述
setDateRange()	设置日期范围供选择
setFirstDayOfWeek()	重新设置星期的第一天，默认是星期日 参数枚举： Qt.Monday：星期一 Qt.Tuesday：星期二 Qt.Wednesday：星期三 Qt.Thursday：星期四 Qt.Friday：星期五 Qt.Saturday：星期六 Qt.Sunday：星期日
setMinimumDate()	设置最大日期
setMaximumDate()	设置最小日期
setSelectedDate()	设置一个 QDate 对象，作为日期控件所选定的日期
maximumDate	获取日历控件的最大日期
minimumDate	获取日历控件的最小日期
selectedDate()	返回当前选定的日期
setGridVisible()	设置日历控件是否显示网格

QCalendar 类提供了下列 4 个信号。

clicked：单击日期时发送该信号。

selectionChanged：日期改变时发送该信号。

activated：日历激活时发送该信号。

currentPageChanged：改变页时发送该信号。

【例 4.13】 日历测试。

代码如下（calendar.py）：

```python
import sys
from PyQt6 import QtCore
from PyQt6.QtWidgets import *
from PyQt6.QtCore import QDate

class MyWidget(QWidget):
    def __init__(self):
        super(MyWidget, self).__init__()
        self.setGeometry(100, 100, 300, 240)
        self.setWindowTitle('Calendar 测试')
        self.initUI()

    def initUI(self):
        # (a)
        self.cal = QCalendarWidget(self)
        self.cal.setMinimumDate(QDate(2000,1,1))
        self.cal.setMaximumDate(QDate(2100,1,1))
        self.cal.setGridVisible(True)
        self.cal.move(10, 10)
        self.cal.clicked[QtCore.QDate].connect(self.labShow)
        # (b)
        date = self.cal.selectedDate()
        self.lb=QLabel(self)
        self.lb.setText(date.toString("yyyy-MM-dd ddd"))
        self.lb.move(10, 210)

    def labShow(self, date):
        self.lb.setText(date.toString("yyyy-MM-dd ddd"))

if __name__=='__main__':
    app = QApplication(sys.argv)
    w = MyWidget()
    w.show()
    sys.exit(app.exec())
```

运行程序，显示如图 4.16 所示。

图 4.16　日历

说明：

（a）在窗口上创建日历控件对象，设置日历日期显示范围，显示网格，移动到窗口指定位置，关联单击日历操作的槽函数。

（b）在窗口上创建标签控件对象，移到日历控件下面合适位置，调用 selectedDate 方法检索日历默认日期（当前日期），将日期对象转换为指定格式字符串在标签控件上显示。

4.2.11 日期时间：QDateTimeEdit

日期时间控件允许编辑日期，它属于 QDateTimeEdit 类。可以通过鼠标或者键盘来增加或减少日期时间值。通过 currentDateTime 函数可获得当前日期时间。QDateTimeEdit 类常用方法如表 4.23 所示。

表 4.23　QDateTimeEdit 类常用方法

方　　法	描　　述
setDisplayFormat()	设置日期时间格式： yyyy，代表年份，用 4 位数表示 MM，代表月份，取值范围为 01~12 dd，代表日，取值范围为 01~31 HH，代表小时，取值范围为 00~23 mm，代表分钟，取值范围为 00~59 ss，代表秒，取值范围为 00~59
setMinimumDate()	设置控件的最小日期
setMaximumDate()	设置控件的最大日期
time()	返回编辑的时间
date()	返回编辑的日期
setCalendarPopup()	参数为 True，弹出日历

QDateTimeEdit 类常用信号如表 4.24 所示。

表 4.24　QDateTimeEdit 类常用信号

信　　号	含　　义
dateChanged	当日期改变时发送此信号
dateTimeChanged	当日期时间改变时发送此信号
timeChanged	当时间改变时发送此信号

1. 日期时间的格式

QDateEdit 和 QTimeEdit 类均继承自 QDateTimeEdit 类。QDateEdit 类用于编辑控件的日期，仅包括年、月、日。QTimeEdit 类用于编辑控件的时间，仅包括小时、分钟和秒。QDateTimeEdit 类可用于同时操作日期和时间。

设置显示格式：

```
dateEdit = QDateEdit(self)
```

```
timeEdit = QTimeEdit(self)
dateEdit.setDisplayFormat("yyyy-MM-dd")
timeEdit.setDisplayFormat("HH:mm:ss")
```

2. 弹出日历

QDateTimeEdit 和 QDateEdit 对象调用 setCalendarPopup (True)即可弹出日历。如果设置了日期范围,不在范围内的日期是无法选择的。

```
dateTimeEdit = QDateTimeEdit(self)
dateEdit = QDateEdit(self)
dateTimeEdit.setCalendarPopup(True)
dateEdit.setCalendarPopup(True)
```

【例 4.14】日期时间测试。

代码如下(dateTime.py):

```python
import sys
from PyQt6.QtWidgets import *
from PyQt6.QtCore import QDate,QDateTime

class MyWidget(QWidget):
    def __init__(self):
        super(MyWidget, self).__init__()
        self.initUI()
    def initUI(self):
        self.setWindowTitle('QDateTimeEdit 测试')
        self.resize(300, 100)
        # (a)
        self.dateTime = QDateTimeEdit(QDateTime.currentDateTime(),self)
        self.dateTime.setDisplayFormat("yyyy-MM-dd HH:mm:ss")
        #设置最小日期
        self.dateTime.setMinimumDate(QDate.currentDate().addDays(-365))
        #设置最大日期
        self.dateTime.setMaximumDate(QDate.currentDate().addDays(365))
        self.dateTime.setCalendarPopup(True)
        # (b)
        self.dateTime.dateChanged.connect(self.changedFunc)
        self.dateTime.dateTimeChanged.connect(self.changedFunc)
        self.dateTime.timeChanged.connect(self.changedFunc)

        self.btn = QPushButton("获得日期和时间")
        self.btn.clicked.connect(self.clickedFunc)

        vlayout = QVBoxLayout()
        vlayout.addWidget(self.dateTime)
        vlayout.addWidget(self.btn)
        self.setLayout(vlayout)

    # (c)日期时间发生改变时执行
    def changedFunc(self, dtime):
```

```
        print(dtime)
    # (d) 单击按钮执行
    def clickedFunc(self):
        dateTime = self.dateTime.dateTime()
        maxDateTime = self.dateTime.maximumDateTime()
        print('日期时间=%s' % str(dateTime))
        print('最大日期时间=%s' % str( maxDateTime))
if __name__=='__main__':
    app = QApplication(sys.argv)
    w = MyWidget()
    w.show()
    sys.exit(app.exec())
```

运行程序，显示如图 4.17 所示。

图 4.17　日期时间

修改时间（例如 39 改为 42），命令窗口显示如下：

```
PyQt6.QtCore.QDateTime(2022, 7, 31, 6, 14, 42, 239)
PyQt6.QtCore.QTime(6, 14, 42, 239)
```

单击"获得日期和时间"按钮，命令窗口显示如下：

```
日期时间=PyQt6.QtCore.QDateTime(2022, 7, 31, 6, 20, 1, 5)
最大日期时间=PyQt6.QtCore.QDateTime(2023, 7, 31, 23, 59, 59, 999)
```

说明：

（a）创建日期时间对象，将当前日期时间作为初值，设置它的最小日期时间和最大日期时间。

（b）连接日期、日期时间和时间关联的槽函数。

（c）日期时间改变，命令行窗口显示日期时间对象值。

（d）获得日期时间，显示最大日期时间。

4.3　滑动条、进度条、滚动条和旋钮控件

4.3.1　滑动条：QSlider

滑动条控件属于 QSlider 类，它提供了一个有界值的垂直或水平滑动条。用户沿水平或垂直方向移动滑块，将所在的位置转换成一个合法范围内的整数值。QSlider 类常用方法如表 4.25 所示。

表 4.25　QSlider 类常用方法

方　　法	描　　述
setMinimum()	设置滑动条控件的最小值
setMaximum()	设置滑动条控件的最大值
setSingleStep()	设置滑动条控件递增/递减的步长值
setValue()	设置滑动条控件的值
value()	获得滑动条控件的值
setTickInterval()	设置刻度间隔
setTickPosition()	设置刻度标记的位置，可以输入一个枚举值指定刻度线相对于滑块和用户操作的位置 枚举值如下： QSlider.NoTicks：不绘制任何刻度线 QSlider.TicksBothSides：在滑块的两侧绘制刻度线 QSlider.TicksAbove：在（水平）滑块上方绘制刻度线 QSlider.TicksBelow：在（水平）滑块下方绘制刻度线 QSlider.TicksLeft：在（垂直）滑块左侧绘制刻度线 QSlider.TicksRight：在（垂直）滑块右侧绘制刻度线

QSlider 类常用信号如表 4.26 所示。

表 4.26　QSlider 类常用信号

信　　号	描　　述
valueChanged	当滑块的值发生改变时发送
sliderPressed	当按下滑块时发送
sliderMoved	当拖动滑块时发送
sliderReleased	当释放滑块时发送

【例 4.15】 滑动条测试。

代码如下（slider.py）：

```python
import sys
from PyQt6.QtWidgets import *
from PyQt6.QtGui import QFont
from PyQt6.QtCore import Qt

class MyWidget(QWidget):
    def __init__(self, parent=None):
        super(MyWidget, self).__init__(parent)
        self.setWindowTitle("QSlider 测试")
        self.resize(300, 100)
        self.lb=QLabel("Python 程序设计")
        self.lb.setAlignment(Qt.AlignmentFlag.AlignCenter)
        # （a）
        self.sl=QSlider(Qt.Orientation.Horizontal)          # 创建水平方向滑动条
        self.sl.setMinimum(0)                                # 设置最小值
```

```
            self.sl.setMaximum(100)                    # 设置最大值
            self.sl.setSingleStep(2)                   # 步长
            self.sl.setValue(20)                       # 设置当前值
            self.sl.setTickPosition(QSlider.TickPosition.TicksBelow)
                                                       # 设置刻度在下方
            self.sl.setTickInterval(10)                # 设置刻度间隔
            self.sl.valueChanged.connect(self.valueFunc)

            vLayout = QVBoxLayout()
            vLayout.addWidget(self.lb)
            vLayout.addWidget(self.sl)
            self.setLayout(vLayout)
        # (b)
        def valueFunc(self):
            size = self.sl.value()
            self.lb.setFont(QFont("Arial", size))
            print('当前值: %s' % size)
if __name__=='__main__':
    app = QApplication(sys.argv)
    w = MyWidget()
    w.show()
    sys.exit(app.exec())
```

运行程序，显示如图 4.18 所示。

图 4.18　滑动条

说明：

（a）创建水平方向滑动条，设置其属性。

（b）先获得滑动条当前值，然后用该值设置标签控件的字号。

```
size = self.sl.value()
self.lb.setFont(QFont("Arial", size))
```

4.3.2　进度条：QProgressBar

进度条控件属于 QProgressBar 类，通常在执行长时间任务时显示当前的进度。ProgressBar 类常用方法如表 4.27 所示。

表 4.27　QProgressBar 类常用方法

方　　法	描　　述
setMinimum()	设置进度条的最小值，默认值为 0
setMaximum()	设置进度条的最大值，默认值为 99

续表

方 法	描 述
setRange()	设置进度条的取值范围 相当于 setMinimum() 和 setMaximum() 的结合
setValue()	设置进度条的当前值
setFormat()	设置进度条的文字显示格式： %p%：显示完成的百分比，默认格式 %v：显示当前的进度值 %m：显示总步长值
setAlignment()	设置对齐方式，有水平和垂直两种
setLayoutDirection()	设置进度条的布局方向（Qt.x）： LeftToRight：从左至右 RightToLeft：从右至左 LayoutDirectionAuto：跟随布局方向自动调整
setOrientation()	设置进度条的显示方向（Qt.x）： Horizontal：水平方向 Vertical：垂直方向
setInvertedAppearance()	设置进度条是否以反方向显示进度
setTextDirection()	设置进度条的文本显示方向（QProgressBar.x）： TopToBottom：从上到下 BottomToTop：从下到上
setProperty()	对进度条的属性进行设置，可以是任何属性
minimum()	获取进度条的最小值
maximum()	获取进度条的最大值
value()	获取进度条的当前值

进度条控件中最常用的信号是 valueChanged，在进度条的值发生改变时发送。

【例 4.16】 进度条测试。

代码如下（progressBar.py）：

```python
import sys
from PyQt6.QtWidgets import QApplication, QWidget, QPushButton, QProgressBar
from PyQt6.QtCore import QBasicTimer

class myWidget(QWidget):
    def __init__(self):
        super().__init__()
        self.initUI()

    def initUI(self):
        self.resize(300, 200)
        self.pvalue = 0                        # 设置进度条的初始进度变量初值0
        self.timer1 = QBasicTimer()            # (a)创建一个时钟
```

```python
        # (b) 创建进度条对象
        self.pgb = QProgressBar(self)
        self.pgb.move(50, 50)
        self.pgb.resize(250, 20)
        # (c) 设置进度条的范围
        self.pgb.setMinimum(0)
        self.pgb.setMaximum(100)
        self.pgb.setValue(self.pvalue)
        # (d)
        self.btn = QPushButton("开始", self)
        self.btn.move(120, 100)
        self.btn.clicked.connect(self.clickedFunc)
        self.show()

    def clickedFunc(self):                          # (e)
        if self.timer1.isActive():
            self.timer1.stop()
            self.btn.setText("开始")
        else:
            self.timer1.start(100, self)
            self.btn.setText("停止")
    def timerEvent(self, e):                        # (f)
        if self.pvalue == 100:
            self.timer1.stop()
        else:
            self.pvalue += 1
            self.pgb.setValue(self.pvalue)
if __name__ == "__main__":
    app = QApplication(sys.argv)
    w = myWidget()
    app.exec()
```

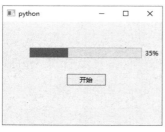

图 4.19 进度条

运行程序，显示如图 4.19 所示。

说明：

（a）创建基本时钟对象。

（b）创建进度条对象，设置其在窗口中的位置和大小。

（c）设置进度条最小值和最大值，设置进度条初值（0）。

（d）创建命令按钮对象，连接单击信号关联的槽函数。

（e）单击命令按钮，如果时钟激活，则停止时钟，否则开启时钟，定时间隔为 100ms。

（f）时钟定时到，如果进度条值到达 100（最大），停止时钟定时，否则进度条变量值加 1，显示新值。

4.3.3 滚动条：QScrollBar

滚动条包括水平滚动条 HorizontalScrollBar 和垂直滚动条 VerticalScrollBar，可以扩大当前窗口的有效装载面积，对应 QScrollBar 类。QScrollBar 类常用方法如表 4.28 所示。

表 4.28　QScrollBar 类常用方法

方　　法	描　　述
setMinimum()	设置滚动条最小值
setMaximum()	设置滚动条最大值
setOrientation()	设置滚动条方向（Qt.x）： Horizontal：水平滚动条 Vertical：垂直滚动条
setValue()	设置滚动条的值
value()	获取滚动条的当前值

QScrollBar 类常用信号如表 4.29 所示。

表 4.29　QScrollBar 类常用信号

信　　号	描　　述
valueChanged	当滚动条的值发生改变时发送该信号
sliderMoved	当用户拖动滚动条的滑块时发送该信号

【例 4.17】 滚动条测试。

代码如下（scrollBar.py）：

```python
import sys
from PyQt6.QtCore import *
from PyQt6.QtGui import *
from PyQt6.QtGui import QColor
from PyQt6.QtWidgets import *
from PyQt6.QtWidgets import QScrollBar

class Example(QWidget):
    def __init__(self):
        super(Example, self).__init__()
        self.setWindowTitle('QScrollBar 测试')
        self.initUI()

    def initUI(self):
        hbox = QHBoxLayout()
        self.s1 = QScrollBar()
        self.s1.setMaximum(255)
        self.s1.sliderMoved.connect(self.sliderval)
        self.s2 = QScrollBar()
        self.s2.setMaximum(255)
        self.s2.sliderMoved.connect(self.sliderval)
        self.s3 = QScrollBar()
        self.s3.setMaximum(255)
        self.s3.sliderMoved.connect(self.sliderval)
        hbox.addWidget(self.s1)
        hbox.addWidget(self.s2)
```

```
            hbox.addWidget(self.s3)
            self.setGeometry(300, 300, 300, 200)
            self.setLayout(hbox)

        def sliderval(self):
            print(self.s1.value(), self.s2.value(),self.s3.value())

if __name__=='__main__':
    app = QApplication(sys.argv)
    w = Example()
    w.show()
    sys.exit(app.exec())
```

运行程序，显示如图 4.20 所示。

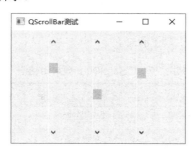

图 4.20 滚动条

说明：

当移动滑块时，将 sliderMoved 信号与槽函数 sliderval 连接起来。

```
self.s1.sliderMoved.connect(self.sliderval)
```

4.3.4 旋钮：QDial

旋钮控件对应 QDial 类。它本质上类似于一个滑块控件，只是显示的样式不同。QDial 类常用方法如表 4.30 所示。

表 4.30 QDial 类常用方法

方法	描述
setFixedSize ()	设置旋钮的大小
setRange()	设置表盘的数值范围
setMinimum()	设置最小值
setMaximum()	设置最大值
setNotchesVisible()	设置是否显示刻度

实例化一个旋钮控件后，通过 setFixedSize 方法来固定其大小，否则在改变表盘数值时，表盘的大小会发生改变。使用 setRange 方法来设置表盘数值范围，当然也可以使用 setMinimum 和 setMaximum 方法。setNotchesVisible(True)可以显示刻度，刻度会根据设置的数值自动调整。当改变表盘数值时，会触发 valueChanged 信号，在槽函数中可以获取当前表盘数值。

【例 4.18】旋钮测试。

代码如下（dial.py）：

```python
import sys
from PyQt5.QtGui import QFont
from PyQt5.QtWidgets import (QApplication, QWidget, QDial,
                    QLabel, QVBoxLayout)
from PyQt5.QtCore import Qt
class DemoDial(QWidget):
    def __init__(self, parent=None):
        super(DemoDial, self).__init__(parent)
        self.setWindowTitle('QDial 旋钮控件测试')
        self.resize(400, 300)
        self.initUi()
    def initUi(self):
        self.dial = QDial(self)
        self.dial.setRange(0, 100)
        self.dial.setNotchesVisible(True)
        self.dial.valueChanged.connect(self.onDialValueChanged)

        self.lb = QLabel('0', self)
        self.lb.setAlignment(Qt.AlignmentFlag.AlignCenter)
        self.lb.setFont(QFont('Arial Black', 16))

        vLayout = QVBoxLayout(self)
        vLayout.addWidget(self.dial)
        vLayout.addWidget(self.lb)
        self.setLayout(vLayout)

    def onDialValueChanged(self):
        self.lb.setText(str(self.dial.value()))

if __name__ == '__main__':
    app = QApplication(sys.argv)
    w = DemoDial()
    w.show()
    sys.exit(app.exec())
```

运行程序，显示如图 4.21 所示。

(a)　　　　　　　　　　　　(b)

图 4.21　旋钮

第 5 章 容器布局

当开发的应用界面中有些控件是相关的,有的应用界面一个窗口的控件太多装载不下或者装载的控件太多而不美观,这些都可以通过容器来组织。

5.1 控件容器布局

5.1.1 框架:QFrame

框架控件属于 QFrame 类,用于对窗口部分控件进行分隔。QFrame 类常用方法如表 5.1 所示。

表 5.1 QFrame 类常用方法

方　　法	说　　明
setFrameShape()	设置分隔线方向,取值如下: HLine:水平分割线 VLine:垂直分割线
setFrameStyle()	设置分隔线样式(QFrame.Shape.X): 　　NoFrame:无分隔线 　　Box:方块分隔线 　　Panel:面板 　　StyledPanel:面板风格
SetFrameShadow()	设置分隔线的显示阴影(QFrame.Shape.X),取值如下: Sunken:有边框阴影,并且下沉显示,这是默认设置 Plain:无阴影 Raised:有边框阴影,并且凸起显示
setLineWidth()	设置分隔线的宽度
setMidLineWidth()	设置分隔线的中间线的宽度

【例 5.1】框架测试。

代码如下(frame.py):
```
import sys
from PyQt6.QtWidgets import *
```

```python
from PyQt6.QtWidgets import QApplication,QWidget,
QVBoxLayout, QHBoxLayout, QLabel

class MyWidget(QWidget):
    def __init__(self):
        super(MyWidget, self).__init__()
        self.setFixedSize(500,350)
        self.setWindowTitle("QFrame测试")
        # 创建分隔对象frame
        self.frame = QFrame()
        self.frame.setFrameStyle( QFrame.Shape.Panel)
        self.frame.setLineWidth(1)
        self.frame.setMidLineWidth(1)
        self.frame.setFixedSize(480,200)
        # 创建外垂直布局
        self.vLayout = QVBoxLayout(self)
        self.vLayout.addSpacing(10)
        self.vLayout.addWidget(self.frame)
        self.vLayout.addSpacing(20)
        self.vLayout.addStretch()
        # 创建分隔容器中使用的控件
        self.btn1 = QPushButton("设置LineWidth")
        self.btn2 = QPushButton("设置midline")
        self.btn3 = QPushButton("设置FrameShape")
        self.btn4 = QPushButton("设置FrameShadow")
        self.cb1 = QComboBox()
        self.cb1.addItems(["1", "2", "3"])
        self.cb2 = QComboBox()
        self.cb2.addItems(["1","2","3"])
        self.cb3 = QComboBox()
        self.cb3.addItems(["NoFrame","Box","Panel","StyledPanel"])
        self.cb4 = QComboBox()
        self.cb4.addItems(["Plain","Raised","Sunken"])
        # 创建内水平布局1,分别加入标签、下拉列表框、命令按钮对象,加入外垂直布局
        hLayout1 = QHBoxLayout()
        hLayout1.addWidget(QLabel("LineWidth: "))
        hLayout1.addWidget(self.cb1)
        hLayout1.addWidget(self.btn1)
        self.vLayout.addLayout(hLayout1)
        # 创建内水平布局2,分别加入标签、下拉列表框、命令按钮对象,加入外垂直布局
        hLayout2 = QHBoxLayout()
        hLayout2.addWidget(QLabel("MidLineWidth: "))
        hLayout2.addWidget(self.cb2)
        hLayout2.addWidget(self.btn2)
        self.vLayout.addLayout(hLayout2)
        # 创建内水平布局3,分别加入标签、下拉列表框、命令按钮对象,加入外垂直布局
        hLayout3 = QHBoxLayout()
        hLayout3.addWidget(QLabel("FrameShape: "))
```

```python
            hLayout3.addWidget(self.cb3)
            hLayout3.addWidget(self.btn3)
            self.vLayout.addLayout(hLayout3)
            # 创建内水平布局 4，分别加入标签、下拉列表框、命令按钮对象，加入外垂直布局
            hLayout4 = QHBoxLayout()
            hLayout4.addWidget(QLabel("FrameShadow: "))
            hLayout4.addWidget(self.cb4)
            hLayout4.addWidget(self.btn4)
            self.vLayout.addLayout(hLayout4)
            # 关联 4 个命令按钮对应的槽函数
            self.btn1.clicked.connect(self.setLineWidth)
            self.btn2.clicked.connect(self.setMidLineWidth)
            self.btn3.clicked.connect(self.setFrameShape)
            self.btn4.clicked.connect(self.setFrameShadow)
        # 设置线宽、形状和阴影
        def setLineWidth(self):
            value = int(self.cb1.currentText())
            self.frame.setLineWidth(value)
        def setMidLineWidth(self):
            value = int(self.cb2.currentText())
            self.frame.setMidLineWidth(value)
        def setFrameShape(self):
            if self.cb3.currentText()=="NoFrame":
                self.frame.setFrameStyle(QFrame.Shape.NoFrame)
            elif self.cb3.currentText()=="Box":
                self.frame.setFrameStyle(QFrame.Shape.Box)
            elif self.cb3.currentText()=="Panel":
                self.frame.setFrameStyle(QFrame.Shape.Panel)
            elif self.cb3.currentText()=="StyledPanel":
                self.frame.setFrameStyle(QFrame.Shape.StyledPanel)
        def setFrameShadow(self):
            if self.cb4.currentText()=="Plain":
                self.frame.setFrameShadow(QFrame.Shape.Plain)
            elif self.cb4.currentText()=="Raised":
                self.frame.setFrameShadow(QFrame.Shape.Raised)
            elif self.cb4.currentText()=="Sunken":
                self.frame.setFrameShadow(QFrame.Shape.Sunken)
if __name__ == '__main__':
    app = QApplication(sys.argv)
    w = MyWidget()
    w.show()
    sys.exit(app.exec())
```

运行程序，显示如图 5.1 所示。

说明：

（1）整个窗口界面主要为分隔对象 frame，但在它的上面和下面包含一些间隔。这样可以创建外垂直布局。

（2）在分隔对象 frame 中包含 4 行，创建 4 个水平布局，每个水平布局对应一行。

（3）每行包含 3 个控件，分别为标签、下拉列表框和命令按钮。
（4）单击命令按钮，执行关联的槽函数。

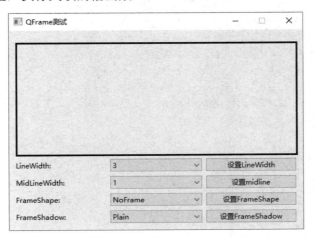

图 5.1　框架

5.1.2　分组框：QGroupBox

如果窗口中不用单选按钮组，系统将所有的单选按钮作为一个组，这些单选按钮只能有一个被选中。

分组框控件属于 QGroupBox 类，为其他控件提供分组容器，细分窗口。把部分单选按钮加入其中，它们就形成一个组，该组中的单选按钮只能有一个被选中。

QGroupBox 类常用方法如表 5.2 所示。

表 5.2　QGroupBox 类常用方法

方　　法	描　　述
setAlignment()	设置对齐方式，有水平和垂直两种方式
setTitle()	设置分组标题
setFlat()	设置是否以扁平样式显示

【例 5.2】 采用分组框将性别和专业分成两个单选按钮组。

代码如下（groupBox.Py）：

```
import sys
from PyQt6.QtWidgets import QApplication, QWidget, QGroupBox, QRadioButton, QHBoxLayout, QVBoxLayout

class MyWidget(QWidget):
    def __init__(self):
        super(MyWidget, self).__init__()
        # 分别创建 4 个专业单选按钮，然后将它们作为列表项
        self.rbJSJ = QRadioButton('计算机', self)
        self.rbRJGC = QRadioButton('软件工程', self)
        self.rbTXGC = QRadioButton('通信工程', self)
```

```python
        self.rbRGZN = QRadioButton('人工智能', self)
        # 将列表项中每一个单选按钮关联它们共同的槽函数 rbListFunc
        self.list = [self.rbJSJ, self.rbRJGC, self.rbTXGC, self.rbRGZN]
        [rb.clicked.connect(self.rbListFunc) for rb in self.list]
        # 分别创建两个性别单选按钮
        self.rbNan = QRadioButton('男', self)
        self.rbNv = QRadioButton('女', self)
        self.rbNv.toggled.connect(self.rbNxxFunc)
        # "女"单选按钮关联槽函数 rbNxxFunc
        # 创建两个内水平布局、1个外垂直布局
        self.hLayout1 = QHBoxLayout()
        self.hLayout2 = QHBoxLayout()
        self.vLayout = QVBoxLayout()
        self.layout_init()

    def layout_init(self):
        # 两个性别单选按钮加入内水平布局1
        self.hLayout1.addWidget(self.rbNan)
        self.hLayout1.addWidget(self.rbNv)
        # 4个专业单选按钮加入内水平布局2
        self.hLayout2.addWidget(self.rbJSJ)
        self.hLayout2.addWidget(self.rbRJGC)
        self.hLayout2.addWidget(self.rbTXGC)
        self.hLayout2.addWidget(self.rbRGZN)
        # 创建性别和专业单选按钮组
        self.gBox1 = QGroupBox('性别', self)
        self.gBox2 = QGroupBox('专业', self)
        # 将内水平布局1设置在性别单选按钮组中，内水平布局2设置在专业单选按钮组中
        self.gBox1.setLayout(self.hLayout1)
        self.gBox2.setLayout(self.hLayout2)
        # 将性别和专业单选按钮组加入外垂直布局
        self.vLayout.addWidget(self.gBox1)
        self.vLayout.addWidget(self.gBox2)
        self.rbNv.setChecked(True)
        self.rbRGZN.setChecked(True)
        self.setLayout(self.vLayout)
    def rbListFunc(self):
        # 遍历专业对象列表项，如果列表项被选中，显示列表项文本
        for rb in self.list:
            if rb.isChecked():
                print(rb.text())
    def rbNxxFunc(self):
        # 如果"男"单选按钮被选择，显示"男"，否则显示"女"
        if self.rbNan.isChecked():
            print("男")
        else:
            print("女")
if __name__ == '__main__':
```

```
app = QApplication(sys.argv)
w = MyWidget()
w.show()
sys.exit(app.exec())
```

运行程序，显示如图 5.2 所示。

图 5.2　分组框

说明：

（1）窗口包含性别和专业单选按钮组，加入外垂直布局。

（2）分别为性别和专业单选按钮组创建水平布局，将每一个单选按钮组的单选按钮加入其中。

（3）因为专业单选按钮较多，将其放在 list 项中，这样，可以用循环遍历单选按钮，程序比较简洁。

5.1.3　选项卡：QTabWidget

选项卡控件属于 QTabWidget 类，它可以将窗口设计成多页，默认显示第一个选项卡的页面。通过单击各选项卡可以查看对应的页面。如果在一个窗口中显示的控件很多，则可以先进行拆分，分别放置在不同页面中。不同页面中的控件的名称不能相同。

QTabWidget 类常用方法如表 5.3 所示。

表 5.3　QTabWidget 类常用方法

方　　法	说　　明
addTabO	添加选项卡
insertTab()	插入选项卡
removeTab()	删除选项卡
currentWidget()	获取当前选项卡
currentIndex()	获取当前选项卡的索引
setCurrentIndex()	设置当前选项卡的索引
setCurrentWidget()	设置当前选项卡
setTabPosition()	设置选项卡的标题位置（QTabWidget.TabPosition.x）： North：标题在北方，即上边（默认值） South：标题在南方，即下边 West：标题在西方，即左边 East：标题在东方，即右边

续表

方法	说明
setTabsClosable()	设置是否可以独立关闭选项卡，True 表示可以关闭，在每个选项卡旁边会有一个关闭按钮；False 表示不可以关闭
setTabText()	设置选项卡标题文本
tabText()	获取指定选项卡的标题文本

说明：在显示选项卡时，如果默认大小显示不下，会自动生成向前和向后的箭头，用户可以通过单击箭头查看未显示的选项卡。

选项卡控件最常用的信号是切换选项卡时发送的 currentChanged。

【例 5.3】 选项卡测试。

代码如下（tabWidget.py）：

```python
import sys
from PyQt6.QtWidgets import QApplication, QWidget,QHBoxLayout, \
    QTabWidget,QFormLayout,QLineEdit, QRadioButton, QCheckBox, QPushButton
# 自定义选项卡 QTabWidget 类
class myTabWidget(QTabWidget):
    def __init__(self):
        super().__init__()
        self.initUI()
    def initUI(self):
        # 设置选项卡的位置、大小、标题和标签位置（上：North）
        self.setGeometry(300, 300, 360, 160)
        self.setWindowTitle('QTabWidget 测试')
        self.setTabPosition(QTabWidget.TabPosition.North)
        # 创建用于显示控件的两个 QWidget 窗口对象 tabW1、tabW2
        self.tabW1 = QWidget()
        self.tabW2 = QWidget()
        # tabW1、tabW2 窗口分别加入选项卡 1 和选项卡 2
        self.addTab(self.tabW1, '选项卡 1')
        self.addTab(self.tabW2, '选项卡 2')
        self.tabW1_UI()
        self.tabW2_UI()
    # 定义窗口对象 tabW1 界面控件
    def tabW1_UI(self):
        fLayout = QFormLayout()
        self.xm = QLineEdit()
        self.xb1=QRadioButton('男')
        self.xb2=QRadioButton('女')
        self.xb1.setChecked(True)
        self.csny = QLineEdit()
        btn = QPushButton("确定")
        btn.clicked.connect(self.clickedFunc)
        hLay = QHBoxLayout()
        hLay.addWidget(self.xb1)
        hLay.addWidget(self.xb2)
```

```python
            fLayout.addRow('姓名: ', self.xm)
            fLayout.addRow('性别: ', hLay)
            fLayout.addRow('出生年月: ', self.csny)
            fLayout.addRow(' ', btn)
            self.setTabText(0, '基本信息')        # 修改第 1 个选项卡标题
            self.tabW1.setLayout(fLayout)
    # 定义窗口对象 tabW2 界面控件
        def tabW2_UI(self):
            hLay = QHBoxLayout()
            self.cb1=QCheckBox('C++')
            self.cb2=QCheckBox('Java')
            self.cb3=QCheckBox('C#')
            self.cb1.setChecked(True)
            hLay.addWidget(self.cb1)
            hLay.addWidget(self.cb2)
            hLay.addWidget(self.cb3)
            self.setTabText(1, '编程语言')        # 修改第 2 个选项卡标题
            self.tabW2.setLayout(hLay)
    # 命令按钮单击槽函数,
        def clickedFunc(self):
            #---检查第 1 个选项卡中的控件
            print(self.xm.text())
            print(self.csny.text())
            if self.xb1.isChecked():
                print(self.xb1.text())
            else:
                print(self.xb2.text())
            #---检查第 2 个选项卡中的控件
            if self.cb1.isChecked():
                print(self.cb1.text())
            if self.cb2.isChecked():
                print(self.cb2.text())
            if self.cb3.isChecked():
                print(self.cb3.text())
if __name__ == '__main__':
    app = QApplication(sys.argv)
    w = myTabWidget()                            # 创建选项卡对象
    w.show()
    sys.exit(app.exec())
```

运行程序，显示如图 5.3 所示。

图 5.3　选项卡

说明：
（1）自定义 QTabWidget 类
`class myTabWidget(QTabWidget):`
设置选项卡的位置、大小、标题和标签位置（上：North）。
（2）创建两个 QWidget 窗口对象 tabW1、tabW2，分别加入选项卡 1 和选项卡 2。
（3）分别在选项卡 1 和选项卡 2 中加入控件标签布局。
（4）命令按钮关联槽函数。
（5）在命令按钮槽函数中分别显示选项卡 1 和选项卡 2 中的控件信息。

5.2 窗口布局

5.2.1 堆栈窗口：QStackedWidget

堆栈窗口控件为一系列窗口控件的堆叠，属于 QStackedWidget 类，可以填充多个页面，但同一时间只有一个页面可以显示。其常用方法如表 5.4 所示。

表 5.4　QStackedWidget 类常用方法

方　法	说明
int addWidget(w)	增加页面窗口 w，返回新增加堆栈窗口的索引值
int insertWidget(index,w)	在指定索引增加页面窗口 w。从 0 计数，如果超出范围，则在最后添加
widget(index)	从堆栈窗口部件中取指定索引的堆栈窗口实例对象，如果 index 超出范围则返回 None
currentWidget()	获取当前页面窗口对象，如果没有当前窗口则返回 None
indexOf(w)	取页面窗口对象在堆栈窗口控件中的索引
removeWidget(w)	移除指定的对应页面窗口。可以通过 widget 方法获取部件 widget 对象。它只是移除了索引对应窗口，并没有删除窗口实例对象

【例 5.4】 堆栈窗口测试。根据选择的列表项显示对应的堆栈窗口页面。
代码如下（stackedWidget.py）：

```
import sys
from PyQt6.QtCore import *
from PyQt6.QtGui import *
from PyQt6.QtWidgets import *
class myWidget(QWidget):
    def __init__(self):
        super(myWidget, self).__init__()
        self.setGeometry(300, 50, 10, 10)
        self.setWindowTitle("QStackedWidget 测试")
        # ---创建列表窗口，加入两个列表项
        self.list = QListWidget()
        self.list.insertItem(0, "基本信息")
```

```python
        self.list.insertItem(1, "编程语言")
        # 单击选择列表行关联槽函数
        self.list.currentRowChanged.connect(self.display_Win)
        # ---创建两个QWidget通用窗口w1、w2, 在w1、w2窗口中加入控件
        self.w1 = QWidget()
        self.w2 = QWidget()
        self.w1_UI()
        self.w2_UI()
        # ---创建堆栈窗口, 将两个通用窗口添加到堆栈窗口页面中
        self.stack = QStackedWidget()
        self.stack.addWidget(self.w1)
        self.stack.addWidget(self.w2)
        # ---将列表和堆栈窗口放到水平布局中
        hbox = QHBoxLayout()
        hbox.addWidget(self.list)
        hbox.addWidget(self.stack)
        self.setLayout(hbox)
    # ---创建第1个通用窗口
    def w1_UI(self):
        fLayout = QFormLayout()
        self.xm = QLineEdit()
        fLayout.addRow('姓名: ', self.xm)
        self.xb1=QRadioButton('男')
        self.xb2=QRadioButton('女')
        self.xb1.setChecked(True)
        hLay = QHBoxLayout()
        hLay.addWidget(self.xb1)
        hLay.addWidget(self.xb2)
        fLayout.addRow('性别: ', hLay)
        self.csny = QLineEdit()
        fLayout.addRow('出生年月: ', self.csny)
        btn = QPushButton("确定")
        btn.clicked.connect(self.clickedFunc)
        fLayout.addRow(' ', btn)
        self.w1.setLayout(fLayout)
    # ---创建第2个通用窗口
    def w2_UI(self):
        vLay = QVBoxLayout()
        self.cb1=QCheckBox('C++')
        self.cb2=QCheckBox('Java')
        self.cb3=QCheckBox('C#')
        self.cb1.setChecked(True)
        vLay.addWidget(self.cb1)
        vLay.addWidget(self.cb2)
        vLay.addWidget(self.cb3)
        self.w2.setLayout(vLay)
    # ---由当前列表窗口项切换到对应的堆栈窗口页面
    def display_Win(self, index):
```

```python
        self.stack.setCurrentIndex(index)
    # ---命令按钮显示两个堆栈页面控件内容
    def clickedFunc(self):
        # 基本信息页控件内容
        print(self.xm.text())
        print(self.csny.text())
        if self.xb1.isChecked():
            print(self.xb1.text())
        else:
            print(self.xb2.text())
        # 编程语言控件内容
        if self.cb1.isChecked():
            print(self.cb1.text())
        if self.cb2.isChecked():
            print(self.cb2.text())
        if self.cb3.isChecked():
            print(self.cb3.text())

if __name__ == "__main__":
    app = QApplication(sys.argv)
    w = myWidget()
    w.show()
    sys.exit(app.exec())
```

运行程序，"基本信息"页面和"编程语言"页面如图 5.4 所示。

图 5.4　堆栈窗口

说明：

（1）创建列表窗口对象，加入两个列表项：基本信息和编程语言。

（2）创建 QWidget 通用窗口对象 w1、w2，在 w1 窗口中加入基本信息控件，在 w2 窗口中加入编程语言控件。

（3）创建堆栈窗口，将 w1、w2 对象加入其中。

（4）将列表窗口对象和堆栈窗口对象加入水平布局中。

（5）单击"确定"按钮，显示 w1 和 w2 窗口中控件内容。

5.2.2　停靠：QDockWidget

QDockWidget 是一个可以停靠在 QMainWindow 内的窗口控件，它可以保持在指定位置，或者处于浮动状态。主窗口对象保留一个用于停靠窗口的区域。

一个典型的 QMainWindow 窗口布局如图 5.5 所示。

QDockWidget 由一个标题栏和内容区域组成。标题栏显示浮动窗口标题、浮动按钮和关闭按钮。根据 QDockWidget 的状态，浮动和关闭按钮可能被禁用或不显示。其标题栏和按钮的外观取决于应用所使用的样式。QDockWidget 充当它的子控件的容器，其尺寸设置由其子控件决定，QDockWidget 本身不做尺寸大小方面的设置。

停靠窗口可以在 Central Widget 之外的区域停靠，如果没有 Central Widget，那么就可以在整个区域内停靠。

主窗口操控 QDockWidget 的方法如表 5.5 所示。

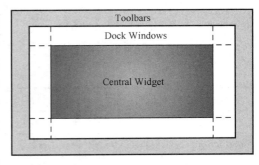

图 5.5　一个典型的 QMainWindow 窗口布局

表 5.5　主窗口操控 QDockWidget 的方法

方　　法	描　　述
addDockWidget()	添加一个给定的停靠窗口到指定区域
splitDockWidget()	把两个 dock 进行左右或上下布置，做成一个类似 QSplitter 的功能
tabifyDockWidget()	移动第二个停靠窗口到第一个停靠窗口的位置，可以在主窗口中生成一个标签样式的停靠窗口
tabifiedDockWidgets()	返回和指定停靠窗口形成标签样式的停靠窗口列表
removeDockWidget()	从主窗口布局中移除停靠窗口，并隐藏它。注意，停靠窗口并不会被删除
restoreDockWidget()	恢复停靠窗口的状态
dockWidgetArea(枚举)	返回指定停靠窗口的停靠区域，返回值为 Qt.DockWidgetArea.x 　　LeftDockWidgetArea：　窗口可在左侧停靠 　　RightDockWidgetArea：窗口可在右侧停靠 　　TopDockWidgetArea：　窗口可在顶端停靠 　　BottomDockWidgetArea：窗口可在底端停靠 　　AllDockWidgetArea：　窗口可在任意方向停靠 　　NoDockWidgetArea：　只可停靠在插入处
resizeDocks()	改变指定停靠窗口列表的尺寸
takeCentralWidget()	移除 CentralWidget
setDockNestingEnabled ()	设置停靠窗口是否可以嵌套
isDockNestingEnabled()	返回停靠窗口是否有可嵌套的特性
setDockOptions(枚举)	设置停靠窗口的停靠属性，取值见 QMainWindow.DockOption.x 　　AnimatedDocks：动画方式停靠 　　AllowNestedDocks：允许嵌套 　　AllowTabbedDocks：允许标签页方式停靠 　　ForceTabbedDocks：强制标签页方式停靠 　　VerticalTabs：垂直标签页方式 　　GroupedDragging：允许成组拖动标签页停靠窗口 可以组合使用，默认值是 AnimatedDocks | AllowTabbedDocks 该设置应在任何浮动控件添加到主窗口之前设置，但 AnimatedDocks 和 VerticalTabs 选项可以随时设置
dockOptions()	获得停靠窗口的停靠属性

主窗口中关于停靠窗口操作的相关信号：选中标签停靠区中的停靠窗口并激活时发送 tabifiedDockWidgetActivated 信号。

QDockWidget 类常用方法如表 5.6 所示。

表 5.6　QDockWidget 类常用方法

方　　法	说　　明
setWidget()	在 Dock 窗口区域设置 QWidget
setFloating(逻辑值)	设置 Dock 窗口是否可以浮动，如果设置为 True，则表示可以浮动
isFloating()	获得停靠窗口的可浮动属性
setAllowedAreas(枚举)	设置窗口可以停靠的区域： LeftDockWidgetArea：左边停靠区域 RightDockWidgetArea：右边停靠区域 TopDockWidgetArea：顶部停靠区域 BottomDockWidgetArea：底部停靠区域 NoDockWidgetArea：不显示 Widget
allowedAreas()	获得停靠窗口允许停靠的区域
setFeatures(枚举)	设置停靠窗口的功能属性： DockWidgetClosable：可关闭 DockWidgetMovable：可移动 DockWidgetFloatable：可漂浮 DockWidgetVerticalTitleBar：在左边显示垂直的标签栏 AllDockWidgetFeatures：具有前三种属性的所有功能 NoDockWidgetFeatures：无法关闭、不能移动、不能漂浮
features()	获得停靠窗口的特性设置
setTitleBarWidget()	设置停靠窗口标题栏部件
titleBarWidget()	获得停靠窗口标题栏部件

QDockWidget 常用信号：

featuresChanged：停靠窗口的特性发生改变时发送。

topLevelChanged：停靠窗口的浮动属性发生改变时发送。

allowedAreasChanged：停靠窗口的允许停靠区域发生改变时发送。

visibilityChanged：停靠窗口的可视属性（显示/隐藏）发生改变时发送。

dockLocationChanged：停靠窗口的位置发生改变时发送。

【例 5.5】 停靠测试。

代码如下（dockWidget.py）：

```
import sys
from PyQt6.QtCore import Qt
from PyQt6.QtGui import QPalette, QFont
from PyQt6.QtWidgets import (QApplication, QMainWindow, QDockWidget, QLabel)
class mainWidget(QMainWindow):
    def __init__(self, parent=None):
        super(mainWidget, self).__init__(parent)
```

```python
        self.setWindowTitle('QDockWidget 测试')
        self.resize(480, 360)
        self.listColors = [Qt.GlobalColor.red, Qt.GlobalColor.lightGray,
                    Qt.GlobalColor.green, Qt.GlobalColor.blue,
                    Qt.GlobalColor.cyan, Qt.GlobalColor.magenta]
        self.initUi()
    def initUi(self):
        self.takeCentralWidget()                    # (a) 移除 CentralWidget
        self.setDockOptions(self.dockOptions()   |   QMainWindow.DockOption.AllowTabbedDocks)                                # (b) 停靠窗口设置成 Tab 窗口样式
        self.setDockNestingEnabled(True)            # (c) 停靠窗口可嵌套
        # (d) 创建停靠窗口，创建 6 个停靠窗口
        docks = []
        for index in range(6):
            docks.append(self.crateDock(index))
        # (e) 停靠窗口排列
        # 将 docks[0]停靠在主界面的左边
        self.addDockWidget(Qt.DockWidgetArea.LeftDockWidgetArea, docks[0])
        # 将 docks[0]和 docks[1]水平排列
        self.splitDockWidget(docks[0],docks[1],Qt.Orientation.Horizontal)
        self.splitDockWidget(docks[1],docks[2],Qt.Orientation.Horizontal)
        # 将 docks[0]和 docks[3]垂直排列
        self.splitDockWidget(docks[0],docks[3],Qt.Orientation.Vertical)
        self.splitDockWidget(docks[1],docks[4],Qt.Orientation.Vertical)
        self.splitDockWidget(docks[2],docks[5],Qt.Orientation.Vertical)

    # (d) 创建停靠窗口，不同停靠窗口包含不同颜色标签
    def crateDock(self, index):
        lb = QLabel(self)
        lb.setFont(QFont(self.font().family(), 24))    # 设置字号
        lb.setText(str(index + 1))
        lb.setAlignment(Qt.AlignmentFlag.AlignCenter)  # 标签内容居中显示
        lb.setAutoFillBackground(True)
        palette = QPalette()
        palette.setColor(QPalette.ColorRole.Window, self.listColors[index])
        lb.setPalette(palette)                         # 设置标签背景颜色
        lb.resize(160, 90)                             # 设置标签大小
        # 创建停靠窗口，标题为 docki(i=1,2,3,4,5,6)
        dock = QDockWidget('dock ' + str(index + 1), self)
        dock.setWidget(lb)                             # 标签 i 放到停靠窗口 i
        lb.show()
        return dock
if __name__ == '__main__':
    app = QApplication(sys.argv)
    m = mainWidget()
    m.show()
    sys.exit(app.exec())
```

运行程序，显示如图 5.6（a）所示。拖曳 Dock3、Dock5，显示如图 5.6（b）所示。

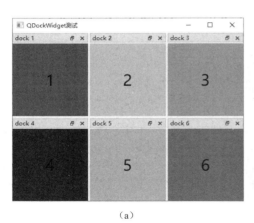 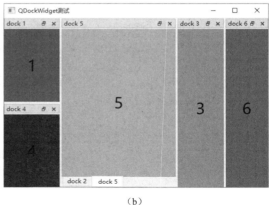

（a） （b）

图 5.6 停靠

说明

（a）因为本例停靠窗口需要占用 setCentralWidget 区域，在主窗口中使用 setCentralWidget 区域，当出现主界面切换再次设置 setCentralWidget 时，需要先使用 takeCentralWidget 去掉原来的设置，才能再次使用 setCentralWidget。

（b）setDockOptions(…)：设置停靠窗口 DockOption 选项为 Tab 样式。

（c）主窗口允许停靠窗口嵌套情况下，两个窗口可以上下堆叠合占一个停靠位，否则这两个窗口就不能纵向堆叠在一起，只能采用选项卡方式占用一个停靠位。

（d）创建停靠窗口，创建 6 个停靠窗口，并且将停靠窗口对象名保存到列表变量中。

创建停靠窗口函数：创建不同背景颜色标签放置停靠窗口，标签显示内容为指定字体字号 i（1~6），停靠窗口标题为 dock+i 值。

（e）停靠窗口排列：停靠窗口 0 放置在主窗口左侧，停靠窗口 0 和停靠窗口 1 水平排列，停靠窗口 1 和停靠窗口 2 水平排列。停靠窗口 0 和停靠窗口 3 垂直排列，停靠窗口 1 和停靠窗口 4 垂直排列，停靠窗口 2 和停靠窗口 5 垂直排列。

5.2.3 多文档界面：MDI

一个典型的 GUI 应用程序可能有多个窗口、选项卡和堆栈窗口，但一次只能一个窗口可见。如果创建多个独立的窗口（SDI，单文档界面），每个窗口都可以有自己的菜单系统、工具栏等，这需要占用较多的内存资源。

采用多文档界面（MDI）应用程序可占用较少的内存资源，子窗口都可以放在主窗口容器中，这个容器控件属于 QMdiArea 类。该控件通常占据 QMainWindow 对象的中央位置，子窗口是 QMdiSubWindow 类的实例，可设置任何 QWidget 作为子窗口对象的内部控件，子窗口在 MDI 区域进行级联排列布局。

QMdiArea 类和 QMdiSubWindow 类常用方法如表 5.7 所示。

表 5.7 QMdiArea 类和 QMdiSubWindow 类常用方法

方法	描述
addSubWindow()	在 MDI 区域中添加一个新的子窗口

续表

方法	描述
removeSubWindow()	删除一个子窗口
setActiveSubWindow()	激活一个子窗口
cascadeSubWindows()	安排子窗口在 MDI 区域级联显示
tileSubWindows()	安排子窗口在 MDI 区域平铺显示
closeActiveSubWindow()	关闭活动的子窗口
subWindowList()	返回 MDI 区域的子窗口列表
setWidget()	设置窗口作为 QMdiSubWindow 实例对象的内部控件

【例 5.6】 多重文档界面设计。创建口主窗口，在主窗口创建主菜单，菜单项包括创建子窗口、子窗口堆叠和子窗口平铺。编写单击菜单项信号对应槽函数，实现需要的功能。

代码如下（mdi.py）：

```python
import sys
from PyQt6.QtCore import *
from PyQt6.QtGui import *
from PyQt6.QtWidgets import *
class myWin(QMainWindow):
    wCount = 0
    def __init__(self, parent=None):
        super(myWin, self).__init__(parent)
        self.setWindowTitle("MDI 测试")
        # 创建 MDI 并放到 CentralWidget 区域中
        self.mdi = QMdiArea()
        self.setCentralWidget(self.mdi)
        # 创建主菜单
        bar = self.menuBar()
        wMenu = bar.addMenu("窗口")
        wMenu.addAction("新建子窗口")
        wMenu.addAction("窗口堆叠")
        wMenu.addAction("窗口平铺")
        # 单击菜单项关联槽函数
        wMenu.triggered[QAction].connect(self.wAction)
    # 单击菜单项槽函数
    def wAction(self, menu):
        if menu.text() == "新建子窗口":
            # 创建 MDI 子窗口，设置窗子口标题和多行文本框，加入 MDI 中
            self.wCount = self.wCount + 1
            sub = QMdiSubWindow()
            sub.setWidget(QTextEdit())
            sub.setWindowTitle("子窗口" + str(self.wCount))
            self.mdi.addSubWindow(sub)
            sub.show()
        if menu.text() == "窗口堆叠":
            self.mdi.cascadeSubWindows()
```

```
            if menu.text() == "窗口平铺":
                self.mdi.tileSubWindows()
if __name__ == '__main__':
    app = QApplication(sys.argv)
    m = myWin()
    m.show()
    sys.exit(app.exec())
```

运行程序，单击"窗口"菜单中"新建子窗口"菜单项 3 次，创建 3 个子窗口，显示如图 5.7（a）所示。单击"窗口"菜单中"窗口堆叠"菜单项，显示如图 5.7（b）所示。单击"窗口"菜单中"窗口平铺"菜单项，显示如图 5.7（c）所示。

(a)

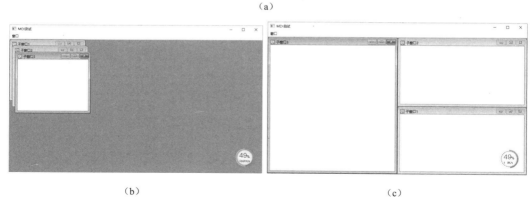

(b)　　　　　　　　　　　　　　(c)

图 5.7　多文档界面

说明：

（1）创建主窗口类，变量 wCount 保存子窗口数，由 QMidArea 类创建多文档界面 mdi，将其放置主窗口中间。

（2）菜单有 3 个菜单项，当单击菜单项时触发 triggered 信号，连接到槽函数 wAction。
```
file.triggered[QAction].connect(self.wAction)
```

（3）当选择菜单中的"新建子窗口"时，执行下列程序：
```
if menu.text() == "新建子窗口":
    self.wCount = self.wCount + 1
    sub = QMdiSubWindow()
    sub.setWidget(QTextEdit())
    sub.setWindowTitle("子窗口" + str(self.wCount))
    self.mdi.addSubWindow(sub)
    sub.show()
```
子窗口增加1，创建子文档窗口界面，设置为多文本，加入多文档界面，显示出来。

（4）当选择菜单中的"窗口堆叠"和"窗口平铺"菜单项时，将子窗口的显示方式变成级联显示或平铺显示。
```
if menu.text() == "窗口堆叠":
    self.mdi.cascadeSubWindows()
if menu.text() == "窗口平铺":
    self.mdi.tileSubWindows()
```

5.2.4 工具盒：ToolBox

工具盒控件属于 QToolBox 类，它主要提供一种列状的层叠选项卡，其常用方法如表 5.8 所示。

表 5.8　QToolBox 类常用方法

方　　法	说　　明
addItem()	添加选项卡
setCurrentIndex()	设置当前选中的选项卡索引
setItemIcon()	设置选项卡的图标
setItemText()	设置选项卡的标题文本
setItemEnabled()	设置选项卡是否可用
insertItem()	插入新选项卡
removeItem()	移除选项卡
itemText()	获取选项卡的文本
currentIndex()	获取当前选项卡的索引

工具盒控件最常用的信号是 currentChanged，该信号在切换选项卡时发送。

【例 5.7】 工具盒测试。
代码如下（toolBox.py）：
```
from PyQt6.QtWidgets import QToolBox, QApplication, QToolButton, QGroupBox, QVBoxLayout
from PyQt6.QtCore import Qt, QSize
from PyQt6.QtGui import QIcon
import sys, webbrowser
# 自定义 QToolBox 类
class myToolBox(QToolBox):
    def __init__(self):
```

```python
        super().__init__()
        self.initUI()
    def initUI(self):
        self.resize(280,300)
        self.setWindowTitle('QToolBox 测试')
        self.setWindowFlags(Qt.WindowType.Dialog)
        # 列表包含两项，第 1 项为南京部分大学信息，属性以字典方式描述，包含名称和图片
        # 第 2 项为北京部分出版社信息，属性以字典方式描述，包含名称和图片
        list =[
            [
                {'des': '南京大学', 'pic': 'images/dx/njdx.jpg'},
                {'des': '东南大学', 'pic': 'images/dx/dndx.jpg'},
                {'des': '南京师范大学', 'pic': 'images/dx/njsfdx.jpg'}
            ],
            [
                {'des': '电子工业出版社', 'pic': 'images/cbs/phei.jpg'},
                {'des': '人民邮电出版社', 'pic': 'images/cbs/rmyd.jpg'},
                {'des': '清华大学出版社', 'pic': 'images/cbs/qhdx.jpg'},
                {'des': '机械工业出版社', 'pic': 'images/cbs/jxgy.jpg'}
            ]
        ]
        g=1
        # 外循环两次，每次创建分组框 QGroupBox
        for item in list:
            gpbox = QGroupBox()
            if g == 1:
                self.addItem(gpbox,'南京部分大学'); g = g + 1
            else:
                self.addItem(gpbox,'北京部分出版社')
            # 在分组框 QGroupBox 对象中加入对中垂直布局
            vlayout = QVBoxLayout(gpbox)
            vlayout.setAlignment(Qt.AlignmentFlag.AlignCenter)
            # 创建工具按钮，设置其显示内容、显示图标、自动增加、工具按钮风格
            for category in item:
                toolButton = QToolButton()
                toolButton.setText(category['des'])
                toolButton.setIcon(QIcon(category['pic']))
                toolButton.setIconSize(QSize(64, 16))
                toolButton.setAutoRaise(True)
                toolButton.setToolButtonStyle( \
                    Qt.ToolButtonStyle.ToolButtonTextUnderIcon)
                # 工具按钮加入垂直布局，关联工具按钮槽函数 run
                vlayout.addWidget(toolButton)
                toolButton.clicked.connect(self.run)
        self.show()
    def run(self):
        # 根据单击工具按钮选择项在浏览器中显示对应 URL 网页
        if self.sender().text() == '南京大学':
```

```
            webbrowser.open('                    ')
        elif self.sender().text() == '东南大学':
            webbrowser.open('                    ')
        elif self.sender().text() == '南京师范大学':
            webbrowser.open('                    ')
        elif self.sender().text() == '电子工业出版社':
            webbrowser.open('                    ')
        elif self.sender().text() == '人民邮电出版社':
            webbrowser.open('                    ')
        elif self.sender().text() == '清华大学出版社':
            webbrowser.open('                    ')
        elif self.sender().text() == '机械工业出版社':
            webbrowser.open('                    ')
if __name__ == '__main__':
    app = QApplication(sys.argv)
    my = myToolBox()
    sys.exit(app.exec())
```

运行程序，显示如图 5.8（a）所示，单击"北京部分出版社"，显示如图 5.8（b）所示。

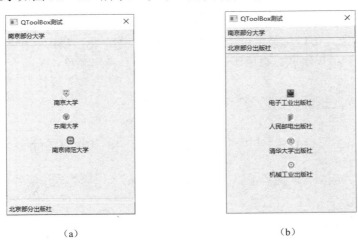

图 5.8　工具盒

说明：

（1）自定义 QToolBox 类，其中 def initUI(self)函数定义工具盒的工具按钮。

（2）工具盒包含两个工具按钮：南京部分大学和北京部分出版社。

（3）每组创建一个分组框 QGroupBox 对象，分组框采用垂直布局。

（4）垂直布局中加入若干 QToolButton 对象，并且将它们分别加入垂直布局。

（5）设置每一个 QToolButton 对象的属性，包括显示内容、显示图标、自动增加、工具按钮风格。关联每一个工具按钮单击信号到共同的槽函数 run。

（6）槽函数 run：根据单击工具按钮选择项在浏览器中显示对应 URL 网页。

第 6 章 菜单栏、工具栏和状态栏

菜单栏在主窗口中集中列出各种操作功能，工具栏是主要菜单项在界面上提供的工具按钮方式，状态栏显示当前各种状态信息。

6.1 菜单栏

在创建主窗口（QMainWindow 类）后，默认情况下，在标题栏下方包含一个水平的菜单栏（QMenuBar 类）对象。可以将菜单对象添加到菜单栏，菜单下可以包含菜单项，菜单项下可以包含子菜单，这称为菜单级联，也用于创建上下文菜单和弹出菜单。

6.1.1 菜单栏：QMenuBar 类

QMenuBar 类是主窗口的菜单栏，可采用 QMenuBar 类的构造方法或者 MainWindow 对象的 menuBar 方法创建菜单栏对象。

```
菜单栏对象 = QtWidgets.QMenuBar(MainWindow)
```
或
```
菜单栏对象 = 主窗口.menuBar()
```

1. QMenuBar 类属性

1）菜单弹出方向：defaultUp

默认情况下菜单"向下"。如果菜单不适合屏幕，则自动使用另一个方向。

2）是否用作本机菜单栏：nativeMenuBar

如果该属性为 true，在本菜单栏中使用，不在其父级的窗口中；如果为 false，则菜单栏保留在窗口中。不支持的平台中这个属性无效。

2. QMenuBar 类方法

创建菜单栏之后，就可以使用 QMenuBar 类的相关方法设置菜单栏对象。

```
菜单栏对象.方法(参数)
```

其常用方法如表 6.1 所示。

表 6.1 QMenuBar 类常用方法

方法	描述
addMenu()	添加菜单
addAction()	给菜单添加一个菜单项
addActions()	给菜单添加多个菜单项
addSeparator()	添加分割线
setEnabled()	将操作按钮状态设置为启用/禁用
setShortcut()	将快捷键关联到操作按钮
setText()	设置菜单项的文本
setTitle()	设置 QMenu 小控件的标题
text()	返回与 QAction 对象关联的文本
title()	返回 QMenu 小控件的标题
clear()	删除菜单/菜单栏的内容

6.1.2 菜单栏菜单：QMenu

QMenu 类表示菜单栏中的菜单，可以显示文本和图标。QMenu 类常用方法如表 6.2 所示。

表 6.2 QMenu 类常用方法

方法	描述
addAction()	添加菜单项
addMenu()	添加菜单
addSeparator()	添加分割线
insertMenu()	在指定菜单项前插入一个菜单对象
insertSeparator()	插入一个分隔线
setTitle()	设置菜单的文本
title()	获取菜单的标题文本
clear()	删除菜单中的所有项

6.1.3 动作对象：QAction

QAction 类是负责执行操作的部件。它的常用方法如表 6.3 所示。

表 6.3 QAction 类常用方法

方法	描述
setIcon()	设置菜单项图标
visibleInMenu()	设置图标是否显示

续表

方　　法	描　　述
setText()	添加菜单项文本
setIconText()	设置图标文本
setShortcut()	设置快捷键,例如:"(&N)"表示 Alt+N
setToolTip()	设置提示文本
setEnabled()	设置菜单项是否可用
text()	获取菜单项的文本

单击任何 QAction 按钮时,QMenu 对象都会发送 triggered 信号,这个信号将关联的 QAction 对象的引用发送到连接的槽函数上。

注意:

QMenuBar 菜单栏和 QMenu 菜单都是不会执行任何操作的,只有 QAction 可以执行操作。

【例 6.1】 创建测试菜单。

代码如下(menuTest.py):

```
import sys
from PyQt6.QtCore import *
from PyQt6.QtGui import *
from PyQt6.QtWidgets import *

class MainWin( QMainWindow ):
    def __init__(self, parent=None):
        super(MainWin, self).__init__(parent)
        self.setWindowTitle("测试菜单")
        mm = self.menuBar()                              #(a)
        file = mm.addMenu("文件")                         #(b)
        edit = mm.addMenu("编辑")                         #(b)
        #(c)
        file.addAction("新建")
        file.addAction("打开...")
        fileSave = QAction("保存", self)
        fileSave.setShortcut("Ctrl+S")
        file.addAction(fileSave)
        fileQuit = QAction("退出", self)
        file.addAction(fileQuit)
        #(d)
        edit.addAction("复制")
        edit.addAction("粘贴")
        edit.addSeparator()
        editFind = edit.addMenu("查找")
        editFind.addAction("查找下一个")
```

```
            editFind.addAction("替换")
            editFind.addAction("替换所有")
            #(e)
            mm.triggered[QAction].connect(self.processstrigger)
    def processstrigger(self,op):
        if op.text()=='新建':
            print('调用新建文件程序')
        elif op.text()=='保存':
            print('调用保存文件程序')
        else:
            print(op.text() + "is triggered!")
if __name__=='__main__':
    app = QApplication(sys.argv)
    m = MainWin()
    m.show()
    sys.exit(app.exec())
```

运行程序，单击"文件"或者"编辑"菜单，显示如图6.1（a）、(b)所示。

（a）单击"文件"　　　　（b）单击"编辑"

图 6.1　测试菜单

此后单击"文件"菜单和"编辑"菜单下所有菜单项，在 Python 命令行窗口显示"xx is triggered!"，xx 为单击的菜单项显示的字符串。

说明：

（a）在主窗口中创建顶级菜单栏对象 mm。

（b）在菜单栏对象 mm 上添加"文件"（file 对象）和"编辑"（edit 对象）菜单。

（c）在"文件"（file 对象）菜单下添加菜单项。

方法一：直接在 file 对象上添加。例如，file.addAction("新建")。

方法二：先在主窗口中创建 QAction 对象，然后将该对象加入 file 对象。

```
fileSave = QAction("保存", self)
fileSave.setShortcut("Ctrl+S")
file.addAction(fileSave)
```

这种方法一般需要对该菜单项进行其他操作。例如，"保存"菜单项需要设置快捷键：fileSave.setShortcut("Ctrl+S")。

（d）在"编辑"（edit 对象）菜单下添加菜单项，为"查找"增加二级菜单项，需要将"查找"菜单项作为菜单，然后在其下增加菜单项。

```
editFind = edit.addMenu("查找")
editFind.addAction("查找下一个")
editFind.addAction("替换")
```

（e）菜单发送 triggered 信号，将该信号连接到槽函数 proecesstrigger，该函数接收信号的 QAction 对象。

```
mm.triggered[QAction].connect(self.processtrigger)
```

函数 processtrigger 参数为发出 QAction 对象：

```
def processtrigger(self,op):
    if op.text()=='新建':
        print('调用新建文件程序')
    elif op.text()=='保存':
        print('调用保存文件程序')
    else:
        print(op.text() + "is triggered!")
```

这里，显示 QAction 对象的字符串模拟对应选择该菜单进行的操作，op 为发出信号（当前菜单项）的 QAction 对象。

【例 6.2】 快捷菜单测试 1。

代码如下（menu.py）：

```python
from PyQt6.QtWidgets import *
import sys

class myWidget(QWidget):
    def __init__(self,parent=None):
        super(myWidget, self).__init__(parent)
        self.lb=QLabel("初始文本...",self)
        self.lb.move(100,160)
        self.lb.resize(120, 40)

    def contextMenuEvent(self, even):        # 重写上下文菜单事件
        menu=QMenu(self)
        item1Action=menu.addAction("1#菜单项")
        item1Action.triggered.connect(self.item1)
        item2Action=menu.addAction("2#菜单项")
        item2Action.triggered.connect(self.item2)
        menu.addSeparator()                  # 添加分割线
        item3Action=menu.addAction("3#菜单项")
        menu.exec(even.globalPos())          # 事件触发在任意位置

    def item1(self):
        self.lb.setText("选择1#菜单项")
    def item2(self):
        self.lb.setText("选择2#菜单项")
if __name__=='__main__':
    app=QApplication(sys.argv)
    w = myWidget()
    w.show()
    sys.exit(app.exec())
```

运行程序，右击显示快捷菜单（图 6.2（a）），单击菜单项（例如"2#菜单项"），显示如图 6.2（b）所示。

(a)　　　　　　　　　　　　　　(b)

图 6.2　快捷菜单 1

【例 6.3】 快捷菜单测试 2。

代码如下（menuAction.py）：

```python
from PyQt6.QtWidgets import *
from PyQt6.QtCore import Qt
from PyQt6.QtGui import QAction
import sys

class myWidget(QWidget):
    def __init__(self,parent=None):
        super(myWidget, self).__init__(parent)
        #（a）创建菜单项动作对象
        aQuit = QAction('退出(&X)', self, shortcut='Ctrl+Q', \
                    triggered=QApplication.instance().quit)
        #（b）将菜单项动作对象加入窗口
        self.addAction(aQuit)
        #（c）设置上下文菜单
        self.setContextMenuPolicy( \
            Qt.ContextMenuPolicy.ActionsContextMenu)
if __name__=='__main__':
    app=QApplication(sys.argv)
    w = myWidget()
    w.show()
    sys.exit(app.exec())
```

运行程序，右击显示快捷菜单，如图 6.2 所示。单击菜单项"退出"或者按 Ctrl+Q 组合键，关闭窗口，退出应用。

说明：

（a）创建菜单项动作对象 aQuit：

```python
aQuit = QAction('退出(&X)', self, shortcut='Ctrl+Q', \
            triggered=QApplication.instance().quit)
```

其中：显示"退出(X)"和快捷键 Ctrl+Q，选择菜单项信号关联应用程序实例退出函数 quit。

（b）将 aQuit 菜单项动作对象加入窗口。

（c）设置上下文菜单的属性。

6.2 工具栏：QToolBar

工具栏属于 QToolBar 类。工具栏控件是由文本按钮、图标或其他小控件按钮组成的可移动按钮面板，通常位于菜单栏下方。

1．QToolBar 类常用方法

QToolBar 类常用方法如表 6.4 所示。

表 6.4　QToolBar 类常用方法

方　　法	描　　述
addAction()	添加具有文本或图标的按钮
addSeparator()	分组显示按钮
addWidget()	添加工具栏中按钮以外的控件
addToolBar()	使用 QMainWindow 类的方法添加一个新的工具栏
setIconSize(参数)	设置工具栏中图标的大小（默认大小是 24×24） 参数：QtCore.QSize(x, x)，x=16，24，…
setMovable()	工具栏变得可移动
setOrientation(参数)	工具栏的方向 参数（Qt.Orientation.x）： Horizontal：水平工具栏 Vertical：垂直工具栏
setToolButtonStyle(参数)	设置工具栏上的动作显示模式 参数（Qt.ToolButtonStyle.x）： ToolButtonIconOnly：只显示图标 ToolButtonTextOnly：只显示文本 ToolButtonTextUnderIcon：图标文本都显示

2．QToolBar 类信号

每当单击工具栏中的按钮时，都将发送 actionTriggered 信号，这个信号将关联的 QAction 对象的引用发送到连接的槽函数上。

【例 6.4】 工具栏测试。

代码如下（toolBarTest.py）：

```
import sys
from PyQt6.QtCore import *
from PyQt6.QtGui import *
from PyQt6.QtWidgets import *

class MainWin( QMainWindow ):
    def __init__(self, parent=None):
```

```
        super(MaiWin, self).__init__(parent)
        self.setWindowTitle("工具栏测试")
        self.resize(300, 200)
        #（a）
        tbar = self.addToolBar("mytool")
        #（b）
        new = QAction(QIcon("./images/new.ico"),"新建", self)
        tbar.addAction(new)
        open = QAction(QIcon("./images/open.ico"),"打开", self)
        tbar.addAction(open)
        find = QAction(QIcon("./images/find.ico"),"查找", self)
        tbar.addAction(find)
        quit = QAction(QIcon("./images/quit.ico"),"退出", self)
        tbar.addAction(quit)
        #（c）
        tbar.actionTriggered[QAction].connect(self.toolBarFunc)
    def toolBarFunc(self,op):
        print("选择工具栏按钮",op.text())
if __name__=='__main__':
    app = QApplication(sys.argv)
    m = MainWin()
    m.show()
    sys.exit(app.exec())
```

运行程序，鼠标指针移至 new.ico 图标，显示"新建"提示信息，如图 6.3 所示。

图 6.3 工具栏

单击工具栏"新建"按钮，Python 命令行窗口显示"选择工具栏按钮 新建"。

说明：

（a）调用主窗口 addToolBar 方法在工具栏区域添加工具栏 tbar。

```
tbar = self.addToolBar("mytool")
```

（b）先创建 QAction 对象 new，再将它添加到工具栏 tbar 中。

```
new = QAction(QIcon("./images/new.ico"),"新建", self)
tbar.addAction(new)
```

（c）将 tbar 工具栏 actionTriggered 信号连接到槽函数 toolBarFunc。

```
    tbar.actionTriggered[QAction].connect(self.toolBarFunc)
def toolBarFunc(self,op):
    print("选择工具栏按钮",op.text())
```

这里，显示 QAction 对象的字符串模拟对应选择该工具栏对应项进行的操作。

> **注意：** 在 PyQt6 中，无论是菜单项还是工具栏里的按钮，都统一以 QAction 对象的形式来定义。某一个 QAction 对象可同时对应于菜单栏的菜单项和工具栏按钮，因此定义一次即可保证系统实现同一功能的菜单项与工具栏按钮的属性（如图标、关联函数等）一致。

3. 向工具栏中添加标准控件

除了使用 QAction 对象向工具栏中添加图标按钮，还可使用 QToolBar 的 addWidget 方法添加标准控件（例如：Label、LineEdit、ComboBox、CheckBox 等）。

例如，在 toolBarTest.py 中（c）下面加入如下代码（toolBarTest-1.py）：

```python
# 创建一个 ComboBox 下拉列表框控件
self.combobox = QComboBox()
list = ["计算机", "软件工程", "通信工程"]
self.combobox.addItems(list)
tbar.addWidget(self.combobox)    # 将下拉列表框添加到工具栏中
```

运行程序，显示如图 6.4 所示。

图 6.4 工具栏中加入下拉列表框

6.3 状态栏：QStatusBar

主窗口（MainWindow）对象在底部保留一个水平条，称为状态栏（QStatusBar），用于显示状态信息。可先创建 QStatusBar 对象，然后通过主窗口的 setStatusBar 函数设置状态栏。

QStatusBar 类常用方法如表 6.5 所示。

表 6.5 QStatusBar 类常用方法

方法	描述
addWidget(控件对象)	在状态栏中添加给定的窗口小控件对象
addPermanentWidget(控件对象)	在状态栏中永久添加给定的窗口小控件对象
showMessage(字符串, ms)	在状态栏中显示一条临时信息，指定时间间隔（毫秒），0 为一直停留，直至被替换
clearMessage()	删除正在显示的临时信息

续表

方法	描述
statusBar()	获取状态栏对象
removeWidget()	从状态栏中删除指定的小控件对象

【例 6.5】 状态栏测试。

代码如下（statusBarTest.py）：

```python
import sys
from PyQt6.QtWidgets import *

class MainWin(QMainWindow):
    def __init__(self, parent=None):
        super(MainWin, self).__init__(parent)
        self.initUi()

    def initUi(self):
        self.resize(500, 300)
        self.setWindowTitle("状态栏包含控件测试")

        self.status = self.statusBar()                                    #（a）
        self.status.showMessage("当前传送速率：xxMb/s", 0)                  #（b）
        self.user = QLabel("用户：zhou")
        self.file = QLabel("传送文件：xs001.xsl")

        self.status.addPermanentWidget(self.user, stretch=0)              #（c）
        self.status.addPermanentWidget(self.file, stretch=0)              #（c）
if __name__ == "__main__":
    app = QApplication(sys.argv)
    m = MainWin()
    m.show()
    sys.exit(app.exec())
```

运行程序，显示如图 6.5 所示。

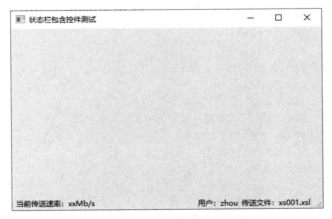

图 6.5　状态栏

说明：

（a）在主窗口（self）中创建状态栏 status。
```
self.status = self.statusBar()
```
（b）在状态栏显示提示信息，5 秒后消失。
```
self.status.showMessage("当前传送速率：xxMb/s", 5000)
```
（c）向状态栏中添加标准控件。

6.4 主窗口综合测试实例

【例 6.6】 主窗口包含菜单栏、工具栏和状态栏，在中间加入 QWidget 窗口对象，窗口包含标签、多行文本框和命令按钮。

代码如下（mainWin.py）：

```python
import sys
from PyQt6.QtGui import *
from PyQt6.QtWidgets import *
from PyQt6.QtCore import Qt

class MainWin(QMainWindow):
    def __init__(self, parent=None):
        # （a）
        super(MainWin, self).__init__(parent)      # 创建主窗口
        self.resize(400, 340)
        self.setWindowTitle("主窗口测试")
        # （b）
        myWidget=QWidget(self)                     # 创建 QWidget 窗口对象
        self.setCentralWidget(myWidget)            # Widget 窗口对象占满主窗口
        # （c）在 myWidget 窗口对象中创建 3 个控件
        self.lb=QLabel("输入文本",myWidget)
        self.te=QTextEdit(myWidget)
        self.pb=QPushButton("确认",myWidget)
        # 将 myWidget 窗口对象中 3 个控件移到合适位置
        self.lb.move(40,10)
        self.te.move(100,10)
        self.pb.move(200,220)
        # （d）创建菜单栏，添加菜单"文件"
        mbar=self.menuBar()
        file=mbar.addMenu("文件")
        # 在菜单"文件"中加入"新建""打开""保存"菜单项
        file.addAction("新建")
        fileOpen = QAction("打开", self)
        file.addAction(fileOpen)
        fileSave = QAction("保存", self)
        fileSave.setShortcut("Ctrl+S")
        file.addAction(fileSave)
        # 定义"打开"和"保存"菜单项单击信号关联的槽函数
```

```python
        fileOpen.triggered.connect(self.triggerOpenFile)
        fileSave.triggered.connect(self.triggerSaveFile)
        #(e)将按钮加入工具栏
        tbar = self.addToolBar("mytool")
        tbar.setToolButtonStyle( \
Qt.ToolButtonStyle.ToolButtonTextUnderIcon)
        new = QAction(QIcon("./images/new.ico"),"新建", self)
        open = QAction(QIcon("./images/open.ico"),"打开", self)
        tbar.addAction(new)
        tbar.addAction(open)
        # 定义工具栏按钮单击信号关联的槽函数
        tbar.actionTriggered[QAction].connect(self.toolBarFunc)
        self.status = self.statusBar()
    #(f)单击信号的槽函数
    def toolBarFunc(self,op):
        if op.text()=="打开":
            self.triggerOpenFile()
    def triggerOpenFile(self):
        self.status.showMessage("打开文件xxx.txt", 0)
    def triggerSaveFile(self):
        self.status.showMessage("正在保存文件...", 5000)

if __name__=='__main__':
    app = QApplication(sys.argv)
    m = MainWin()
    m.show()
    sys.exit(app.exec())
```

运行程序，显示如图6.6所示。

图6.6 主窗口综合测试实例

说明：

（a）创建主窗口（QMainWindow），设置主窗口大小和标题。

（b）在主窗口中创建通用窗口（QWidget）对象，放到主窗口的中间。

（c）在通用窗口（QWidget）对象中创建3个控件，分别是标签、文本框和命令按钮，并分别移到指定位置。

（d）创建菜单栏及"文件"菜单，包含"新建""打开""保存"菜单项，定义单击"打开"和"保存"菜单项的关联槽函数，定义"保存"菜单项的快捷键。

（e）将按钮加入工具栏，包含"新建"和"打开"按钮，定义单击工具栏按钮的关联槽函数。

（f）定义单击菜单项和工具栏按钮的槽函数。

6.5 用 Qt Designer 设计菜单与工具栏

除了写代码，也可以使用 Qt Designer 以可视化的方式设计菜单和工具栏。

6.5.1 菜单项与 QAction 的创建

使用 Qt Designer 以 Main Window（主窗体）模板所创建的窗体会自带菜单栏（QMenuBar），从"对象检查器"中可见它的对象名及所对应的类，如图 6.7 所示。

菜单栏位于窗体顶部，在界面设计模式下，其左端会有"在这里输入"的提示文字，双击文字出现输入框，用户可在其中输入要创建的菜单名，在输入名称的同时还可以在后面输入"(&字母)"来定义该菜单的快捷键（程序运行时以"Alt+字母"激活），输入完回车即可，操作过程如图 6.8 所示。

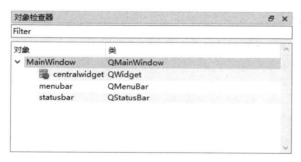

图 6.7 Main Window 模板创建的窗体自带菜单栏   图 6.8 创建菜单

回车确认后，在已创建好的菜单下方和右侧又会出现"在这里输入"的提示文字，用户可双击下方文字创建该菜单的菜单项，或者双击右侧文字创建另一个菜单，每创建完一个菜单或菜单项，设计器都会在适当的位置自动给出"在这里输入"，提示用户继续创建新的菜单/菜单项。在创建了一些菜单项后，可以双击"添加分隔符"将一组功能相关的菜单项与其他菜单项分隔开；对于每个菜单项，还可以单击右侧加号进一步创建子菜单项，如图 6.9 所示。

(a) 创建菜单项   (b) 创建子菜单项

图 6.9 创建菜单项和子菜单项

对于每个创建好的菜单项，系统都会为其生成相应的 QAction 对象。在 Qt Designer 中选择菜单"视图"→"动作编辑器"命令，在打开的"动作编辑器"子窗口中可以看到这些 QAction 对象，如图 6.10 所示。当然，在"对象检查器"中也能看到它们。

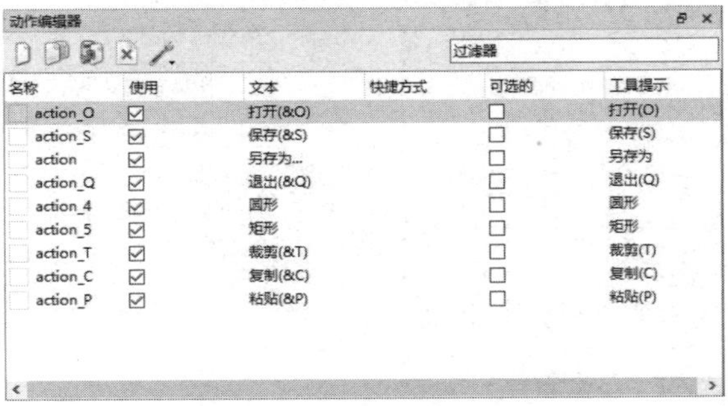

图 6.10　创建的 QAction 对象

创建的 QAction 对象初始名称是由设计器按照"action_字母/数字"规则自动生成的，为了增强可读性和在编程中引用，建议将它们改为有意义的名称，双击"动作编辑器"中的 QAction 条目，弹出"编辑动作"对话框，可在其中修改相应 QAction 对象的名称，如图 6.11 所示。

图 6.11　修改 QAction 对象名称

例如，对已创建的系统的一些基本功能的 QAction 对象重命名后，它们显示在"动作编辑器"中的条目如图 6.12 所示。

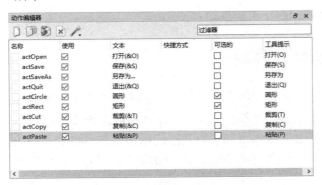

图 6.12　已创建的一些基本功能的 QAction 对象

其中，圆形（actCircle）和矩形（actRect）这两个 QAction 对象在程序运行时只能二选一，对于这种用于模式选择的菜单项，可勾选其"可选的"复选框，这样在运行时就会呈现选项菜单效果。

在 Qt Designer 中选择菜单"窗体"→"预览"命令，可预览程序界面，提前看到自己所设计的菜单项的运行时外观（图 6.13）。

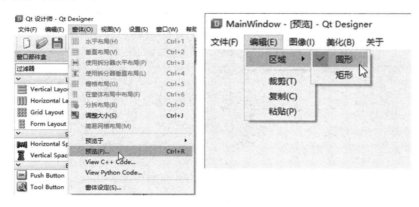

图 6.13　预览菜单项的运行时外观

6.5.2　QAction 的设计

为了编程的灵活性，通常建议在 Qt Designer 可视化设计阶段仅仅创建好 QAction 并为其命名就可以了，至于 QAction 的其他属性（如图标、提示文字、快捷键、关联槽函数等）则留待编码阶段再用程序语句进行设计，这么做的好处在于修改方便，可以根据实际情况反复调整界面。

例如，对于"文件"菜单的"打开"菜单项，设计其各项属性的代码语句为：

```
self.actOpen.setIcon(QIcon('image/open.jpg'))      # 图标
self.actOpen.setToolTip('打开')                    # 提示文字
self.actOpen.setShortcut('Ctrl+O')                 # 快捷键
self.actOpen.triggered.connect(self.openPic)       # 关联槽函数
```

运行效果为 打开(O)　Ctrl+O 。

如果后面对菜单项图标不满意，想换个更好看的；或者由于与其他新增的菜单项冲突而需要修改快捷键；又或者为其开发了新功能要改变关联的槽函数……修改这几行代码的参数就可以了，不需要使用 Qt Designer 重新设计。

6.5.3　添加工具栏与 QAction

主窗体本身并不带工具栏，用户在设计时可根据需要添加一个或多个工具栏。添加工具栏的操作非常简单，右击并选择"添加工具栏"命令即可，如图 6.14 所示。

默认添加的工具栏位于窗体顶部，而某些应用程序在窗体的其他位置（如右侧）放置工具栏，在添加工具栏时选择快捷菜单的"Add Tool Bar to Other Area"→"右侧"命令即可，如图 6.15 所示。

可视化环境下添加到窗体中的工具栏都很窄，这是因为尚未往其中添加按钮和其他控件，考虑到工具栏在设计模式下的外观与运行时有差别，故对于有工具栏的程序界面，建议在设计阶段仅简单添加工具栏，到编码阶段再用程序来创建其上的控件，这样便于对界面运行效果进行较为灵活的控制和调整。

第 6 章 菜单栏、工具栏和状态栏

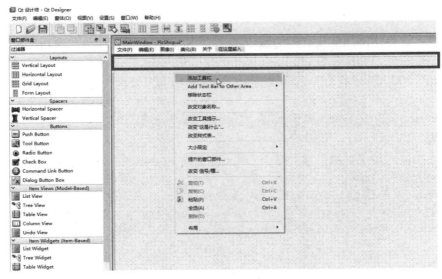

图 6.14 添加工具栏

图 6.15 在窗体右侧添加工具栏

添加好工具栏后，就可以往其中放置控件。

1. 放置控件

工具栏上可放置按钮（QPushButton）、标签（QLabel）、组合框（QComboBox）等类型的控件，先创建控件，然后用 addWidget 方法添加即可，例如，往工具栏 tbrMain 上放一个按钮，代码为：

```
self.pbSelRegion = QPushButton()
...
self.tbrMain.addWidget(self.pbSelRegion)
```

当控件比较多时，可用 addSeparator 方法添加分隔符，将控件按功能分组布局。

2. 添加 QAction

还可以往工具栏中添加创建好的 QAction，它们会直接呈现为与菜单项功能相对应的按钮，且具有与菜单项一致的图标。

例如，将"文件"→"打开"菜单项的 QAction 添加为工具栏按钮，用 addAction 方法添加，如下：

```
self.tbrMain.addAction(self.actOpen)
```

运行效果为 。

也可以一次性地往工具栏里添加多个 QAction，用 addActions 方法添加，如下：

```
self.actOpen = QAction(QIcon('image/open.jpg'), '打开')
self.actSave = QAction(QIcon('image/save.jpg'), '保存')
self.actSaveAs = QAction(QIcon('image/saveas.jpg'), '另存为...')
self.tbrMain.addActions([self.actOpen, self.actSave, self.actSaveAs])
```

第 7 章
表格、树、拖曳与剪贴板

本章介绍比较复杂的表格和树控件，同时介绍鼠标拖曳与剪贴板的应用。

7.1 表格

PyQt6 提供了两种用于有规律地呈现更多数据的控件，一种是表格结构的控件（QTableView），另一种是树形结构的控件（QTreeView）。表格控件属于 QTableView 类，QTableWidget 继承自 QTableView。

7.1.1 表格：QTableView

QTableView 控件中 QStandItemMode 通过函数 setItem(i,j,项)将标准项 QStandItem 的实例对象添加到表格正文内容的第 i 行第 j 列中。调用函数 setMode(mode)将模型关联进表格控件。QTableView 还可以使用自定义的数据模型来显示更新内容。

QTableView 常用方法如下。

rowHeight()：获得行高。
columnWidth()：获得列宽。
showGrid()：显示一个网格。
stretchLastSection()：展开表格中的单元格。
hideRow()和 hideColumn()：隐藏行和列。
showRow()和 showColumn()：显示行和列。
selectRow()和 selectColumn()：选择行和列。
resizeColumnsToContents()或 resizeRowsToContents()：根据每个列或行的空间需求分配可用空间。

表头控件为 QHeaderView，表头方法如下。

verticalHeader()：获得垂直表头。
horizontalHeader()：获得水平表头。
hide()：隐藏表头。

对于某些特殊形式的表格，能够在行、列索引和控件坐标之间进行转换。
QTableView 控件可以绑定一个模型数据用来更新控件上的内容，可用的模式如表 7.1 所示。

表 7.1 QTableView 控件模式

名 称	描 述
QStringListModel	存储一组字符串
QStandardItemModel	存储任意层次结构的数据
QDirModel	对文件系统进行封装
QSqlQueryModel	对 SQL 的查询结果集进行封装
QSqlTableModel	对 SQL 中的表格进行封装
QSqlRelationalTableModel	对带有 foreign key 的 SQL 表格进行封装
QSortFilterProxyModel	对模型中的数据进行排序或过滤

【例 7.1】表格视图测试。

代码如下（tableView-1.py）：

```python
from PyQt6.QtWidgets import *
from PyQt6.QtGui import *
import sys

class myWidget(QWidget):
    def __init__(self, arg=None):
        super(myWidget, self).__init__(arg)
        self.setWindowTitle("QTableView测试")
        self.resize(500, 300);
        # (a) 创建 6 行 4 列标准模型
        self.model = QStandardItemModel(6, 4)
        # (b) 设置表头
        self.model.setHorizontalHeaderLabels(['课程编号', '课程名', '学时', '学分'])
        # (c) 创建表格视图对象，指定数据模型
        self.tableview = QTableView()
        self.tableview.move(20, 20)
        self.tableview.setModel(self.model)  # 关联 QTableView 控件和 model
        # (d) 设置标准模型数据项
        item11 = QStandardItem('1A001')
        item12 = QStandardItem('Python 程序设计')
        item13 = QStandardItem('60')
        item14 = QStandardItem('3')
        # 将标准模型数据项放到表格视图 0 行 0~3 列单元格中
        self.model.setItem(0, 0, item11)
        self.model.setItem(0, 1, item12)
        self.model.setItem(0, 2, item13)
        self.model.setItem(0, 3, item14)
        # 设置标准模型数据项，放到表格视图 1 行 0~3 列单元格中
        item11 = QStandardItem('1A002')
        item12 = QStandardItem('鸿蒙系统开发')
        item13 = QStandardItem('80')
        item14 = QStandardItem('4')
        self.model.setItem(1, 0, item11)
```

```
            self.model.setItem(1, 1, item12)
            self.model.setItem(1, 2, item13)
            self.model.setItem(1, 3, item14)
            # (e) 将表格视图放入布局中显示
            layout = QVBoxLayout()
            layout.addWidget(self.tableview)
            self.setLayout(layout)
if __name__ == '__main__':
    app = QApplication(sys.argv)
    w = myWidget()
    w.show()
    sys.exit(app.exec())
```

运行程序,显示如图 7.1 所示。

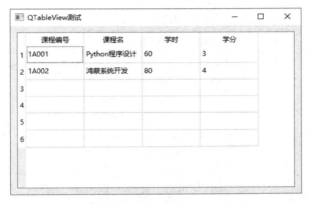

图 7.1　表格视图

说明:

(a) 创建 6 行 4 列标准模型,按照该大小组织数据。

```
self.model = QStandardItemModel(6, 4)
```

(b) 设置表头标签,个数与标准模型列对应。

```
self.model.setHorizontalHeaderLabels(['课程编号', '课程名', '学时', '学分'])
```

(c) 创建表格视图对象,指定该对象关联已经创建的标准模型。

```
self.tableview = QTableView()
self.tableview.move(20, 20)
self.tableview.setModel(self.model)
```

(d) 创建标准模型数据项,填充表格视图数据项。

```
item11 = QStandardItem('1A001')
self.model.setItem(0, 0, item11)
```

(e) 将表格视图放入布局中显示。

运行时可以通过单击单元格或使用方向键来导航表格中的单元格,也可以使用 Tab 键和 Shift+Tab 组合键从一个单元格移动到另一个单元格。

7.1.2　表格:QTableWidget

QTableWidget 是常用的显示数据表格的控件,是 QTableView 的子类,它使用标准的数据模型，并且其单元格数据是通过 QTableWidgetItem 对象来实现的。QTableWidget 类常用方法如表 7.2 所示。

表 7.2 QTableWidget 类常用方法

方　法	描　述
setRowCount(行数)	设置表格行数
setColumnCount(列数)	设置表格列数
setHorizontalHeaderLabels()	设置表格水平标签
setVerticalHeaderLabels()	设置表格垂直标签
setItem(行,列,对象)	在表格中添加控件
horizontalHeader()	获得表头，以便隐藏
rowCount()	获得表格的行数
columnCount()	获得表格的列数
setEditTriggers(参数)	设置表格是否可编辑(QAbstractItemView.EditTrigger.X)： 0：NoEditTriggers0No：不能对表格内容进行修改 1：CurrentChanged1Editing：随时都能对单元格进行修改 2：DoubleClicked2Editing：双击单元格 4：SelectedClicked4Editing：单击已选中的内容 8：EditKeyPressed8Editing：当修改键被按下时修改单元格 16：AnyKeyPressed16Editing：按任意键修改单元格 31：AllEditTriggers31Editing：包括以上所有条件
setSelectionBehavior(参数)	设置表格的选择行为(QAbstractItemView.SelectionBehavior.x)： 0：SelectItems0Selecting：选中单个单元格 1：SelectRows1Selecting：选中一行 2：SelectColumns2Selecting：选中一列
setTextAlignment(参数)	设置单元格内文字的对齐方式 AlignLeft：沿单元格的左边缘对齐 AlignRight：沿单元格的右边缘对齐 AlignHCenter：居中显示在水平方向上 AlignJustify：在可用空间中对齐，默认是从左到右 AlignTop：与顶部对齐 AlignBottom：与底部对齐 AlignVCenter：在可用空间中，居中显示在垂直方向上 AlignBaseline：与基线对齐
setSpan(行, 列, 合并行数, 合并列数)	合并单元格
setShowGrid()	在默认情况下（True），表格显示网格线
setColumnWidth(列,宽度)	设置单元格列的宽度
setRowHeight(行, 高度)	设置单元格行的高度

1. 单元格放置文本

在表格控件中显示的数据是可编辑的。在 QTableWidget 表格中具体单元格就是

QTableWidgetItem 类。

【例 7.2】 基本表格测试。

代码如下（tableWidget-1.py）：

```python
import sys
from PyQt6.QtWidgets import(QWidget,QTableWidget,QHBoxLayout,QApplication,
QTableWidgetItem)

class myWidget(QWidget):
    def __init__(self):
        super().__init__()
        self.initUI()
    def initUI(self):
        self.setWindowTitle("QTableWidget测试")
        self.resize(400, 300);
        tableWidget = QTableWidget(6,4)
        tableWidget.setHorizontalHeaderLabels (['课程号','课程名','课时','学分'])
        newItem = QTableWidgetItem("1A001"); tableWidget.setItem(0,0,newItem)
        newItem = QTableWidgetItem("C++");   tableWidget.setItem(0,1,newItem)
        newItem = QTableWidgetItem("120");   tableWidget.setItem(0,2,newItem)
        newItem = QTableWidgetItem("6");     tableWidget.setItem(0,3,newItem)

        hLayout = QHBoxLayout()
        hLayout.addWidget(tableWidget)
        self.setLayout(hLayout)

if __name__=='__main__':
    app = QApplication(sys.argv)
    w=myWidget()
    w.show()
    sys.exit(app.exec())
```

运行程序，显示如图 7.2 所示。

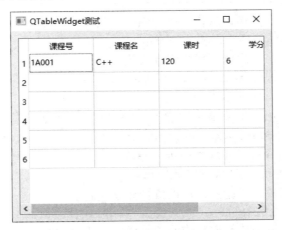

图 7.2 基本表格

说明：

（1）创建 QTableWidget 对象，设置表格为 6 行 4 列。

```
tableWidget = QTableWidget(6,4)
```

也可对 QTableWidget 对象分别设置行和列：

```
tableWidget = QTableWidget()
tableWidget.setRowCount(6)
tableWidget.setColumnCount(4)
```

（2）设置表头标签。

设置表格水平表头标签：

```
tableWidget.setHorizontalHeaderLabels (['课程号','课程名','课时','学分'])
```

设置表格垂直表头标签：

```
tableWidget.setVerticalHeaderLabels(['A', 'A', 'A', 'B', 'B', 'B'])
```

运行程序，如图 7.3（a）所示。

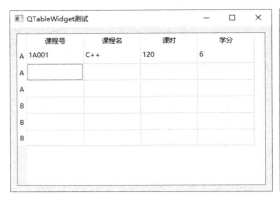 

（a）有表头　　　　　　　　　　　　　　（b）无表头

图 7.3　表格

 注意：设置表格行、列后再设置表头标签。

对于水平方向的表头，采用以下代码进行隐藏，如图 7.3（b）所示。

```
tableWidget.horizontalHeader().setVisible(False)
```

对于垂直方向的表头，采用以下代码进行隐藏：

```
tableWidget.verticalHeader().setVisible(False)
```

如果参数设置为 True，则显示表头。

（3）创建 QTableWidgetItem 对象，赋初值"1A001"，加载到表格的第 0 行第 0 列。

```
newItem = QTableWidgetItem("1A001"); tableWidget.setItem(0,0,newItem)
```

加载到单元格中的内容可以通过界面进行修改。默认情况下，双击一个单元格，就可以修改原来的内容，还可以增加新行，如图 7.4 所示。

（4）如果让表格对用户是只读的，可以执行如下代码：

```
tableWidget.setEditTriggers(QAbstractItemView.EditTrigger.NoEditTriggers)
```

（5）使用下列函数设置表格为自适应的伸缩模式，即可根据窗口大小来改变单元格大小。

```
tableWidget.horizontalHeader().setSectionResizeMode(QHeaderView.ResizeMode.Stretch)
```

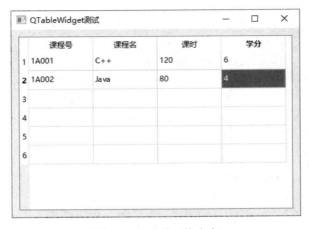

图 7.4 修改单元格内容

（6）设置表格选中整行。

表格默认选中的是单个单元格，通过下面的代码可以设置成选中整行，如图 7.5 所示。

```
tableWidget.setSelectionBehavior(QAbstractItemView.SelectionBehavior.SelectRows)
```

（7）设置单元格的宽度、高度与所显示内容的宽度、高度相匹配。

```
tableWidget.resizeColumnsToContents()
tableWidget.resizeRowsToContents()
```

显示效果如图 7.6 所示。

图 7.5 选中整行   图 7.6 宽度、高度相匹配

（8）在表格中快速定位到指定行。

遍历表格查找匹配的单元格的方法：

```
item = self.tableWidget.findItems(text,QtCore.Qt.MatchExactly)
```

获取匹配的单元格行号：

```
row=item[0].row()
```

滚动到指定行以便在界面中可见：

```
self.tableWidget.verticalScrollBar().setSliderPosition(row)
```

【例 7.3】 在表格中快速定位。

代码如下（tableWidget-2.py）：

```python
import sys
from PyQt6.QtWidgets import *
from PyQt6 import QtCore
from PyQt6.QtGui import QColor, QBrush

class myWidget(QWidget):
    def __init__(self):
        super().__init__()
        self.initUI()
    def initUI(self):
        self.setWindowTitle("QTableWidget 测试")
        self.resize(400, 300);
        # (a) 创建 QTableWidget 表格，10 行 2 列
        tableWidget = QTableWidget(10,2)
        # (b) 列表变量存放 10 个元组数据项，每个元组包含课程名和学分项
        list=[('计算机导论',1),('高等数学',1),('英语',1),('C++',2),\
('数据结构',3),('Java',3), ('操作系统',3),('仓颉语言',4),('软件工程',4),\
('计算机网络',5)]
        # 分别用每一个列表项元组 0 项和 1 项作为数据创建 QTableWidgetItem 项对象
        # 然后设置为表格的单元格的第 0 个和第 1 个元素
        for i in range(10):
            tableWidget.setItem(i, 0, QTableWidgetItem(list[i][0]))
            tableWidget.setItem(i, 1, QTableWidgetItem(str(list[i][1])))
        layout = QHBoxLayout()
        layout.addWidget(tableWidget)
        self.setLayout(layout)
        # (c) 查找对应的单元格，查找内容是 text 变量中的字符串
        text = '仓颉语言'
        items = \
tableWidget.findItems(text, QtCore.Qt.MatchFlag.MatchExactly)
        item = items[0]
        # (d) 设置定位的单元格的文本字体和颜色
        item.setFont(QFont("黑体", 14))
        item.setForeground(QBrush(QColor(255, 0, 0)))
        # (e) 滚动到定位的单元格
        row = item.row()
        tableWidget.verticalScrollBar().setSliderPosition(row)
if __name__ == '__main__':
    app = QApplication(sys.argv)
    w = myWidget()
    w.show()
    sys.exit(app.exec())
```

运行程序，显示如图 7.7 所示。

说明：

（a）创建 QTableWidget(10,2)表格对象 tableWidget，10 行 2 列。

（b）列表变量 list 存放 10 个元组数据项（课程名，学分），循环读取列表变量 list 元素 list[i][0] 和 list[i][1]，分别创建 QTableWidgetItem 表格项，设置为表格对应（i,0）和（i,1）单元格数据。

图 7.7 快速定位

（c）在 tableWidget 中查找与 text 值匹配的单元格：

```
tableWidget.findItems(text,QtCore.Qt.MatchFlag.MatchExactly)
```

匹配的单元格对象在 items[0] 中。复制到 item 中，item=items[0]。

（d）设置匹配的单元格（item）中的字体和颜色。

（e）界面上将当前行移动到匹配单元格对应的行。

2．单元格中放置控件

QTableWidget 不仅可以在单元格中放置文字，还可以通过 setItem 方法添加控件。

【例 7.3 续】 修改上例代码如下（tableWidget-3.py）：

```
cb = QComboBox()
cb.addItem("C++")
cb.addItem("Java")
cb.addItem("C#")
tableWidget.setCellWidget(0, 1, cb)
sb = QSpinBox()
sb.setMinimum(0)
sb.setMaximum(6)
tableWidget.setCellWidget(0, 3, sb)
```

显示效果如图 7.8 所示。

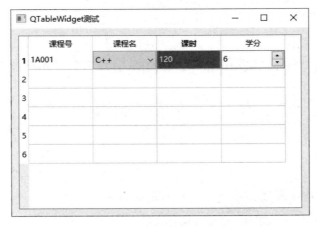

图 7.8 单元格中添加控件

说明：

（1）单元格中的控件对象可以设置属性，以下代码设置它的样式：
```
cb.setStyleSheet("QComboBox{margin:3px};")
```
（2）单元格默认采用左对齐，但"课时"等数字列采用右对齐更好。设置单元格对齐方式的代码如下：
```
newItem.setTextAlignment(QtCore.Qt.AlignmentFlag.AlignRight | QtCore.Qt.AlignmentFlag.AlignBottom)
```

3．单元格中放置图片

可以在单元格内放置图片，先创建 QIcon(图片文件)对象，然后作为 QTableWidgetItem 对象数据。

代码如下：
```
newItem = QTableWidgetItem(QIcon("./images/荷花.jpg"), "荷花开放")
tableWidget.setItem(1, 3, newItem)
```

4．单元格排序、大小、合并和获取

1）设置单元格的排序方式

使用 sortItems (列，排序)方法对表格在指定列进行排列，QtCore.Qt.SortOrder.DescendingOrder 表示降序排列，QtCore.Qt.SortOrder.AscendingOrder 表示升序排列。

代码如下：
```
tableWidget.sortItems(1,QtCore.Qt.SortOrder.DescendingOrder)
```

2）合并单元格

使用 setSpan(r, c, rs, cs)方法将表格对象第 r 行第 c 列后面 rs 行 cs 列合并起来。

例如，将表格 tableWidget 中第 2 行第 0 列的单元格下面 3 行 1 列合并起来，代码如下：
```
tableWidget.setSpan(2,0,3,1)
```

3）设置单元格的大小

使用 setColumnWidth(列，宽度)和 setRowHeight(行，高度)方法设置表格列宽和行高。例如，第 0 列的单元格宽度设置为 160，第 1 行的高度设置为 120，代码如下：
```
tableWidget.setColumnWidth(0, 160)
tableWidget.setRowHeight(1, 120)
```

4）获得单元格的内容

通过 itemClicked (QTableWidgetItem *)信号的槽函数，可以获得所点击的单元格的引用，进而获得其中的内容。
```
    tableWidget.itemClicked.connect(self.getItem)
def getItem(self, item):
    print(item.text())
```

5．支持右键菜单

【**例 7.4**】 在表格中采用菜单获取当前单元格信息。

代码如下（tableWidget-4.py）：

```python
import sys
from PyQt6.QtWidgets import (QMenu, QWidget, QTableWidget, QHBoxLayout,
QApplication, QTableWidgetItem)
from PyQt6.QtCore import Qt

class myWidget(QWidget):
    def __init__(self):
        super().__init__()
        self.initUI()
    def initUI(self):
        self.setWindowTitle("QTableWidget 测试")
        self.resize(400, 300)
        # 创建6行4列表格，设置表头
        self.tableWidget = QTableWidget(6,4)
        self.tableWidget.setHorizontalHeaderLabels (['课程号','课程名','课时','学分'])
        # 创建表格数据项对象，设置到对应单元格
        newItem = QTableWidgetItem("1A001");
        self.tableWidget.setItem(0,0,newItem)
        newItem = QTableWidgetItem("C++");
        self.tableWidget.setItem(0,1,newItem)
        newItem = QTableWidgetItem("1A002");
        self.tableWidget.setItem(1,0,newItem)
        newItem = QTableWidgetItem("Java");
        self.tableWidget.setItem(1,1,newItem)
        hLayout =  QHBoxLayout()
        hLayout.addWidget(self.tableWidget)
        self.setLayout(hLayout)
        # 创建右键快捷菜单，关联槽函数
        self.tableWidget.setContextMenuPolicy(Qt.ContextMenuPolicy.\
CustomContextMenu)
        self.tableWidget.customContextMenuRequested.connect( \
self.generateMenu)
    # 快捷菜单的槽函数
    def generateMenu(self, pos):
        # 获得右键位置索引值
        row_num = -1
        for i in self.tableWidget.selectionModel().selection().indexes():
            row_num = i.row()
        # 如果右键位置有数据行，则创建快捷菜单
        if row_num < 2:
            menu = QMenu()
            m1 = menu.addAction("课程编号")
            m2 = menu.addAction("课程名")
            m3 = menu.addAction("课程信息")
            # 获得相对屏幕的位置信息，显示快捷菜单
            action = menu.exec(self.tableWidget.mapToGlobal(pos))
            # 根据选择的菜单项，显示获取的对应单元格信息
```

```python
            if action == m1:
                print('课程编号: ', self.tableWidget.item(row_num, 0).text())
            elif action == m2:
                print('课程名: ', self.tableWidget.item(row_num, 1).text())
            elif action == m3:
                print('课程信息: ', self.tableWidget.item(row_num, 0).text()\
            ,self.tableWidget.item(row_num, 1).text(),end=' ')
                # 单元格没有信息，进行异常处理
                try:
                    print(self.tableWidget.item(row_num, 2).text(),end=' ')
                except: pass
                try:
                    print(self.tableWidget.item(row_num, 3).text())
                except: print('\n')
if __name__=='__main__':
    app = QApplication(sys.argv)
    w=myWidget()
    w.show()
    sys.exit(app.exec())
```

运行程序，输入 C++课时和学分，选中单元格，右击，弹出快捷菜单，如图 7.9 所示。

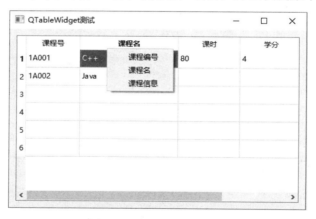

图 7.9　表格中的快捷菜单

分别选择"课程名"和"课程信息"菜单项，然后在"Java"行右击，选择 "课程信息" 菜单项，后台输出结果如下：

```
课程名: C++
课程信息: 1A001 C++ 80 4
课程信息: 1A002 Java
```

说明：

（1）创建右键快捷菜单，关联槽函数：

```
self.tableWidget.setContextMenuPolicy(Qt.ContextMenuPolicy.\
CustomContextMenu)
self.tableWidget.customContextMenuRequested.connect( \
self.generateMenu)
```

前者设置 tableWidget 允许发出 QWidget.customContextMenuRequested 信号，后者将该信号关联槽函数。

（2）获得在表格的哪一行右击：
```
row_num = -1
for i in self.tableWidget.selectionModel().selection().indexes():
    row_num = i.row()
```
行号从 0 开始，第 0 行就是看到的第 1 行。

（3）因为本实例有两条记录，所以只有在表格中两行内右击才能显示菜单。

（4）获得相对屏幕的位置信息，得到用户当前选择的菜单项。

（5）根据选择的菜单项，显示单元格信息。表格 2、3 列初始没有赋值，用户可能会输入，所以需要判断。

如果选择"课程信息"菜单项，显示课程编号、课程名、课时和学分。

（6）异常处理：因为初始仅仅赋值课程编号、课程名单元格信息，在显示"课程信息"时课时和学分单元格数据可能已经输入、没有输入，或者输入其中一个，如果读取没有内容的单元格就会出现错误。

7.2 树

树属于 QTreeView 类，QTreeWidget 继承自 QTreeView，是封闭了默认 Model 的 QTreeView，其中的元素属于 QTreeWidgetItem 类型，将新建 QTreeWidgetItem 的父类设为指定的 QTreeWidget 就可插入（在 QTreeWidgetItem 的构造函数中指定），直接使用 delete 即可删除 QTreeWidgetItem。

7.2.1 树：QTreeView

QTreeView 控件中，QStandItemMode 的实例对象 mode 通过函数 appendRow(QStandardItem *dotItem1)将实例对象 dotItem1 添加进第一个节点，调用函数 setMode(mode)将模型关联进树形控件。

1．基本用法

树可以先创建标准信息项作为顶层对象，设置该项属性，然后创建它的子项，加到该项下。每一级均可如此。最后将顶层对象加入创建的树。

也可以先创建树对象，然后创建标准信息项作为顶层加入树，然后创建标准信息项作为它的子项。

【例 7.5】 创建南京师范大学及其学院、系的树形视图。

代码如下（treeView-1.py）：
```
import sys
from PyQt6.QtGui import QStandardItemModel, QStandardItem
from PyQt6.QtWidgets import (QApplication, QMainWindow, QTreeView, QStyleFactory)

class mainWin(QMainWindow):
    def __init__(self, parent=None):
        super(mainWin, self).__init__(parent)
```

```python
        self.setWindowTitle('QTreeView测试')
        self.resize(520, 360)
        self.initUi()

    def initUi(self):
        # (a) 设置节点头信息
        item = QStandardItemModel(self)
        item.setHorizontalHeaderLabels(['南京师范大学', '创始于1902年,国家"双一流"建设高校'])
        # (b) 添加学院:计算机与电子信息学院
        itemXy1 = QStandardItem('计算机与电子信息学院')
        item.appendRow(itemXy1)
        item.setItem(0, 1, QStandardItem('1984年创办计算机专业'))
        # (c) 添加学院系:计算机科学与技术系
        itemXi1 = QStandardItem('计算机科学与技术系')
        itemXy1.appendRow(itemXi1)
        itemXy1.setChild(0, 1, QStandardItem('系信息'))
        # (d) 添加系成员1
        itemCy1 = QStandardItem('成员1')
        itemCy1.setCheckable(True)
        itemXi1.appendRow(itemCy1)
        itemXi1.setChild(itemCy1.index().row(), 1, QStandardItem('成员{}信息说明'.format(0 + 1)))
        # (d) 添加系成员2
        itemCy2 = QStandardItem('成员2')
        itemCy2.setCheckable(True)
        itemXi1.appendRow(itemCy2)
        itemXi1.setChild(itemCy2.index().row(), 1, QStandardItem('成员{}信息说明'.format(1 + 1)))
        # (c) 添加系:人工智能系
        itemXi2 = QStandardItem('人工智能系')
        itemXy1.appendRow(itemXi2)
        # (b) 添加学院:电气与自动化工程学院
        itemXy2 = QStandardItem('电气与自动化工程学院')
        item.appendRow(itemXy2)
        item.setItem(1, 1, QStandardItem('学院信息'))
        # (e) 创建树对象,设置树属性
        treeView = QTreeView(self)
        treeView.setModel(item)
        treeView.header().resizeSection(0, 160)           # 调整第一列的宽度
        treeView.setStyle(QStyleFactory.create('windows'))
                                                          # 设置为有虚线连接的方式
        treeView.expandAll()                              # 完全展开
        # (f) 树选中行信号关联槽函数
        treeView.selectionModel().currentChanged.connect\
            (self.onCurrentChanged)
        self.setCentralWidget(treeView)                   # 主窗口在屏幕中间显示
        # (g) 槽函数:显示树选中行相关信息
```

```python
    def onCurrentChanged(self, current, previous):
        txt = '学院:[{}] '.format(str(current.parent().data()))
        txt += '当前选择:[(行{},列{})] '.format(current.row(), current.column())
        name = ''; info = ''
        if current.column() == 0:
            name = str(current.data())
            info = str(current.sibling(current.row(), 1).data())
        else:
            name = str(current.sibling(current.row(), 0).data())
            info = str(current.data())
        # 状态栏显示选中行信息
        txt += '名称:[{}]  信息:[{}]'.format(name, info)
        self.statusBar().showMessage(txt)

if __name__ == '__main__':
    app = QApplication(sys.argv)
    m = mainWin()
    m.show()
    sys.exit(app.exec())
```

运行程序，显示如图 7.10 所示。

图 7.10　树形视图

说明：

（a）创建标准信息项对象 item，设置对象 item 的节点头信息，名称为"南京师范大学"，另外一列显示：创始于 1902 年，国家"双一流"建设高校。

（b）创建标准信息项对象 itemXy1，存放学院信息，名称为"计算机与电子信息学院"，另外一列显示"1984 年创办计算机专业"，作为 item 的子节点。

（c）创建标准信息项对象 itemXi1，存放系信息，名称为"计算机科学与技术系"，作为 itemXy1 的子节点。然后创建标准信息项对象 itemCy1、itemCy2，作为 itemXi1 子节点。

（d）添加系成员：创建标准信息项对象，作为成员 1 和成员 2。

（e）创建树对象，将 item 对象加入其中。设置树属性，将树节点全部展开，放入主窗口。

（f）树选中行信号关联槽函数。

（g）根据下列方法得到信息组合并显示在状态栏中。

current.row()：当前行。

current.column()：当前列。

current.data()：当前节点数据。

current.parent().data()：当前节点的父节点数据。

current.sibling(i, j).data()：当前节点 i 行 j 列数据。

2．操作系统文件树

QTreeView 可以采用 Windows 系统提供的模式，以树形结果显示出来，并且可以对树进行操作。

【例 7.6】 Window 系统提供的树形视图。

代码如下（treeView-2.py）：

```
import sys
from PyQt6.QtWidgets import *
from PyQt6.QtGui import *

if __name__ == '__main__':
    app = QApplication(sys.argv)
    # (a) Windows 系统提供的模式
    model = QFileSystemModel()
    dir="E:\myPython\PyQT6"
    model.setRootPath(dir)
    # (b) 为树添加 Windows 系统提供的模式
    tree = QTreeView()
    tree.setModel(model)
    # (c) 设置树属性
    tree.setWindowTitle("QTreeView 测试")
    tree.setAnimated(False)
    tree.setIndentation(20)
    tree.setSortingEnabled(True)
    tree.setColumnWidth(0,200)
    # tree.expandAll()

    tree.resize(640, 480)
    tree.show()
    sys.exit(app.exec())
```

运行程序，显示结果如图 7.11 所示。

说明：

（a）获取 Windows 文件系统模式，并设置初始展开目录：

```
model = QFileSystemModel()
dir = "E:\myPython\PyQT6"
model.setRootPath(dir)
```

（b）将树设置为 Windows 文件系统目录：

```
tree = QTreeView()
tree.setModel(model)
```

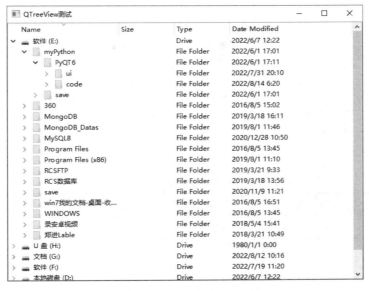

图 7.11　操作系统文件树

（c）设置树属性：

setAnimated(False)：默认情况（True）下，操作时播放动画。如果主窗口包含的控件在调整大小或重新绘制时速度低，可以设置为 False。

setIndentation(20)：将首列缩进 20 像素。

setSortingEnabled(True)：开启列排序。

setColumnWidth(0,200)：设置 0 列宽度为 200 像素。

3. QTreeView、QTableView 和 QListWidget 比较

QTableView 和 QTreeView 都需要设置 mode，即用 setMode(QStandItemMode*)来设置表格和树节点模式。其中 QStandItemMode 是标准项 QStandItem 的模型或者集合，通过不同函数添加进来。

但是 QListWidget 不需要设置 setMode 函数，直接用函数 addItem(QStandItem*)将每一项添加进列表中。添加的顺序为从左到右、从上到下。

7.2.2　树：QTreeWidget

QTreeWidget 类可以呈现数组、列表等数据，并且可以进行交互，它使用标准的数据模型，其单元格数据通过 QTableWidgetItem 对象来实现。

QTreeWidget 继承自 QTreeView，是封闭了默认 Model 的 QTreeView，其中的元素属于 QTreeWidgetItem 类型，插入后就是树节点，delete 方法可删除节点。QTreeWidget 类常用方法如表 7.3 所示。

表 7.3　QTreeWidget 类常用方法

方　　法	描　　述
setColumnWidth(列, 宽度)	设置指定列的宽度

续表

方　法	描　述
insertTopLevelItems()	在视图的顶层索引中插入项目列表
expandAll()	展开所有的树形节点
invisibleRootItem()	返回树形控件中不可见的根选项（Root Item）
selectedItems()	返回所有选定的非隐藏项目的列表

QTreeWidgetItem 类常用方法如表 7.4 所示。

表 7.4　QTreeWidgetItem 类常用方法

方　法	描　述
addChild()	将子项追加到子列表中
setText()	设置显示的节点文本
Text()	返回显示的节点文本
setCheckState(列，状态)	设置指定列的选中状态（Qt.CheckState.X）： Checked：节点选中 Unchecked：节点未选中
setIcon(列，图标)	在指定的列中显示图标

1．树和节点

树形结构是通过 QTreeWidget 和 QTreeWidgetItem 类实现的，前者为树，后者为节点。QTreeWidget 对象创建后是没有任何项的，首先要增加顶层项，方法有以下三种。

（1）在 QTreeWidgetItem 中构造方法时，直接将 QTreeWidget 对象作为参数传递进去。
（2）利用 QTreeWidget 的隐形根节点，调用 QTreeWidgetItem 相关方法增加子项即可。
（3）直接调用 QTreeWidget 相关方法。

追加顶层项：树对象创建以后，通过 addTopLevelItem(QTreeWidgetItem item)方法在顶层项的最后加入 item 项的顶层项，也可以通过 addTopLevelItems(iter[QTreeWidgetItem] items)将一个迭代类型 items 中的多个项加入顶层项的最后。

如果要插入的项已经在树对象中，则该项不会重复加入，如果是多项中有部分项已经在树对象中，则重复项不会加入。

插入顶层项：通过 insertTopLevelItem(int index，QTreeWidgetItem item)方法在树对象顶层项列表的 index 位置插入 item 对应项，该位置及其后的项自动后移，也可以通过 insertTopLevelItems(int index, (iter[QTreeWidgetItem] items)将一个迭代类型 items 中的多个项从 index 位置开始顺序插入，原位置的项自动后移。

【例 7.7】树和节点测试。

代码如下（treeWidget-1.py）：

```
import sys
from PyQt6.QtWidgets import *
from PyQt6.QtGui import QIcon, QBrush, QColor
from PyQt6.QtCore import Qt
```

```python
class mainWin(QMainWindow):
    def __init__(self, parent=None):
        super(mainWin, self).__init__(parent)
        self.setWindowTitle('TreeWidget 测试')
        # (a) 设置根节点项
        JC = QTreeWidgetItem()
        JC.setText(0, '南京部分大学')
        # (b) 设置 3 个一级子节点
        JC_nju = QTreeWidgetItem(JC)
        JC_nju.setText(0, '南京大学')
        JC_nju.setText(1, '江苏省南京市栖霞区仙林大道163号')
        JC_nju.setIcon(0, QIcon("./images/dx/nju.jpg"))
        JC_seu = QTreeWidgetItem(JC)
        JC_seu.setText(0, '东南大学')
        JC_seu.setText(1, '南京市江宁区东南大学路2号')
        JC_seu.setIcon(0, QIcon("./images/dx/seu.jpg"))
        JC_njnu = QTreeWidgetItem(JC)
        JC_njnu.setText(0, '南京师范大学')
        JC_njnu.setText(1, '江苏省南京市栖霞区文苑路1号')
        JC_njnu.setIcon(0, QIcon("./images/dx/njnu.jpg"))
        # (c) 设置两个二级子节点
        JC_njnu_jsj = QTreeWidgetItem(JC_njnu)
        JC_njnu_jsj.setText(0, '计算机与电子信息学院')
        JC_njnu_jsj.setText(1, '明理楼')
        JC_njnu_jsj.setCheckState(0, Qt.CheckState.Checked)
        JC_njnu_dq = QTreeWidgetItem(JC_njnu)
        JC_njnu_dq.setText(0, '电气与自动化工程学院')
        # (d) 创建树对象
        self.treeWidget = QTreeWidget()
        self.treeWidget.setColumnCount(2)                       # 设置列数
        self.treeWidget.setColumnWidth(0, 160)                  # 设置列宽
        self.treeWidget.setHeaderLabels(['名称', '地址'])       # 设置标题
        # (e) 将 JC 节点作为树根(顶层)节点
        self.treeWidget.addTopLevelItem(JC)
        self.treeWidget.expandAll()                             # (f) 节点全部展开
        self.setCentralWidget(self.treeWidget)                  # (g) 树在主窗口中显示
        # (h) 单击信号关联槽函数
        self.treeWidget.clicked.connect(self.onTreeClicked)
    def onTreeClicked(self, qmodelindex):
        item = self.treeWidget.currentItem()
        print("名称=%s ,地址=%s" % (item.text(0), item.text(1)))
if __name__ == '__main__':
    app = QApplication(sys.argv)
    w = mainWin()
    w.show()
    sys.exit(app.exec())
```

运行程序，显示如图 7.12 所示。

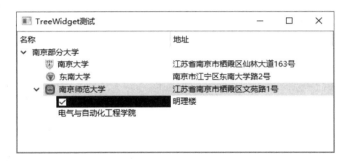

图 7.12 树和节点

说明：

（a）创建节点项，设置 0 列显示文本：
```
JC = QTreeWidgetItem()
JC.setText(0, '南京部分大学')
```
准备将 JC 节点项作为根节点。

（b）创建的节点项作为 JC 节点的一级子节点。子节点共 3 个，对象名分别为 JC_nju、JC_seu 和 JC_njnu。
```
JC_nju = QTreeWidgetItem(JC)
JC_nju.setText(0, '南京大学')
JC_nju.setText(1, '江苏省南京市栖霞区仙林大道 163 号')
JC_nju.setIcon(0, QIcon("./images/dx/nju.jpg"))
```
设置节点项 0 列显示文本和图片，设置 1 列显示文本。

（c）创建节点项作为一级子节点 JC_njnu 的子节点，共两个，对象名分别为 JC_njnu_jsj 和 JC_njnu_dq。

使用 QTreeWidgetItem 的 setCheckState 函数设置节点的选中状态。
```
JC_njnu_jsj = QTreeWidgetItem(JC_njnu)
JC_njnu_jsj.setCheckState(0, Qt.CheckState.Checked)
```
设置 0 列背景颜色：
```
blue = QBrush(Qt.GlobalColor.blue)
JC_njnu_jsj.setBackground(0, blue)
```
（d）创建树对象，设置列数和列宽，设置标题。
```
self.treeWidget = QTreeWidget()
self.treeWidget.setColumnCount(2)                    # 设置列数
self.treeWidget.setColumnWidth(0, 160)               # 设置列宽
self.treeWidget.setHeaderLabels(['名称', '地址'])     # 设置标题
```
（e）将 JC 节点作为树根（顶层）节点。
```
self.treeWidget.addTopLevelItem(JC)
```
实际上，也可以一开始就创建树对象 treeWidget，在创建根节点 JC 时将参数指定为树对象 treeWidget，后面就不需要执行下列语句，将 JC 加入树中了：
```
self.treeWidget.addTopLevelItem(JC)
```
当然重复加入也没有问题。

（f）如果不包含下列语句，则全部展开节点：
```
self.treeWidget.expandAll()
```
运行程序，初始树如图 7.13 所示。

图 7.13 初始树

单击">",可以展开所属的节点项。

(g)因为创建的是主窗口类树,指定树对象在主窗口中间显示:
```
self.setCentralWidget(self.treeWidget)
```
(h)单击信号关联槽函数,槽函数中根据当前选择的节点显示对应名称和地址信息。
```
self.treeWidget.clicked.connect(self.onTreeClicked)
def onTreeClicked(self, qmodelindex):
    item = self.treeWidget.currentItem()
    print("名称=%s ,地址=%s" % (item.text(0), item.text(1)))
```

2. 树的动态节点

树在程序设计时确定的节点就是静态节点,在程序运行过程中可以增加节点、修改节点和删除节点,这些就是动态节点。

【例 7.8】 树的动态节点。

代码如下(treeWidget-2.py):
```python
import sys
from PyQt6.QtWidgets import *

class myWidget(QWidget):
    def __init__(self, parent=None):
        super(myWidget, self).__init__(parent)
        self.setWindowTitle('TreeWidget测试')
        # ---3个命令按钮,水平布局---
        hLayBtn = QHBoxLayout()
        pbAdd = QPushButton("添加")
        pbUpdate = QPushButton("修改")
        pbDel = QPushButton("删除")
        # 按钮单击信号关联槽函数
        pbAdd.clicked.connect(self.addTreeNode)
        pbUpdate.clicked.connect(self.updateTreeNode)
        pbDel.clicked.connect(self.delTreeNode)
        hLayBtn.addWidget(pbAdd)
        hLayBtn.addWidget(pbUpdate)
        hLayBtn.addWidget(pbDel)
        # ---树tree:设置列数为1,"名称"标题,设置树节点
        self.tree = QTreeWidget(self)
        self.tree.setColumnCount(1)                    # 设置列数
```

```python
        self.tree.setHeaderLabels(['名称'])     # 设置标题
        root = QTreeWidgetItem(self.tree)       # 在 tree 中创建 root 节点
        root.setText(0, '学校')                 # 设置 root 节点显示文本
        child1 = QTreeWidgetItem(root)          # 在 root 中创建 child1 节点
        child1.setText(0, '学院1')              # 设置 child1 节点显示文本
        child2 = QTreeWidgetItem(root)
        child2.setText(0, '学院2')
        child3 = QTreeWidgetItem(child2)
        child3.setText(0, '1系')
        self.tree.addTopLevelItem(root)         # root 节点作为顶层节点
        self.tree.expandAll()                   # 扩展所有节点
        # 把1个单行文本框、水平布局的4个命令按钮和树进行垂直布局
        vLayout = QVBoxLayout(self)
        self.le=QLineEdit()
        vLayout.addWidget(self.le)
        vLayout.addLayout(hLayBtn)
        vLayout.addWidget(self.tree)
        self.setLayout(vLayout)
    # 添加节点：获取当前节点，创建节点项，用单行文本框内容设置节点文本
    def addTreeNode(self):
        item = self.tree.currentItem()
        newNode = QTreeWidgetItem(item)
        txt = self.le.text()
        if txt != '':
            newNode.setText(0, txt)
    # 修改节点：获取当前节点，用单行文本框内容设置节点文本
    def updateTreeNode(self):
        item = self.tree.currentItem()
        txt = self.le.text()
        if txt != '':
            item.setText(0, txt)
    # 删除节点：隐蔽树，移去当前项下的子节点
    def delTreeNode(self):
        item = self.tree.currentItem()
        root = self.tree.invisibleRootItem()
        for item in self.tree.selectedItems():
            (item.parent() or root).removeChild(item)
if __name__ == '__main__':
    app = QApplication(sys.argv)
    w = myWidget()
    w.show()
    sys.exit(app.exec())
```

运行程序，显示如图 7.14 所示。

说明：

（1）创建单行文本框、3 个命令按钮、树及其初始节点。

（2）3 个按钮：添加、修改和删除按钮关联对应的添加节点、修改节点和删除节点槽函数。

（a）初始　　　　　　　　　　（b）修改后

图 7.14　树的动态节点

7.3　拖曳与剪贴板

7.3.1　拖曳：Drag 与 Drop

Drag 与 Drop 是为用户提供的拖曳功能，这样在很多桌面应用程序中，复制或移动对象都可以通过拖曳来完成。可以拖曳 MIME 类型的数据。

MIME 类型的数据可以简单理解为互联网上的各种资源，比如文本、音频和视频资源等，互联网上的每一种资源都是一种 MIME 类型的数据。表 7.5 所示的 MimeData 类函数允许检测和使用 MIME 类型。

表 7.5　MimeData 类函数

判 断 函 数	设 置 函 数	获 取 函 数	MIME 类型
hasText()	text()	setText0	text/plain
hasHtml()	html()	setHtml()	text/html
hasUrls()	urls()	setUrls()	text/uri-list
hasImage()	ImageData()	setImageData()	image/*
hasColor()	colorData()	setColorData()	application/x-color

许多 QWidget 对象都支持拖曳，允许拖曳数据的控件必须设置 setDragEnabled 为 True。另外，控件应该响应拖曳事件，以便存储所拖曳的数据。常用的拖曳事件如表 7.6 所示。

表 7.6　常用的拖曳事件

事　　件	描　　述
DragEnterEvent	当执行一个拖曳控件操作，并且鼠标指针进入该控件时，这个事件将被触发。在这个事件中可以获得被操作的窗口控件，还可以有条件地接受或拒绝该拖曳操作
DragMoveEvent	在拖曳操作进行时会触发该事件

续表

事件	描述
DragLeaveEvent	当执行一个拖曳控件操作，并且鼠标指针离开该控件时，这个事件将被触发
DropEvent	当拖曳操作在目标控件上被释放时，这个事件将被触发

【例 7.9】 在两个文本框中实现互相拖曳功能。

代码如下（drag-drop.py）：

```python
import sys
from PyQt6.QtWidgets import *
# （a）定义 QWidget 窗口类
class myWidget(QWidget):
    def __init__(self):
        super(myWidget, self).__init__()
        self.setWindowTitle('Drog 和 Drop 测试')
        self.initUI()
    def initUI(self):
        # 表单布局：第 1 行为标签，第 2、3 行左边有标签，右边有单行文本框
        fLay = QFormLayout()
        fLay.addRow(QLabel("选择文本拖拽到另一文本框"))
        self.le1 = myLineEdit(self)
        # 开启 le1 对象的 Drag 功能
        self.le1.setDragEnabled(True)
        self.le2 = myLineEdit(self)
        # 开启 le2 对象的 Drag 功能
        self.le2.setDragEnabled(True)
        fLay.addRow(QLabel("文本框 1:"), self.le1)
        fLay.addRow(QLabel("文本框 2:"), self.le2)
        self.setLayout(fLay)
# （b）定义 QLineEdit 单行文本框
class myLineEdit(QLineEdit):
    def __init__(self, parent):
        super(myLineEdit, self).__init__(parent)
        # 开启 Drop 功能
        self.setAcceptDrops(True)
    # （c）Drag 事件处理函数
    def dragEnterEvent(self, e):
        if e.mimeData().hasText():
            e.accept()
        else:
            e.ignore()
    # （d）Drop 事件处理函数
    def dropEvent(self, e):
        txt=e.mimeData().text()
        self.setText(txt)
if __name__ == '__main__':
    app = QApplication(sys.argv)
    w = myWidget()
```

```
w.show()
sys.exit(app.exec_())
```

运行程序，在文本框 1 中输入字符串，选择部分内容，拖曳到另一文本框中，如图 7.15 所示。

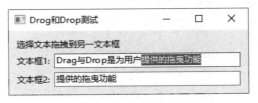

图 7.15 文本拖曳

说明：

（a）定义 QWidget 窗口类，其中包含两个自己定义的单行文本框（myLineEdit）对象。开启它们的 Drag 功能。

（b）定义 QLineEdit 类对象 myLineEdit，开启 Drop 功能。分别定义 Drag 和 Drop 事件的处理函数。

（c）Drag 事件处理函数验证事件的 MIME 数据是否包含字符串文本，如果包含字符串文本，就接收事件提出的添加文本操作。

（d）Drop 事件的处理函数接收 Drag 文本，放到自己的文本框中。

7.3.2 剪贴板：QClipboard

对系统剪贴板的访问属于 QClipboard 类，可以在应用程序之间复制和粘贴数据。MimeData 类型的数据都可以从剪贴板复制或粘贴。QApplication 类有一个静态方法 clipboard，它返回对剪贴板对象的引用。

QClipboard 类常用方法如表 7.7 所示。

表 7.7 QClipboard 类常用方法

方法	描述
clear()	清除剪贴板的内容
setText()	从剪贴板中复制文本
text()	从剪贴板中检索文本
setImage(图片)	将图片复制到剪贴板中
setPixmap(Pixmap 图片)	从剪贴板中复制 Pixmap 图片
setMimeData(MIME 数据)	将 MIME 数据复制到剪贴板中

QClipboard 类常用信号如表 7.8 所示。

表 7.8 QClipboard 类常用信号

信号	含义
dataChanged	当剪贴板内容发生变化时，这个信号被发送

【例 7.10】 剪贴板测试。

代码如下（clipboard.py）：

```python
import os
import sys
from PyQt6.QtCore import QMimeData
from PyQt6.QtWidgets import (QApplication, QDialog, QGridLayout, QTextEdit, QLineEdit,QLabel, QPushButton)
from PyQt6.QtGui import QPixmap

class myDialog(QDialog):
    def __init__(self, parent=None):
        super(myDialog, self).__init__(parent)
        btnTextCopy = QPushButton("复制文本")
        btnTextPaste = QPushButton("粘贴文本")
        btnImageCopy = QPushButton("复制图片")
        btnImagePaste = QPushButton("粘贴图片")
        self.text1 = QLineEdit("初始文本内容...")
        self.text2 = QLineEdit("    ")
        self.lbImage1 = QLabel()
        self.lbImage2 = QLabel()
        self.lbImage1.setPixmap(QPixmap("images/python.jpg"))
        self.lbImage2.setPixmap(QPixmap("images/荷花.jpg"))
        glayout = QGridLayout()
        glayout.addWidget(btnTextCopy, 0, 0)
        glayout.addWidget(btnTextPaste, 0, 1)
        glayout.addWidget(btnImageCopy, 1, 0)
        glayout.addWidget(btnImagePaste, 1, 1)
        glayout.addWidget(self.text1, 2, 0)
        glayout.addWidget(self.text2, 2, 1)
        glayout.addWidget(self.lbImage1, 3, 0)
        glayout.addWidget(self.lbImage2, 3, 1)
        self.setLayout(glayout)

        btnTextCopy.clicked.connect(self.copyText)
        btnTextPaste.clicked.connect(self.pasteText)
        btnImageCopy.clicked.connect(self.copyImage)
        btnImagePaste.clicked.connect(self.pasteImage)
        self.setWindowTitle("剪贴板测试")
    # 复制text1文本框的文本到剪贴板中
    def copyText(self):
        clipboard = QApplication.clipboard()
        clipboard.setText(self.text1.text())
    # 将剪贴板文本粘贴到text2文本框中
    def pasteText(self):
        clipboard = QApplication.clipboard()
        self.text2.setText(clipboard.text())
    # 复制lbImage1标签图形到剪贴板中
    def copyImage(self):
```

```
        clipboard = QApplication.clipboard()
        clipboard.setPixmap(QPixmap(self.lbImage1.pixmap()))
    # 将剪贴板图片粘贴到 lbImage2 标签中
    def pasteImage(self):
        clipboard = QApplication.clipboard()
        self.lbImage2.setPixmap(clipboard.pixmap())
if __name__ == "__main__":
    app = QApplication(sys.argv)
    d = myDialog()
    d.show()
    sys.exit(app.exec_())
```

运行程序，显示如图 7.16（a）所示。

单击"复制文本"后再单击"粘贴文本"，单击"复制图片"后再单击"粘贴图片"，显示如图 7.16（b）所示。

（a）初始　　　　　　　　　　　　　（b）粘贴后

图 7.16　剪贴板

说明：

（1）通过 QApplication.clipboard 方法创建剪贴板对象：

```
    clipboard = QApplication.clipboard()
```

（2）复制文本到剪贴板中，文本来自 text1 文本框：

```
    clipboard.setText(self.text1.text())
```

复制图片到剪贴板中，图片来自 lbImage1 标签：

```
clipboard.setPixmap(QPixmap(self.lbImage1.pixmap()))
```

复制"html 文本"到剪贴板中：

```
    mimeText= QMimeData()
    mimeText.setHtml("html 文本")
    clipboard.setMimeData(mimeText)
```

（3）粘贴剪贴板中文本到文本框中：

```
self.text2.setText(clipboard.text())
```

粘贴剪贴板中图片到标签中：

```
    self.lbImage2.setPixmap(clipboard.pixmap())
```

粘贴剪贴板中 HTML 文档到标签中：

```
    mimeText = clipboard.mimeData()
    if mimeText.hasHtml():
        self.lbHtml.setText(mimeText.html())
```

第 8 章

绘图、二维图表及三维图表

8.1 基本图形绘制

PyQt6 的绘图工具包能够绘制图形、图像和文本。

8.1.1 绘图基础类

在 PyQt6 中，一般通过 QPainter、QPen、QBrush 这三个类来实现绘图功能，此外，QPixmap 类可以加载并呈现本地图像。

1. QPainter 类

QPainter 类是一个绘制工具，提供了高度优化的函数，可以绘制从简单的直线到复杂图形，还可以绘制对齐的文本和图像。

图 8.1 QWidget 绘图区

QPainter 类在 QWidget 上执行绘图操作，QWidget 类是所有界面控件的基类，它有一个 paintEvent 事件，在此事件里创建一个 QPainter 对象获取绘图设备的接口，就可以用 QPainter 对象在绘图设备的"画布"上绘图了。QWidget 绘图区如图 8.1 所示。

QWidget 绘图区坐标的单位是像素，左上角坐标为(0, 0)，向右是 x 轴正方向，向下是 y 轴正方向，绘图区的宽度由 width 函数得到，高度由 height 函数得到。

用 QPainter 对象在绘图设备上绘图，主要是绘制一些基本的图形元素，包括点、直线、圆形、矩形、曲线、文字等，绘制方法放在 QtGui.QPainter 对象的 begin()和 end()之间。QPainter 部分绘图函数如表 8.1 所示。

表 8.1 QPainter 部分绘图函数

函数原型	功 能
setPen(线型, 颜色)	设置画笔线型和颜色
pen()	获取当前画笔
rotate(角度)	指定图形旋转角度（弧度）

续表

函 数 原 型	功 能
save()	保存当前图形
restore()	恢复保存图形
scale(sx, sy)	按(sx，sy)比例缩放
setBrush(brush)	设置画刷
brush()	获取当前画刷
setFont()	设置字体
font()	获取字体
setBackground(颜色)	设置背景颜色
setBackgroundMode(mode)	设置背景模式
setRenderHint(hint, 逻辑值)	设置抗锯齿（QPainter.RenderHint.x）： Antialiasing：图形边缘抗锯齿 TextAntialiasing：文本抗锯齿
renderHints()	获取状态
translate(offset)	以当前位置移动 offset
compositionMode()	图像合成支持的模式
begin()	绘图开始
end()	绘图结束

2．笔和样式：QPen 类

QPen 类是基本图形对象，用于绘制矩形、椭圆形、多边形或其他形状的线、曲线和轮廓，有预定义笔样式，还可以自定义笔样式。

（1）线条颜色：setColor(color)设置线条颜色，即画笔颜色，color 为 QColor 类型。对应的读取画笔颜色的函数为 color()。其他读取函数类同。

（2）线条宽度：setWidth(width)设置线条宽度，width 为像素。

（3）线条样式：setStyle(style)设置线条样式，参数 style 是枚举类型 Qt.PenStyle.x，几种典型的线条样式如图 8.2 所示。

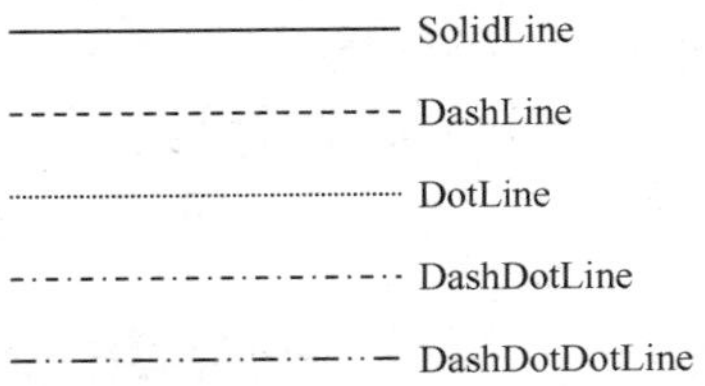

SolidLine：一条简单的线。

DashLine：由一些像素分隔的短线。

DotLine：由一些像素分隔的点。

DashDotLine：轮流交替的点和短线。

图 8.2　几种典型的线条样式

DashDotDotLine：一条短线、两个点。

MpenStyle 表示画笔风格的掩码，NoPen 表示不绘制线条。需要设置 QBrush 才能绘制没有任何边界线的填充方块。

除几种基本的线条样式外，用户还可以自定义线条样式，自定义线条样式时需要用到 QPen 的 setDashOffset 函数和 setDashPattern 函数。

（4）线条端点样式：QPen.setCapStyle(style)用于设置线条端点样式，参数 style 是一个枚举类型 Qt.PenCapStyle.x 的常量，x 有 3 种取值，对应绘图效果如图 8.3 所示。

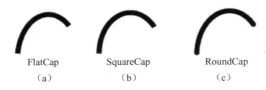

图 8.3 线条端点样式

其中：
FlatCap：方形的线条端点样式，不覆盖线条的端点。
SquareCap：方形的线条端点样式，覆盖线条的端点并延伸半个线宽的长度。
RoundCap：圆角的线条端点样式。
当线条较粗时，线条端点的效果才能显现出来。

（5）线条连接样式：QPen.setJoinStyle(style)用于设置两个线条连接时端点的样式，参数 style 是枚举类型 Qt.PenJoinStyle.x,x 的取值，其绘图效果如图 8.4 所示。

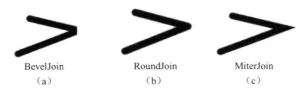

图 8.4 线条连接样式

例如：

```
pen = QPen(Qt.GlobalColor.black, 2, Qt.PenStyle.SolidLine)
painter.setPen(pen)
```

创建一个 Qpen 画笔对象 pen，黑色，宽度为 2 像素，实线。
也可在创建画笔对象后设置属性，例如：

```
pen=QPen()
pen.setWidth(3)                                      # 线宽
pen.setColor(Qt.GlobalColor.red)                     # 画线颜色
pen.setStyle(Qt.PenStyle.SolidLine)                  # 线的类型，如实线、虚线等
pen.setCapStyle(Qt.PenCapStyle.FlatCap)              # 线条端点样式
pen.setJoinStyle(Qt.PenJoinStyle.BevelJoin)          # 线条连接样式
painter.setPen(pen)
```

（6）自定义笔样式：设置 Qt.PenStyle.CustomDashLine 并调用 setDashPattern 函数自定义笔样式。

例如：

```
pen.setStyle(Qt.PenStyle.CustomDashLine)
pen.setDashPattern([1, 4, 5, 4])
painter.setPen(pen)
```

定义样式时，数字必须是偶数，奇数定义笔画线，偶数对应空格。数字越大，空格或笔画线越大。这里表示 1px 笔画线、4px 间隔、5px 笔画线、4px 间隔。绘图对象采用 pen 样式绘图。

3. 笔刷：QBrush 类

QBrush 类定义了 QPainter 绘图时的填充特性，包括填充颜色、填充样式、填充材质图片等，其函数如表 8.2 所示。

表 8.2 QBrush 类函数

函 数	功 能
setColor(color)	设置画刷颜色，实体填充时即填充颜色，参数 color 为 QColor 类型
setStyie(style)	设置画刷样式
setTexture(pixmap)	设置一个 QPixmap 类型的图片 pixmap 作为画刷的图片，画刷样式自动设置为 Qt.TexturePattem
setTextureImage(image)	设置一个 QImage 类型的图片 image 作为画刷的图片，画刷样式自动设置为 Qt.TexturePattem

其中，setStyle(style)设置画刷的样式，参数 style 是枚举类型 Qt.BrushStyle.x，该枚举类型取值填充效果如图 8.5 所示。

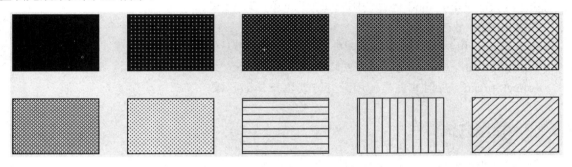

图 8.5 枚举类型取值填充效果

其中：

（1 行,1 列）：SolidPattern　　　　　（2 行,1 列）：Dense5Pattern

（1 行,2 列）：Dense1Pattern　　　　（2 行,2 列）：Dense6Pattern

（1 行,3 列）：Dense2Pattern　　　　（2 行,3 列）：HorPattern

（1 行,4 列）：Dense3Pattern　　　　（2 行,4 列）：VerPattern

（1 行,5 列）：DiagCrossPattern　　　（2 行,5 列）：BDiagPattern

例如：

```
brush = QBrush(Qt.BrushStyle.SolidPattern)
painter.setBrush(brush)
```

另外，还可以进行渐变填充。渐变填充需要使用专门的类作为 brush 赋值给 QPainter，其他各种线形填充设置类型参数即可，使用材质填充需要设置材质图片。

渐变填充包括基本渐变填充和延展填充。

1）基本渐变填充

使用渐变色填充需要用渐变类的对象作为 brush，有以下 3 个用于渐变填充的类。

QLinearGradient：线形渐变。指定一个起点及颜色，以及一个终点及颜色，还可以指定中间的某个点的颜色，对于起点至终点之间的颜色，会通过线性插值计算得到线形渐变的填充颜色。

QRadialGradient：有简单辐射形渐变和扩展辐射形渐变两种方式。简单辐射形渐变是在一个圆内的一个焦点和一个端点之间生成渐变色，扩展辐射形渐变是在一个焦点圆和一个中心圆之间生成渐变色。

QConicalGradient：圆锥形渐变。围绕一个中心点逆时针生成渐变色。

这 3 个渐变类都继承自 QGradient 类，其渐变填充效果如图 8.6 所示。

QLinearGradient　　QRadialGradient　　QConicalGradient

图 8.6　渐变填充效果

2）延展填充

前面的渐变填充都是在渐变色的定义范围内填充，如果填充区域大于定义区域，QGradient.setSpread(method) 函数会影响延展区域的填充效果。

参数 method 是枚举类型。

PadSpread：用结束点的颜色填充外部区域，这是默认方式。

RepeatSpread：重复使用渐变方式填充外部区域。

ReflectSpread：反射式重复使用渐变方式填充外部区域。

8.1.2　绘图方法

QPainter 类绘制操作在 QWidget.paintEvent 中完成。绘制方法必须放在 QtGui.QPainter 对象的 begin 和 end 之间，QPainter 绘图函数如表 8.3 所示。

表 8.3　QPainter 绘图函数

函 数 名	功能和示例代码	示 例 图 形
drawPoint(点)	画一个点 QPoint(x,y)	
drawPoints(点列表)	画多点 points=[点, 点, …]	
drawLine(起点, 终点)	画直线 QLine(x1, y1, x2, y2)	 ╱
drawArc(左上角点, 起始弧度,跨越弧度)	画弧线(rect,startAngle,spanAngle) rect=QRect(x, y, w, h) startAngle=角度*16 spanAngle=角度*16，跨越=360 画圆	 ⌒
drawChord(左上角点, 起始弧度,跨越弧度)	画一段弦(rect,startAngle,spanAngle) rect=QRect(x, y, w, h) startAngle=角度*16 spanAngle=角度*16	 ◠
drawPie(左上角点, 起始弧度,跨越弧度)	绘制扇形(rect,startAngle,spanAngle) rect=QRect(x, y, w, h) startAngle=角度*16 spanAngle=角度*16	 ◔

续表

函 数 名	功能和示例代码	示 例 图 形
drawConvexPolygon (点, ⋯) drawPolygon(点, ⋯)	画多边形，最后一个点会和第一个点闭合 参数：多个点对象或者多边形对象 lstPoint=[点, ⋯] polygon= Qpolygon(lstPoint)	
drawPolyline(点, ⋯)	画多点连接的线，最后一个点不会和第一个点连接	
drawEllipse(矩形区域)	画椭圆（w=h 为画圆） rect=QRect(x, y, w, h)	
drawRect(矩形区域)	画矩形 rect=QRect(x, y, w, h)	
drawRoundedRect(矩形区域, x 圆角, y 圆角)	画圆角矩形 rect=QRect(x, y, w, h)	
fillRect(矩形区域, 颜色)	填充一个矩形，无边框线 rect=QRect(x, y, w, h)	
raseRect(矩形区域)	擦除某个矩形区域，等效于用背景色填充该区域 rect=QRect(x, y, w, h)	
drawPath(图形路径)	绘制由 QPainterPath 对象定义的路线 painter=QPainter() rect=QRectF(x, y, w, h) path=QPainterPath() path.addEllipse(rect) path.addRect(rect) painter.drawPath(path)	
fillPath(图形路径,颜色)	填充某个 QPainterPath 定义的绘图路径，但是轮廓线不显示 painter=QPainter() rect=QRectF(x, y, w, h) path=QPainterPath() path. addEllipse(rect) path.addRect(rect) painter.fillPath(path, 颜色)	
drawlmage(矩形区域, 图片)	在指定的矩形区域内绘制图片(rect, image) rect=QRect(x, y, w, h) image=QImage("图片文件")	
drawPixmap(矩形区域, 图片)	绘制 Pixmap 图片(rect, image) rect=QRect(x, y, w, h) pixmap=QPixmap("图片文件")	
drawText(矩形区域, 对齐, "文本")	绘制单行文本，字体的大小等属性由 QPainter.setFont 决定	

【例 8.1】 在窗口中画弧、圆、方框和多边形。

代码如下（draw-1.py）：

```python
import sys
from PyQt6.QtWidgets import *
from PyQt6.QtGui import *
from PyQt6.QtCore import *

class myDraw(QWidget):
    def __init__(self):
        super(myDraw, self).__init__()
        self.resize(600, 500)
        self.setWindowTitle('绘制各种图形')
    def paintEvent(self, event):
        painter = QPainter()
        painter.begin(self)
        # 创建画笔，设置为蓝色
        pen = QPen()
        color = Qt.GlobalColor.blue
        pen.setColor(color)
        painter.setPen(pen)
        # （a）绘制弧：30°开始绘制120°
        rect = QRect(20, 30, 100, 100)
        painter.drawArc(rect, 30*16, 120*16)
        # （a）绘制带弦弧：30°开始绘制120°
        painter.drawChord(150, 30, 100, 100, 30*16, 120*16)
        # （a）绘制扇形：30°开始绘制120°
        painter.drawPie(280, 30, 100, 100, 30*16, 120*16)
        # （b）绘制圆
        painter.drawArc(20, 130, 100, 100, 0, 360*16)
        painter.drawEllipse(150, 130, 100, 100)
        # （b）绘制椭圆
        painter.drawEllipse(280, 130, 150, 100)
        # 设置笔为红色
        painter.setPen(Qt.GlobalColor.red)
        # 绘制方框
        painter.drawRect(20, 260, 150, 100)
        # （c）创建多边形对象，绘制多边形对象
        point1 = QPoint(200, 260)
        point2 = QPoint(200, 360)
        point3 = QPoint(400, 360)
        painter.drawPolygon(point1, point2, point3)
        # painter.drawPolyline(point1, point2, point3)
        painter.end()
if __name__ == "__main__":
    app = QApplication(sys.argv)
    w = myDraw()
    w.show()
    sys.exit(app.exec())
```

运行程序，显示如图 8.7 所示。

说明：
（a）绘制弧、带弦弧和扇形是 3 个不同的函数，但起始角和角均为弧度：
弧度=角度*16
（b）360°绘制弧就是画圆，画宽度和高度相同的椭圆就是画圆。
（c）画多边形：
painter.drawPolygon(point1,point2,point3)
point3 和 point1 之间是连接的，图形是封闭的。
画多点线：
painter.drawPolyline(point1,point2,point3)
point3 和 point1 之间是不连接的，如图 8.8 所示。

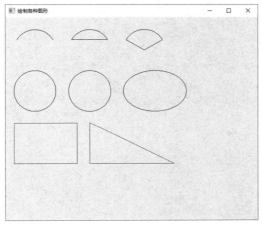

图 8.7 绘制各种图形

图 8.8 画多点线

【例 8.2】图形改变线型、填色，同时画文本和图像。
代码如下（draw-2.py）
```
import sys
from PyQt6.QtWidgets import QApplication,QWidget
from PyQt6.QtCore import Qt,QRect
from PyQt6.QtGui import (QPainter,QPen,QBrush,QPalette,QColor,QFont,QImage)
class myWidget(QWidget):
    def __init__(self,parent=None):
        super().__init__(parent)
        self.setPalette(QPalette(Qt.GlobalColor.white))  # 设置窗口背景为白色
        self.setAutoFillBackground(True)
        self.resize(600,360)
        self.setWindowTitle("QPainter 基本绘图")
    def paintEvent(self, event):                          # 在窗口上绘图
        painter=QPainter(self)
        # 设置图形和文本抗锯齿
        painter.setRenderHint(QPainter.RenderHint.Antialiasing)
        painter.setRenderHint(QPainter.RenderHint.TextAntialiasing)
        # 设置画笔
        pen=QPen()
        pen.setWidth(3)                                   # 线宽为 3 像素
```

```python
            pen.setStyle(Qt.PenStyle.DotLine)                      # 虚线
            painter.setPen(pen)
            # 设置画刷
            brush = QBrush()
            brush.setColor(Qt.GlobalColor.yellow)
            brush.setStyle(Qt.BrushStyle.SolidPattern)             # 填充样式
            painter.setBrush(brush)
            # 绘制方块
            rect=QRect(20, 30, 200, 100)
            painter.drawRect(rect)
            # 设置画笔、画刷，画扇形
            pen.setWidth(1)                                        # 线宽为1像素
            pen.setStyle(Qt.PenStyle.SolidLine)                    # 实线类型
            pen.setColor(Qt.GlobalColor.red)                       # 红色
            painter.setPen(pen)
            brush.setColor(Qt.GlobalColor.blue)
            brush.setStyle(Qt.BrushStyle.BDiagPattern)             # 填充样式
            painter.setBrush(brush)
            painter.drawPie(280, 30, 200, 100, 30 * 16, 300 * 16)
            # 文本
            rect = QRect(20, 150, 240, 100)
            text = "文本内容ABCD1234"
            pen.setColor(QColor(0, 255, 3))
            painter.setPen(pen)
            painter.setFont(QFont('楷体', 20))                     # 设置字体
            painter.drawText(rect, Qt.AlignmentFlag.AlignCenter, text)
            # 画图像
            image = QImage("images\荷花.jpg")
            rect = QRect(280, 150, image.width()*0.9, image.height())
            painter.drawImage(rect, image)
if __name__ == "__main__":
    app = QApplication(sys.argv)
    w = myWidget()
    w.show()
    sys.exit(app.exec())
```

运行程序，显示如图 8.9 所示。

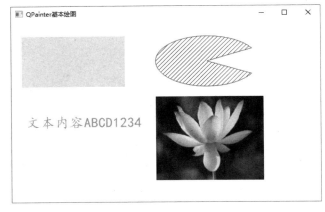

图 8.9　改变线型、填色，画文本和图像

【例8.3】 综合实例：绘制动态时钟。

实现方法：

（1）时针形状和分针形状使用多边形对象，填色不带边框。时、分、秒针采用不同颜色。

（2）绘制当前日期。

（3）创建定时器，1秒触发绘制事件，执行绘制程序。

绘制程序：

（1）根据当前日期绘制当前日期的文本。

（2）绘制时钟背景。

循环12次，每次先在初始位置绘制小时线条，然后根据小时变量值旋转对应角度，绘制对应小时刻度。

循环60次，每次先在初始位置绘制分线条，然后根据分钟变量值旋转对应角度，绘制对应分钟刻度。

（3）设置时针画笔和画刷，保存当前绘图，根据当前小时数旋转对应角度，画时针多边形，恢复保存绘图。

（4）设置分针画笔和画刷，保存当前绘图，根据当前分钟数旋转对应角度，画分针多边形，恢复保存绘图。

（5）设置秒针画笔和画刷，保存当前绘图，根据当前秒数旋转对应角度，画秒针直线，恢复保存绘图。

代码如下（drawClock.py）：

```python
import sys
from PyQt6.QtCore import Qt, QPoint, QTime, QTimer
from PyQt6.QtGui import QColor, QPainter, QPolygon, QFont, QRegion
from PyQt6.QtWidgets import QApplication, QWidget

class myClock(QWidget):
    # 时针形状
    hourShape = QPolygon([QPoint(6,10),QPoint(-6,10),QPoint(0,-45)])
    # 分针形状
    minuteShape = QPolygon([QPoint(6,10),QPoint(-6,10),QPoint(0,-70)])
    # 时、分、秒针颜色
    hourColor = QColor(0, 255, 0)
    minuteColor = QColor(0, 0, 255)
    secondColor = QColor(255, 0, 0)
    def __init__(self):
        super().__init__()
        self.setWindowTitle('绘图综合：实时时钟')
        # 创建定时器，每秒刷新
        timer = QTimer(self)
        timer.timeout.connect(self.update)
        timer.start(1000)
    def paintEvent(self, event):
        time = QTime.currentTime()
        date = QDate.currentDate()
        year=date.year()
```

```python
            month = date.month()
            day=date.day()
            ymd=str(year)+'年'+str(month)+'月'+str(day)+'日'
            rect= QRect(220,150,200,30)

            painter = QPainter(self)
            painter.setFont(QFont('黑体',24))
            painter.drawText(rect,Qt.AlignmentFlag.AlignCenter,ymd)
            painter.setRenderHint(QPainter.RenderHint.Antialiasing)#抗锯齿
            side = min(self.width(), self.height())
            painter.translate(self.width()/2,self.height()/2)    # 平移到窗口中心点
            painter.scale(side/200.0, side/200.0)                 # 比例缩放
            # 绘制小时刻度
            painter.setPen(myClock.hourColor)
            for i in range(12):
                painter.drawLine(88, 0, 96, 0)
                painter.rotate(30.0)
            # 绘制分针刻度
            painter.setPen(myClock.minuteColor)
            for j in range(60):
                if (j % 5) != 0:
                    painter.drawLine(94, 0, 96, 0)
                painter.rotate(6.0)
            # 绘制时针
            painter.setPen(Qt.PenStyle.NoPen)
            painter.setBrush(myClock.hourColor)
            # 旋转时针到正确位置
            painter.save()
            painter.rotate(30.0 * ((time.hour() + time.minute() / 60.0)))
            painter.drawPolygon(myClock.hourShape)
            painter.restore()
            # 绘制分针
            painter.setPen(Qt.PenStyle.NoPen)
            painter.setBrush(myClock.minuteColor)
            painter.save()
            painter.rotate(6.0 * (time.minute() + time.second() / 60.0))
            painter.drawConvexPolygon(myClock.minuteShape)
            painter.restore()
            # 绘制秒针
            # painter.setPen(Qt.PenStyle.NoPen)
            painter.setBrush(myClock.secondColor)
            painter.drawEllipse(-4, -4, 8, 8)
            painter.save()
            painter.rotate(6.0 * time.second())
            painter.drawRoundedRect(-1, -1, 80, 2, 2, 2)
            painter.restore()
if __name__ == '__main__':
    app = QApplication(sys.argv)
```

```
        w = myClock()
        w.show()
        sys.exit(app.exec())
```

运行程序，显示如图 8.10 所示。

说明： 如果在 class myClock(QWidget)类中加入如下代码：

```
    def resizeEvent(self, event):
        w = self.width()
        h = self.height()
        side = min(w, h)
        # 为窗口设置一个圆形遮罩
        maskedRegion=
QRegion(w/2-side/2,h/2-side/2,side,side,QRegion.RegionType.Ellipse)
        self.setMask(maskedRegion)
```

就会去除窗口的外框，如图 8.11 所示。

图 8.10　实时时钟

图 8.11　去除窗口的外框

8.1.3　路径绘图

QPainterPath 类提供了一个绘制路径容器，可以创建和重用图形形状。

QPainterPath 是一个图形构建块的对象（如矩形、椭圆、直线和曲线），构建块可以加入封闭的子路径（如矩形和椭圆形）或者作为未封闭的子路径独立存在（如直线和曲线）。QPainterPath 可以进行填充、显示轮廓和裁剪。可以使用 QPainterPathStroker 类生成可填充的轮廓的绘图路径。它的主要优点在于复杂的图形只创建一次，然后通过 drawPath 函数来进行多次绘制。

QPainterPath 函数如表 8.4 所示。

表 8.4　QPainterPat 函数

函　　数	功　　能
arcTo(rect, staryAngle, arcLength)	连线到弧
moveTo(point)	移动到点，关闭一个子路径，开始一个新的子路径
lineTo(point)	连线到点

续表

函　　数	功　　能
quadTo(ctrlPoint, endPoint)	由当前点经过控制点到达结束点
cubicTo(ctrlPoint1,ctrlPoint2, endPoint)	由当前点经过两个控制点到达结束点
addEllipse(rect)	加入椭圆
addPolygon(polygon)	加入多边形
addRect(rect)	加入方框
addRountedRect(rect, xR, yR, mode)	加入圆角方框
addText(point,font,text)	加入指定点位置文本
addPath(path)	加入子路径
setFillRule(fillRule)	设置填充规则
fillRule()	获取填充规则
translate(dx,dy) translated(dx,dy)	将当前点移动 offset(dx,dy)
currentPosition()	获取当前位置
connectPath(path)	连接到子路径
closeSubpath()	关闭当前路径
clear()	清除
isEmpty()	检测是否为空

【例 8.4】 采用绘图路径绘图。

代码如下（drawPth-1.py）：

```python
from PyQt5.QtCore import Qt
from PyQt6.QtWidgets import QApplication,QWidget
from PyQt6.QtGui import (QPainter,QPainterPath)
import sys
class myWidget(QWidget):
    def __init__(self):
        super().__init__()
        self.initUI()
    def initUI(self):
        self.setGeometry(300, 300, 380, 250)
        self.setWindowTitle('路径绘图测试')
        self.show()
    def paintEvent(self, e):
        p = QPainter()
        p.begin(self)
        p.setRenderHint(QPainter.RenderHint.Antialiasing)
        self.myDrawPath(p)
        p.end()
    # 定义路径绘制图形函数
    def myDrawPath(self, p):
```

```
            path1 = QPainterPath()                      # 创建路径绘图对象 path1
            path1.addEllipse(50, 150, 150, 75)          # 加入椭圆到路径对象 path1
            p.fillPath(path1,Qt.GlobalColor.black)      # 填充路径 path1
            path = QPainterPath()                       # 创建路径绘图对象 path
            path.moveTo(30, 30)                         # 移动到(30, 30)位置
            path.cubicTo(30, 30, 200, 300, 300, 30)     # 加入 3 个控制点算法绘图
            path.quadTo(120, 50, 150, 120)              # 加入两个控制点算法绘图
            path.lineTo(350, 200)                       # 连线到(350, 200)
            path.connectPath(path1)                     # 将路径对象 path1 加入其中
            p.drawPath(path)                            # 路径绘图
if __name__ == '__main__':
    app = QApplication(sys.argv)
    w = myWidget()
    sys.exit(app.exec())
```

运行程序，显示如图 8.12 所示。

说明：

（1）创建路径绘图对象 path1 和 path。

（2）分别在路径绘图对象 path1 和 path 中加入绘图。

（3）将绘图对象 path1 作为子路径加入绘图对象 path 中。

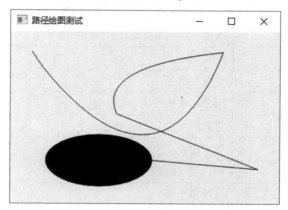

图 8.12 路径绘图

8.2 二维图表绘制

PyQt6 的 QtCharts 库是目前广泛使用的二维绘图库，它由 Riverbank 公司出品，可绘制各种复杂的函数曲线、柱状图、折线图、饼状图等。

PyQt6 默认并不内含这个库，需要单独安装。在 Windows 命令行下用"pip install PyQt6-Charts PyQt6"命令安装该库。

8.2.1 QtCharts 基础

一个完整的图表由图表对象、数据、坐标轴构成，无论何种绘图库一般都会提供这 3 部分

的对应实现（类）。

1. 图表对象

在 QtCharts 中，图表对象是基于 PyQt6 的 GraphicsView 图形系统实现的，由该系统的 QGraphicsView 派生出一个图表视图 QChartView 类，由图元 QGraphicsItem 派生出一个图表 QChart 类。图表的创建本质上就是将一个图元（QChart）添加进视图（QChartView）。

QChartView 有一个 setChart 方法设置要显示的图表，在程序中使用如下形式的代码创建图表：

```
chart = QChart()                                    # 创建图表
chartView = QChartView(self)
chartView.setChart(chart)                           # 添加进视图
```

2. 数据

QtCharts 的图表数据经由一种叫作"序列"（Series）的类加以封装，序列有很多种，均以 QXxxSeries 规范命名，其中"Xxx"是数据所表示的图形类型，常用的序列类及对应的图形如表 8.5 所示。

表 8.5　常用序列类及对应图形

类　　名	图　　形
QLineSeries	线型（包括函数曲线和折线）图
QBarSeries	柱状图
QHorizontalStackedBarSeries	堆叠柱状图
QPercentBarSeries	百分比柱状图
QPieSeries	饼状图
QScatterSeries	散点图
QCandlestickSeries	蜡烛图（用于分析股市）
QAreaSeries	区域填充图

序列是管理数据的类，需要将它添加进已有的图表对象才能显示出图来，用如下语句创建一个序列，往其中添加数据并放进图表：

```
序列名 = QXxxSeries()                              # 创建序列
序列名.append(数据/数据集)
chart.addSeries(序列名)                            # 将序列添加进图表
```

3. 坐标轴

QtCharts 的坐标轴是独立于图形的对象，即用户可以仅绘图而不用坐标轴，在需要的时候再为图表加上坐标轴。

常用的坐标轴有文字和数值两种基本类型。

（1）文字坐标

实际应用中，柱状图的横坐标经常是用文字表示的年（月）份或统计对象的类别名称，用 QBarCategoryAxis 类建立文字坐标轴，如下：

```
文字列表 = ['...', '...', ...]
axisX = QBarCategoryAxis()                                  # 创建文字坐标
axisX.append(文字列表)
chart.addAxis(axisX, Qt.AlignmentFlag.AlignBottom)          # 将坐标添加进图表
序列名.attachAxis(axisX)                                    # 将序列关联到坐标
```

可见，序列是在坐标建立以后才与之关联起来的，一个序列的数据可根据不同的用途和需要与不同的坐标轴对象相关联，起到不一样的展示效果。

（2）数值坐标

数值坐标由 QValueAxis 类建立，它能根据所关联序列数据值的分布自适应地调整其显示刻度和范围，当然也提供了一系列 setXxx 方法给用户自己设置想要的效果，通常编程语句形式如下：

```
axisY = QValueAxis()                                        # 创建数值坐标
# 设置坐标属性
axisY.setXxx1(…)
axisY.setXxx2(…)
...
chart.addAxis(axisY, Qt.AlignmentFlag.AlignLeft)            # 将坐标添加进图表
序列名.attachAxis(axisY)                                    # 将序列关联到坐标
```

除以上介绍的两种坐标外，QtCharts 还支持对数坐标（QLogValueAxis）、日期时间坐标（QDateTimeAxis）等，有兴趣的读者可以进一步了解。

用 QtCharts 绘制图表，通常依次按如下的步骤编程：

- 创建图表和视图。
- 构造（产生）数据、创建序列并添加数据。
- 建立和设置坐标轴。

接下来各小节的实例基本都是按照这个步骤编写程序的。

8.2.2 绘制函数曲线

函数曲线一般可以用 numpy 库产生所需的数据点，添加进 QLineSeries（也可以用更为平滑的 QSplineSeries）序列。

【例 8.5】 绘制阿基米德螺线和双曲螺线。

代码如下（chart.py）：

```python
import sys
from PyQt6.QtCore import Qt
from PyQt6.QtGui import QPen
from PyQt6.QtWidgets import QApplication, QWidget
# -- QtCharts 绘图相关类 --
from PyQt6.QtCharts import QChart, QChartView, QAbstractBarSeries, QLineSeries, QBarSeries, QPieSeries, QBarSet, QBarCategoryAxis, QValueAxis
import numpy as np


class myChart(QWidget):
    def __init__(self):
        super().__init__()
```

```python
        self.setWindowTitle('二维图表')
        self.showLine()
    def showLine(self):
        # （1）创建图表和视图
        chart = QChart()
        chart.setTitle('螺旋曲线')
        chartView = QChartView(self)
        chartView.setGeometry(10, 10, 800, 600)
        chartView.setChart(chart)
        # （2）创建序列并添加数据
        n = 1000
        pointList = np.linspace(1, 10 * 2 * np.pi, n)

        lSeries1 = QLineSeries()
        lSeries1.setName('Archimedes')
        for t in pointList:
            x = (1 + 0.618 * t) * np.cos(t)
            y = (1 + 0.618 * t) * np.sin(t)      # ① 阿基米德螺线
            lSeries1.append(x, y)
        chart.addSeries(lSeries1)

        lSeries2 = QLineSeries()
        lSeries2.setName('hyperbolic')
        for t in pointList:
            x = 10 * 2 * np.pi * (np.cos(t) / t)
            y = 10 * 2 * np.pi * (np.sin(t) / t)   # ② 双曲螺线
            lSeries2.append(x, y)
        chart.addSeries(lSeries2)
        # （3）建立坐标轴
        chart.createDefaultAxes()
# -- 创建应用显示图表 --
if __name__ == '__main__':
    app = QApplication(sys.argv)
    w = myChart()
    w.show()
    sys.exit(app.exec())
```

说明：

（1）创建视图语句"chartView = QChartView(self)"必须带一个 self 参数，明确该视图是主程序 myChart 类的一个组件，才能在界面上显示图表。setGeometry 方法设定视图组件在窗体上的位置和尺寸，其参数可根据程序实际显示效果进行调整。

（2）用 numpy 的 linspace 方法产生 1000 个采样点，分别代入两种螺线的方程得到数据，然后添加到两个序列中。

"序列名.setName('…')"设置数据曲线的名称（在图例中标注），其中：

① Archimedes（阿基米德螺线）：亦称等速螺线，是一个点匀速离开一个固定点的同时又以固定的角速度绕该固定点转动而产生的轨迹。它最早由阿基米德在其著作《螺旋线》中加以描述，故得名。

阿基米德螺线在笛卡尔坐标系中的方程为：
$$\begin{cases} x = (a+bt)\cos t \\ y = (a+bt)\sin t \end{cases}$$

其中，a、b 均为实数，而 t 决定了螺线旋转的总角度（圈数）。

② hyperbolic（双曲螺线）：阿基米德螺线的相邻两个螺旋之间是等距（均匀）的，但是在自然界中还存在着大量非等距的螺旋曲线，例如，陨落的彗星运动轨迹会随时间推移加速地坠入引力中心，双曲螺线就很好地反映了这类现象。

双曲螺线的方程如下：
$$\begin{cases} x = \dfrac{a\cos t}{t} \\ y = \dfrac{a\sin t}{t} \end{cases}$$

典型的阿基米德螺线与双曲螺线图案如图 8.13 所示。

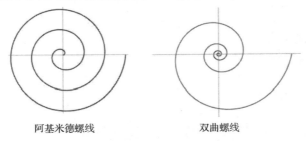

图 8.13　两种螺线的典型图案

（3）为简单起见，本程序就用 QtCharts 系统的默认坐标，用 createDefaultAxes 方法创建，无须任何设置。

运行程序，显示图表如图 8.14 所示。

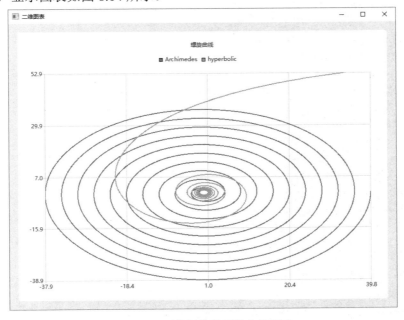

图 8.14　两种螺线的函数曲线图表

读者可参照本程序的三个步骤，用同样的方式绘制任意数学函数的曲线，只要有了曲线方程，就能很容易地构造数据，画出漂亮的图表来。

8.2.3 绘制柱状/折线图

柱状图的数据需要预先存储在数据集 QBarSet 类对象中，然后添加进 QBarSeries 序列；折线图对应 QLineSeries 序列。这两种图表主要用于统计分析，必须定制坐标轴。

【例 8.6】 统计近五年高考报名人数和录取率信息，绘出图表。

代码如下（chart.py）：

```python
# -- QtCharts 绘图相关类 --
...
class myChart(QWidget):
    def __init__(self):
        super().__init__()
        self.setWindowTitle('二维图表')
        self.showBar()
    def showBar(self):
        # 创建图表和视图
        chart = QChart()
        chart.setTitle('2017～2021年高考人数和录取率')
        chart.legend().setAlignment(Qt.AlignmentFlag.AlignTop)
                                                            # (1)
        chartView = QChartView(self)
        chartView.setGeometry(10, 10, 800, 600)
        chartView.setChart(chart)
        
        # 创建序列并添加数据
        number_signup = [940, 975, 1031, 1071, 1078]
        signupSet = QBarSet('报考')
        for i in range(0, 5):
            signupSet << number_signup[i]
        number_enroll = [700, 791, 820, 967.5, 689]
        enrollSet = QBarSet('录取')
        for i in range(0, 5):
            enrollSet << number_enroll[i]
        
        bSeries = QBarSeries()                              # 柱状图的序列
        bSeries.append(signupSet)
        bSeries.append(enrollSet)
        bSeries.setLabelsVisible(True)
        bSeries.setLabelsPosition(QAbstractBarSeries.LabelsPosition.LabelsInsideEnd)
                                                            # (2)
        chart.addSeries(bSeries)
        
        lSeries = QLineSeries()                             # 折线图的序列
        lSeries.setName('趋势')
```

```
    for i in range(0, 5):
        lSeries.append(i, number_enroll[i])
    pen = QPen(Qt.GlobalColor.red)
    pen.setWidth(2)
    lSeries.setPen(pen)
    lSeries.setPointLabelsVisible(True)
    lSeries.setPointLabelsFormat('@yPoint 万')        #（3）
    chart.addSeries(lSeries)

    # 建立和设置坐标轴
    year = ['2017', '2018', '2019', '2020', '2021']
    axisX = QBarCategoryAxis()                          # 文字坐标
    axisX.setTitleText('年份')
    axisX.append(year)
    chart.addAxis(axisX, Qt.AlignmentFlag.AlignBottom)
    bSeries.attachAxis(axisX)
    lSeries.attachAxis(axisX)

    axisY = QValueAxis()                                # 数值坐标
    axisY.setTitleText('人数（万）')
    chart.addAxis(axisY, Qt.AlignmentFlag.AlignLeft)
    bSeries.attachAxis(axisY)
    lSeries.attachAxis(axisY)
# -- 创建应用显示图表 -
...
```

说明：

（1）图表对象添加了序列后会自动生成图例，图例是对图表上各序列数据的标注说明，可增强易读性。通过图表的 legend 方法获取图例对象，setAlignment 方法设置图例的显示位置，该位置是由 Qt.AlignmentFlag 枚举常量设定的一个参数值，可能的取值为 AlignTop（顶部）、AlignBottom（底部）、AlignLeft（左边）和 AlignRight（右边）。

（2）柱状图序列的 setLabelsVisible 方法控制棒柱上标签的可见性，标签用于标注数值，使数据一目了然；setLabelsPosition 方法设置标签的显示位置，其参数 QAbstractBarSeries.LabelsPosition 是一个枚举类型，有以下几种取值：

- LabelsCenter：标签显示在棒柱中央。
- LabelsInsideEnd：标签显示在棒柱顶端（本程序设定值）。
- LabelsInsideBase：标签显示在棒柱底端。
- LabelsOutsideEnd：标签显示在棒柱顶端的外部。

（3）折线图序列的 setPen 方法设置折线的画笔，本程序使用红色（QPen(Qt.GlobalColor.red)）、线宽为 2（pen.setWidth(2)）的笔；setPointLabelsVisible 方法控制折线上数据点标签的可见性；setPointLabelsFormat 方法指定标签具体要显示哪个坐标方向的数值及显示格式，参数字符串中的 @yPoint 表示显示 y 轴数值（本程序设定），@xPoint 表示显示 x 轴数值（前提是 x 轴必须为数值坐标），其他字符则作为数值的单位或说明性文字。

运行程序，显示如图 8.15 所示。

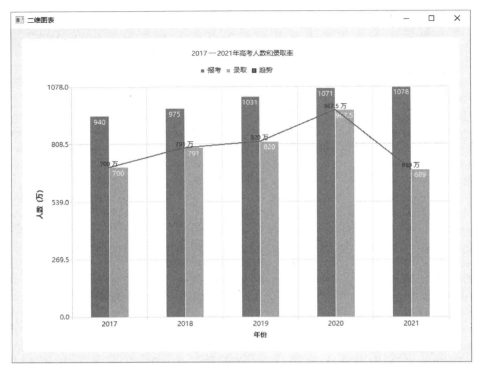

图 8.15 2017—2021 年高考报名人数和录取率的柱状/折线图表

8.2.4 绘制饼状图

饼状图的数据放在 QPieSeries 序列中，这种图表通常不带坐标轴。

【例 8.7】 用饼状图表示中国高等教育普及率。

代码如下（chart.py）：

```
# -- QtCharts 绘图相关类 --
...
class myChart(QWidget):
    def __init__(self):
        super().__init__()
        self.setWindowTitle('二维图表')
        self.showPie()
    def showPie(self):
        # 创建图表和视图
        chart = QChart()
        chart.setTitle('中国高等教育普及率')
        chart.legend().setAlignment(Qt.AlignmentFlag.AlignLeft)
        chartView = QChartView(self)
        chartView.setGeometry(10, 10, 800, 600)
        chartView.setChart(chart)

        # 创建序列并添加数据
        pieSet = {'儿童和老人': 35,'劳动人口': 49,'参加高考者': 7,'大学生': 8}
```

```python
    pSeries = QPieSeries()
    for item in pieSet.items():                    #(1)
        pSeries.append(item[0] + '(%d' % item[1] + '%)', item[1])
    pSeries.setLabelsVisible(True)
    pSeries.setHoleSize(0.2)
    pSeries.setPieSize(0.6)                        #(2)
    
    slice = pSeries.slices()[3]
    slice.setExploded(True)
    slice.setPen(QPen(Qt.GlobalColor.red, 2))
    slice.setBrush(Qt.GlobalColor.red)             #(3)
    chart.addSeries(pSeries)
# -- 创建应用显示图表 -
...
```

说明：

（1）这里的数据以一个字典的形式给出，通过遍历字典再逐项添加进 QPieSeries 序列。

（2）饼状图序列的 setLabelsVisible 方法控制扇区标签的可见性，通常都会设为 True 以使图形意义更直观；setHoleSize 方法设置饼图中心空心圆的大小比例（0～1）；setPieSize 设置饼图占图表视图区的相对大小（0～1）。读者可根据程序运行的实际效果对这些属性值进行调整。

（3）用 QPieSeries 对象的"slices()[索引]"可单独获取某一个数据扇区，对其进行特殊处理，因本例索引 3 的扇区（'大学生'）是这个图表想要着重表达的部分，故将其设为红色（slice.setPen(QPen(Qt.GlobalColor.red, 2))、slice.setBrush(Qt.GlobalColor.red)）并突出（slice.setExploded(True)）显示。

运行程序，显示如图 8.16 所示。

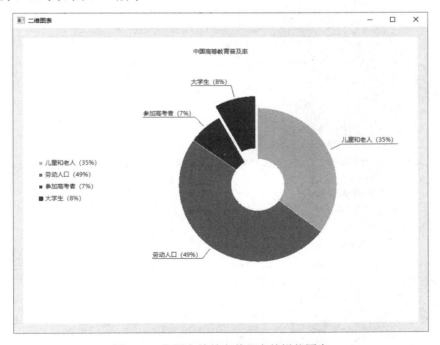

图 8.16　中国高等教育普及率的饼状图表

8.2.5 matplotlib 绘图

matplotlib 是 Python 中使用最多的模块之一，具备与 QtCharts 一样强大的绘图功能。但它与 QtCharts 相比有如下三点不同。

（1）matplotlib 以 Figure 类作为图表对象，图表放在画布 FigureCanvas 上显示。可见，这里的 Figure 类就等同于 QtCharts 的 QChart 类，而 FigureCanvas 相当于图表视图（QChartView）。

（2）数据不用序列封装，直接用于绘图。

（3）坐标轴不再是独立的对象，而作为绘图工具使用，需要先用图表的 add_axes 方法添加坐标轴，再调用坐标轴的 plot 方法绘图，同时在方法参数中设置坐标轴的属性，语句形如：

```
axes = figure.add_axes(…)
axes.plot(x, y, 属性="值"…)
```

【例 8.8】 改用 matplotlib 绘制阿基米德螺线和双曲螺线。

代码如下（figure.py）：

```python
import sys
from PyQt6.QtWidgets import QApplication, QMainWindow
# -*- matplotlib 绘图库 -*-
import matplotlib as plt
from matplotlib.figure import Figure
from matplotlib.backends.backend_qt5agg import FigureCanvasQTAgg as FigureCanvas
import numpy as np

class myFigure(QMainWindow):
    def __init__(self):
        super().__init__()
        self.setWindowTitle('二维图表-matplotlib')
        plt.rcParams['font.sans-serif'] = ['SimHei']          # 显示中文
        plt.rcParams['axes.unicode_minus'] = False            # 显示坐标值负号
        self.showLine()
    def showLine(self):
        # 创建图表
        figure = Figure()
        figure.suptitle('螺旋曲线')
        figureCanvas = FigureCanvas(figure)
        self.setCentralWidget(figureCanvas)
        # 添加数据和坐标轴
        n = 1000
        t = np.linspace(1, 10 * 2 * np.pi, n)
        axes = figure.add_axes([0.1, 0.1, 0.8, 0.8])
        x1 = (1 + 0.618 * t) * np.cos(t)
        y1 = (1 + 0.618 * t) * np.sin(t)
        axes.plot(x1, y1, label="$Archimedes$")
        x2 = 10 * 2 * np.pi * (np.cos(t) / t)
        y2 = 10 * 2 * np.pi * (np.sin(t) / t)
        axes.plot(x2, y2, label="$hyperbolic$")
```

```
        axes.legend()                              # 添加图例标注
if __name__ == '__main__':
    app = QApplication(sys.argv)
    w = myFigure()
    w.show()
    sys.exit(app.exec())
```

运行程序，显示如图 8.17 所示。

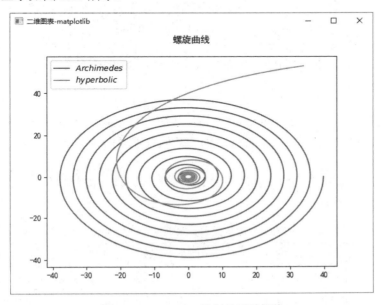

图 8.17 matplotlib 绘制的两种螺线

8.3 三维图表绘制

PyQt6 绘制三维图表使用 QtDataVisualization 库，它与 QtCharts 同出自 Riverbank 公司，因此在实现机制和使用步骤上与 QtCharts 基本相同。

在 Windows 命令行下用"pip install PyQt6-DataVisualization PyQt6"命令安装该库。

8.3.1　QtDataVisualization 基础

PyQt6 的三维图表同样也由图表对象、数据、坐标轴构成。

1. 图表对象

QtDataVisualization 的图表对象有 3 种，分别对应于不同的三维图表类，如下。
- Q3DBars：三维柱状图。
- Q3DScatter：三维散点图。
- Q3DSurface：三维曲面。

用户可根据需要选用。

不同于二维图表基于 GraphicsView，这几种三维图表对象是基于 PyQt6 窗体部件系统的，它们都派生自 QWindow 类。使用时需要先创建一个窗体部件（QWidget 类型）的容器，图表对象放在容器里，再以 setCentralWidget 方法将容器设为界面的中心部件，才能显示三维图表。可见，这里的容器实际上起到了类似于二维 QChartView 图表视图的作用。

由于 PyQt6 中只有主窗体（QMainWindow 类）具备设置中心部件的 setCentralWidget 方法，故所有的三维绘图程序只能基于 QMainWindow 来创建主程序类。

在程序中使用如下形式的代码创建三维图表：

```
图表对象 = Q3DXxx()                                    # 创建图表
container = QWidget.createWindowContainer(图表对象)
self.setCentralWidget(container)                       # 将容器设为界面中心部件
```

其中，Q3DXxx 可以是 Q3DBars、Q3DScatter、Q3DSurface 三者之一。

2. 数据

与二维的一样，三维图表数据也是用序列封装的，但不同的是，三维数据不能直接添加进序列，而必须先以数据项（对象）的形式添加到数据代理（DataProxy）中，再将代理关联到对应的序列上。

QtDataVisualization 所支持的三种图表类分别都有各自匹配的数据代理、数据项和序列类，各类的对应关系如表 8.6 所示。

表 8.6　图表类、数据代理、数据项与序列类的对应关系

图 表 类	数 据 代 理	数 据 项	序 列 类
Q3DBars	QBarDataProxy	QBarDataItem	QBar3DSeries
Q3DScatter	QScatterDataProxy	QScatterDataItem	QScatter3DSeries
Q3DSurface	QSurfaceDataProxy	QSurfaceDataItem	QSurface3DSeries

编程时，不同类型三维数据的封装语句略有差异，但基本过程是一样的，分别如下：

```
# 柱状数据
代理名 = QBarDataProxy()                               # 创建代理
itemRow = []
...                                                    # 产生数据
item = QBarDataItem(数据)                              # 创建数据项
itemRow.append(item)
代理名.addRow(itemRow)                                 # 数据项添加到数据代理
序列名 = QBar3DSeries()                                # 创建序列
序列名.setDataProxy(代理名)                            # 数据代理关联到序列
图表.addSeries(序列名)                                 # 序列添加进图表
# 散点数据
代理名 = QScatterDataProxy()                           # 创建数据代理
itemArray = []
...                                                    # 产生数据
item = QScatterDataItem(数据)                          # 创建数据项
itemArray.append(item)
代理名.resetArray(itemArray)                           # 数据项添加到数据代理
序列名 = QScatter3DSeries()                            # 创建序列
序列名.setDataProxy(代理名)                            # 数据代理关联到序列
```

```
图表.addSeries(序列名)                              # 序列添加进图表
# 曲面数据
代理名 = QSurfaceDataProxy()                       # 创建数据代理
itemRow = []
...                                               # 产生数据
item = QSurfaceDataItem(数据)                      # 创建数据项
itemRow.append(item)
代理名.addRow(itemRow)                             # 数据项添加到数据代理
序列名 = QSurface3DSeries()                        # 创建序列
序列名.setDataProxy(代理名)                         # 数据代理关联到序列
图表.addSeries(序列名)                              # 将序列添加进图表
```

实际应用中,将数据项添加到数据代理的过程通常放在一个 for 循环中进行。

3. 坐标轴

QtDataVisualization 的坐标轴也是独立于图形的对象,与 QtCharts 一样也分为文字和数值两种基本类型坐标。

文字坐标通常用于三维柱状图,通过 QCategory3DAxis 类建立,其使用方法类似于二维的 QBarCategoryAxis,有一系列 setXxx 方法设置坐标轴的各项属性,最后用 setRowAxis/setColumnAxis 方法将坐标对象关联到图表。

数值坐标通过 QValue3DAxis 类建立,同样也有一系列 setXxx 方法设置属性,用 setValueAxis 或 setAxisX/setAxisY/setAxisZ 方法关联到图表。

用 QtDataVisualization 编程绘图的步骤如下:
- 创建三维图表和容器;
- 构造(产生)数据项添加到数据代理、创建序列并关联数据代理;
- 建立和设置坐标轴。

8.3.2 三维绘图实例

下面通过绘制一个三维曲面的程序实例来演示 QtDataVisualization 的绘图步骤。

【例 8.9】 描绘三维空间的电子衍射图像。

电子衍射最初是由法国著名物理学家德布罗意(1892—1987 年)的"物质波"理论所预言的一种现象,1927 年被人们在实验中观测到。电子衍射的图案是一个空间中波动的振荡曲面,它在平面上的投影为一些同心圆,但在垂直平面的剖面方向是一个三角波函数,为方便起见,本例将同心圆的圆心选在坐标原点,波函数取相位为 0 的余弦函数,于是整个衍射曲面的方程就是余弦函数与平面圆方程所构成的复合函数,其表达式如下:

$$e = \cos\left(\sqrt{x^2 + y^2}\right)$$

实现代码如下(data3d.py):

```python
import sys
from PyQt6.QtCore import Qt
from PyQt6.QtGui import QVector3D, QLinearGradient
from PyQt6.QtWidgets import QApplication, QWidget, QMainWindow
# -*- QtDataVisualization 3D绘图相关类 -*-
```

```python
from PyQt6.QtDataVisualization import Q3DSurface, QSurface3DSeries, QSurfaceDataProxy, QSurfaceDataItem, QValue3DAxis, Q3DCamera, Q3DTheme
import math

class myData3D(QMainWindow):
    def __init__(self):
        super().__init__()
        self.setWindowTitle('三维图表')
        self.showSurface()
    def showSurface(self):
        # 创建三维图表和容器
        surface = Q3DSurface()
        container = QWidget.createWindowContainer(surface)
        self.setCentralWidget(container)
        cameraView = Q3DCamera.CameraPreset.CameraPresetFrontHigh
        surface.scene().activeCamera().setCameraPreset(cameraView)
                                                                    # (1)
        # 封装数据
        proxy = QSurfaceDataProxy()                         # 创建数据代理
        N = 400
        x = -20.0
        for i in range(1, N + 1):
            itemRow = []
            y = -20.0
            for j in range(1, N + 1):
                z = math.cos(math.sqrt(x * x + y * y)) * 2.5
                vect3D = QVector3D(x,z,y)                   # (2) 产生数据
                item = QSurfaceDataItem(vect3D)             # 创建数据项
                itemRow.append(item)
                y = y + 0.1
            x = x + 0.1
            proxy.addRow(itemRow)                           # 数据项添加到数据代理
        surSeries = QSurface3DSeries()                      # 创建序列
        surSeries.setDataProxy(proxy)                       # 数据代理关联到序列
        surSeries.setDrawMode(QSurface3DSeries.DrawFlag.DrawSurface)
                                                                    # (3)
        gradient = QLinearGradient()
        gradient.setColorAt(1.0, Qt.GlobalColor.yellow)
        gradient.setColorAt(0.5, Qt.GlobalColor.cyan)
        gradient.setColorAt(0.2, Qt.GlobalColor.red)
        gradient.setColorAt(0.0, Qt.GlobalColor.lightGray)
        surSeries.setBaseGradient(gradient)
        surSeries.setColorStyle(Q3DTheme.ColorStyle.ColorStyleRangeGradient)
                                                                    # (4)
        surface.addSeries(surSeries)                        # 将序列添加进图表

        # 建立和设置坐标轴
        axisX = QValue3DAxis()
```

```
        axisX.setTitle('X')
        axisX.setTitleVisible(True)
        axisX.setRange(-21, 21)
        surface.setAxisX(axisX)

        axisZ = QValue3DAxis()
        axisZ.setTitle('Z')
        axisZ.setTitleVisible(True)
        axisZ.setRange(-21, 21)
        surface.setAxisZ(axisZ)

        axisY = QValue3DAxis()
        axisY.setTitle('Y')
        axisY.setTitleVisible(True)
        axisY.setRange(-10, 10)
        surface.setAxisY(axisY)
if __name__ == '__main__':
    app = QApplication(sys.argv)
    w = myData3D()
    w.show()
    sys.exit(app.exec())
```

说明：

（1）QtDataVisualization 的三维场景里有相机，相机的位置就是用户看三维图表（曲面）的视角，setCameraPreset 方法用于设置视角，其参数 cameraView 是枚举类型 Q3DCamera.CameraPreset，它有 20 多种取值，其中最常用的几种如下。

- CameraPresetFront：正前方。
- CameraPresetFrontLow：前下方。
- CameraPresetFrontHigh：前上方（本程序设定值）。
- CameraPresetLeft：左侧。

（2）本例产生数据的方法如下。

在 X-Y 平面上产生一个指定尺寸精度的等距网格，x、y 坐标区间范围都是(-20, 20)，然后分别沿 x、y 轴方向等分 400 份形成 400×400 的平面网格，每个格子中取一点作为计算的样点，即一共取了 160000（400×400）个样点。针对每一个样点，应用前面给出的衍射曲面方程表达式计算出函数值 z，然后将(x,z,y)封装成三维空间的一个矢量点（QVector3D）对象，这样计算得到的全体矢量点就构成了三维空间中的一个曲面。

（3）用 setDrawMode 方法设置曲面样式，其参数是一个 QSurface3DSeries.DrawFlag 枚举类型，取值如下。

- DrawWireframe：仅绘制网格线。
- DrawSurface：仅绘制曲面（本程序设定值）。
- DrawSurfaceAndWireframe：同时绘制曲面和网格线。

本例为使曲面看起来更柔滑，故去掉了网格线。

（4）为使曲面看起来更有质感，本程序采用渐变色对其进行渲染。先创建一个 QLinearGradient 类型的渐变色对象，然后以一组 setColorAt 方法设定其几个分界值上的颜色，实际曲面呈现的色彩将在这几种颜色之间逐渐变化，用 setBaseGradient 方法将所创建的渐变色对象与序列相关联。最后，要使用渐变色渲染，还需要设置颜色样式为 Q3DTheme.ColorStyle.ColorStyleRangeGradient。

运行程序，三维曲面效果如图 8.18 所示。

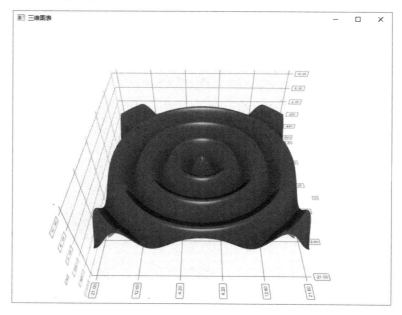

图 8.18　三维曲面效果

第 9 章

定时器、线程和网页交互

9.1 定时器和线程

一般情况下,应用程序都是单线程运行的,但如果需要执行一个特别耗时的操作,GUI 界面其他操作就无法进行,用户感觉程序没响应了,或者 Windows 系统也认为程序运行出现问题并自动关闭了程序。有类似情况的应用就需要采用定时器和线程。

9.1.1 定时器:QTimer

如果要在应用程序中周期性地进行某项操作,则可以使用 QTimer(定时器)。
QTimer 类常用方法如表 9.1 所示,常用信号如表 9.2 所示。

表 9.1 QTimer 类常用方法

方 法	描 述
start(n)	启动或重新启动定时器,时间间隔为 n 毫秒。如果定时器已经运行,它将被停止并重新启动。如果 singleShot 信号为真,定时器将仅被激活一次
stop()	停止定时器

表 9.2 QTimer 类常用信号

信 号	描 述
singleShot	在给定的时间间隔后调用一个槽函数时发送此信号
timeout	当定时器超时时发送此信号

要使用定时器,首先引入 QTimer 模块,创建一个 QTimer 实例,将其 timeout 信号连接到相应的槽函数,调用 start(毫秒数)设定时间间隔后启动定时器,定时器会以指定的间隔发出 timeout 信号,执行槽函数。

例如:
```
from PyQt5.QtCore import QTimer
timer=QTimer(self)
timer.time out.connect(self.timeFunc)
timer.start(2000)
timer.stop()
```

```
timer.singleShot(n, 函数名)
```

【例 9.1】 定时器测试。

```python
from PyQt6.QtWidgets import QWidget, QApplication, QGridLayout, QLabel
from PyQt6.QtCore import QTimer, QDateTime
import sys
class myWidget(QWidget):
    def __init__(self, parent=None):
        super(myWidget, self).__init__(parent)
        self.setWindowTitle("QTimer 应用测试")
        
        self.label = QLabel('',self)
        self.label.setGeometry(20,20,180,60)
        self.timer = QTimer(self)
        self.timer.timeout.connect(self.showTime)
        self.timer.start(1000)
    def showTime(self):
        time = QDateTime.currentDateTime()                          # 获取当前时间
        timeDisplay = time.toString("yyyy-MM-dd hh:mm:ss dddd")# 设置时间显示
        self.label.setText(timeDisplay)                             # 在标签上显示时间
if __name__ == "__main__":
    app = QApplication(sys.argv)
    w = myWidget()
    w.show()
    QTimer.singleShot(20000, app.quit)                              # 20 秒后退出应用
    sys.exit(app.exec())
```

运行程序，显示如图 9.1 所示。每一秒刷新一次标签来显示时间，20 秒后关闭应用窗口，quit 为退出系统函数。

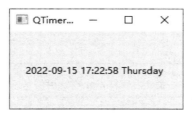

图 9.1　显示实时时间

9.1.2　线程：QThread

QThread 是 PyQt6 线程类中最核心的底层类。

（1）要使用 QThread 开始一个线程，可以创建它的一个子类（继承 QThread），重载 QThread.run 方法。

```python
class Thread(QThread):
    def __init__(self):
        super(Thread,self).__init__()
    def run(self):
```

```
        # 线程相关代码
        pass
```
(2) 然后创建一个新的线程，启动线程：
```
thread=Thread()
thread.start()
```
线程启动之后，会自动调用其实现的 run 方法，线程任务（例如读取数据显示在界面中）就写在 run 方法中，当 run 方法退出之后线程基本就结束了。

QThread 类中的常用方法如下。

- start()：启动线程。
- wait(n)：阻止线程。

线程已完成执行（即从 run 方法返回时），返回 True。如果线程尚未启动，返回 True。

等待时间的单位是毫秒。如果 n 是 ULONG_MAX（默认值），则等待，永远不会超时（线程必须从 run 方法返回）；如果等待超时，将返回 False。

- sleep(n)：强制当前线程睡眠 n 秒。
- msleep(n)：当前线程睡眠 n 毫秒。
- quit()：退出线程事件循环并返回 0（成功），相当于 exit(): 0。
- exit()：退出线程事件循环并返回代码。返回 0 表示成功，非 0 表示错误。
- terminate()：强制终止线程。
- setPriority(枚举)：设置线程优先级。
- isFinished()：线程是否完成。
- isRunning()：线程是否正在运行。

QThread 常用信号如下。

- started：在开始执行 run 方法之前，从相关线程发送此信号。
- finished：当程序完成业务逻辑时，从相关线程发送此信号。

可为这两个信号指定槽函数，在线程启动和结束时进行资源的初始化和释放操作。或者在自定义的 QThread 实例中自定义信号，并将信号连接到指定的槽函数，当满足指定条件后发送此信号。

【例 9.2】 线程测试。

代码如下（thread.py）：
```
from PyQt6.QtCore import *
from PyQt6.QtWidgets import *
import sys

class Worker(QThread):
    strOutSignal = pyqtSignal(str)                    # 自定义信号
    def __init__(self, parent=None):
        super(Worker, self).__init__(parent)
        self.working = True
    def run(self):                                    # 线程方法
        while self.working == True:
            time = QDateTime.currentDateTime()
            timeStr = time.toString("yyyy-MM-dd hh:mm:ss dddd")
            self.strOutSignal.emit(timeStr)           # 发出信号
```

```
            self.sleep(1)                          # 线程休眠 1 秒
class myWidget(QWidget):
    def __init__(self, parent=None):
        super(myWidget, self).__init__(parent)
        self.setWindowTitle("QThread 线程测试")
        self.listStr = QListWidget()
        self.pbStart = QPushButton('开始')
        layout = QGridLayout(self)
        layout.addWidget(self.listStr, 0, 0, 1, 2)
        layout.addWidget(self.pbStart, 1, 1)
        # 单击"开始"按钮,启动线程
        self.pbStart.clicked.connect(self.threadStart)
        # 创建线程,关联自定义线程信号到槽函数
        self.thread = Worker()
        self.thread.strOutSignal.connect(self.listStrAdd)
    # 接收线程信号,加入当前时间字符串到列表中
    def listStrAdd(self, strInf):
        self.listStr.addItem(strInf)
    # 启动线程
    def threadStart(self):
        self.pbStart.setEnabled(False)
        self.thread.start()

if __name__ == "__main__":
    app = QApplication(sys.argv)
    w = myWidget()
    w.show()
    sys.exit(app.exec())
```

运行程序,显示如图 9.2 所示。

图 9.2　线程

9.2　网页交互

PyQt6 使用 QWebEngineView 控件来展示 HTML 页面,可以很好地支持 HTML5,包含

JavaScript。HTML 页面可以在本地，也可以在远端服务器。加载的代码可以嵌入 PyQt6，JavaScript 可以调用 PyQt6。

通过 PyQt6.QtWebKitWidgets.QWebEngineView 类来使用网页控件，常用方法如表 9.3 所示。

表 9.3 QWebEngineView 类常用方法

方 法	描 述
load(QUrl url)	加载指定的 URL 并显示，可以加载本地的 Web 页面，也可以加载远程的 Web 页面
setHtml(QString &html)	将网页视图的内容设置为指定的 HTML 内容，加载本地的 Web 代码

9.2.1 显示指定地址的网页

【例 9.3】 加载并显示 Web 页面。

代码如下（html-1.py）：

```python
from PyQt5.QtCore import *
from PyQt5.QtWidgets import *
from PyQt5.QtWebEngineWidgets import *
import sys

class myWin(QMainWindow):
    def __init__(self):
        super(myWin, self).__init__()
        self.setWindowTitle('网页显示测试')
        self.setGeometry(20, 30, 1200, 700)
        # 创建 QwebEngineView 对象 browser
        self.browser = QWebEngineView()
        url = ' '
        # url = 'file:///E:/myPython/PyQT6/html/index.html'
        # 加载指定的页面到 browser 对象
        self.browser.load(QUrl(url))
        # browser 对象放到主窗口的中间
        self.setCentralWidget(self.browser)

if __name__ == '__main__':
    app = QApplication(sys.argv)
    m = myWin()
    m.show()
    app.exec_()
```

运行程序，在屏幕上显示网易主页，如图 9.3 所示。

如果要显示本地 E:/myPython/PyQT6/html/index.html 网页，修改网页地址如下：

url = 'file:///E:/myPython/PyQT6/html/index.html'

可在上述窗口中显示 index.html 网页。

图 9.3　显示网易主页

9.2.2　嵌入网页的 HTML 代码

可以在 QWebEngineView 中加载并显示嵌入的 HTML 代码。采用下列代码将 str 中的 HTML 代码字符串加载到 QWebEngineView 中。

```
self.browser.setHtml(str)
```

【例 9.4】PyQt6 中包含的 HTML 代码会在 QWebEngineView 对象中显示出来。

代码如下（html-2.py）：

```
from PyQt6.QtCore import *
from PyQt6.QtGui import *
from PyQt6.QtWidgets import *
from PyQt6.QtWebEngineWidgets import *
import sys

class myWin(QMainWindow):
    def __init__(self):
        super(QMainWindow, self).__init__()
        self.setWindowTitle('嵌入网页显示测试')
        self.setGeometry(20, 30, 400, 300)
        self.browser = QWebEngineView()
        self.browser.setHtml\
        ('''
<!DOCTYPE html>
<html>
    <head>
        <meta charset="UTF-8">
        <title></title>
    </head>
    <body>
    南京部分大学
```

```
                <h2>南京大学</h2>
                <h3>东南大学</h3>
                <h4>南京师范大学</h4>
                </body>
            </html>
            '''
        )
        self.setCentralWidget(self.browser)
if __name__ == '__main__':
    a    pp = QApplication(sys.argv)
    m = myWin()
    m.show()
    sys.exit(app.exec())
```

运行程序，显示如图 9.4 所示。

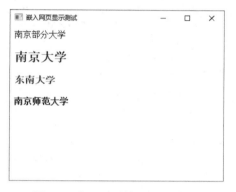

图 9.4 嵌入网页的 HTML 代码

9.2.3 嵌入网页的 JavaSciprt 代码

QWebEnginePage 类可以和 HTML/JavaScript 双向通信，它有一个异步的 runJavaScript 函数，需要一个回调函数接收结果。实现代码如下：

```
QWebEnginePage.runJavaScript('JS 语句;', PyQt 语句 )
```

其中，"JS 语句"一般为 JavaScript 的自定义函数，可读取页面控件中交互信息，并将需要的结果返回。"PyQt 语句"可以是 PyQt6 的自定义函数，将 JavaScript 返回结果作为参数。

先创建 QWebEngineView 对象，通过"对象名.page()"函数获得一个 QWebEnginePage 对象，就可以访问整个 Web 页面了。

【例 9.5】嵌入网页（含 JavaSciprt）测试。

代码如下（htmlJS-1.py）：

```
from PyQt6.QtWidgets import QApplication, QWidget, QVBoxLayout, QPushButton
from PyQt6.QtWebEngineWidgets import QWebEngineView
import sys

app = QApplication(sys.argv)
w = QWidget()
w.setWindowTitle('Web 页面与 JavaScript 交互')
```

```python
w.setGeometry(20, 30, 400, 300)

# 创建一个 QWebEngineView 对象
view = QWebEngineView()
view.setHtml\
    ('''
    <html>
    <head>
        <title>包含 JavaScript 页面</title>
        <script language="javascript">
            function dispInput() {
                var xm1 = document.getElementById('xm').value;
                var cj1 = document.getElementById('cj').value;
                var xmcj1 = xm1 + ' ' + cj1;
                document.getElementById('xmcj').value = xmcj1;
                document.getElementById('submit-btn').style.display = 'block';
                return xmcj1;
            }
        </script>
    </head>
    <body>
        <form>
        姓     名:
        <input type="text" name="xm" id="xm"></input><p>
        成     绩:
        <input type="text" name="cj" id="cj"></input><p>
        输入信息:
        <input disabled type="text" name="xmcj" id="xmcj"></input>
        <p>
        <input style="display: none;" type="submit" id="submit-btn">
        </input>
        </form>
    </body>
    </html>
    ''')
def callJS_back(result):
    print(result)
def callJS():
    view.page().runJavaScript('dispInput();', callJS_back )
# 创建一个按钮调用 JavaScript 函数
btn = QPushButton('Web 文本框读写')
btn.clicked.connect(callJS)

# 把 View 和按钮加载到布局中
vlayout = QVBoxLayout()
vlayout.addWidget(view)
vlayout.addWidget(btn)
w.setLayout(vlayout)
```

```
w.show()
sys.exit(app.exec())
```

运行程序，在指定窗口范围内显示页面。输入信息，如图 9.5（a）所示。单击"Web 文本框读写"按钮，显示如图 9.5（b）所示，同时命令行窗口显示输入信息。单击页面中的"提交"按钮，显示如图 9.5（c）所示。

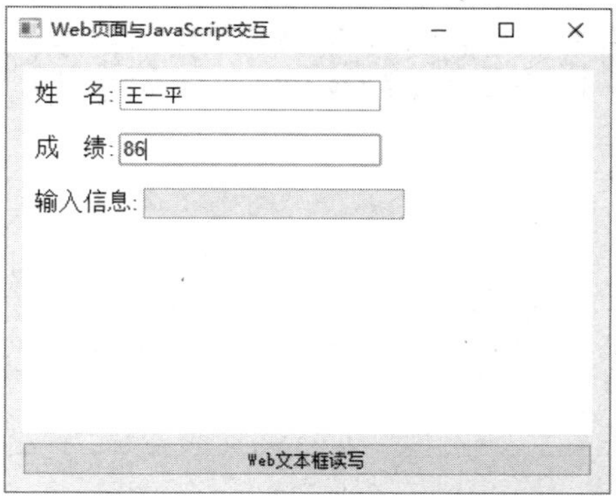

（a）

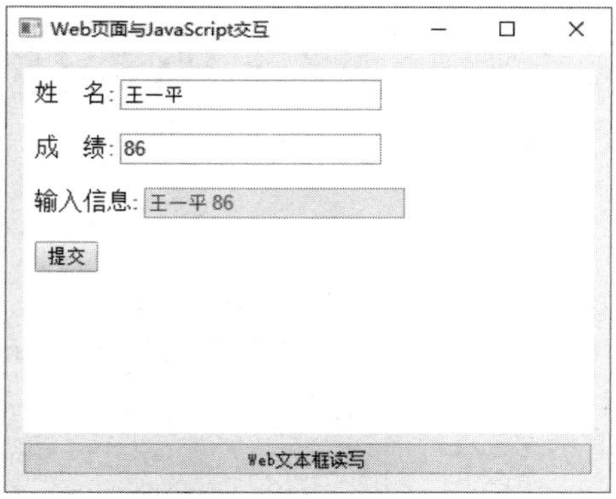

（b）

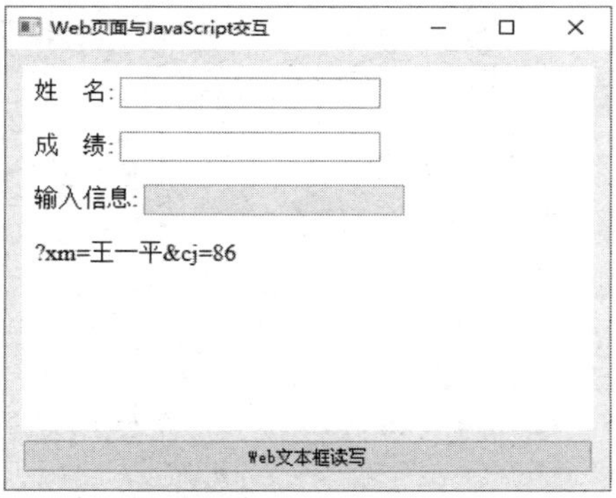

（c）

图 9.5　嵌入网页（含 JavaScript）

第 10 章

PyQt6 开发实例：文档分析器

PyQt6 借助第三方库可实现对各种类型文档的分析处理，为用户迅速获取文档中的有用信息提供便捷的途径。本章集成各类流行的 Python 库来开发一个文档分析器，它是多文档窗体应用程序，运行界面如图 10.1 所示。

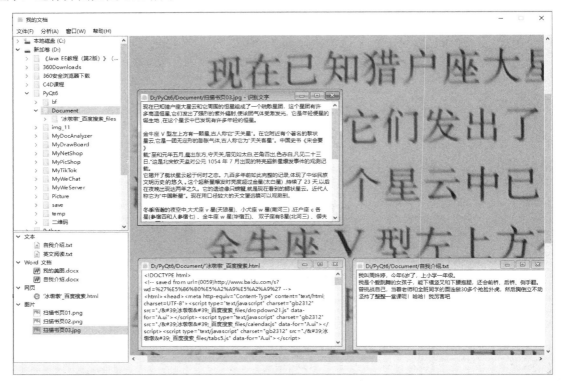

图 10.1　文档分析器运行界面

该程序可对文档进行朗读、分词、生成词云，还能爬取网页中的主题链接、识别图片中的文字等，功能十分强大。

【技术基础】

本实例主要用到以下技术（包括控件、库）。
（1）MdiArea 控件与 PyQt6 多文档程序设计。

包括创建子窗口（QMdiSubWindow）、控件添加到子窗口（setWidget）、子窗口添加到多文档显示区（addSubWindow）、多文档窗口布局、subWindowActivated（切换活动子窗口）信号的应用、currentSubWindow().widget().toPlainText()得到子窗口文本内容。

（2）TreeView（树状视图）与文件系统管理。

包括文件系统模型（QFileSystemModel）、标准项模型（QStandardItemModel）和标准项（QStandardItem）、操作系统文件库。

（3）使用 pyttsx3 库实现文字朗读。

（4）使用 jieba 库（配合 zhon.hanzi 库）实现分词。

（5）使用 wordcloud 库生成词云。

（6）使用爬虫模块 beautifulsoup4 库获取网页主题链接。

（7）使用 PIL 库读取图片，使用 Tesseract 库识别其中的文字。

（8）使用 QTextDocumentWriter 类保存分析结果文本。

【实例开发】

10.1 创建项目

用 PyCharm 创建项目，项目名为 MyDocAnalyzer。

10.1.1 项目结构

在项目中创建以下内容。

（1）image 目录，存放界面用到的图片资源。

（2）ui 目录，存放设计的界面 UI 文件及对应的界面 Py 文件。

（3）dict.txt，自定义分词词典。

（4）主程序文件 DocAnalyzer.py。

打开 Qt Designer，以 Main Window 模板创建一个窗体，保存成界面 UI 文件 DocAnalyzer.ui，再用 PyUic 转成界面 Py 文件并更名为 DocAnalyzer_ui.py。

最终形成的项目结构如图 10.2 所示。

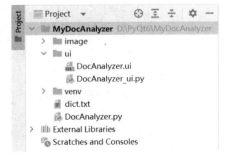

图 10.2 项目结构

说明：本程序具有菜单和状态栏，故必须用主窗体（Main Window）模板来创建界面。

10.1.2 界面设计

用 Qt Designer 打开项目 ui 目录下的界面 UI 文件 DocAnalyzer.ui。

1. 创建菜单

使用 Qt Designer 以 Main Window（主窗体）模板所创建的窗体会自带菜单栏（QMenuBar），

从"对象检查器"中可见其对象名及所对应的 PyQt6 类，如图 10.3 所示。

菜单栏位于窗体顶部，在界面设计模式下，其左端会有一行"在这里输入"的提示文字，双击该文字出现输入框，用户可在其中输入要创建的菜单名，在输入名称的同时还可以在后面跟"(&字母)"定义该菜单的快捷键（程序运行时以"Alt+字母"激活），输入完按回车键即可，操作过程如图 10.4 所示。

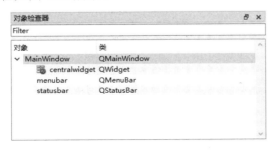

图 10.3 Main Window 模板创建的窗体自带菜单栏

图 10.4 创建菜单

图 10.5 提示文字

回车确认后，在已创建好的菜单下方和右侧又会出现"在这里输入"的提示文字，如图 10.5 所示，用户可双击下方文字创建菜单的菜单项，或者双击右侧文字再创建另一个菜单。每创建完一个菜单项或菜单，都会在适当的位置自动给出"在这里输入"的提示文字以便用户继续创建新的菜单项或菜单。在创建了一些菜单项后，可以双击"添加分隔符"将一组功能相关的菜单项与其他菜单项分隔开。本实例菜单项如图 10.6 所示。

图 10.6 本实例菜单项

对于每个创建好的菜单项，系统都会为其生成相应的 QAction 对象。在 Qt Designer 中选择菜单"视图"→"动作编辑器"命令，从打开的"动作编辑器"子窗口中可以看到这些 QAction 对象，当然，在"对象检查器"中也同样能看到它们。

创建的 QAction 对象初始名称是按照"action_字母/数字"规则自动生成的，为了增强可读性和在编程中引用，建议将它们更名为有意义的对象名称，双击"动作编辑器"中的 QAction 条目，弹出"编辑动作"对话框，可在其中修改相应 QAction 对象的名称，如图 10.7 所示。

图 10.7 修改 QAction 对象名称

本实例所创建的 QAction 对象统一以"act 功能名"规则来命名，重命名后它们显示在"动作编辑器"中的条目如图 10.8 所示。

图 10.8　重命名后的 QAction 条目

为了提升编程的灵活性，通常建议在 Qt Designer 可视化设计阶段仅仅创建 QAction 并为其命名就可以了，至于 QAction 的其他属性（如图标、快捷键、关联槽函数等），则留待编码阶段再用程序语句进行设计，这么做的好处在于修改方便，可以根据实际情况反复调整界面。

例如，对"文件"菜单下面的"保存"菜单项，设计其各项属性的代码语句为：

```
self.actSave.setIcon(QIcon('image/save.jpg'))        # 图标
self.actSave.setShortcut('Ctrl+S')                   # 快捷键
self.actSave.triggered.connect(self.saveDoc)         # 关联槽函数
```

运行效果为 。

如果后面对菜单项图标不满意，想换个更好看的；或者由于与其他新增的菜单项冲突而需要修改快捷键；或者为其开发了新功能要改变关联的槽函数……改一下这几行代码语句的参数就可以了，而不需要启动 Qt Designer 重新设计并转换界面文件。

2．布局控件

本实例要往窗体上添加 3 个控件：左边两个是树状视图（TreeView），分别为用户浏览本地计算机的目录提供路径导航以及文档归类展示；右边是一个多文档显示区（MdiArea）。底部状态栏就使用原主窗体自带的。

布局好控件的主界面如图 10.9 所示。

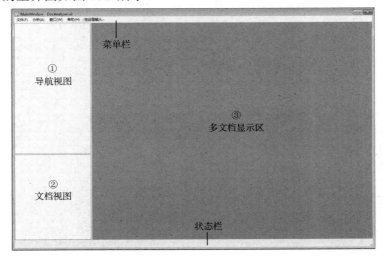

图 10.9　布局好控件的主界面

窗体上各控件对象的名称及属性列于表 10.1 中。

表 10.1 各控件对象的名称及属性

编号	控件类别	对象名称	属性说明
	MainWindow	默认	geometry: [(0, 0), 1200x800]
①	TreeView	trvOSDirs	geometry: [(0, 0), 256x451]
②	TreeView	trvDocFiles	geometry: [(0, 454), 256x297]
③	MdiArea	mdiArea	geometry: [(259, 0), 940x751]

保存 DocAnalyzer.ui，用 PyUic 将它转成界面 PY 文件并更名为 DocAnalyzer_ui.py，打开，将其中界面类 Ui_MainWindow 所继承的基类改为 QMainWindow 类，如下：

```
...
from PyQt6 import QtCore, QtGui, QtWidgets
from PyQt6.QtWidgets import QMainWindow         # 导入 QMainWindow 类

class Ui_MainWindow(QMainWindow):                # 修改继承的类
    def setupUi(self, MainWindow):
        ...
```

然后在主程序开头使用导入语句：

```
from ui.DocAnalyzer_ui import Ui_MainWindow
```

就可以运行生成界面了。

本实例界面的可视化设计到此为止。

10.1.3 主程序框架

主程序包括类库导入、主程序类和系统启动入口，主程序类又包含初始化函数和所有功能函数的代码，集中于文件 DocAnalyzer.py 中，程序框架如下：

```
# (1) 类库导入区
from ui.DocAnalyzer_ui import Ui_MainWindow
from PyQt6.QtWidgets import QApplication, QMessageBox, QAbstractItemView, QMdiSubWindow, QPlainTextEdit, QLabel
from PyQt6.QtGui import QIcon, QPixmap, QFileSystemModel, QStandardItemModel, QStandardItem, QTextDocumentWriter
from PyQt6.QtCore import Qt, QDir
import sys
import os
import re
# Word 文档操作库
from docx import Document
# 朗读库
import pyttsx3
# 分词库
from zhon.hanzi import punctuation
import jieba
# 生成词云库
```

完整主程序

```python
from wordcloud import WordCloud
# 爬取信息库
from bs4 import BeautifulSoup
import json
# 识别文字库
import pytesseract
from PIL import Image

# 主程序类
class MyDocAnalyzer(Ui_MainWindow):
    def __init__(self):
        super(MyDocAnalyzer, self).__init__()
        self.setupUi(self)
        self.initUi()
    # (2) 初始化函数
    def initUi(self):
        self.setWindowIcon(QIcon('image/docanalyzer.jpg'))
                                                    # 设置程序窗口图标
        self.setWindowTitle('我的文档')              # 设置程序窗口标题
        self.setWindowFlag(Qt.WindowType.MSWindowsFixedSizeDialogHint)
                                                    # 设置窗口为固定大小

        # ① MDI 设置区
        ...
        # ② QAction 设置区
        ...
        # ③ 文档管理开发区
        # 导航视图
        ...
        # 文档视图
        ...
        self.resText = ''                           # 分析出的结果文本
    # (3) 功能函数区
    def 函数1(self):
        ...
    def 函数2(self):
        ...
    ...
# 启动入口
if __name__ == '__main__':
    app = QApplication(sys.argv)
    mainwindow = MyDocAnalyzer()
    mainwindow.show()
    sys.exit(app.exec())
```

说明：

（1）类库导入区：位于程序开头，除了使用 PyQt6 核心的 3 个类库（QtWidgets、QtGui 和 QtCore），还要导入用于分析文档的各种第三方库，如 Word 文档操作库、朗读库、分词库等。

（2）初始化函数 initUi（读者也可自定义其他名称）内编写的是程序启动要首先执行的代码，本实例的初始化代码主要分为三部分，写在三个不同区域中以便维护。

① MDI 设置区：对多文档显示区的 MdiArea 控件属性进行设置，使其能够满足多文档显示和操作的需要。

② QAction 设置区：对前面界面可视化设计阶段所创建的 QAction 对象进一步设置其属性，如图标、快捷键和关联槽函数等。

③ 文档管理开发区：这个区域主要开发界面左边的两个树状视图，设置它们的各项关键属性并对其显示内容进行初始化加载。

（3）功能函数区：所有的功能函数全都定义在这里，位置不分先后，但还是建议把与某功能相关的一组函数写在一起，以便维护。下面各节在介绍某方面功能开发时所给出的函数代码，如不特别说明，都写在这个区域中。

10.2 文档的管理功能开发

用户的文档通常保存在计算机不同层级结构的目录下，而文档类型也是丰富多样的，为此需要开发一种机制方便用户对文档进行管理。PyQt6 的文件系统相关类（QDir、QFileSystemModel）提供了对操作系统目录和文件的浏览、过滤和存取等基础功能，将它们与树状视图（TreeView）控件相结合可实现 Windows 资源管理器的目录导航功能；另外，PyQt6 的多文档显示区（MdiArea）控件也内置了完善的文档操作功能。

10.2.1 目录导航

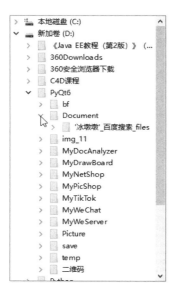

图 10.10　操作系统目录导航

文档分析器界面左侧上边的树状视图实现对本地计算机目录的导航功能，运行时用户单击可展开树状视图的节点，可定位至操作系统的任何目录，如图 10.10 所示。

在初始化函数 initUi 的文档管理开发区编写如下代码：

```
self.dirModel = QFileSystemModel()                              #（1）
self.dirModel.setRootPath('')                                   #（2）
self.dirModel.setFilter(QDir.Filter.AllDirs | QDir.Filter.NoDotAndDotDot)
                                                                #（3）
self.trvOSDirs.setModel(self.dirModel)                          #（1）
self.trvOSDirs.setHeaderHidden(True)                            # 不显示标题栏
for col in range(1, 4):
    self.trvOSDirs.setColumnHidden(col, True)                   #（4）
self.trvOSDirs.doubleClicked.connect(self.showFiles)
self.curPath = 'D:/PyQt6'                                       #（5）
self.curFile = ''                                               #（5）
dirList = self.curPath.split('/')
defPath = ''
```

```
for dir in dirList:
    if len(defPath) > 0:
        dir = '/' + dir
    defPath += dir
    self.trvOSDirs.setExpanded(self.dirModel.index(defPath), 1)
                                                                    # (6)
```

说明：

（1）PyQt6 内置了 Qt 的文件系统模型 QFileSystemModel 类，它自动关联本地计算机的文件系统，存储了操作系统所有目录和文件的详细信息，用户在编程时创建一个 QFileSystemModel 类的对象，用 setModel 方法将其设为树状视图的模型，就能在视图中定制显示想要看到的导航目录树，十分方便。

（2）setRootPath 设置导航目录的根节点路径，设为空（''）表示从操作系统根目录开始显示，这样本地计算机的所有驱动器都能看到。

（3）setFilter 设置"过滤"出要显示的项的类型，这里设为 QDir.Filter.AllDirs，表示显示所有目录（但不显示目录下的文件）；设为 QDir.Filter.NoDotAndDotDot 表示不显示名称为"."".."的目录，如图 10.11（a）所示。

（4）QFileSystemModel 模型中包含了每个目录（文件）的名称（Name）、大小（Size）、类型（Type）和修改日期（Date Modified），如图 10.11（b）所示。

图 10.11 路径

而导航功能只用到第 1 项（列索引 0）名称，故这里用 setColumnHidden(列索引, True)将第 2~4 项（对应列索引 1~3）隐藏。

（5）本程序定义了两个公共变量 self.curPath 和 self.curFile，随时记录当前所在目录的路径及打开的文件名。

（6）setExpanded(模型.index(路径), 1)将文件系统模型中指定路径下的目录打开，但 TreeView 视图不支持直接定位到某个目录，只能先用"/"将路径上的每个子目录项分隔出来存于一个列表，再遍历列表，通过反复调用 setExpanded 方法逐层展开至目标目录。

10.2.2 文档归类

当用户双击导航视图中的某个目录时，会在下方文档视图中列出该目录下的文件，为方便用户查看，文件按文本、Word 文档、网页、图片这四个大类分别罗列，文件名的前面有不同类型的图标来形象地展示，效果如图 10.12 所示。

图 10.12 文件分类展示的效果

（1）在初始化函数 initUi 的文档管理开发区编写如下代码：

```
self.fileModel = QStandardItemModel()                          # ①
self.trvDocFiles.setModel(self.fileModel)                      # ①
self.trvDocFiles.setHeaderHidden(True)                         # 不显示标题栏
self.trvDocFiles.setEditTriggers(QAbstractItemView.EditTrigger.NoEditTriggers)
                                                               # ②
self.trvDocFiles.doubleClicked.connect(self.showContent)
self.initFileModel()                                           # ③
```

说明：

① 每一个文件都以标准项（QStandardItem）的形式添加到标准项模型（QStandardItemModel）中，再用 setModel 方法将标准项模型关联到文档视图，就能从视图中看到添加的文件项。

图 10.13 编辑状态

② setEditTriggers 方法设置标准项的可编辑特性，这里设 QAbstractItemView.EditTrigger. NoEditTriggers 为不可编辑，如果不这样设置，当用户双击文档视图中的文件项时，文件名将变为编辑状态，如图 10.13 所示。

显然，这并不是我们想要的效果。

③ initFileModel 函数的作用是初始化文档视图，向其中添加四个文档类别的根节点项，代码为：

```
def initFileModel(self):
    self.fileModel.clear()
    self.textType = QStandardItem('文本')
    self.fileModel.appendRow(self.textType)
    self.wordType = QStandardItem('Word 文档')
    self.fileModel.appendRow(self.wordType)
    self.htmlType = QStandardItem('网页')
    self.fileModel.appendRow(self.htmlType)
    self.picType = QStandardItem('图片')
    self.fileModel.appendRow(self.picType)
    self.curFile = ''
    self.updateStatus()
```

（2）用户双击导航视图中的目录触发其 doubleClicked 信号，该信号所关联的 showFiles 函数往文档视图中添加文件项，代码如下：

```
def showFiles(self, index):
    self.initFileModel()
    self.curPath = self.dirModel.filePath(index)
    fileSet = os.listdir(self.curPath)                         # ①
    for i in range(len(fileSet)):
        if os.path.isdir(self.curPath + '\\' + fileSet[i]) == False:
                                                               # ①
            fileItem = QStandardItem(fileSet[i])
            type = fileSet[i].split('.')[1]                    # ②
            if type == 'txt':
                fileItem.setIcon(QIcon('image/text.jpg'))
                self.textType.appendRow(fileItem)
            elif type == 'docx':
                fileItem.setIcon(QIcon('image/word.jpg'))
                self.wordType.appendRow(fileItem)
```

```
                elif type == 'htm' or type == 'html':
                    fileItem.setIcon(QIcon('image/html.jpg'))
                    self.htmlType.appendRow(fileItem)
                elif type == 'jpg' or type == 'jpeg' or type == 'png' or type == 'gif'
 or type == 'ico' or type == 'bmp':
                    fileItem.setIcon(QIcon('image/pic.jpg'))
                    self.picType.appendRow(fileItem)
        self.trvDocFiles.expandAll()
        self.updateStatus()
```

说明：

① os.listdir(self.curPath)以集合形式返回当前目录路径的所有下一级项（包括文件和子目录）；os.path.isdir(self.curPath + '\\' + fileSet[i])判断集合中的某项究竟是文件还是目录，若是文件（False）就进一步处理。os 是 Python 内置的用于处理操作系统文件的库，在程序开头直接导入：

```
import os
```

即可使用。

② 对于集合中的文件项，以 split('.')[1]得到其后缀，根据后缀名判断文档的具体类型，然后分类添加（appendRow）到不同类别的节点下，并为不同类型的文档文件项设置不同的图标。

10.2.3 打开文档

用户双击文档视图中的某个文件项，将在多文档显示区打开子窗口，显示文件内容。这里又分为以下几种情况：

（1）当双击的是文本或网页时，直接读取其纯文本内容（网页就是其 HTML 源码）并显示。

（2）当双击的是 Word 文档时，程序借助于第三方 Word 文档操作库 docx 的 Document 类，逐段获取 Word 文档中的文本，最终显示的是不带格式的纯文字，而原 Word 文档中的图片、表格等对象将被忽略掉。例如，图 10.14 是原 Word 文档及其被打开后实际看到的内容。

（3）当双击的是图片时，在打开的子窗口中以 QLabel 原样显示图片。

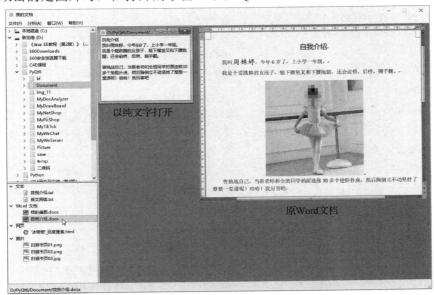

图 10.14　Word 文档以纯文字打开

用户双击文件项触发文档视图的 doubleClicked 信号，该信号关联的 showContent 函数根据上述不同的情况以不同方式打开并显示文件内容，代码如下：

```python
def showContent(self, index):
    self.curFile = self.fileModel.itemData(index)[0]
    self.updateStatus()
    path = self.curPath + '/' + self.curFile
    type = self.curFile.split('.')[1]
    if type == 'txt' or type == 'docx' or type == 'htm' or type == 'html':
        content = ''
        if type == 'txt' or type == 'htm' or type == 'html':
            with open(path, 'r', encoding='utf-8') as f:
                content = f.read()                  # 文本/网页源码直接读取
        elif type == 'docx':
            doc = Document(path)
            for p in doc.paragraphs:
                content += p.text
                content += '\r\n'                   # Word 文档逐段读取
        textDoc = QMdiSubWindow(self)
        textDoc.setWindowTitle(path)
        teContent = QPlainTextEdit(textDoc)
        teContent.setPlainText(content)
        textDoc.setWidget(teContent)
        self.mdiArea.addSubWindow(textDoc)
        textDoc.show()
    elif type == 'jpg' or type == 'jpeg' or type == 'png' or type == 'gif' or type == 'ico' or type == 'bmp':
        picDoc = QMdiSubWindow(self)
        picDoc.setWindowTitle(path)
        lbContent = QLabel(picDoc)
        lbContent.setPixmap(QPixmap(path))          # 图片用 QLabel 原样显示
        picDoc.setWidget(lbContent)
        self.mdiArea.addSubWindow(picDoc)
        picDoc.show()
```

说明： 无论哪种显示方式，都是先用 QMdiSubWindow 方法创建子窗口，然后用 setWidget 方法将控件添加到子窗口中，再用 addSubWindow 方法将子窗口添加到多文档显示区，最后以 show 方法显示内容。

无论是双击导航视图中的项打开目录，还是双击文档视图中的项打开文件，都会调用一个 updateStatus 函数，它用于更新程序状态栏，显示当前打开的目录或文件路径，代码为：

```python
def updateStatus(self):
    self.statusbar.showMessage(self.curPath + '/' + self.curFile)
```

10.2.4 多文档窗口布局

由于程序运行过程中用户可能打开很多个文件，如果打开的是大幅扫描图片，还可能超出多文档显示区的尺寸范围，因此必须编程对显示区进行设置，并提供对其中多个子窗口排列布局的功能。

首先设置多文档显示区的属性，为其加上滚动条，在初始化函数 initUi 的 MDI 设置区编写语句：

```
self.mdiArea.setHorizontalScrollBarPolicy(Qt.ScrollBarPolicy.ScrollBarAsNeeded)
                                                            # 水平滚动条
self.mdiArea.setVerticalScrollBarPolicy(Qt.ScrollBarPolicy.ScrollBarAsNeeded)
                                                            # 垂直滚动条
```

排列布局功能由"窗口"菜单实现，其菜单项如图 10.15 所示，各功能项以①、②…标注，对应的 QAction 对象名列于表 10.2 中。

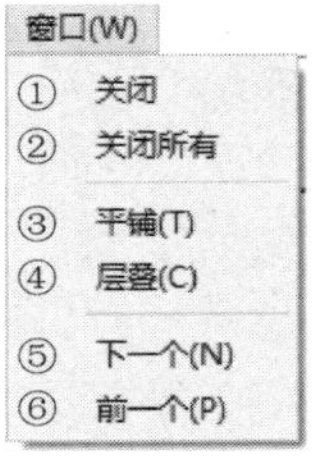

表 10.2 对应的 QAction

编号	对象名
①	actClose
②	actCloseAll
③	actTile
④	actCasCade
⑤	actNext
⑥	actPrev

图 10.15 多文档窗口布局相关功能项

在初始化函数 initUi 的 QAction 设置区编写代码设置各 QAction 的属性，如下：

```
self.actClose.triggered.connect(self.closeDoc)
self.actCloseAll.triggered.connect(self.closeAllDocs)
self.actTile.triggered.connect(self.tileDocs)
self.actCasCade.triggered.connect(self.cascadeDocs)
self.actNext.triggered.connect(self.nextDoc)
self.actPrev.triggered.connect(self.prevDoc)
```

PyQt6 的多文档显示区（MdiArea）控件本身就内置了对文档子窗口的布局管理功能，在各个 QAction 所关联的功能函数中直接调用相应的窗口管理函数即可，如下：

```
def closeDoc(self):
    self.mdiArea.closeActiveSubWindow()         # 关闭活动(当前)子窗口
def closeAllDocs(self):
    self.mdiArea.closeAllSubWindows()           # 关闭所有子窗口
def tileDocs(self):
    self.mdiArea.tileSubWindows()               # 平铺子窗口
def cascadeDocs(self):
    self.mdiArea.cascadeSubWindows()            # 层叠子窗口
def nextDoc(self):
    self.mdiArea.activateNextSubWindow()        # 激活(切换至)下一个窗口
def prevDoc(self):
    self.mdiArea.activatePreviousSubWindow()    # 激活(切换至)前一个窗口
```

打开多个文档窗口，选择菜单"窗口"→"层叠"命令，效果如图 10.16 所示。
当然，读者也可以平铺、切换下一个（前一个）窗口或者关闭一些窗口，看看效果如何。

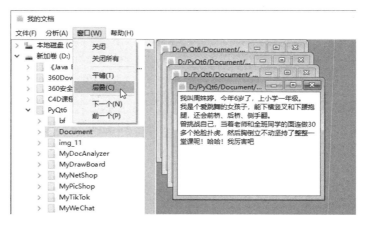

图 10.16 层叠窗口的效果

10.3 文档的分析功能开发

文档分析功能由"分析"菜单实现,其菜单项如图 10.17 所示,各功能项以①、②…标注,对应的 QAction 对象名列于表 10.3 中。

图 10.17 文档分析相关功能项

表 10.3 对应的 QAction

编　　号	对　象　名
①	actSpeak
②	actWord
③	actCloud
④	actCrawl
⑤	actRecog

在初始化函数 initUi 的 QAction 设置区编写代码设置各 QAction 的属性,如下:

```
self.actSpeak.setIcon(QIcon('image/speak.jpg'))
self.actSpeak.setShortcut('Ctrl+R')
self.actSpeak.setEnabled(False)
self.actSpeak.triggered.connect(self.readSpeak)
self.actWord.setShortcut('Ctrl+W')
self.actWord.setEnabled(False)
self.actWord.triggered.connect(self.cutWord)
self.actCloud.setIcon(QIcon('image/cloud.jpg'))
self.actCloud.setEnabled(False)
self.actCloud.triggered.connect(self.generCloud)
self.actCrawl.setIcon(QIcon('image/crawl.jpg'))
self.actCrawl.setEnabled(False)
self.actCrawl.triggered.connect(self.titleCrawl)
self.actRecog.setEnabled(False)
self.actRecog.triggered.connect(self.textRecog)
```

这些 QAction 初始一律设为不可用(setEnabled(False)),是为了防止用户误操作,因为针对不同类型文档所用的分析方式是不一样的。

如果用户打开的是文本或 Word 文档，可对其朗读、分词和生成词云；如果打开的是网页，只能从中爬取信息，而对 HTML 源码执行朗读、分词等操作是没有意义的；如果打开的是图片，必须首先识别其中的文字，才能进一步进行其他处理。

这 3 种情形"分析"菜单下各菜单项的可用状态如图 10.18 所示。

图 10.18　不同情形下各菜单项的可用状态

编写一个 updateMenuBar 函数来控制菜单项的可用状态，如下：

```python
def updateMenuBar(self):
    self.actSpeak.setEnabled(False)
    self.actWord.setEnabled(False)
    self.actCloud.setEnabled(False)
    self.actCrawl.setEnabled(False)
    self.actRecog.setEnabled(False)
    type = self.curFile.split('.')[1]
    if type == 'txt' or type == 'docx':
        self.actSpeak.setEnabled(True)
        self.actWord.setEnabled(True)
        self.actCloud.setEnabled(True)
    elif type == 'htm' or type == 'html':
        self.actCrawl.setEnabled(True)
    elif type == 'jpg' or type == 'jpeg' or type == 'png' or type == 'gif' or type == 'ico' or type == 'bmp':
        self.actRecog.setEnabled(True)
```

然后将多文档显示区（MdiArea）控件的 subWindowActivated（切换活动子窗口）信号关联至这个函数，在初始化函数 initUi 的 MDI 设置区编写语句：

```python
self.mdiArea.subWindowActivated.connect(self.updateMenuBar)
```

这样一来，无论何时"分析"菜单下各菜单项的可用状态都能够保持与当前打开子窗口中的文档类型一致，以保证用户执行相匹配的操作。

10.3.1　文本文字的分析

1. 文字朗读

将文本文字以语音的形式直接朗读出来是当下十分流行的一种应用，它为视觉障碍者（如盲人、老年人）、尚无阅读能力者（未上学识字的幼童）、不便收看文字者（如公交/网约车司机、快递小哥）和缺少阅读时间者（如忙碌的上班族）等社会群体快速获取信息、学习知识提供了一个极其便捷有效的途径。

PyQt6 通过 Python 的第三方库 pyttsx3 实现对文本文字的朗读，在 Windows 命令行下执行"pip install pyttsx3"命令联网安装，然后在程序开头类库导入区导入：

```
import pyttsx3
```

actSpeak 的 triggered 信号所关联的 readSpeak 函数实现朗读功能，如下：

```
def readSpeak(self):
    content = self.mdiArea.currentSubWindow().widget().toPlainText()
    engine = pyttsx3.init()
    engine.say(content)
    engine.runAndWait()
```

说明：

（1）当子窗口中为文本显示控件时，可通过 MdiArea 的 currentSubWindow().widget().toPlainText()得到文本内容。

（2）pyttsx3 还可设定音量、语速等声音特性，例如：

```
volume = engine.getProperty('volume')
engine.setProperty('volume', 0.3)            # 调低音量至 0.3(默认为 1)
rate = engine.getProperty('rate')
engine.setProperty('rate', 400)              # 提高语速一倍(默认为 200)
```

2．分词

所谓"分词"就是将一段文字切分为一个个独立、有意义的词汇，它在提取文本中的关键词、文章断句重组、音频话语的自动合成等领域有着重要的实用价值。

PyQt6 通过著名的 jieba 库实现分词操作，在 Windows 命令行下执行"pip install jieba"命令联网安装，然后在程序开头类库导入区导入：

```
import jieba
```

另外，在对一个文档执行分词前，通常都要进行一些预处理（去掉标点符号及分段标记），本程序借助一个叫 zhon.hanzi 的库进行预处理，在 Windows 命令行下执行"pip install zhon"命令联网安装，然后导入该库的 punctuation 模块：

```
from zhon.hanzi import punctuation
```

actWord 的 triggered 信号所关联的 cutWord 函数实现分词功能，如下：

```
def cutWord(self):
    content = self.mdiArea.currentSubWindow().widget().toPlainText()
    # (1) 预处理
    content = re.sub('[%s]+' % punctuation, '', content)     # 去掉标点符号
    content = re.sub('[%s]+' % '\r\n', '', content)          # 去掉分段标记
    # 分词
    jieba.load_userdict('dict.txt')                          # (2)
    self.resText = str(jieba.lcut(content))                  # (3)
    self.showResult('分词')
```

说明：

（1）punctuation 模块内置了所有常用的标点符号，'\r\n'（回车换行）则是大多数文档标准的分段标记，用 Python 的正则表达式 re 库的 sub 函数，将文档内容中的这两类字符串都替换为空（''）。需要在程序开头导入正则表达式库：

```
import re
```

（2）用 load_userdict 函数载入自定义的词典。jieba 默认使用内置的词典进行分词，但在某

些应用场合，需要识别特殊的专有词汇，这时就要由用户来自定义词典。自定义的词典以 UTF—8 编码的文本文件保存，其中每个词占一行（每行还可带上以空格隔开的词频和词性参数）。

例如，本程序在项目目录下创建文件 dict.txt 作为词典，其中录入待分词文档中出现的专业名词及其他一些不宜作分割的连词，如图 10.19 所示。这样 jieba 在分词时就会优先采用用户词典里定义好的词。

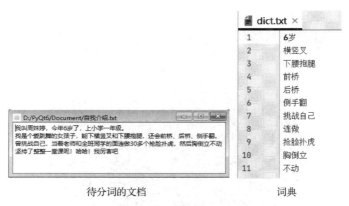

图 10.19　文档与词典

读者可以试着在使用和不使用（注释掉 "jieba.load_userdict('dict.txt')"）词典的情况下分别运行程序，看看分词的结果（图 10.20）有什么不一样。

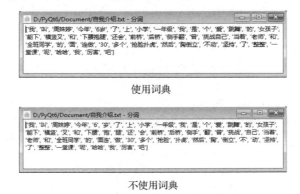

图 10.20　使用与不使用词典的分词结果

（3）str(jieba.lcut(content)) 用 lcut 函数对内容进行分词，再转为字符串形式赋给公共变量 self.resText。

jieba 提供了 4 个分词函数：cut、lcut、cut_for_search、lcut_for_search，它们均接收一个需要分词的字符串作为参数。其中，cut、lcut 采用精确模式或全模式进行分词，精确模式将字符串文本精确地按顺序切分为一个个单独的词语，全模式则把句子中所有可以成词的词语都切分出来；cut_for_search、lcut_for_search 采用搜索引擎模式进行分词，在精确模式的基础上对长词进一步切分。

分词的结果可以以两种形式返回：cut、cut_for_search 函数返回一个可迭代的 generator 对象，lcut、lcut_for_search 函数返回的则是列表对象。用户可根据需要选择不同函数以得到不同形式的结果。例如，本程序若改用 cut 函数来分词，得到的结果可以这样处理：

```
result = jieba.cut(content)
for word in result:
    self.resText += word
    self.resText += ', '
self.resText += '\n'
```

3．生成词云

词云是当今互联网上十分流行的一种信息展示形式，它根据词语在文本中出现的频率设置其在云图中的大小、色彩及显示层次，用户只要看到一个文档的词频云图，就能对其内容的重点一目了然（图10.21）。

图 10.21　词云让人对文档内容的重点一目了然

在 Windows 命令行下执行"pip install wordcloud"命令联网安装，然后在程序开头类库导入区导入：

```
from wordcloud import WordCloud
```

actCloud 的 triggered 信号所关联的 generCloud 函数实现生成词云的功能，如下：

```
def generCloud(self):
    content = self.mdiArea.currentSubWindow().widget().toPlainText()
    content = re.sub('[%s]+' % punctuation, '', content)
    content = re.sub('[%s]+' % '\r\n', '', content)
    jieba.load_userdict('dict.txt')
    content = ' '.join(jieba.lcut(content))
    cloud = WordCloud(font_path='simsun.ttc').generate(content)
    path = self.curPath + '/' + '词频云图.png'
    cloud.to_file(path)
    picDoc = QMdiSubWindow(self)
    picDoc.setWindowTitle(self.mdiArea.currentSubWindow().windowTitle() + ' - 词云')
    lbResult = QLabel(picDoc)
    lbResult.setPixmap(QPixmap(path))
    picDoc.setWidget(lbResult)
    self.mdiArea.addSubWindow(picDoc)
    picDoc.show()
```

说明：对于中文文档应当先对其文本进行分词，然后使用空格（或逗号）将分割出的词连接成字符串，才能调用 generate 函数来生成词云，且在用 WordCloud 创建词云对象时必须以 font_path 参数设置字体，否则显示的云图会是乱码。

10.3.2 获取网页主题链接

1. 原理

当我们日常使用百度搜索,在页面上输入关键词如"冰墩墩",单击"百度一下"按钮,搜索引擎会自动将这个查询转换为如下的链接 URL:

http://www.baidu.com/s?wd=冰墩墩

然后跳转至这个地址,显示如图 10.22 所示的搜索结果页。

图 10.22 "冰墩墩"百度搜索结果页

当然,如果打开浏览器直接输入这个地址(不通过百度),也会显示一模一样的结果页。在上图页面上右击,选择"查看网页源代码"命令,从源码中可见每个查询结果的标题及 URL 都被封装在 data-tools 属性中,如图 10.23 所示。

图 10.23 查询结果的封装位置

如此一来,只要用网络爬虫库解析出源码中所有的 data-tools 属性值,提取其中的"title""url"字段,即可得到一个网页上全部内容的主题及其链接的 URL。

2. 实现

用 Python 爬虫模块的 beautifulsoup4 库来实现获取网页主题链接的功能。

在 Windows 命令行下执行"pip install beautifulsoup4"命令联网安装,然后在程序开头类库导入区导入:

```python
from bs4 import BeautifulSoup
```

actCrawl 的 triggered 信号所关联的 titleCrawl 函数实现爬取链接的功能，如下：

```python
def titleCrawl(self):
    content = self.mdiArea.currentSubWindow().widget().toPlainText()
    soup = BeautifulSoup(content, 'html.parser')
    links = []
    for div in soup.find_all('div', {'data-tools': re.compile('title')},
{'data-tools': re.compile('url')}):                                    # （1）
        data = div.attrs['data-tools']                # 获取 data-tools 属性值
        data = str(data).replace("'", '"')
        d = json.loads(data)                                            # （2）
        links.append(d['title'] + ': ' + d['url'])
    count = 1
    self.resText = ''
    for i in links:
        self.resText += '[{:^3}]{}'.format(count, i) + '\r\n'
        count += 1
    self.showResult('主题链接')
```

说明：

（1）用 beautifulsoup4 找到页面中所有含匹配"title""url"字符串的 data-tools 属性的<div>标签。re 库的 compile 函数能根据包含正则表达式的字符串创建模式对象，在完成一次转换之后，每次使用该模式就不必再重复转换，提高了匹配速度。

（2）因 data-tools 内部（{}中）的数据是 JSON 格式的，这里调用 Python 的 JSON 库的 loads 方法将属性值转换成字典，便于接下来以 d['title']、d['url']方式分别引用和操作爬取结果中的标题及 URL 数据。

运行程序，打开保存的"冰墩墩"百度搜索结果页，选择菜单"分析"→"爬取信息"命令，看到爬虫获取的主题链接如图 10.24 所示。

图 10.24　爬虫获取的主题链接

有了这些链接,用户就可以进一步访问自己感兴趣的主题了。

10.3.3 识别扫描书页文字

在实际工作中,有一些文档是以扫描书页所得的图片形式保存的,为了能对文档进行编辑处理,必须将它们转为文本文字,这就要求程序能自动识别出图片中的文字。

将图片"翻译"成文字的技术又称 OCR(Optical Character Recognition,光学文字识别),Python 领域最主流的 OCR 库是 Tesseract,它最早是 20 世纪八九十年代由惠普布里斯托实验室研制的一个字符识别引擎,2006 年被 Google 收购,对其进行了改进和深度优化,是目前公认最优秀、最精确的开源 OCR 系统。

本程序使用 Tesseract 库来实现图片文字识别功能,与前面用的那些库有所不同的是,此库在使用之前必须先安装其软件环境,下面介绍步骤。

1. 环境准备

(1)下载 Tesseract 的安装包,请读者根据自己使用的计算机操作系统位数选择匹配的安装包,编者用的系统是 64 位 Windows 10 专业版,故下载的安装包文件名中含"w64"(tesseract-ocr-w64-setup-v5.2.0.20220712.exe),双击安装包弹出对话框,选择语言(就用默认的 English),单击"OK"按钮启动安装向导,如图 10.25 所示。

图 10.25 选择语言和启动安装向导

(2)单击"Next"按钮,单击"I Agree"按钮同意软件许可协议,再单击"Next"按钮,如图 10.26 所示。

(3)在接下来的"Choose Components"(选择组件)界面上选择定制软件要支持识别的语言库,展开树状视图"Additional language data"节点,依次勾选其下的"Arabic"(阿拉伯数字)、"Chinese(Simplified)"(简体中文)、"Chinese(Simplified vertical)"(简体中文 竖排)、"Chinese(Traditional)"(繁体中文)和"Chinese(Traditional vertical)"(繁体中文 竖排)这几个复选框,如图 10.27 所示,单击"Next"按钮。

(4)出现"Choose Install Location"(选择安装位置)界面,可设置 Tesseract 的安装目录,如图 10.28 所示,单击"Next"按钮。

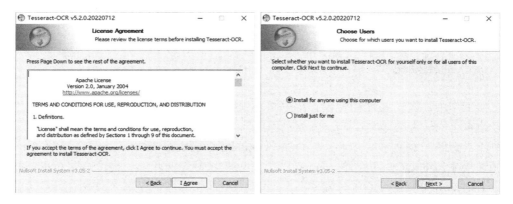

图 10.26　同意软件许可协议

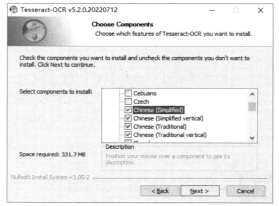

图 10.27　选择定制软件要支持识别的语言库

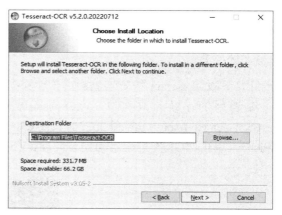

图 10.28　设置 Tesseract 的安装目录

注意： 这个安装目录的路径请读者务必记下来，后面会用到。

（5）单击"Install"按钮开始安装，期间安装程序会自动联网下载刚刚用户所选择定制的那些语言库，完成后单击"Next"按钮，再单击"Finish"按钮结束安装。

（6）安装程序所下载的语言库文件全都位于 Tesseract 安装目录的 tessdata 子目录下，如图 10.29 所示。需要将安装目录配置到系统 Path 变量当中，以便 Tesseract 能找到这些语言库，步骤如下。

右击"此电脑"，选择"属性"命令，在"高级系统设置"→"环境变量"中选择下方"系统变量"列表中的"Path"，单击"编辑"按钮，弹出"编辑环境变量"对话框，再单击"新建"按钮，然后在变量列表的末尾添加 Tesseract 安装目录的路径即可，如图 10.30 所示，添加好系统 Path 变量后还需要依次单击"确定"按钮返回，这样才算配置好了。

（7）将 Tesseract 安装至 Python 环境。

在 Windows 命令行下执行"pip install pytesseract"命令联网安装，然后在 pytesseract 安装包中找到 pytesseract.py 文件，修改其中 tesseract_cmd 字段的值，将前面记下的 Tesseract 的安装目录填入其中，如图 10.31 所示。

经过以上一系列安装和配置工作，就能使 PyQt6 程序顺利地找到本地计算机的文字识别引擎及语言库，完成识别功能。

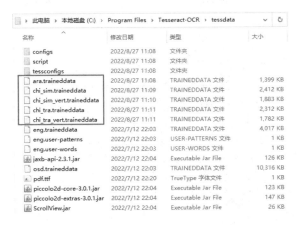

图 10.29　语言库的存放位置

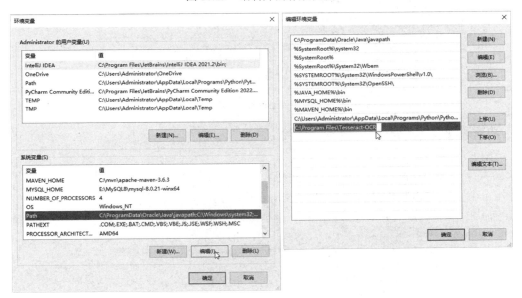

图 10.30　将安装目录配置到系统 Path 变量当中

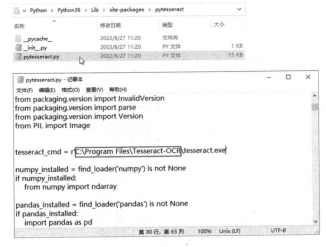

图 10.31　在 Python 环境中配置 Tesseract

小知识：

pytesseract 安装包所在的位置可通过如下方法查看：

在 PyCharm 集成开发环境选择菜单 "File" → "Settings" 命令，在打开的 "Settings" 对话框中选中左侧 "Project: MyDocAnalyzer" → "Python Interpreter" 项，在中央列表区中找到安装的 pytesseract 库的条目，将鼠标指针置于其上就会显示安装包的路径，如图 10.32 所示，到这个路径下就能找到 pytesseract.py 文件。

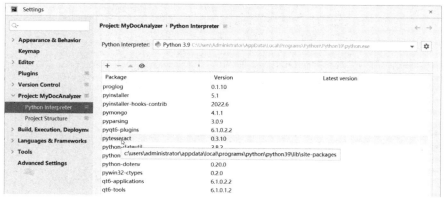

图 10.32　查看 pytesseract 安装包所在的位置

2．功能实现

在程序开头类库导入区导入：

```
import pytesseract
```

另外，由于文字识别程序首先要借助 Python 的 PIL 库进行图片读取，也要安装该库，在 Windows 命令行下执行 "pip install pillow" 命令联网安装，然后导入该库的 Image 类：

```
from PIL import Image
```

actRecog 的 triggered 信号所关联的 textRecog 函数实现文字识别功能，如下：

```
def textRecog(self):
    path = self.curPath + '/' + self.curFile
    image = Image.open(path)
    self.resText = pytesseract.image_to_string(image, lang='chi_sim')
    self.showResult('识别文字')
```

运行程序，一张扫描书页图片的文字识别效果如图 10.33 所示。

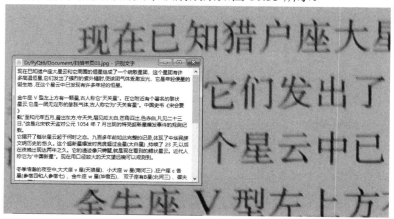

图 10.33　一张扫描书页图片的文字识别效果

10.3.4 分析结果处理

文档分析的结果除朗读和词云外,其他都是以文本的形式显示和保存的,为此,定义一个通用的 showResult 函数用于不同分析模式下结果的统一显示。

1. 显示

showResult 函数带一个 mode 参数,用来指明使用的是哪一种分析模式(如分词、识别文字等),代码如下:

```
def showResult(self, mode):
    textDoc = QMdiSubWindow(self)
    textDoc.setWindowTitle(self.mdiArea.currentSubWindow().windowTitle() + ' - ' + mode)
    teResult = QPlainTextEdit(textDoc)
    teResult.setPlainText(self.resText)
    textDoc.setWidget(teResult)
    self.mdiArea.addSubWindow(textDoc)
    textDoc.show()
```

可见,分析结果是通过在多文档区单独再开一个子窗口显示的。

2. 保存

用 PyQt6 的 QTextDocumentWriter 类实现对分析结果文本的保存。
actSave 的 triggered 信号所关联的 saveDoc 函数实现保存功能,如下:

```
def saveDoc(self):
    type = self.curFile.split('.')[1]
    if type == 'txt' or type == 'docx' or type == 'htm' or type == 'html':
        docName = self.mdiArea.currentSubWindow().windowTitle() + '.txt'
        writer = QTextDocumentWriter(docName)
        if writer.write(self.mdiArea.activeSubWindow().widget().document()):
            QMessageBox.information(self, '提示', '已保存。')
```

10.4 其他功能开发

系统其他一些次要功能的菜单如图 10.34 所示,各功能项以①、②…标注,对应的 QAction 对象名列于表 10.4 中。

图 10.34 其他功能项

表 10.4 对应的 QAction

编　号	对　象　名
①	actQuit
②	actAbout
③	actAboutPyQt

在初始化函数 initUi 的 QAction 设置区编写代码设置各 QAction 的属性,如下:

```
self.actQuit.triggered.connect(self.quitApp)
self.actAbout.triggered.connect(self.aboutApp)
self.actAboutPyQt.triggered.connect(self.aboutPyQt)
```

1. 退出

quitApp 函数主动结束程序，退出系统，代码如下：

```
def quitApp(self):
    app = QApplication.instance()
    app.quit()
```

2. 关于

"帮助"下的"关于"菜单项显示本程序主要用途，如图 10.35 所示。

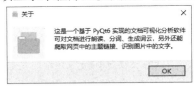

图 10.35　本程序主要用途

aboutApp 函数实现该功能，代码如下：

```
def aboutApp(self):
    QMessageBox.about(self, '关于', '这是一个基于 PyQt6 实现的文档可视化分析软件\r\n可对文档进行朗读、分词、生成词云，另外还能\r\n爬取网页中的主题链接、识别图片中的文字。')
```

当然，读者也可以用这个窗口显示程序的版本及版权声明信息。

3. 关于 PyQt6

"帮助"下的"关于 PyQt6"菜单项显示本程序基于的内部 Qt 库的版本号及相关的系统信息，如图 10.36 所示。

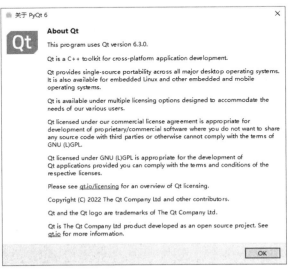

图 10.36　本程序基于的内部 Qt 库的版本号及相关的系统信息

aboutPyQt 函数实现该功能，代码如下：

```
def aboutPyQt(self):
    QMessageBox.aboutQt(self, '关于 PyQt 6')
```

第 11 章
PyQt6 开发及实例：网上商城

本章介绍如何开发一个网上商城，它是一个多窗体图形界面应用程序，有一个导航界面作为系统入口，如图 11.1 所示，由此可分别启动"商品选购""下单结算""销售分析"模块，每个模块的功能都用一个单独的窗口运行。

图 11.1　网上商城入口

【技术基础】

本系统主要用到以下技术：

（1）Python 程序分包与模块化开发。

（2）PyQt6 多窗口程序设计。

（3）使用全局文件定义公共数据，数据定义为类的属性并提供 get/set 方法供其他模块的程序存取。

（4）TableView 控件"模型-视图"机制显示商品信息列表。

（5）openpyxl 库操作 Excel。

（6）QTextDocument、QTextCursor、QTextCharFormat 与 QTextTableFormat 等类配合使用来设置表格格式并打印文档中的表格。

（7）Python 字典列表的应用。

（8）PyQt6 的 QtCharts 库实现绘图。

（9）PrintPreviewDialog 显示打印预览对话框，向 paintRequested 信号关联的函数传递一个

QPrinter 对象来实现打印功能。

【实例开发】

11.1　创建项目

用 PyCharm 创建项目，项目名为 MyNetShop。

11.1.1　数据准备

本程序中用到的所有商品信息都作为基础数据预先准备好。

创建 Excel 购物文件 netshop.xlsx，包含商品分类表、商品表、订单表和订单项表 4 个工作表，初始数据分别如图 11.2～11.5 所示。

	A	B
1	类别编号	类别名称
2	1	水果
3	1A	苹果
4	1B	梨
5	1C	橙
6	1D	柠檬
7	1E	香蕉
8	1F	芒果
9	1G	车厘子
10	1H	草莓
11	2	肉禽
12	2A	猪肉
13	2B	鸡鸭鹅
14	2C	牛肉
15	2D	羊肉
16	3	海鲜水产
17	3A	鱼
18	3B	虾
19	3C	海参
20	4	粮油蛋
21	4A	鸡蛋
22	4B	调味料
23	4C	啤酒
24	4D	滋补保健

图 11.2　商品分类表

	A	B	C	D	E
1	商品号	类别编号	商品名称	价格（元）	库存量
2	1	1A	洛川红富士苹果冰糖心10斤箱装	44.8	3601
3	2	1A	烟台红富士苹果10斤箱装	29.8	5698
4	4	1A	阿克苏苹果冰糖心5斤箱装	29.8	12680
5	6	1B	库尔勒香梨10斤箱装	69.8	8902
6	1001	1B	砀山梨10斤箱装大果	19.9	14532
7	1002	1B	砀山梨5斤箱装特大果	16.9	6834
8	1901	1G	智利车厘子2斤大樱桃整箱顺丰包邮	59.8	5420
9	2001	2A	[王明公]农家散养猪冷冻五花肉3斤装	118	375
10	2002	2B	Tyson/泰森鸡胸肉454g*5去皮冷冻包邮	139	1682
11	2003	2B	[周黑鸭]卤鸭脖15g*50袋	99	5963
12	3001	3B	波士顿龙虾特大鲜活1斤	149	2800
13	3101	3C	[参王朝]大连6-7年深海野生干海参	1188	1203
14	4001	4A	农家散养草鸡蛋40枚包邮	33.9	690
15	4101	4C	青岛啤酒500ml*24听整箱	112	23427

图 11.3　商品表

	A	B	C	D
1	订单号	用户帐号	支付金额（元）	下单时间
2	1	easy-bbb.com	129.4	2021.10.01 16:04:49
3	2	sunrh-phei.net	495	2021.10.03 09:20:24
4	3	sunrh-phei.net	171.8	2021.12.18 09:23:03
5	4	231668-aa.com	29.8	2022.01.12 10:56:09
6	5	easy-bbb.com	119.6	2022.01.06 11:49:03
7	6	sunrh-phei.net	33.8	2022.03.10 14:28:10
8	8	easy-bbb.com	358.8	2022.05.25 15:50:01
9	9	231668-aa.com	149	2022.11.11 22:30:18
10	10	sunrh-phei.net	1418.6	2022.06.03 08:15:23

图 11.4　订单表

	A	B	C	D
1	订单号	商品号	订货数量	状态
2	1	2	2	结算
3	1	6	1	结算
4	2	2003	5	结算
5	4	2	1	结算
6	3	1901	1	结算
7	3	4101	1	结算
8	5	1901	2	结算
9	6	1002	2	结算
10	8	1901	6	结算
11	10	2001	10	结算
12	10	6	2	结算
13	10	2003	1	结算
14	9	2	5	结算

图 11.5　订单项表

11.1.2 初步了解项目结构

本项目所有文件可分成功能程序、界面文件和资源三大部分，为方便管理和维护，需要在项目中用不同的包和目录来分类存放它们，最终开发完成的项目结构如图 11.6 所示。

其中，功能程序包含一个入口 Main.py 文件、一个全局 appvar.py 文件和两个包（shop 和 analysis）；每个功能模块都有图形界面，所有界面文件统一放在 ui 目录下（图 11.7）；资源则分别放在数据目录（data）和图片目录（image）中。

图 11.6　开发完成的项目结构

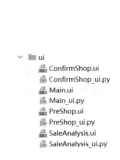
图 11.7　所有界面文件

各部分介绍如下。

1. 功能程序

（1）入口文件 Main.py：程序启动时首先显示，实现主控窗口，负责整个系统的功能导航，在系统运行期间始终可操作。

（2）全局文件 appvar.py：集中定义系统中各模块都要使用的公共全局变量。

（3）购物包 shop：存放商品选购和下单结算两个功能模块，其中，商品选购模块 PreShop.py 实现商品信息的查询、打印及选购商品功能；下单结算模块 ConfirmShop.py 实现商品订购、取消订购、调整订货数量及结算功能。

（4）分析包 analysis：存放销售分析模块 SaleAnalysis.py。

2. 界面文件

界面目录 ui：集中存放所有的界面文件，包括界面 UI 文件和界面 PY 文件，两者是成对存在的。本系统的 Main.py（功能导航）、PreShop.py（商品选购）、ConfirmShop.py（下单结算）、SaleAnalysis.py（销售分析）功能都有图形界面，开发时它们的 UI 文件窗体先在 Qt Designer 中以可视化的方式设计出来，保存为界面 UI 文件，经 PyUic 转换为同名的界面 PY 文件。所有界面 PY 文件都是以"界面 UI 文件名_ui"为规则命名的，以便区分。

3. 资源

（1）数据目录 data：存放程序运行所需数据，以 Excel 文件的形式存储，netshop.xlsx 就是上节准备的数据文件。

（2）图片目录 image：存储商品图片（为简单起见，一律以"商品号.jpg"命名）、程序窗口图标（netshop.jpg）、功能导航界面背景图（navigate.jpg）、"选购"按钮图标（cart.jpg）、默认显示商品图片（pic.jpg）。

接下来逐一开发网上商城的业务功能。

11.2 功能导航功能开发

程序启动首先进入的是功能导航界面，这是整个系统的主控窗口，程序运行期间要全程显示，通过它引导用户打开其他功能模块的窗口。

11.2.1 界面设计

在 PyCharm 环境下启动 Qt Designer 设计器，用默认"Main Window"模板创建窗体，进入可视化设计环境，移除窗体的菜单栏和状态栏，从工具箱往设计窗体上拖曳控件，设计效果如图 11.8 所示。界面上主要控件的类别、名称、属性如表 11.1 所示。

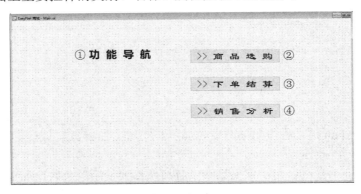

图 11.8　功能导航界面设计效果

表 11.1　功能导航界面控件

编　号	控件类别	对象名称	属性说明
	MainWindow	默认	geometry: [(0, 0), 1180x590] windowTitle: EasyNet 商城
①	Label	lbTitle	geometry: [(240, 90), 271x71] font: [Microsoft YaHei UI, 28] 粗体 text: 功　能　导　航 scaledContents: 勾选 alignment: 水平中心对齐，垂直中心对齐
②	PushButton	pbPre	geometry: [(620, 110), 311x51] font: [隶书, 28] text: >> 商品选购

续表

编号	控件类别	对象名称	属性说明
③	PushButton	pbCfm	geometry: [(620, 210), 311x51] font: [隶书, 28] text: >> 下 单 结 算
④	PushButton	pbSale	geometry: [(620, 310), 311x51] font: [隶书, 28] text: >> 销 售 分 析

设计完成后保存为 Main.ui，用 PyUic 将它转成界面 PY 文件并更名为 Main_ui.py，打开并将其中界面类 Ui_MainWindow 所继承的基类改为 QMainWindow，如下：

```
...
from PyQt6 import QtCore, QtGui, QtWidgets
from PyQt6.QtWidgets import QMainWindow
                                        # 导入 QMainWindow 基类
class Ui_MainWindow(QMainWindow):       # 修改继承的类
    def setupUi(self, MainWindow):
        ...
```

11.2.2 功能开发

在项目目录下创建功能程序文件 Main.py，编程实现导航功能，代码如下：

功能导航界面 PY 文件

```python
from ui.Main_ui import Ui_MainWindow      # 导入功能导航界面类
from PyQt6.QtWidgets import QApplication
from PyQt6.QtGui import QPalette, QBrush, QPixmap, QIcon
from PyQt6.QtCore import Qt
import sys
import shop.PreShop                       # 导入"商品选购"模块(PreShop.py)
import shop.ConfirmShop                   # 导入"下单结算"模块(ConfirmShop.py)
import analysis.SaleAnalysis              # 导入"销售分析"模块(SaleAnalysis.py)

class MainWindow(Ui_MainWindow):          # 定义功能导航界面窗口类
    def __init__(self):                   # 初始化函数
        super(MainWindow, self).__init__()
        self.setupUi(self)                # 加载图形界面
        self.initUi()                     # 执行界面初始化函数
    
    def initUi(self):                                               # (1)
        self.setWindowIcon(QIcon('image/netshop.jpg'))
                                          # 设置窗口图标
        self.setWindowFlag(Qt.WindowType.MSWindowsFixedSizeDialogHint)
                                          # 设置窗口为固定大小
        bgPalette = QPalette()
        bgPalette.setBrush(self.backgroundRole(), QBrush(QPixmap('image/navigate.
```

```
jpg')))
        self.setPalette(bgPalette)          # 设置窗口背景图片
        # 界面按钮单击信号关联函数
        self.pbPre.clicked.connect(self.naviPreShop)
        self.pbCfm.clicked.connect(self.naviConfirmShop)
        self.pbSale.clicked.connect(self.naviSaleAnalysis)

    def naviPreShop(self):
        self.winPre = shop.PreShop.PreWindow()              #(2)
        self.winPre.show()              # 进入"商品选购"窗口

    def naviConfirmShop(self):
        self.winCfm = shop.ConfirmShop.CfmWindow()          #(2)
        self.winCfm.show()              # 进入"下单结算"窗口

    def naviSaleAnalysis(self):
        self.winSale = analysis.SaleAnalysis.SaleWindow()   #(2)
        self.winSale.show()             # 进入"销售分析"窗口

# 启动入口
if __name__ == '__main__':
    app = QApplication(sys.argv)
    mainwindow = MainWindow()
    mainwindow.show()
    sys.exit(app.exec())
```

说明：

（1）自定义了一个 initUi 函数来初始化界面，虽然通过调用界面 Ui_MainWindow 类的 setupUi 函数已经生成了图形界面，但有时可能还需要对界面进行一些额外的修改，比如设置窗口图标、背景图片等。通常自定义 initUi 函数紧接着 setupUi 后执行，函数体写在 __init__ 初始化函数之后，initUi 也可另取其他名称，根据读者的命名习惯，易读即可。

（2）这里的 PreWindow（商品选购）、CfmWindow（下单结算）、SaleWindow（销售分析）就是 3 个功能模块所对应的窗口类，在程序中用语句：

```
公共变量 = 包名.模块名.窗口类()
公共变量.show()
```

进入项目中其他功能模块的窗口。注意，启动多窗口必须经公共变量赋值窗口类的实例再调用 show 方法，而不能直接调用 show 方法，如下面这种写法是不对的：

```
包名.模块名.窗口类().show()
```

 ## 11.3　商品选购功能开发

在"商品选购"窗口中用户可输入商品名称中包含的关键词，单击"查询"按钮（或直接回车）查看和打印所有符合条件的商品信息列表，单击列表项可显示对应商品的图片，单击图片底部的"选购"按钮可预选该商品，运行效果如图 11.9 所示。

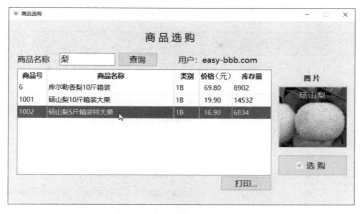

图 11.9 商品选购模块运行效果

11.3.1 界面设计

在 PyCharm 环境下启动 Qt Designer 设计器,用默认"Main Window"模板创建窗体,进入可视化设计环境,移除窗体的菜单栏和状态栏,从工具箱往设计窗体上拖曳控件,设计效果如图 11.10 所示。界面上主要控件的类别、名称、属性如表 11.2 所示。

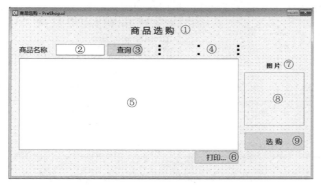

商品选购界面 PY
文件

图 11.10 商品选购界面设计效果

表 11.2 商品选购界面控件

编 号	控件类别	对象名称	属性说明
	MainWindow	默认	geometry: [(0, 0), 810x450] windowTitle: 商品选购
①	Label	lbTitle	geometry: [(307, 20), 147x39] font: [Microsoft YaHei UI, 18] text: 商 品 选 购 alignment: 水平中心对齐,垂直中心对齐
②	LineEdit	lePNm	geometry: [(120, 80), 131x31] font: [Microsoft YaHei UI, 14]
③	PushButton	pbQue	geometry: [(258, 78), 93x35] font: [Microsoft YaHei UI, 14] text: 查询

续表

编　号	控件类别	对象名称	属 性 说 明
④	Label	lbUsr	geometry: [(400, 84), 213x23] font: [Microsoft YaHei UI, 14] text: 空
⑤	TableView	tbvCom	geometry: [(20, 120), 594x258] font: [Microsoft YaHei UI, 12] selectionMode: SingleSelection selectionBehavior: SelectRows horizontalHeaderDefaultSectionSize: 120 horizontalHeaderMinimumSectionSize: 25 horizontalHeaderStretchLastSection: 勾选 verticalHeaderVisible: 取消勾选
⑥	PushButton	pbPrint	geometry: [(495, 380), 120x35] font: [Microsoft YaHei UI, 14] text: 打印…
⑦	Label	lbPic	geometry: [(690, 128), 58x23] font: [Microsoft YaHei UI, 12] 粗体 text: 图　片
⑧	Label	lbImg	geometry: [(630, 160), 163x150] frameShape: Box frameShadow: Sunken text: 空 scaledContents: 勾选
⑨	PushButton	pbPre	geometry: [(630, 328), 163x50] font: [Microsoft YaHei UI, 14] text: 选　购

保存界面 UI 文件至项目的 ui 目录，文件名为 PreShop.ui，右击并选择"External Tools"→"PyUIC"命令，生成同名的界面 PY 文件并更名为 PreShop_ui.py，按前面介绍的方法修改其代码。

11.3.2　程序框架

在项目目录下创建 shop 包（右击项目名，选择"New"→"Python Package"命令，输入包名即可），创建商品选购模块的功能程序文件 PreShop.py，其程序框架如下：

```
from ui.PreShop_ui import Ui_MainWindow        # 导入商品选购界面类
from PyQt6.QtWidgets import QMessageBox
from PyQt6.QtGui import QStandardItemModel, QStandardItem, QPixmap, QIcon, 
QTextDocument, QTextCursor, QTextTableFormat, QTextCharFormat, QTextBlockFormat, 
QTextFrameFormat                              # 导入表格模型、图像、文档格式相关类
from PyQt6.QtCore import Qt
from PyQt6.QtPrintSupport import QprintPreviewDialog
                                              # 导入打印预览对话框类
```

```python
import openpyxl                                    # 导入操作 Excel 的库
from openpyxl.styles import Alignment              # 设置 Excel 单元格内容对齐样式的类

import appvar                                      # 导入全局文件 appvar.py

commoditys = []                                    # 存放查询到的商品数据(字典列表)

class PreWindow(Ui_MainWindow):                    # 定义商品选购界面窗口类
    def __init__(self):
        super(PreWindow, self).__init__()
        self.setupUi(self)
        self.initUi()

    def initUi(self):
        self.setWindowIcon(QIcon('image/netshop.jpg'))
        self.setWindowFlag(Qt.WindowType.MSWindowsFixedSizeDialogHint)
        self.lePNm.returnPressed.connect(self.query)
        self.pbQue.clicked.connect(self.query)
        self.tbvCom.clicked.connect(self.showImg)
        self.pbPrint.clicked.connect(self.printTable)
        self.pbPre.clicked.connect(self.preShop)

        self.lbUsr.setText('用户: ' + appvar.getID())
                                                   # 获取当前登录用户账号
        self.initTableHeader()                     # 生成商品信息表头
        self.pbPre.setIcon(QIcon(QPixmap(r'image/cart.jpg')))

    # 功能函数定义
    def initTableHeader(self):                     # "生成表头" 功能函数
        ...
    def query(self):                               # "查询" 功能函数
        ...
    def showImg(self):                             # "显示商品图片" 功能函数
        ...
    def preShop(self):                             # "选购" 功能函数
        ...
    def printTable(self):                          # "打印" 功能函数
        ...
    def handlePrint(self, printer):                # "执行打印" 功能函数
        ...
```

说明：在初始化 initUi 函数中用 appvar.getID 函数获取全局文件 appvar.py 中定义的当前登录用户账号，由于在其他（如后面的下单结算）模块中也要使用这个账号，故要将其作为一个全局数据来保存。在 Python 中，对于这种需要修改内容的全局数据，通常定义成一个类的属性，并提供 get/set 方法供其他模块的程序存取，在 appvar.py 中定义：

```python
class myUSR:
    userID = 'easy-bbb.com'
def setID(uid):
```

```
        myUSR.userID = uid
def getID():
    return myUSR.userID
```

这样定义之后,在程序中用 "appvar.setID(账号名)" 就可以将当前登录用户的账号保存为全局数据,本例为简单起见,暂未开发登录模块,运行程序前可通过修改这个属性值来模拟不同账号的用户登录。

11.3.3 功能开发

1. 查询商品信息

本模块商品信息列表的展示使用 PyQt6 的 TableView 控件,商品图片的显示使用 Label 控件。

1) 初始化表头

TableView 是一个基于 "模型-视图" 机制的显示组件,在每次显示新的查询结果前,都要重新生成表头并与新的数据(模型)绑定,为使程序结构清晰,将这部分需要反复执行的代码单独提取出来,写成一个 initTableHeader 函数,专用于初始化表头,代码如下:

```python
def initTableHeader(self):                          # "生成表头"功能函数
    self.im = QStandardItemModel()                  # 创建模型
    # 设置表头显示项(字段标题)
    self.im.setHorizontalHeaderItem(0, QStandardItem('商品号'))
    self.im.setHorizontalHeaderItem(1, QStandardItem('商品名称'))
    self.im.setHorizontalHeaderItem(2, QStandardItem('类别'))
    self.im.setHorizontalHeaderItem(3, QStandardItem('价格'))
    self.im.setHorizontalHeaderItem(4, QStandardItem('库存量'))
    self.tbvCom.setModel(self.im)                   # 将模型绑定到TableView控件
    # 设置表格各列的宽度
    self.tbvCom.setColumnWidth(0, 70)
    self.tbvCom.setColumnWidth(1, 300)
    self.tbvCom.setColumnWidth(2, 60)
    self.tbvCom.setColumnWidth(3, 70)
    self.tbvCom.setColumnWidth(4, 40)
```

2) 查询商品信息

实现查询功能的 query 函数的代码如下:

```python
def query(self):                                    # "查询"功能函数
    global commoditys
    pnm = self.lePNm.text()
    book = openpyxl.load_workbook(r'data/netshop.xlsx')
    sheet = book['商品表']                          # 打开Excel商品表
    commoditys = []
    list_key = ['商品号', '商品名称', '类别编号', '价格', '库存量']
    list_val = []
    r = 0
    # 读取 "商品名称" 列的全部数据,与用户输入的关键词逐一比对
    for cell_pname in tuple(sheet.columns)[2][1:]:
```

```
            r += 1
            if pnm in cell_pname.value:           # 符合条件（关键词存在于商品名称中）
                # 读取符合条件的商品记录行的数据
                commodity = [cell.value for cell in tuple(sheet.rows)[r]]
                # 填写 list_val[],并与 list_key[]合成为一个字典记录
                list_val.append(commodity[0])     # 商品号
                list_val.append(commodity[2])     # 商品名称
                list_val.append(commodity[1])     # 类别编号
                list_val.append(commodity[3])     # 价格
                list_val.append(commodity[4])     # 库存量
                dict_com = dict(zip(list_key,list_val))
                                                  # 合成为字典
                commoditys.append(dict_com)       # 添加进列表
                list_val = []
        self.im.clear()                           # 清除模型中旧的数据
        self.initTableHeader()                    # 重新生成表头
        r = 0
        # 遍历商品信息列表,将查询到的记录逐条加载进模型
        for k, dict_com in enumerate(commoditys):
            self.im.setItem(r, 0, QStandardItem(str(dict_com['商品号'])))
            self.im.setItem(r, 1, QStandardItem(dict_com['商品名称']))
            self.im.setItem(r, 2, QStandardItem(dict_com['类别编号']))
            self.im.setItem(r, 3, QStandardItem('%.2f' % dict_com['价格']))
            self.im.setItem(r, 4, QStandardItem(str(dict_com['库存量'])))
            r += 1
```

说明： 由于在 initTableHeader 函数中已通过 setModel 方法将模型绑定到了 TableView 控件，故加载到模型中的商品信息记录就会在界面上列表显示出来。

3）显示商品图片

当用户单击 TableView 中的商品信息条目时，右边 Label 中显示该商品对应的图片，实际就是触发由 TableView 的 clicked 信号所关联的槽函数 showImg，其代码如下：

```
def showImg(self):                                # "显示商品图片"功能函数
    row = self.tbvCom.currentIndex().row()
    index = self.tbvCom.model().index(row,0)
    pid = self.tbvCom.model().data(index)
    image = QPixmap(r'image/' + pid + '.jpg')
    self.lbImg.setPixmap(image)
```

2. 打印商品信息

某些情况（如商品名称太长，界面表格显示不全时）下，用户可单击"打印"按钮将完整的商品信息表格打印出来，本程序通过 PyQt6 的打印预览对话框类（QPrintPreviewDialog）查看打印效果，该类位于 QtPrintSupport 中，需要在程序开头导入：

```
from PyQt6.QtPrintSupport import QPrintPreviewDialog
```

功能函数 printTable 创建和显示打印预览对话框，代码如下：

```
def printTable(self):                             # "打印"功能函数
    dlg = QPrintPreviewDialog()                   # 创建打印预览对话框
```

```
dlg.paintRequested.connect(self.handlePrint)
dlg.exec()                                      # 显示对话框
```

当对话框需要生成一组预览页面时，将发出 paintRequested 信号，用户可以使用与实际打印完全相同的代码来生成预览，然后定义一个槽函数连接到 paintRequested 信号，向函数中传递一个 QPrinter 类型的对象来输出要打印的文档，执行实际的打印操作。槽函数 handlePrint 的代码如下：

```
def handlePrint(self, printer):                 # "执行打印"功能函数
    doc = QTextDocument()
    cur = QTextCursor(doc)
    # 设定标题文字格式、写标题
    fmt_textchar = QTextCharFormat()
    fmt_textchar.setFontFamily('微软雅黑')
    fmt_textchar.setFontPointSize(10)
    fmt_textblock = QTextBlockFormat()
    fmt_textblock.setAlignment(Qt.AlignmentFlag.AlignHCenter)
    cur.setBlockFormat(fmt_textblock)
    cur.insertText("商品名称中包含 '" + self.lePNm.text() + "'", fmt_textchar)
    # 设定表格式
    fmt_table = QTextTableFormat()
    fmt_table.setBorder(1)
    fmt_table.setBorderStyle(QTextFrameFormat.BorderStyle.BorderStyle_Solid)
    fmt_table.setCellSpacing(0)
    fmt_table.setTopMargin(0)
    fmt_table.setCellPadding(4)
    fmt_table.setAlignment(Qt.AlignmentFlag.AlignHCenter)
    cur.insertTable(self.im.rowCount() + 1, self.im.columnCount(), fmt_table)
    # 写表头
    for i in range(0, self.im.columnCount()):
        header = self.im.headerData(i, Qt.Orientation.Horizontal)
        cur.insertText(header)
        cur.movePosition(QTextCursor.MoveOperation.NextCell)
    # 写表记录
    for row in range(0, self.im.rowCount()):
        for col in range(0, self.im.columnCount()):
            index = self.im.index(row, col)
            cur.insertText(str(index.data()))
            cur.movePosition(QTextCursor.MoveOperation.NextCell)
    doc.print(printer)
```

打印预览的显示效果如图 11.11 所示。

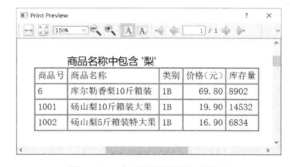

图 11.11　打印预览的显示效果

3. 选购商品

1）实现思路

选购过程对 Excel 的订单项表和订单表进行操作，需要考虑以下两种不同情形。

（1）若用户为初次选购。

从未购买过商品或已购买的商品皆已结算，此种情形要做如下两步操作。

① 往订单项表中写入预备订单项（状态为"选购"）。

② 往订单表中写入预备订单（只有订单号和用户账号，支付金额和下单时间空缺）。

（2）若用户此前已选购（或订购）过商品。

此种情形下，预备订单已经有了，往订单项表中添加此次选购所对应的订单项即可。

2）程序实现

按上述分析的思路编写程序，实现选购函数 preShop，代码如下：

```python
def preShop(self):                              # "选购"功能函数
    book = openpyxl.load_workbook(r'data/netshop.xlsx')
    sheet1 = book['订单项表']
    sheet2 = book['订单表']
    # -*-首先判断该用户在此前有没有选/订购(尚未结算)过商品-*-
    # (1)找出"订单项表"中所有状态不为"结算"的记录,将它们对应的订单号放入一个集合
    r = 0
    set_oid = set()
    for cell_stat in tuple(sheet1.columns)[3][1:]:
        r += 1
        if cell_stat.value != '结算':
            orderitem = [cell.value for cell in tuple(sheet1.rows)[r]]
            set_oid.add(orderitem[0])
    # (2)读取订单表的订单号、用户账号列,合成为字典
    list_oid = [cell.value for cell in tuple(sheet2.columns)[0][1:]]
    list_uid = [cell.value for cell in tuple(sheet2.columns)[1][1:]]
    dict_ouid = dict(zip(list_oid, list_uid))
    # (3)用第1步得到的订单号集合到第2步得到的字典中去比对
    oid = 0
    exist = False
    for id in enumerate(set_oid):
        for key_oid, val_uid in dict_ouid.items():
            if (id[1] == key_oid) and (appvar.getID() == val_uid):
                exist = True
                oid = id[1]
                break
    row = self.tbvCom.currentIndex().row()
    index = self.tbvCom.model().index(row,0)
    # 若没有比中,说明是初次选购
    if exist == False:
        # 读取订单项表的订单号列,生成预备订单号(当前已有订单号最大值+1)
```

```python
        list_oid = [cell.value for cell in tuple(sheet1.columns)[0][1:]]
        oid = max(list_oid) + 1
        pid = eval(self.tbvCom.model().data(index))
        # 写入预备订单项
        s1r = str(sheet1.max_row + 1)          # 确定插入记录的行号
        sheet1['A' + s1r].alignment = Alignment(horizontal='center')
        sheet1['B' + s1r].alignment = Alignment(horizontal='center')
        sheet1['C' + s1r].alignment = Alignment(horizontal='center')
        sheet1['A' + s1r] = oid
        sheet1['B' + s1r] = pid
        sheet1['C' + s1r] = 1
        sheet1['D' + s1r] = '选购'
        # 写入预备订单
        s2r = str(sheet2.max_row + 1)
        sheet2['A' + s2r].alignment = Alignment(horizontal='center')
        sheet2['A' + s2r] = oid
        sheet2['B' + s2r] = appvar.getID()
# 若比中,说明该用户此前已选/订购过商品
else:
        pid = eval(self.tbvCom.model().data(index))
        # 添加此次选购的订单项
        s1r = str(sheet1.max_row + 1)          # 确定插入记录的行号
        sheet1['A' + s1r].alignment = Alignment(horizontal='center')
        sheet1['B' + s1r].alignment = Alignment(horizontal='center')
        sheet1['C' + s1r].alignment = Alignment(horizontal='center')
        sheet1['A' + s1r] = oid
        sheet1['B' + s1r] = pid
        sheet1['C' + s1r] = 1
        sheet1['D' + s1r] = '选购'
book.save(r'data/netshop.xlsx')
book.close()
msgbox = QMessageBox.information(self, '提示', '已选购。')
print(msgbox)
```

11.3.4 数据演示

接下来运行程序模拟选购商品操作,看一下 Excel 中数据的变化。

1. 先以账号 easy-bbb.com 登录

先后选购 1002、1、3001 号商品。

2. 再以账号 sunrh-phei.net 登录

选购 1002 号商品。
操作完成打开 netshop.xlsx,看到其中订单项表和订单表的数据如图 11.12 所示。

订单号	商品号	订货数量	状态
1	2	2	结算
1	6	1	结算
2	2003	5	结算
4	2	1	结算
3	1901	1	结算
3	4101	1	结算
5	1901	2	结算
6	1002	2	结算
8	1901	6	结算
10	2001	10	结算
10	6	2	结算
10	2003	1	结算
9	2	5	结算
11	1002	1	选购
11	1	1	选购
11	3001	1	选购
12	1002	1	选购

订单项表

订单号	用户账号	支付金额（元）	下单时间
1	easy-bbb.com	129.4	2021.10.01 16:04:49
2	sunrh-phei.net	495	2021.10.03 09:20:24
3	sunrh-phei.net	171.8	2021.12.18 09:23:03
4	231668-aa.com	29.8	2022.01.12 10:56:09
5	easy-bbb.com	119.6	2022.01.06 11:49:03
6	sunrh-phei.net	33.8	2022.03.10 14:28:10
8	easy-bbb.com	358.8	2022.05.25 15:50:01
9	231668-aa.com	149	2022.11.11 22:30:18
10	sunrh-phei.net	1418.6	2022.06.03 08:15:23
11	easy-bbb.com		
12	sunrh-phei.net		

订单表

图 11.12　选购商品后的数据变化

11.4　下单结算功能开发

在“下单结算”窗口中，显示了当前用户已经选购和订购的商品，可单击左下方的指示按钮前后翻页查看商品信息；选购的商品可单击“订购”按钮进行订购，已订购商品信息显示区右下角会出现“已订购”字样，单击“取消”按钮可退订；对于已订购的商品，用户可单击“数量”栏的上下箭头调整订货数量，底部金额栏也会随之更新；确认购买后单击“结算”按钮，可对当前所有订购的商品下单，运行效果如图 11.13 所示。

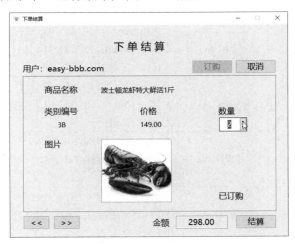

图 11.13　下单结算模块运行效果

11.4.1　界面设计

在 PyCharm 环境下启动 Qt Designer 设计器，用默认“Main Window”模板创建窗体，进入可视化设计环境，移除窗体的菜单栏和状态栏，从工具箱往设计窗体上拖曳控件，设计效果如图 11.14 所示。界面上主要控件的类别、名称、属性如表 11.3 所示。

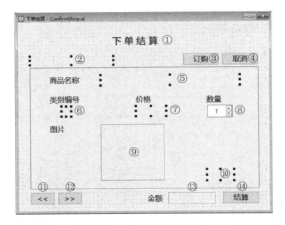

下单结算界面PY文件

图 11.14 下单结算界面设计效果

表 11.3 下单结算界面控件

编 号	控件类别	对象名称	属性说明
	MainWindow	默认	geometry: [(0, 0), 640x500] windowTitle: 下单结算
①	Label	lbTitle	geometry: [(240, 30), 147x39] font: [Microsoft YaHei UI, 18] text: 下单结算
②	Label	lbUsr	geometry: [(30, 90), 213x23] font: [Microsoft YaHei UI, 14] text: 空
③	PushButton	pbCfm	geometry: [(420, 83), 93x32] font: [Microsoft YaHei UI, 14] text: 订购
④	PushButton	pbCcl	geometry: [(520, 83), 93x32] font: [Microsoft YaHei UI, 14] text: 取消
⑤	Label	lbPName	geometry: [(180,20), 355x27] font: [Microsoft YaHei UI, 12] text: 空
⑥	Label	lbTCode	geometry: [(80, 102), 25x27] font: [Microsoft YaHei UI, 12] text: 空
⑦	Label	lbPPrice	geometry: [(270, 102), 77x27] font: [Microsoft YaHei UI, 12] text: 空
⑧	SpinBox	sbCNum	geometry: [(452, 100), 64x33] font: [Microsoft YaHei UI, 12] alignment: 水平中心对齐, 垂直中心对齐 minimum: 1 maximum: 100 value: 1

续表

编号	控件类别	对象名称	属性说明
⑨	Label	lbImg	geometry: [(180, 150), 163x150] frameShape: Box frameShadow: Sunken text: 空 scaledContents: 勾选
⑩	Label	lbStatus	geometry: [(450, 270), 69x30] font: [Microsoft YaHei UI, 14] text: 空
⑪	PushButton	pbBack	geometry: [(30, 450), 61x32] font: [Microsoft YaHei UI, 14] text: <<
⑫	PushButton	pbFor	geometry: [(100, 450), 61x32] font: [Microsoft YaHei UI, 14] text: >>
⑬	Label	lbTotal	geometry: [(380, 450), 121x32] font: [Microsoft YaHei UI, 14] frameShape: Box frameShadow: Raised text: 空 alignment: 水平中心对齐，垂直中心对齐
⑭	PushButton	pbPay	geometry: [(520, 450), 93x32] font: [Microsoft YaHei UI, 14] text: 结算

保存界面 UI 文件至项目的 ui 目录，文件名为 ConfirmShop.ui，右击并选择"External Tools"→"PyUIC"命令，生成同名的界面 PY 文件并更名为 ConfirmShop_ui.py，按前面介绍的方法修改其代码。

11.4.2 程序框架

在 shop 包中创建下单结算模块的功能程序文件 ConfirmShop.py，其程序框架如下：

```
from ui.ConfirmShop_ui import Ui_MainWindow       # 导入下单结算界面类
from PyQt6.QtWidgets import QMessageBox
from PyQt6.QtGui import QPixmap, QIcon
from PyQt6.QtCore import Qt
import openpyxl                                    # 操作 Excel 的库
from openpyxl.styles import Alignment
from datetime import datetime                      # 日期时间库(用于生成下单时间)

import appvar                                      # 导入全局文件 appvar.py

cart = []                                          # 存放当前用户所有已选/订购的商品(字典列表)
```

```python
index = 0                                   # 当前页显示的商品记录索引
oid = 0                                     # 当前用户的预备订单号
total = 0.00                                # 当前用户已订购商品的总金额

class CfmWindow(Ui_MainWindow):             # 定义下单结算界面窗口类
    def __init__(self):
        super(CfmWindow, self).__init__()
        self.setupUi(self)
        self.initUi()

    def initUi(self):
        self.setWindowIcon(QIcon('image/netshop.jpg'))
        self.setWindowFlag(Qt.WindowType.MSWindowsFixedSizeDialogHint)
        self.pbCfm.clicked.connect(self.cfmShop)
        self.pbCcl.clicked.connect(self.cancel)
        self.sbCNum.valueChanged.connect(self.changeCNum)
        self.pbBack.clicked.connect(self.backward)
        self.pbFor.clicked.connect(self.forward)
        self.pbPay.clicked.connect(self.payOrder)

        self.lbUsr.setText('用户: ' + appvar.getID())
        self.loadShop()                     # 加载界面数据

    # 功能函数定义
    def loadShop(self):                     # "加载已选/订购商品"功能函数
        ...
    def showCart(self):                     # "显示已选/订购商品"功能函数
        ...
    def forward(self):                      # "向前翻页"功能函数
        ...
    def backward(self):                     # "向后翻页"功能函数
        ...
    def cfmShop(self):                      # "订购"功能函数
        ...
    def cancel(self):                       # "取消"功能函数
        ...
    def changeCNum(self):                   # "调整数量"功能函数
        ...
    def payOrder(self):                     # "结算"功能函数
        ...
```

11.4.3 功能开发

1．显示已选/订购的商品

1）加载数据

下单结算模块初始启动时，首先要加载当前用户已经选购和订购的所有商品数据，为便于

下单结算

存储和管理，程序将这部分数据以一个字典列表的形式载入内存，并定义为一个全局变量 cart[]（其中数据形式如图 11.15 所示），任何其他函数都可快速地访问到它。

[{'商品号': 1002, '商品名称': '砀山梨5斤箱装特大果', '类别编号': '1B', '价格': 16.9, '数量': 1, '状态': '选购'}, {'商品号': 1, '商品名称': '洛川红富士苹果冰糖心10斤箱装', '类别编号': '1A', '价格': 44.8, '数量': 1, '状态': '订购'}, {'商品号': 3001, '商品名称': '波士顿龙虾特大鲜活1斤', '类别编号': '3B', '价格': 149, '数量': 2, '状态': '订购'}]

图 11.15 cart[]中的数据形式

加载函数 loadShop 的代码如下：

```python
def loadShop(self):                        # "加载已选/订购商品"功能函数
    book = openpyxl.load_workbook(r'data/netshop.xlsx')
    sheet1 = book['订单项表']
    sheet2 = book['订单表']
    sheet3 = book['商品表']
    # (1) 到订单表中找到用户账号为当前用户 userID 且下单时间为空的记录的订单号
    global oid, total
    r = 0
    for cell_uid in tuple(sheet2.columns)[1][1:]:
        r += 1
        if cell_uid.value == appvar.getID():
            order = [cell.value for cell in tuple(sheet2.rows)[r]]
            if order[3] == None:
                oid = order[0]
                # 顺便读取支付金额(如果有的话)用于填写界面的"金额"栏
                if order[2] != None:
                    total = order[2]
                break
    # (2) 根据第 1 步得到的订单号到订单项表中查询当前用户已选/订购商品的记录
    global cart
    cart = []
    list_key = ['商品号', '商品名称', '类别编号', '价格', '数量', '状态']
    list_val = []
    pid = 0
    pname = ''
    tcode = ''
    pprice = 0.00
    cnum = 0
    status = ''
    r = 0
    for cell_oid in tuple(sheet1.columns)[0][1:]:
        r += 1
        if cell_oid.value == oid:
            orderitem = [cell.value for cell in tuple(sheet1.rows)[r]]
            pid = orderitem[1]
            cnum = orderitem[2]
            status = orderitem[3]
            # 根据商品号到商品表中进一步获取该商品的其他信息
            n = 0
```

```
                for cell_pid in tuple(sheet3.columns)[0][1:]:
                    n += 1
                    if cell_pid.value == pid:
                        commodity = [cell.value for cell in tuple(sheet3.rows)[n]]
                        pname = commodity[2]
                        tcode = commodity[1]
                        pprice = commodity[3]
                        break
                # 填写 list_val[],并与 list_key[]合成为一个字典记录
                list_val.append(pid)
                list_val.append(pname)
                list_val.append(tcode)
                list_val.append(pprice)
                list_val.append(cnum)
                list_val.append(status)
                dict_shop = dict(zip(list_key,list_val))
                cart.append(dict_shop)          # 字典记录添加到列表
                list_val = []
                pid = 0
                pname = ''
                tcode = ''
                pprice = 0.00
                cnum = 0
                status = ''
        if len(cart) != 0:
            self.showCart()                      # 显示数据
```

2）显示数据

有了数据，要显示就十分方便了，由于 cart[]中的每一个记录都采用字典的形式，可以通过键名直接访问其数据项，然后显示在界面控件上。

显示函数 showCart 的代码如下：

```
def showCart(self):                             # "显示已选/订购商品"功能函数
    global index
    self.lbPName.setText(cart[index]['商品名称'])
    self.lbTCode.setText(cart[index]['类别编号'])
    self.lbPPrice.setText('%.2f' % cart[index]['价格'])
    self.sbCNum.setValue(cart[index]['数量'])
    image = QPixmap(r'image/' + str(cart[index]['商品号']) + '.jpg')
    self.lbImg.setPixmap(image)
    if cart[index]['状态'] == '订购':
        self.lbStatus.setText('已订购')
        self.pbCfm.setEnabled(False)
        self.pbCcl.setEnabled(True)
    else:
        self.lbStatus.setText('')
        self.pbCfm.setEnabled(True)
        self.pbCcl.setEnabled(False)
    self.lbTotal.setText('%.2f' % total)# 显示底部"金额"栏
```

3）翻页

通常用户选购和订购的商品不止一个，故需要提供翻页浏览功能。由于所有数据都已经放在一个列表中了，将索引 index 定义为全局变量，通过控制其加减即可轻松实现翻页功能。

界面左下角两个按钮的单击信号分别绑定到向前、向后翻页的功能函数，代码如下：

```python
def forward(self):                                  # "向前翻页"功能函数
    global index, cart
    if len(cart) == 0:
        pass
    elif index < len(cart)-1:
        index = index + 1
        self.showCart()
    else:
        index = 0                                   # 如果已是最后一页,回到第 1 页
        self.showCart()

def backward(self):                                 # "向后翻页"功能函数
    global index, cart
    if len(cart) == 0:
        pass
    elif index == 0:
        index = len(cart) - 1                       # 如果已是第 1 页,接着显示最后一页
        self.showCart()
    else:
        index = index - 1
        self.showCart()
```

注意：每次改变索引 index 后都要调用一次显示函数 showCart 才能刷新界面。

2. 订购商品

1）订购的业务逻辑

订购商品的实质就是确定购买数量，并将需要支付的金额写入订单，它包含以下一系列操作：

（1）根据数量和价格算出金额。

（2）填写订单项的订货数量、修改订单项状态为"订购"。

（3）更新订单的支付金额。

2）订购程序的实现

按上述 3 个步骤编写程序，实现订购函数 cfmShop，代码如下：

```python
def cfmShop(self):                                  # "订购"功能函数
    global cart, index, oid, total
    book = openpyxl.load_workbook(r'data/netshop.xlsx')
    sheet1 = book['订单项表']
    sheet2 = book['订单表']
    # (1)根据当前 index 从 cart[]中读取"商品号""价格",根据数量算出金额
```

```
        pid = cart[index]['商品号']
        cnum = self.sbCNum.value()
        pay = cart[index]['价格'] * cnum
        # (2)根据订单号oid和商品号在订单项表中定位,修改订货数量和状态
        r = 0
        for cell_oid in tuple(sheet1.columns)[0][1:]:
            r += 1
            if cell_oid.value == oid:
                orderitem = [cell.value for cell in tuple(sheet1.rows)[r]]
                if orderitem[1] == pid:
                    sheet1['C' + str(r+1)] = cnum
                    sheet1['D' + str(r+1)] = '订购'
                    break
        # (3)根据订单号oid在订单表中定位,金额total累加之后更新支付金额
        r = 0
        for cell_oid in tuple(sheet2.columns)[0][1:]:
            r += 1
            if cell_oid.value == oid:
                sheet2['C' + str(r+1)].alignment = Alignment(horizontal='center')
                sheet2['C' + str(r+1)] = total + pay
                break
        book.save(r'data/netshop.xlsx')
        book.close()
        # (4)刷新界面
        self.loadShop()
```

> **注意:** 由于在执行了订购操作后,当前用户订单项的数据已发生改变,故还要调用 loadShop 函数重新加载一次 cart[]的数据,这样才能在界面上实时反映出最新的商品状态信息。

3)取消订购

取消订购的步骤与订购完全一样,只是需要将订单项订货数量改回默认值1、状态改回"选购",更新订单支付金额是减少而非增加。

程序实现如下:

```
    def cancel(self):                              # "取消"功能函数
        global cart, index, oid, total
        book = openpyxl.load_workbook(r'data/netshop.xlsx')
        sheet1 = book['订单项表']
        sheet2 = book['订单表']
        # (1)根据当前index从cart[]中读取"商品号""数量""价格",算出金额
        pid = cart[index]['商品号']
        cnum = cart[index]['数量']
        pay = cart[index]['价格'] * cnum
        # (2)根据订单号oid和商品号在订单项表中定位,订货数量置为1,修改状态
        r = 0
```

```
        for cell_oid in tuple(sheet1.columns)[0][1:]:
            r += 1
            if cell_oid.value == oid:
                orderitem = [cell.value for cell in tuple(sheet1.rows)[r]]
                if orderitem[1] == pid:
                    sheet1['C' + str(r+1)] = 1
                    sheet1['D' + str(r+1)] = '选购'
                    break
        # (3)根据订单号oid在订单表中定位,total减去相应金额之后更新支付金额
        r = 0
        for cell_oid in tuple(sheet2.columns)[0][1:]:
            r += 1
            if cell_oid.value == oid:
                sheet2['C' + str(r+1)].alignment = Alignment(horizontal='center')
                sheet2['C' + str(r+1)] = total - pay
                break
        book.save(r'data/netshop.xlsx')
        book.close()
        # (4)刷新界面
        self.loadShop()
```

3. 调整数量

对于已订购的商品,用户可由界面操作调整数量,订单金额会同步更新显示,但订单项的状态保持不变(仍为"订购")。

需要注意的是:调整数量只针对已订购的商品,对尚未订购(选购)的商品,调整数量是没有意义的,程序不会"记住"这个数量值也不会有任何动作。

该功能业务逻辑的操作步骤同上面的订购和取消,实现如下:

```
    def changeCNum(self):                        # "调整数量"功能函数
        global cart, index, oid, total
        book = openpyxl.load_workbook(r'data/netshop.xlsx')
        sheet1 = book['订单项表']
        sheet2 = book['订单表']
        # (1)根据当前index从cart[]中读取"商品号"、"数量"(调整前)、"价格"、"状态",从sbCNum
        获取"数量"(调整后),根据"价格"和数量差算出要加的金额
        status = cart[index]['状态']
        if status != '订购':                      # 调整数量只针对已订购的商品
            pass
        else:
            pid = cart[index]['商品号']
            cnum_old = cart[index]['数量']
            cnum_new = self.sbCNum.value()
            pay_add = cart[index]['价格'] * (cnum_new - cnum_old)
            # (2)根据订单号oid和商品号在订单项表中定位,修改订货数量
            r = 0
            for cell_oid in tuple(sheet1.columns)[0][1:]:
                r += 1
                if cell_oid.value == oid:
```

```
                orderitem = [cell.value for cell in tuple(sheet1.rows)[r]]
                if orderitem[1] == pid:
                    sheet1['C' + str(r + 1)] = cnum_new
                    break
    # (3)根据订单号 oid 在订单表中定位,金额 total 累加之后更新支付金额
    r = 0
    for cell_oid in tuple(sheet2.columns)[0][1:]:
        r += 1
        if cell_oid.value == oid:
            sheet2['C' + str(r + 1)].alignment = Alignment(horizontal='center')
            sheet2['C' + str(r + 1)] = total + pay_add
            break
    book.save(r'data/netshop.xlsx')
    book.close()
    # (4)刷新界面
    self.loadShop()
```

4．结算

1）结算的业务逻辑

结算只针对"订购"状态的商品，而当前用户除了订购商品，可能还有一些选购的商品并不参与本次结算，而一旦执行结算操作，原订单表里的预备订单就变成了正式订单，故必须再为该用户生成一个新的预备订单，将其剩余的选购商品与这个新订单的订单号关联。

按这个思路设计结算业务逻辑的步骤如下：

（1）状态为"订购"的订单项的状态改为"结算"，同时更新商品表对应商品库存减去订货数量。

（2）填写下单时间。

（3）确定新的预备订单号。

（4）该用户尚未结算（"选购"状态）的商品订单项关联新订单号。

（5）生成新的预备订单。

2）结算程序实现

按上述设计的业务逻辑去编写程序，实现结算函数 payOrder，代码如下：

```
def payOrder(self):                              # "结算"功能函数
    global cart, index, oid, total
    book = openpyxl.load_workbook(r'data/netshop.xlsx')
    sheet1 = book['订单项表']
    sheet2 = book['订单表']
    sheet3 = book['商品表']
    # (1)将当前订单号 oid 状态为"订购"的记录状态改为"结算"
    r = 0
    for cell_oid in tuple(sheet1.columns)[0][1:]:
        r += 1
        if cell_oid.value == oid:
            orderitem = [cell.value for cell in tuple(sheet1.rows)[r]]
            if orderitem[3] == '订购':
```

```python
            sheet1['D' + str(r + 1)] = '结算'
            # 更新商品表库存
            n = 0
            for cell_pid in tuple(sheet3.columns)[0][1:]:
                n += 1
                if cell_pid.value == orderitem[1]:
                    commodity = [cell.value for cell in tuple(sheet3.rows)[n]]
                    sheet3['E' + str(n + 1)] = commodity[4] - orderitem[2]
# (2)根据订单号oid在订单表中定位,填写下单时间
r = 0
for cell_oid in tuple(sheet2.columns)[0][1:]:
    r += 1
    if cell_oid.value == oid:
        sheet2['D' + str(r + 1)].alignment = Alignment(horizontal='center')
        sheet2['D' + str(r + 1)] = datetime.strftime(datetime.now(),'%Y.%m.%d %H:%M:%S')
        break
# (3)读取订单项表的订单号列,生成新的预备订单号(当前已有订单号最大值+1)
list_oid = [cell.value for cell in tuple(sheet1.columns)[0][1:]]
oid_new = max(list_oid) + 1
# (4)修改当前用户原订单号oid尚未结算的记录为新订单号
r = 0
for cell_oid in tuple(sheet1.columns)[0][1:]:
    r += 1
    if cell_oid.value == oid:
        orderitem = [cell.value for cell in tuple(sheet1.rows)[r]]
        if orderitem[3] != '结算':
            sheet1['A' + str(r + 1)] = oid_new
# (5)写入新的预备订单
oid = oid_new
s2r = str(sheet2.max_row + 1)
sheet2['A' + s2r].alignment = Alignment(horizontal='center')
sheet2['A' + s2r] = oid
sheet2['B' + s2r] = appvar.getID()
book.save(r'data/netshop.xlsx')
book.close()
msgbox = QMessageBox.information(self, '提示', '下单成功!')
print(msgbox)
# (6)刷新界面
index = 0
total = 0.00
self.loadShop()
```

11.4.4 数据演示

接下来运行程序模拟订购、结算操作,看一下 Excel 中数据的变化。

1. 以账号 easy-bbb.com 登录

从已选购的 1002、1、3001 号商品中，订购 1 号商品 1 件、3001 号商品 2 件。

完成后 netshop.xlsx 中的记录如图 11.16 所示。

	A	B	C	D
1	订单号	商品号	订货数量	状态
2	1	'2	2	结算
3	1	6	1	结算
4	2	2003	5	结算
5	4	2	1	结算
6	3	1901	1	结算
7	3	4101	1	结算
8	5	1901	2	结算
9	6	1002	2	结算
10	8	1901	6	结算
11	10	2001	10	结算
12	10	6	2	结算
13	10	2003	1	结算
14	9	2	5	结算
15	11	1002	1	选购
16	11	1	1	订购
17	11	3001	2	订购
18	12	1002	1	选购

订单项表

	A	B	C	D
1	订单号	用户账号	支付金额(元)	下单时间
2	1	easy-bbb.com	129.4	2021.10.01 16:04:49
3	2	sunrh-phei.net	495	2021.10.03 09:20:24
4	3	sunrh-phei.net	171.8	2021.12.18 09:23:03
5	4	231668-aa.com	29.8	2022.01.12 10:56:09
6	5	easy-bbb.com	119.6	2022.01.06 11:49:03
7	6	sunrh-phei.net	33.8	2022.03.10 14:28:10
8	8	easy-bbb.com	358.8	2022.05.25 15:50:01
9	9	231668-aa.com	149	2022.11.11 22:30:18
10	10	sunrh-phei.net	1418.6	2022.06.03 08:15:23
11	11	easy-bbb.com	342.8	
12	12	sunrh-phei.net		

订单表

图 11.16 订购商品后的数据变化

2. 单击“结算”按钮，弹出消息框提示下单成功

再次打开 netshop.xlsx，看到内容如图 11.17 所示。可见，对于剩下那一件未结算的 1002 号商品，系统已经为其分配了新的预备订单号 13。

	A	B	C	D
1	订单号	商品号	订货数量	状态
2	1	2	2	结算
3	1	6	1	结算
4	2	2003	5	结算
5	4	2	1	结算
6	3	1901	1	结算
7	3	4101	1	结算
8	5	1901	2	结算
9	6	1002	2	结算
10	8	1901	6	结算
11	10	2001	10	结算
12	10	6	2	结算
13	10	2003	1	结算
14	9	2	5	结算
15	13	1002	1	选购
16	11	1	1	结算
17	11	3001	2	结算
18	12	1002	1	选购

订单项表

	A	B	C	D
1	订单号	用户账号	支付金额(元)	下单时间
2	1	easy-bbb.com	129.4	2021.10.01 16:04:49
3	2	sunrh-phei.net	495	2021.10.03 09:20:24
4	3	sunrh-phei.net	171.8	2021.12.18 09:23:03
5	4	231668-aa.com	29.8	2022.01.12 10:56:09
6	5	easy-bbb.com	119.6	2022.01.06 11:49:03
7	6	sunrh-phei.net	33.8	2022.03.10 14:28:10
8	8	easy-bbb.com	358.8	2022.05.25 15:50:01
9	9	231668-aa.com	149	2022.11.11 22:30:18
10	10	sunrh-phei.net	1418.6	2022.06.03 08:15:23
11	11	easy-bbb.com	342.8	2022.05.24 11:32:08
12	12	sunrh-phei.net		
13	13	easy-bbb.com		

订单表

图 11.17 结算后的数据变化

11.5 销售分析功能开发

为了解商品的销售情况，需要将销售额按一定要求进行统计分析，绘出可视化的图表以供市场调研之用。本例实现了按商品类别和月份分别统计销售额、绘制图表及打印功能，运行效果如图 11.18 所示。

第 11 章　PyQt6 开发及实例：网上商城

图 11.18　销售分析模块运行效果

11.5.1　界面设计

在 PyCharm 环境下启动 Qt Designer 设计器，用默认"Main Window"模板创建窗体，进入可视化设计环境，移除窗体的菜单栏和状态栏，从工具箱往设计窗体上拖曳控件，设计效果如图 11.19 所示。界面上主要控件的类别、名称、属性如表 11.4 所示（由于使用了选项卡控件，其两个选项卡页面上各有一个 Frame 控件，但无法同时展示，故这里以④/⑤标注）。

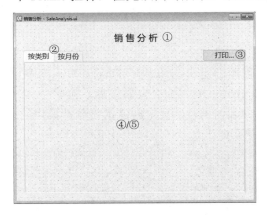

销售分析界面 PY 文件

图 11.19　销售分析界面设计效果

表 11.4　销售分析界面控件

编号	控件类别	对象名称	属性说明
	MainWindow	默认	geometry: [(0, 0), 640x500] windowTitle: 销售分析
①	Label	lbTitle	geometry: [(250, 25), 147x39] font: [Microsoft YaHei UI, 18] text: 销售分析 alignment: 水平中心对齐，垂直中心对齐

续表

编号	控件类别	对象名称	属性说明
②	TabWidget	tabWidget	geometry: [(20, 80), 601x401] font: [Microsoft YaHei UI, 14] currentIndex: 0　currentTabText: 按类别 currentIndex: 1　currentTabText: 按月份
③	PushButton	pbPrint	geometry: [(505, 80), 115x32] font: [Microsoft YaHei UI, 14] text: 打印...
④	Frame	frmType	geometry: [(0, 0), 596x366] frameShape: Box frameShadow: Sunken
⑤	Frame	frmMonth	geometry: [(0,0), 596x366] frameShape: Box frameShadow: Sunken

保存界面 UI 文件至项目的 ui 目录，文件名为 SaleAnalysis.ui，右击选择"External Tools"→"PyUIC"命令，转换生成同名的界面 PY 文件并更名为 SaleAnalysis_ui.py，按前面介绍的方法修改其代码。

11.5.2　程序框架

（1）安装 QtCharts。

本模块开发的绘图功能使用的是 PyQt6 的 QtCharts 库，在 Windows 命令行下用"pip install PyQt6-Charts PyQt6"命令安装该库。

销售分析

（2）在项目目录下创建 analysis 包，其中创建销售分析模块的功能程序文件 SaleAnalysis.py，其程序框架如下：

```
from ui.SaleAnalysis_ui import Ui_MainWindow    # 导入销售分析界面类
from PyQt6.QtWidgets import QGridLayout         # 导入图表显示要用的布局类
from PyQt6.QtGui import QPainter, QPen, QColor, QIcon
                                                # 导入绘图及打印要用的相关类
from PyQt6.QtCore import Qt
from PyQt6.QtPrintSupport import QPrintPreviewDialog
                                                # 导入打印预览对话框类
from datetime import datetime                   # 日期时间库(生成打印时间)
import openpyxl                                 # 导入操作 Excel 的库
# -*- QtCharts 绘图相关类 -*-
from PyQt6.QtCharts import QChart, QChartView, QPieSeries, QBarSeries, QBarSet, QBarCategoryAxis, QLineSeries, QValueAxis

# 商品销售数据
saledata = []                                   # 存放全部销售数据(二维列表)
typeset = {}                                    # 存放各类商品的销售金额(字典)
month = ['01', '02', '03', '04', '05', '06', '07', '08', '09', '10', '11', '12']
                                                # 月份列表
```

```python
money_m = [0.00 for i in range(12)]              # 各月份对应的金额列表

class SaleWindow(Ui_MainWindow):                 # 定义销售分析界面窗口类
    def __init__(self):
        super(SaleWindow, self).__init__()
        self.setupUi(self)
        self.initUi()                            # 初始化界面内容（绘制图表）

    def initUi(self):
        self.setWindowIcon(QIcon('image/netshop.jpg'))
        self.setWindowFlag(Qt.WindowType.MSWindowsFixedSizeDialogHint)
        self.pbPrint.clicked.connect(self.printFigure)
        self.createData()                        # 准备绘图数据
        self.analyByType()                       # 按类别分析绘图
        self.analyByMonth()                      # 按月份分析绘图

    # 功能函数定义
    def createData(self):                        # "构造销售数据"功能函数
        ...
    def analyByType(self):                       # "按类别分析"功能函数
        ...
    def analyByMonth(self):                      # "按月份分析"功能函数
        ...
    def printFigure(self):                       # "打印"功能函数
        ...
    def handlePrint(self, printer):              # "执行打印"功能函数
        ...
```

说明：在初始化界面内容的 initUi 函数中依次调用了 3 个函数：createData、analyByType 和 analyByMonth，分别实现准备绘图数据、按类别分析绘图和按月份分析绘图的功能。由 createData 函数首先构造用于绘图的销售数据，准备好的数据存放在几个全局变量中，供另两个函数在绘图时使用。

11.5.3 功能开发

1. 准备绘图数据

本例基于所有已结算的订单项数据绘图，为方便统计，将预处理后的数据加载到一个二维列表 saledata[]中，该列表中记录各字段的含义设计为：

[订单号,商品号,数量,价格,金额,类别,月份]

加载后的数据形式如图 11.20 所示。

```
[[1, 2, 2, 29.8, 59.6, '水果', '10'],
 [1, 6, 1, 69.8, 69.8, '水果', '10'],
 [2, 2003, 5, 99, 495, '肉禽', '10'],
 [4, 2, 1, 29.8, 29.8, '水果', '01'],
 [3, 1901, 1, 59.8, 59.8, '水果', '12'],
```

图 11.20 saledata[]中的数据形式

createData 函数负责准备数据和处理，生成以上形式的二维列表，其代码如下：

```python
def createData(self):                                    # "构造销售数据"功能函数
    global saledata, typeset, money_m
    book = openpyxl.load_workbook(r'data/netshop.xlsx')
    sheet1 = book['订单项表']
    sheet2 = book['订单表']
    sheet3 = book['商品表']
    sheet4 = book['商品分类表']
    # (1) 从订单项表中读取所有状态为结算的记录
    r = 0
    for cell_status in tuple(sheet1.columns)[3][1:]:
        r += 1
        if cell_status.value == '结算':
            orderitem = [cell.value for cell in tuple(sheet1.rows)[r]]
            # [订单号,商品号,数量,价格,金额,类别,月份]
            saleitem = [orderitem[0], orderitem[1], orderitem[2], 0.00, 0.00, '', '']
            saledata.append(saleitem)
    # (2) 由每一项 saleitem 的商品号在商品表中查出价格，算出金额，查出类别编号，再根据类别编
    # 号到商品分类表中查出大类名称；写入 saledata[]
    for k, saleitem in enumerate(saledata):
        n = 0
        for cell_pid in tuple(sheet3.columns)[0][1:]:
            n += 1
            if cell_pid.value == saleitem[1]:
                commodity = [cell.value for cell in tuple(sheet3.rows)[n]]
                # 写价格、金额
                saleitem[3] = commodity[3]
                saleitem[4] = saleitem[3] * saleitem[2]
                # 写类别
                tid = commodity[1][0]
                i = 0
                for cell_tid in tuple(sheet4.columns)[0][1:]:
                    i += 1
                    if cell_tid.value == eval(tid):
                        tname = [cell.value for cell in tuple(sheet4.rows)[i]]
                        saleitem[5] = tname[1]
                        break
                break
    # (3) 由每一项 saleitem 的订单号到订单表中查出下单时间，截取月份字段，写入 saledata[]
    for k, saleitem in enumerate(saledata):
        n = 0
        for cell_oid in tuple(sheet2.columns)[0][1:]:
            n += 1
            if cell_oid.value == saleitem[0]:
                order = [cell.value for cell in tuple(sheet2.rows)[n]]
                # 写月份
                saleitem[6] = order[3][5:7]
                break
```

```
# 按类别统计
for saleitem in saledata:
    typeset[saleitem[5]] = typeset.get(saleitem[5], 0) + saleitem[4]
typeset = dict(sorted(typeset.items(), key=lambda x: x[1], reverse=True))
# 按月份统计
for saleitem in saledata:
    money_m[eval(saleitem[6].lstrip('0')) - 1] += saleitem[4]
```

说明：createData 函数执行后，统计完成的数据存放在几个全局变量中。

- typeset 字典：存放各类商品的销售金额，内容为

    {'肉禽': 1774, '水果': 1064.6000000000001, '海鲜水产': 298, '粮油蛋': 112}

- money_m 列表：存放各月份对应的销售金额，内容为

[149.4, 0.0, 33.8, 0.0, 701.5999999999999, 1418.6, 0.0, 0.0, 0.0, 624.4, 149.0, 171.8]

有了这些数据，就可以使用它们来绘图了。

2. 按类别分析绘图

analyByType 函数使用 typeset 字典的数据，按商品各个大类销售额占比绘制饼图，代码如下：

```
def analyByType(self):                                          # "按类别分析"功能函数
    # 创建 QPieSeries 对象,用来存放饼图的数据
    pseries = QPieSeries()
    # 添加数据
    for item in typeset.items():
        pseries.append(item[0], item[1])
    # （1）单独处理一个扇区的外观
    slice = pseries.slices()[0]
    slice.setExploded(True)
    slice.setLabelVisible(True)
    slice.setPen(QPen(Qt.GlobalColor.red, 2))
    slice.setBrush(Qt.GlobalColor.red)
    # 创建 QChart 实例
    chart = QChart()
    chart.addSeries(pseries)
    chart.createDefaultAxes()
    # 设置图表
    chart.setTitle("商品按类别销售数据分析")
    chart.setAnimationOptions(QChart.AnimationOption.SeriesAnimations)
                                                                # 动画效果
    chart.legend().setVisible(True)
    chart.legend().setAlignment(Qt.AlignmentFlag.AlignBottom)
                                                                # 在底部显示图例
    # （2）显示图表
    chartview = QChartView(chart)
    chartview.setRenderHint(QPainter.RenderHint.Antialiasing)
                                                                # 绘制平滑
    self.layout1 = QGridLayout(self.frmType)
    self.layout1.addWidget(chartview)
```

说明：

（1）用 QPieSeries 对象.slices()[索引]可单独获取某一个数据扇区，对其进行特殊处理，由于 typeset 字典项的值已经从大到小排列（reverse=True），所以索引 0 的扇区（'肉禽'）占比肯定是最大的，将其设为红色突出显示（setPen(QPen(Qt.GlobalColor.red, 2))、setBrush(Qt.GlobalColor.red)），并加上文字标注（setLabelVisible(True)）。

（2）QtCharts 库绘制的图表要传给一个视图（QChartView(chart)），然后将这个视图作为部件添加到界面布局中（addWidget(chartview)）才能显示。本例使用一个 Frame 控件（frmType），依托它创建一个网格布局（QGridLayout(self.frmType)），再接收含有图表的视图，就可在控件上显示图表。

3. 按月份分析绘图

analyByMonth 函数使用 money_m 列表的数据，按月份销售额变化绘制柱状图和折线图，代码如下：

```python
def analyByMonth(self):                              # "按月份分析"功能函数
    # 创建 QXxxSeries 对象,用来存放柱状/折线图的数据
    bseries = QBarSeries()                           # 柱状图数据
    lseries = QLineSeries()                          # 折线图数据
    # 添加数据
    monthset = QBarSet('')
    for i in range(0, 12):
        monthset << money_m[i]
        lseries.append(i, money_m[i])                # 折线数据第 1 个参数必须是数值
    bseries.append(monthset)
    lseries.setColor(QColor(255, 0, 0))              # 折线设为红色
    # 创建 QChart 实例
    chart = QChart()
    chart.legend().hide()                            # 不显示图例
    chart.addSeries(bseries)
    chart.addSeries(lseries)
    # 设置坐标
    axis_x = QBarCategoryAxis()
    axis_x.setTitleText('月份')
    axis_x.append(month)
    chart.addAxis(axis_x, Qt.AlignmentFlag.AlignBottom)
    lseries.attachAxis(axis_x)
    axis_y = QValueAxis()
    axis_y.setTitleText('金额（元）')
    axis_y.setLabelFormat("%d")
    chart.addAxis(axis_y, Qt.AlignmentFlag.AlignLeft)
    lseries.attachAxis(axis_y)
    # 设置图表
    chart.setTitle("商品按月份销售数据分析")
    chart.setAnimationOptions(QChart.AnimationOption.SeriesAnimations)
                                                     # 动画效果
    chart.setTheme(QChart.ChartTheme.ChartThemeLight)
                                                     # 主题色调
```

```
                        # 用 ChartView 显示图表
chartview = QChartView(chart)
chartview.setRenderHint(QPainter.RenderHint.Antialiasing)
                                                        # 绘制平滑
self.layout2 = QGridLayout(self.frmMonth)
self.layout2.addWidget(chartview)           # 添加到布局
```

从上面程序可见，柱状图和折线图的绘制步骤及显示机制与饼图基本一样，仅仅用来存放数据的对象类型不同。

运行程序，显示效果如图 11.21 所示。

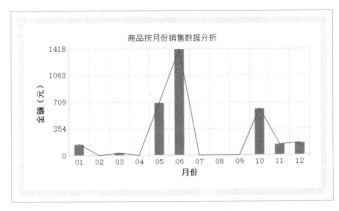

图 11.21　按月份分析绘制的图表

4. 打印图表

用户可单击"打印"按钮将绘制的图表打印出来，功能函数 printFigure 创建和显示打印预览对话框，代码如下：

```
def printFigure(self):                      # "打印"功能函数
    dlg = QPrintPreviewDialog()
    dlg.paintRequested.connect(self.handlePrint)
    dlg.exec()
```

对话框发出 paintRequested 信号，定义槽函数 handlePrint 关联该信号，向函数中传递一个 QPrinter 对象执行打印操作，代码如下：

```
def handlePrint(self, printer):             # "执行打印"功能函数
    painter = QPainter(printer)
    if self.tabWidget.currentIndex() == 0:  # 按类别页（索引 0）
        screen = self.frmType.grab()
    else:                                   # 按月份页
        screen = self.frmMonth.grab()
    painter.drawPixmap(180, 50, screen)
    time_print = datetime.now()             # 记录打印时间
    painter.drawText(100 + self.frmType.width() - 70, 50 + self.frmType.height()
+ 30, datetime.strftime(time_print, '%Y-%m-%d %H:%M:%S'))
```

说明：这里使用了 QPainter 对象以图片的形式向打印机输出要打印的内容，图片是通过控件抓屏（grab）方式获取的，然后用 drawPixmap 和 drawText 方法分别输出要预览的图表及打印时间。

打印预览的显示效果如图 11.22 所示。

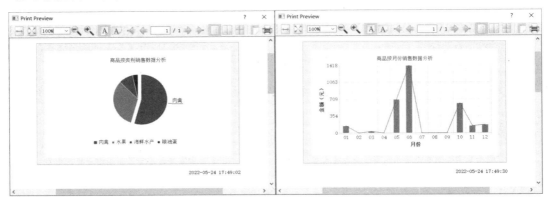

图 11.22　打印预览的显示效果

第 12 章
PyQt6 开发及实例：我的美图

PyQt6 可通过 Python 的 PIL 库进行图像处理，本章综合运用该库的各项功能来开发一个强大的 P 图软件——我的美图，其运行界面如图 12.1 所示。

图 12.1 我的美图运行界面

"我的美图"具备完善的菜单系统、工具栏和状态栏，界面中央是打开图片的显示区，右侧面板可用于调节图片对比度、色彩饱和度、亮度和清晰度，软件借助著名的计算机视觉 OpenCV 库，可自动识别图片中的人脸，用户可进一步对人脸进行处理，使之模糊或清晰化、添加素描轮廓、呈现浮雕状和打上马赛克等。此软件可与美图秀秀、Photoshop 相媲美，十分有趣！

【技术基础】

12.1 PIL 图像处理技术

PIL 库实现和封装了很多图像处理的算法，并实现了方便的调用接口，以增强类和滤波器的形式提供给用户使用,用户简单地给出参数,就可以随心所欲地调整图像的任何属性,相比于原始的直接对像素操作编程实现处理算法的方式,PIL 库的应用极大地提升了图像处理的效率。

12.1.1 图像载入(打开)与显示

1. 图像载入

要处理图像,首先要将存盘的图片载入为 PIL 库可处理的图像对象。通过调用 Image 类的 open 方法打开指定路径下的图片,如下:

```
图像对象 = Image.open(路径)
```

例如:

```
self.pImage = Image.open('D:\PyQt6\Picture\我的美照.jpg')
```

2. 图像显示

由于是用 PyQt6 开发程序,需要将图像对象转换成 QImage 类型的对象才能在界面上显示。通过调用 ImageQt 类的 toqimage 方法实现这种转换,如下:

```
ImageQt.toqimage(图像对象)
```

例如,要想将上面打开的图片在标签 lbPic 上显示出来,用下面的程序实现:

```
self.lbPic = QLabel()
self.lbPic.setPixmap(QPixmap.fromImage(ImageQt.toqimage(self.pImage)))
```

12.1.2 基础处理

从基础方面来说,PIL 库图像处理有三种方式:模式转换、图像增强与滤波器,下面分别介绍。

1. 模式转换

所谓"模式"也就是图像所使用的像素编码格式,计算机存储的图像信息都是以二进制位对色彩进行编码的,表 12.1 列出了 PIL 库所支持的图像模式。

表 12.1 PIL 库所支持的图像模式

模式	说明
1	黑白 1 位像素,存成 8 位
L	黑白 8 位像素
P	可用调色板映射到任何其他模式的 8 位像素
RGB	24 位真彩色
RGBA	32 位含透明通道的真彩色
CMYK	32 位全彩印刷模式
YCbCr	24 位彩色视频模式
I	32 位整型像素
F	32 位浮点型像素

要想知道一个图片的模式，可通过其 mode 属性进行查看，程序中的调用方式为：
图像对象.mode
通过改变图像模式，可设置一个图片最基本的显示方式，如显示为黑白、真彩色还是更好的印刷出版质量色等。

PIL 库转换图像模式用 convert 方法，程序语句写为：
新图像对象 = 原图像对象.convert(模式名)
其中的"模式名"也就是表 12.1 中列出的那些模式，名称以单引号引用。
例如，将彩色照片变成黑白的，语句如下：
self.pImage = self.pImage.convert('L')

2．图像增强

图像增强就是在给定的模式下，改变和调整图像在某一方面的显示特性，如对比度、饱和度和亮度等，使用增强手段可在很大程度上变换图像的外观，达到显著的美化效果，这也是艺术、写真、摄影领域最常用的技术。

PIL 库的 ImageEnhance 子库专用于图像增强，它提供了一组类，分别处理不同方面的增强功能，如表 12.2 所示。

表 12.2　ImageEnhance 子库的增强类

类　　名	功　　能
Contrast	增加对比度
Color	增加色彩饱和度
Brightness	调节场景亮度
Sharpness	增加图像清晰度

这些类都实现了一个统一的接口，接口中有 enhance 方法，该方法返回增强处理过的结果图像，其调用方式是一致的，如下：
新图像对象 = ImageEnhance.增强类(原图像对象).enhance(增强因子)
说明：
（1）增强类：也就是表 12.2 列出的类，用户根据需要增强的功能选用不同的类。
（2）增强因子：标示增强效果，值越大增强的效果越显著，若值为 1 就直接返回原图对象的副本（无增强），但若设为小于 1 的某个值则表示逆向的增强（即减弱）效果，比如，想把图像调暗一点，用语句：
self.pImage = ImageEnhance.Brightness(self.pImage).enhance(0.9)

3．滤波器

PIL 库还提供了诸多滤波器对图像的像素进行整体处理，所有滤波器都在一个叫作 ImageFilter 的模块中，表 12.3 列出了各滤波器的名称及功能。

表 12.3　PIL 库的滤波器

名　　称	功　　能
BLUR	均值滤波

续表

名 称	功 能
CONTOUR	提取轮廓
FIND_EDGES	边缘检测
DETAIL	显示细节（使画面变清晰）
EDGE_ENHANCE	边缘增强（使棱线分明）
EDGE_ENHANCE_MORE	边缘增强更多（棱线更加分明）
EMBOSS	仿嵌入浮雕状
SMOOTH	平滑滤波（模糊棱线）
SMOOTH_MORE	增强平滑滤波（使棱线更加模糊）
SHARPEN	图像锐化（整体线条变得分明）

其中，SHARPEN 滤波器与 ImageEnhance 库的 Sharpness 增强类在功能和处理效果上是一样的，而几个边缘检测及增强用途的滤波器（如 FIND_EDGES、EDGE_ENHANCE 和 EDGE_ENHANCE_MORE）在处理的效果上也都类似于 Sharpness 增强类。读者可根据需要及使用习惯选用。

滤波器的调用语句形如：

新图像对象 = 原图像对象.filter(ImageFilter.滤波器)

其中，"滤波器"也就是表 12.3 所列的那些滤波器的名称。

实际编程中，常常将多个滤波器组合起来使用以达成想要的效果，例如，用两个滤波器对图像进行模糊化处理的语句如下：

self.pImage = self.pImage.filter(ImageFilter.BLUR).filter(ImageFilter.SMOOTH)

12.1.3 高级处理

1. 多图合成

在实际应用中，为了某种需要，常将多张图片合成为一张图，PIL 库的图像合成有两种基本方式。

1）透明插值

这是较简单的方式，只是将两幅图像按照不同的透明度进行简单叠加，用 Image 类的 blend 方法实现这种叠加，语句写法为：

合成图像对象 = Image.blend(原图对象1, 原图对象2, α)

其中，α 为透明度参数，值为 0～1.0，blend 方法根据给定的两张原图及 α 值，用插值算法合成一张新图，运算公式为：

合成图像素值 = 原图1像素值×(1−α) + 原图2像素值×α

特别地，当 α=0，合成图像就等同于原图 1；当 α=1，合成图像等同于原图 2。

2）通道重组

当前工业标准中采用最广泛的 RGB 模式图像，其每一个像素的颜色值都由光的三原色，即红（R）、绿（G）、蓝（B）构成，它在实现上通过三个独立的颜色通道的变化以及通道相互之间的叠加来得到人类视力所能感知的几乎所有颜色。

PIL 可将一张彩色 RGB 图像的每个像素中内含的 R、G、B 三个通道的颜色值单独分离出来，再由用户来指定分别用于不同的处理需求。

将一个 RGB 图像的 3 个通道分离出来的语句写法为：

`r, g, b = 图像对象1.split()`

之后，r、g、b 这三个变量就可以分别作为图像对象来使用，并可以将它们中的任何一个与其他图像进行合成，用 Image 类的 composite 方法进行合成。

例如：

`新图像对象 = Image.composite(图像对象1, 图像对象2, r)`

将分离出的 r 通道值作为掩码参数，与图像对象 2 融合成一张图。

2．区域裁剪

有时候，需要将某幅图的一部分裁剪下来，PIL 库用一个四元组(x1,y1,x2,y2)来定义裁剪区域，裁剪规则如图 12.2 所示。

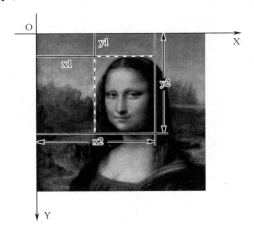

图 12.2　裁剪规则

在图像对象上调用 crop 方法将定义的区域裁剪下来，语句为：

`图像区域对象 = 原图像对象.crop(裁剪区域)`

例如：

```
self.pImage = Image.open("D:\PyQt6\Picture\蒙娜丽莎.jpg")
region = (100, 40, 220, 190)                        # 四元组定义裁剪区域
self.face = self.pImage.crop(region)
```

裁剪下来的图像区域，可对其进行各种变换和处理，然后粘贴到原图或其他图片中的任何位置，语句写法为：

`目标图像对象.paste(图像区域对象, 粘贴区域)`

说明：

（1）图像区域对象：裁剪下来的图片区域（可以处理或者维持原样）。

（2）目标图像对象：要将此区域粘贴到的目标图（不一定是被裁剪的原图）。

（3）粘贴区域：也是一个四元组，要求其大小必须与将要粘贴的区域尺寸相匹配。

例如，将上面裁剪下来的蒙娜丽莎的脸部改变大小后粘贴到原图，语句如下：

```
self.face = self.face.resize((160, 200))                    # 放大尺寸
self.pImage.paste(self.face, (170, 180, 330, 380))  # 粘贴到原图
```

其中定义了粘贴区域的四元组为：

$(m_1, n_1, m_2, n_2) = (170, 180, 330, 380)$

而裁剪的脸部区域在处理后已重设尺寸为：

$(x, y) = (160, 200)$

显然，有：

$m_2 - m_1 = 330 - 170 = 160 = x$
$n_2 - n_1 = 380 - 180 = 200 = y$

因而两者是匹配的，可以执行粘贴操作。若不匹配，PIL 会输出错误信息。

12.2 用到的其他控件和技术

除了上两节介绍的基础技术，本例还用到了 PyQt6 的其他一些控件和技术，简要罗列如下：

（1）自定义 PictureLabel 类继承 QLabel，重写 mousePressEvent、mouseMoveEvent、mouseReleaseEvent 函数接收鼠标按键、移动、释放等动作实现拖曳选择图片区域；重写 paintEvent 重绘自身，动态显示选择区域的边界。

（2）使用 CustomContextMenu 创建自定义的右键快捷菜单。

（3）自定义比例对话框（RatioDialog）、加水印对话框（TextMarkDialog）、网格布局（QGridLayout）、垂直布局（QVBoxLayout）。

（4）使用 PIL 库的 ImageDraw、ImageFont 类给图像加文字水印。

（5）使用 Slider 滑动条控件调节图像增强程度。

（6）使用 OpenCV 识别人脸。

【实例开发】

12.3 创建项目

用 PyCharm 创建项目，项目名为 MyPicShop。

12.3.1 项目结构

在项目中创建以下内容：

（1）detector 目录，存放 OpenCV 人脸识别分类器。

（2）image 目录，存放界面要用的图片资源。

（3）picture 目录，存放处理（美化）后的图片。

（4）ui 目录，存放设计的界面 UI 文件及对应的界面 PY 文件。

（5）主程序文件 PicShop.py。

打开 Qt Designer 设计器，以 Main Window 模板创建一个窗体，保存成界面 UI 文件

PicShop.ui，再用 PyUic 转成界面 PY 文件并更名为 PicShop_ui.py。

最终形成的项目结构如图 12.3 所示。

图 12.3　项目结构

说明：本软件具有完备的菜单、工具栏和状态栏，故必须用主窗体（Main Window）模板来创建界面。

12.3.2　界面创建

用 Qt Designer 打开项目 ui 目录下的界面 UI 文件 PicShop.ui，按前面介绍的操作方法创建菜单、重命名各个 QAction、添加工具栏，本例要往窗体上添加 3 个工具栏（除顶部的主工具栏外，另外两个位于窗体右侧作为功能面板），状态栏就使用原主窗体自带的。

创建完成的主界面在可视化设计模式下如图 12.4 所示。

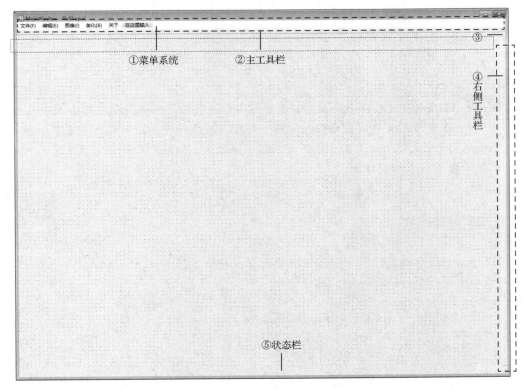

图 12.4　创建的主界面

窗体上各控件对象的名称及属性如表 12.4 所示。

表 12.4 各控件对象的名称和属性

编号	控件类别	对象名称	属性说明
	MainWindow	默认	geometry: [(0, 0), 1200x900]
①	MenuBar	mbrMain	geometry: [(0, 0), 1200x22]
②	ToolBar	tbrMain	geometry: [(0, 22), 1200x12]
③	ToolBar	tbrPanel	geometry: [(1188, 34), 12x12]
④	ToolBar	tbrFilter	geometry: [(1188, 46), 12x834]
⑤	StatusBar	statusbar	geometry: [(0, 880), 1200x20]

说明：菜单栏包含若干个菜单，各菜单下具体的菜单项在后面各节对应功能模块开发时再介绍。

保存 PicShop.ui，用 PyUic 将它转成界面 PY 文件并更名为 PicShop_ui.py，打开 PicShop_ui.py 文件，将其中界面类 Ui_MainWindow 所继承的基类改为 QMainWindow，如下：

```
...
from PyQt6 import QtCore, QtGui, QtWidgets
from PyQt6.QtWidgets import QMainWindow        # 导入 QMainWindow 基类

class Ui_MainWindow(QMainWindow):               # 修改继承的类
    def setupUi(self, MainWindow):
        ...
```

然后在主程序开头使用导入语句：

```
from ui.PicShop_ui import Ui_MainWindow
```

就可以运行生成界面了。

界面 PY 文件

> **注意**：本实例用 Qt Designer 工具设计菜单和工具栏。如果这里创建界面时仅仅创建了菜单而未创建下面的菜单项，在后面功能模块开发中添加了菜单项后，还需要重新生成界面 PY 文件，按上面方法修改内容、重命名。如果不希望多次修改界面，也可以一次性地把所有菜单项都创建好。

12.3.3 主程序框架

主程序包括系统启动入口、全局变量及类定义、初始化和所有功能函数的代码，集中于文件 PicShop.py 中，程序框架如下：

完整主程序

```
# （1）类库导入区
from ui.PicShop_ui import Ui_MainWindow
from PyQt6.QtWidgets import QApplication, ...
from PyQt6.QtGui import ...
from PyQt6.QtCore import ...
from PIL import Image, ImageQt, ImageEnhance, ImageFilter
```

```python
                                              # 导入PIL库相关的类
import sys
from os.path import basename
from os import system
import math
import cv2                                    # 导入OpenCV库
import numpy
# (2) 全局变量定义区
regionMode = ''                               # 区域选择模式(圆形、矩形、人脸)
picPath = ''                                  # 当前打开图片的路径
picPath2 = ''                                 # 第二张图片(用于合成)的路径
# (3) 类定义区
class RatioDialog(QDialog):                   # 比例对话框
    ...
class TextMarkDialog(QDialog):                # 加水印对话框
    ...
class PictureLabel(QLabel):                   # 图片显示控件(自定义标签类)
    ...
# 主程序类
class MyPicShop(Ui_MainWindow):
    def __init__(self):
        super(MyPicShop, self).__init__()
        self.setupUi(self)
        self.initUi()
    # (4) 初始化函数
    def initUi(self):
        self.setWindowIcon(QIcon('image/picshop.jpg'))
                                              # 设置程序窗口图标
        self.setWindowTitle('我的美图')       # 设置程序窗口标题
        self.setWindowFlag(Qt.WindowType.MSWindowsFixedSizeDialogHint)
                                              # 设置窗口为固定大小

        # ① QAction 设置区
        ...
        # ② 工具栏开发区
        # 主工具栏
        self.tbrMain.layout().setContentsMargins(5, 5, 5, 5)
                                              # 设置控件与工具栏的边距
        self.tbrMain.layout().setSpacing(10)   # 设置控件的间距
        self.tbrMain.setIconSize(QSize(36, 36)) # 设置工具栏按钮图标尺寸
        ...
        # 右侧工具栏一(用于调节图像对比度、饱和度、亮度和清晰度)
        self.tbrPanel.layout().setContentsMargins(20, 20, 20, 20)
        self.tbrPanel.layout().setSpacing(10)
        ...
        # 右侧工具栏二(用于识别出的图像中的人脸处理)
        self.tbrFilter.layout().setContentsMargins(5, 5, 5, 5)
        self.tbrFilter.layout().setSpacing(10)
        ...
```

```
            # ③ 图片显示区
            ...
    # (5) 功能函数区
    def 函数1(self):
        ...
    def 函数2(self):
        ...
    ...
# 启动入口
if __name__ == '__main__':
    app = QApplication(sys.argv)
    mainwindow = MyPicShop()
    mainwindow.show()
    sys.exit(app.exec())
```

说明：

（1）类库导入区：位于程序开头，本例除了使用 PyQt6 核心的 3 个类库（QtWidgets、QtGui 和 QtCore），还要导入专用于图像处理的 PIL 库的相关类，以及用于人脸识别的 OpenCV 库。

（2）全局变量定义区：集中声明定义程序要用的全局变量。

（3）类定义区：定义主程序要创建的某些对象类，它们并不是 PyQt6 内置的组件类，而是由用户根据需要自定义的，往往继承自 PyQt6 的某个基类。本程序为能让用户灵活地设置图像的尺寸（像素），定义了一个 RatioDialog 类来实现比例对话框；为能在图片显示区支持用户使用鼠标选择不同形状的图像区域进行裁剪等操作，重新定义了显示图片的 PictureLabel 类。

（4）初始化函数 initUi（读者也可自定义名称）内编写的是程序启动要首先执行的代码，本例的初始化代码主要分为 3 部分，写在三个不同区域中以便维护。

① QAction 设置区：对所有 QAction 对象设置属性，如图标、提示文字、快捷键和关联函数等。

② 工具栏开发区：分别在窗体顶部、右侧的各个工具栏上创建和放置控件，添加 QAction。

③ 图片显示区：创建图片显示控件，为其设置属性并关联信号处理函数，定义公共的图像对象。

（5）功能函数区：几乎所有的功能函数全都定义在这里，位置不分先后，但还是建议把与某功能相关的一组函数写在一起以便维护。后面各节在介绍系统某方面功能开发时所给出的函数代码，如不特别说明，都是写在这个区域。

12.4 图片打开、显示和保存功能开发

"我的美图"软件要处理和美化图片，首先要能打开不同类型和尺寸的图片并以恰当的大小显示在界面上，还要能保存图片。这组功能由"文件"菜单实现，其下菜单项及相关的工具栏按钮如图 12.5 所示，各功能项以①、②…标注，对应的 QAction 对象名如表 12.5 所示。

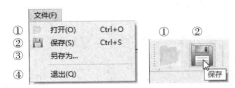

图 12.5 "文件"菜单及相关工具栏按钮

表 12.5 对应的 QAction

编 号	对 象 名
①	actOpen
②	actSave
③	actSaveAs
④	actQuit

在主程序 initUi 函数的 QAction 设置区编写代码设置各 QAction 的属性，如下：

```
self.actOpen.setIcon(QIcon('image/open.jpg'))
self.actOpen.setToolTip('打开')
self.actOpen.setShortcut('Ctrl+O')
self.actOpen.triggered.connect(self.openPic)
self.actSave.setIcon(QIcon('image/save.jpg'))
self.actSave.setToolTip('保存')
self.actSave.setShortcut('Ctrl+S')
self.actSave.triggered.connect(self.savePic)
self.actQuit.triggered.connect(self.quitApp)
```

在 initUi 函数的工具栏开发区往主工具栏上添加 QAction，语句如下：

```
self.tbrMain.addAction(self.actOpen)
self.tbrMain.addAction(self.actSave)
self.tbrMain.addSeparator()                              # 添加分隔符
```

12.4.1 图片打开和保存

1. 打开

openPic 函数实现打开图片功能，代码为：

```
def openPic(self):
    global picPath                                       # 全局变量
    picPath = QFileDialog.getOpenFileName(self, '打开图片', 'D:\\PyQt6\\Picture\\', '图片 (*.jpg *.jpeg *.png *.gif *.ico *.bmp)')[0]
    if self.loadPic():                                   # 载入成功
        w = self.pImage.width
        h = self.pImage.height
        self.showPic(w, h)                               # 显示图片
```

说明：

（1）当前打开的图片路径存于全局变量 picPath 中，以便程序其他地方的代码随时引用。

（2）用 loadPic 函数加载图片，若加载成功则返回 True。

loadPic 函数代码为：

```
def loadPic(self):
    if picPath != '':
        self.pImage = Image.open(picPath)
        return True
    else:
```

```
        return False
```

公共的图像对象 self.pImage 定义在 initUi 函数的图片显示区的最后，初始为空（None）：

```
self.pImage = None
```

（3）从图像对象 self.pImage 的 width、height 属性分别得到原始图片的宽和高（单位为像素），作为参数传给 showPic 函数并显示图片。

2．保存和退出

savePic 函数实现保存图片功能，代码为：

```
def savePic(self):
    if self.pImage != None:
        self.pImage.save('picture/' + basename(picPath).split('.')[0] + '.png')
        system(r"start explorer picture")
```

说明：

（1）用图像对象 self.pImage 的 save 方法保存处理（美化）后的图片，默认保存在项目的 picture 目录下，文件名与原始图片文件相同，先用 basename(picPath) 得到路径中的文件名，再以.split('.')[0]截取不带后缀的纯文件名，统一以 PNG 格式存盘。

（2）为方便用户、提升使用体验，在保存好图片后还会自动打开图片存放的目录以便用户及时查看美化效果，这个功能是通过调用 Windows 机制实现的（system(r"start explorer 要打开的目录")），为使用这个机制必须在程序开头导入操作系统相关的库：

```
from os import system
```

quitApp 函数主动结束程序，退出系统，代码为：

```
def quitApp(self):
    app = QApplication.instance()
    app.quit()
```

12.4.2 图片自适应显示

"我的美图"软件主界面图片显示区大小是有限的，但它所处理的图片可能是任意像素尺寸，这就要求程序必须能根据原始图片的比例自动地调整其宽度和高度，将它完整地呈现在界面上。

实现思路：

先固定程序界面图片显示区大小为 1024×768（预定尺寸），如果原始图片宽高皆不超过预定尺寸，就原样显示；如果仅宽度超过预定值，或者宽高皆超过预定值且宽大于高，则设置显示宽度为 1024，高度按比例调整；如果仅高度超过预定值，或者宽高皆超过预定值且宽度小于或等于高度，则设置显示高度为 768，宽度按比例调整。

根据以上思路，编写 showPic 函数实现图片的自适应显示功能，代码如下：

```
def showPic(self, w, h):
    ratio = w / h
    if (w > 1024 and h <= 768) or (w > 1024 and h > 768 and w > h):
        w = 1024
        h = w / ratio
    elif (w <= 1024 and h > 768) or (w > 1024 and h > 768 and w <= h):
        h = 768
        w = h * ratio
```

```
self.width = w
self.height = h
self.scale = Image.open(picPath).width / self.width    # 缩放比
self.lbPic.setGeometry(0, 0, int(self.width), int(self.height))
self.lbPic.setScaledContents(True)
self.lbPic.setPixmap(QPixmap(picPath))
```

说明：原始图片与调整后图片尺寸的缩放比（Image.open(picPath).width / self.width）在后续处理图片（如选择局部区域裁剪后再粘贴）时需要通过它来定位起始点在原图上的真实坐标，故这里要先将它存于一个公共变量 self.scale 中以便后面引用。

运行程序，选择菜单"文件"→"打开"命令（单击工具栏"打开"按钮，或直接按 Ctrl+O 快捷键），弹出"打开图片"对话框，选一幅大小超过预定尺寸的图片打开。

12.5 图片区域选择与操作功能开发

"我的美图"可支持用户以鼠标拖曳选取图片的局部区域，将其裁剪下来，复制、粘贴到原图其他位置或另一张新图上。这组功能由"编辑"菜单实现，其下菜单项、子菜单及相关的工具栏按钮如图 12.6 所示，各功能项以①、②…标注，对应 QAction 或控件如表 12.6 所示。

图 12.6 图片区域选择与操作相关功能项

表 12.6 对应的 QAction 或控件

编　号	对　象　名
①	actCircle
②	actRect
③	pbSelRegion
④	actCut
⑤	actCopy
⑥	actPaste

在主程序 initUi 函数的 QAction 设置区编写代码设置各 QAction 的属性，如下：

```
self.actCircle.triggered.connect(self.toggleCircle)
self.actRect.triggered.connect(self.toggleRect)
self.actRect.setChecked(True)
self.actCut.setIcon(QIcon('image/cut.jpg'))
self.actCut.setToolTip('裁剪')
self.actCut.setShortcut('Ctrl+X')
self.actCut.triggered.connect(self.cutPic)
self.actCopy.setIcon(QIcon('image/copy.jpg'))
self.actCopy.setToolTip('复制')
self.actCopy.setShortcut('Ctrl+C')
self.actCopy.triggered.connect(self.copyPic)
self.actPaste.setIcon(QIcon('image/paste.jpg'))
self.actPaste.setToolTip('粘贴')
self.actPaste.setShortcut('Ctrl+V')
self.actPaste.triggered.connect(self.pastePic)
```

在 initUi 函数的工具栏开发区往主工具栏上添加 1 个按钮和 3 个 QAction，语句如下：

```python
self.pbSelRegion = QPushButton()
self.pbSelRegion.setIcon(QIcon('image/rect.jpg'))
self.pbSelRegion.setIconSize(QSize(36, 36))
self.pbSelRegion.setToolTip('选择矩形区域')
self.pbSelRegion.setStyleSheet('background-color: whitesmoke')
self.pbSelRegion.clicked.connect(self.selRegion)
self.tbrMain.addWidget(self.pbSelRegion)
self.tbrMain.addAction(self.actCut)
self.tbrMain.addAction(self.actCopy)
self.tbrMain.addAction(self.actPaste)
self.tbrMain.addSeparator()
```

12.5.1 区域形状设置

"编辑"→"区域"菜单项下的两个子菜单项"圆形"和"矩形"用来设置用户选择区域的形状，默认是"矩形"，当改选"圆形"时，工具栏上按钮控件 pbSelRegion 的图标也会跟着切换。

编写两个函数 toggleCircle 和 toggleRect 来切换菜单项选中状态和按钮的外观，如下：

```python
def toggleCircle(self):
    self.actCircle.setChecked(True)
    self.actRect.setChecked(False)
    self.pbSelRegion.setIcon(QIcon('image/circle.jpg'))
    self.pbSelRegion.setToolTip('选择圆形区域')

def toggleRect(self):
    self.actCircle.setChecked(False)
    self.actRect.setChecked(True)
    self.pbSelRegion.setIcon(QIcon('image/rect.jpg'))
    self.pbSelRegion.setToolTip('选择矩形区域')
```

而全局变量 regionMode 才真正决定选择模式，它有 4 个取值。
- ''（空）：表示尚未进入或已退出选择模式。
- 'rect'：表示处于矩形选择模式。
- 'circle'：表示处于圆形选择模式。
- 'face'：表示处于人脸处理模式（本节暂不涉及，后文再介绍）。

由工具栏上的按钮控件 pbSelRegion 控制选择模式的进入和退出，其单击信号关联的 selRegion 函数实现这种控制功能，代码如下：

```python
def selRegion(self):
    global regionMode
    if self.loadPic():
        if regionMode == '':                           # (1)
            if self.actCircle.isChecked():
                regionMode = 'circle'                  # 进入圆形选择模式
            else:
                regionMode = 'rect'                    # 进入矩形选择模式
            self.pbSelRegion.setFlat(True)             # (2)
```

```
            self.pbSelRegion.setStyleSheet('background-color: whitesmoke; border:
1px solid black')
            self.lbPic.setCursor(Qt.CursorShape.CrossCursor)
                                                    # (2)
        else:
            regionMode = ''                         # 退出选择模式
            self.pbSelRegion.setFlat(False)
            self.pbSelRegion.setStyleSheet('background-color: whitesmoke')
            self.lbPic.setCursor(Qt.CursorShape.ArrowCursor)
```

说明：

（1）进入选择模式有个大前提，即必须有图片已被打开（处于编辑状态），所以首先要用"if self.loadPic()"判断和确保成功载入了图片。

（2）在选择模式下，按钮 pbSelRegion 显示扁平带边框的外观（setFlat(True)），且鼠标指针位于图片区时显示为一个十字形（setCursor(Qt.CursorShape.CrossCursor)）。

12.5.2　区域选择

选择模式下，用户在图片的任何位置按下鼠标左键可拖曳出一个虚线围成的区域（其形状由当前模式决定，为矩形或圆形）并随着鼠标的移动而动态变化，如图 12.7 所示。

图 12.7　区域选择

要实现此效果，必须让显示图片的标签控件能接收鼠标按键、移动、释放等动作并发出信号，并且还要具备重绘自身画面的能力，为此，需要对 PyQt6 的标签控件 QLabel 进行定制，自定义一个 PictureLabel 类（在主程序的类定义区），如下：

```python
class PictureLabel(QLabel):
    mousemoved = pyqtSignal(QPointF)                         # 鼠标移动信号
    mousereleased = pyqtSignal(QPointF, QPointF)             # 鼠标释放信号
    point1 = QPointF(0.0, 0.0)                               # 鼠标按下点
    point2 = QPointF(0.0, 0.0)                               # 鼠标释放点/当前坐标点
    flag = False                                             # 是否处于拖曳状态

    def __init__(self, parent=None):
        super().__init__(parent)

    def regionAvailable(self):                               # (1)
        x1 = int(self.point1.x())
        y1 = int(self.point1.y())
        x2 = int(self.point2.x())
        y2 = int(self.point2.y())
        if x1 != x2 and y1 != y2:
            return True
        else:
            return False

    def mouseMoveEvent(self, event):                         # (2)
        self.point2 = event.position()                       # 获取当前坐标点
        if self.flag:
            self.update()                                    # 触发重绘事件
        self.mousemoved.emit(self.point2)                    # 发射信号(给状态栏显示用)

    def mousePressEvent(self, event):
        if event.button() == Qt.MouseButton.LeftButton:
            self.flag = True
            self.point1 = event.position()                   # 获取鼠标按下点

    def mouseReleaseEvent(self, event):
        self.flag = False
        if regionMode != '' and self.regionAvailable():
            if regionMode == 'circle':                       # (3)
                r = math.sqrt(math.pow(self.point2.x() - self.point1.x(), 2) + math.pow(self.point2.y() - self.point1.y(), 2))
                x0 = self.point1.x()
                y0 = self.point1.y()
                self.point1 = QPointF(x0 - r, y0 - r)
                                                             # 圆区外切正方形左上角
                self.point2 = QPointF(x0 + r, y0 + r)
                                                             # 圆区外切正方形右下角
            self.mousereleased.emit(self.point1, self.point2)
                                                             # 发射信号(给主程序处理用)
```

```
        def paintEvent(self, event):                           # 重绘自身
            super().paintEvent(event)
            if regionMode != '' and self.regionAvailable():
                painter = QPainter(self)                        # (4)
                painter.setPen(QPen(Qt.GlobalColor.cyan,    1.5,    Qt.PenStyle.DashDotLine))
                if regionMode == 'rect':                        # 绘制矩形区域边界
                    boundary = QRect(int(self.point1.x()), int(self.point1.y()), int(abs(self.point2.x() - self.point1.x())), int(abs(self.point2.y() - self.point1.y())))
                    painter.drawRect(boundary)
                elif regionMode == 'circle':                    # 绘制圆形区域边界
                    r = math.sqrt(math.pow(self.point2.x() - self.point1.x(), 2) + math.pow(self.point2.y() - self.point1.y(), 2))
                    boundary = QRect(int(self.point1.x() - r), int(self.point1.y() - r), int(2 * r), int(2 * r))
                    painter.drawEllipse(boundary)
```

说明：

（1）为防止用户选择过小的区块而导致程序发生异常，这里分别对鼠标按下点和释放点的坐标值取整，且要求两个点的坐标互不相同（if x1 != x2 and y1 != y2），以保证程序能正确识别和处理所选的区域。

（2）重写的 mouseMoveEvent 函数处理鼠标移动事件，它在这里有两个作用。

① 调用控件的 self.update()触发重绘事件，这样控件就能在 paintEvent 事件处理函数中完成对自身的重绘，在界面上呈现出选择区的边界随鼠标移动而动态变化的效果。

② 将鼠标指针的当前位置坐标通过自定义的 mousemoved 信号发给主程序，主程序据此刷新窗体底部状态栏信息。不仅在拖曳状态下起作用，即使用户并没有拖曳动作甚至根本就不在选择模式下，信号也会照常发出，随时更新状态栏。

（3）圆形区域的选择方式与矩形有所不同，程序是以鼠标按下点为圆心、当前点到圆心的距离为半径绘制区域边界的，为了让主程序能够统一地处理，需要换算出圆区外切正方形左上角和右下角的顶点坐标，以这两点所确定的矩形区为程序实际的处理区。

（4）painter = QPainter(self)：用 PyQt6 的 QPainter 对象绘制区域的边界，由于是绘制自身，必须传入参数 self，否则无法动态地绘出边界。

定制好的 PictureLabel 标签类就具备了图片区域选择功能，在主程序 initUi 函数的图片显示区创建其对象实例，设置属性并关联相应的信号和函数，如下：

```
self.lbPic = PictureLabel(self.centralwidget)
self.lbPic.setMouseTracking(True)                         # ①
self.lbPic.mousemoved.connect(self.updateStatus)          # ②
self.lbPic.mousereleased.connect(self.onMouseRelease)     # ③
```

说明：

① PyQt6 的标准控件默认只有当用户按着鼠标左键不放移动时才能检测到鼠标移动事件，这显然不是我们想要的，为能达成实时获取鼠标在图片中位置的目的，用 setMouseTracking 开启鼠标跟踪，这样只要用户在图片上移动鼠标（无须按键）程序也能随时获知指针所在处的坐标了。

② 鼠标移动中获取的实时坐标通过 mousemoved 信号发给主程序，主程序用 updateStatus 函数更新状态栏，代码为：

```
def updateStatus(self, point):
    if regionMode == '':
        self.p1 = point
    pos = point.toPoint()
    self.statusbar.showMessage('坐标 (X: ' + str(pos.x()) + ', Y: ' + str(pos.y()) + ')')
```

这里，当不在选择模式下（if regionMode == ''）时，要记录当前鼠标指针位置（self.p1 = point），为后面执行粘贴操作时能准确地定位。

③ 鼠标释放信号关联 onMouseRelease 函数，代码为：

```
def onMouseRelease(self, point1, point2):
    if self.loadPic():
        self.region = (point1.x() * self.scale, point1.y() * self.scale, point2.x() * self.scale, point2.y() * self.scale)
        self.p1 = point1
```

一旦用户拖曳中释放了鼠标，也就意味着确定了所选区域的范围，这个范围以四元组的形式保存在公共变量 self.region 中，用于程序接下来的处理。

12.5.3 区域操作

1. 裁剪

用户可将所选的区域裁剪下来，选择菜单"编辑"→"裁剪"命令（单击工具栏"裁剪"按钮，或直接按 Ctrl+X 快捷键），裁剪下的部分会以一张新图呈现于图片显示区，如图 12.8 所示。

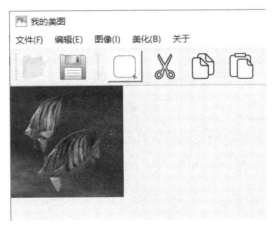

图 12.8 裁剪得到的新图

程序将裁剪所得的新图保存在公共图像对象 self.selImage 中，这个图像对象定义在 initUi 函数的图片显示区的最后，初始为空（None）：

```
self.selImage = None
```

cutPic 函数实现裁剪操作，代码如下：

```
def cutPic(self):
    if self.checkPic() and regionMode != '':            # (1)
```

```
self.selImage = self.pImage.crop(self.region)
self.lbPic.setGeometry(0, 0, self.selImage.width, self.selImage.height)
self.lbPic.setPixmap(QPixmap.fromImage(ImageQt.toqimage(self.selImage)))
self.selRegion()                                              # (2)
```

说明：

（1）为防止用户误操作，要用 checkPic 函数先判断用户是否已打开了供裁剪的图片，并且用 regionMode != "确保处在选择模式下。

本例在对图片进行各种操作处理之前，为安全起见，都要先检查一下图片是否已打开并正确载入，所以这个 checkPic 函数是通用的函数，在后面的很多处理函数中都要调用它。checkPic 函数代码为：

```
def checkPic(self):
    if self.pImage == None:
        if self.loadPic() == False:
            return False
    return True
```

（2）裁剪操作完成后，要及时调用 selRegion 函数退出选择模式。

2．复制

选择菜单"编辑"→"复制"命令（单击工具栏"复制"按钮，或直接按 Ctrl+C 快捷键）复制所选的区域。复制操作在本质上与裁剪是一样的，都是把选择区域的新图保存到公共图像对象 self.selImage 中，只不过复制无须将新图显示出来。

copyPic 函数实现复制操作，代码如下：

```
def copyPic(self):
    if self.checkPic() and regionMode != '':
        self.selImage = self.pImage.crop(self.region)
        self.selRegion()
```

3．粘贴

打开另一张图片，在其上某个位置右击，弹出快捷菜单，选择"粘贴"命令，可将裁剪（复制）的部分图片粘贴到这张图上，如图 12.9 所示。

在 PyQt6 中，一切继承自 QWidget 的控件都有右键快捷菜单，可以通过设置枚举值 Qt.ContextMenuPolicy 为 CustomContextMenu 来创建自定义的快捷菜单，在 initUi 函数的图片显示区编写如下语句：

```
self.lbPic.setContextMenuPolicy(Qt.ContextMenuPolicy.CustomContextMenu)
self.lbPic.customContextMenuRequested.connect(self.showContextMenu)
```

当用户右击时，触发 customContextMenuRequested 信号来弹出快捷菜单，定义显示快捷菜单的 showContextMenu 函数，代码为：

```
def showContextMenu(self, point):
    self.contextMenu.move(point + QPoint(361, 148))
    self.contextMenu.show()
```

在这个函数中，用 move 方法将快捷菜单移至界面的适当位置显示。

在 initUi 函数的图片显示区创建快捷菜单的对象实例，与图片显示标签 lbPic 绑定，并向其中添加粘贴操作的 QAction，如下：

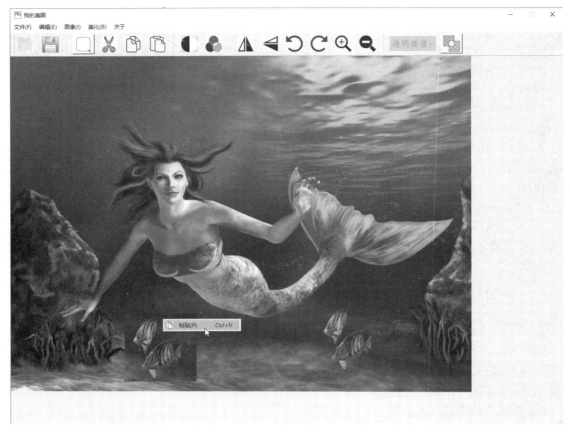

图 12.9 粘贴操作

```
self.contextMenu = QMenu(self.lbPic)
self.contextMenu.addAction(self.actPaste)
```

pastePic 函数实现粘贴操作，代码如下：

```
def pastePic(self):
    if self.selImage != None and self.pImage != None:
        x1 = int(self.p1.x() * self.scale)
        y1 = int(self.p1.y() * self.scale)
        if (x1 + self.selImage.width < self.pImage.width) and (y1 + self.selImage.height < self.pImage.height):
            self.showRegion()
```

说明：

（1）这里图片粘贴的位置是从公共变量 self.p1 中获得的，前面在鼠标移动或释放的时候，程序已经自动实时地记录下了这个位置，即使用户不是用右键菜单而是通过选择菜单"编辑"→"粘贴"命令（单击工具栏"粘贴"按钮，或按 Ctrl+V 快捷键）来执行粘贴操作，程序也能根据变量 self.p1 中的值来定位粘贴位置。

（2）必须保证所贴图的边缘不能超出背景图片，使用 if (x1 + self.selImage.width < self.pImage.width) and (y1 + self.selImage.height < self.pImage.height)判断。

（3）粘贴之后要生成和显示结果图片，用 showRegion 函数实现，代码为：

```
def showRegion(self):
    x1 = int(self.p1.x() * self.scale)
```

```
            y1 = int(self.p1.y() * self.scale)
        self.pImage.paste(self.selImage, (x1, y1, x1 + self.selImage.width, y1 + self.selImage.height))
        self.pImage = self.pImage.convert('RGBA')
        self.lbPic.setPixmap(QPixmap.fromImage(ImageQt.toqimage(self.pImage)))
```

由于本例对图像局部处理贴图用的是同一套定位机制，故该函数也可用于后面图像美化及人脸处理后显示结果图片，它是通用函数。

12.6 图像变换功能开发

图像的变换包括转换图像显示模式（黑白/真彩）、调整画面的宽高像素比、对图像做镜像/旋转/缩放等整体性操作。"我的美图"的图像变换功能由"图像"菜单实现，其下菜单项、子菜单项及相关的工具栏按钮如图 12.10 所示，各功能项以①、②…标注，对应的 QAction 如表 12.7 所示。

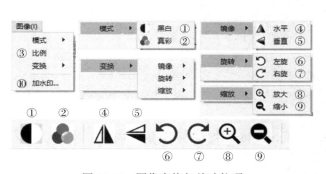

图 12.10 图像变换相关功能项

表 12.7 对应的 QAction

编 号	对 象 名
①	actBlackWhite
②	actMultiColour
③	actRatio
④	actHorizontal
⑤	actVertical
⑥	actRotateLeft
⑦	actRotateRight
⑧	actZoomIn
⑨	actZoomOut
⑩	actWaterMark

在主程序 initUi 函数的 QAction 设置区编写代码设置各 QAction 的属性，如下：

```
self.actBlackWhite.setIcon(QIcon('image/blackwhite.jpg'))
self.actBlackWhite.triggered.connect(self.convertBlackWhite)
self.actMultiColour.setIcon(QIcon('image/multicolour.jpg'))
self.actMultiColour.triggered.connect(self.convertMultiColour)
self.actRatio.triggered.connect(self.fitRatio)
self.actHorizontal.setIcon(QIcon('image/mirrorhorizontal.jpg'))
self.actHorizontal.setToolTip('水平镜像')
self.actHorizontal.triggered.connect(self.mirrorHorizontal)
self.actVertical.setIcon(QIcon('image/mirrorvertical.jpg'))
self.actVertical.setToolTip('垂直镜像')
self.actVertical.triggered.connect(self.mirrorVertical)
self.actRotateLeft.setIcon(QIcon('image/rotateleft.jpg'))
self.actRotateLeft.setToolTip('左旋')
self.actRotateLeft.triggered.connect(self.rotateLeft)
self.actRotateRight.setIcon(QIcon('image/rotateright.jpg'))
self.actRotateRight.setToolTip('右旋')
```

```
self.actRotateRight.triggered.connect(self.rotateRight)
self.actZoomIn.setIcon(QIcon('image/zoomin.jpg'))
self.actZoomIn.setToolTip('放大')
self.actZoomIn.triggered.connect(self.zoomIn)
self.actZoomOut.setIcon(QIcon('image/zoomout.jpg'))
self.actZoomOut.setToolTip('缩小')
self.actZoomOut.triggered.connect(self.zoomOut)
self.actWaterMark.triggered.connect(self.addWaterMark)
```

在 initUi 函数的工具栏开发区往主工具栏上添加 QAction，语句如下：

```
self.tbrMain.addAction(self.actBlackWhite)
self.tbrMain.addAction(self.actMultiColour)
self.tbrMain.addSeparator()
self.tbrMain.addAction(self.actHorizontal)
self.tbrMain.addAction(self.actVertical)
self.tbrMain.addAction(self.actRotateLeft)
self.tbrMain.addAction(self.actRotateRight)
self.tbrMain.addAction(self.actZoomIn)
self.tbrMain.addAction(self.actZoomOut)
self.tbrMain.addSeparator()
```

12.6.1 转换显示模式

"图像"→"模式"菜单项下的两个子菜单项"黑白"和"真彩"用来设置图像显示模式，可在黑白和彩色之间切换。

编写两个函数 convertBlackWhite 和 convertMultiColour 来实现该功能，如下：

```
def convertBlackWhite(self):
    if self.checkPic():
        self.pImage = self.pImage.convert('L')
        self.lbPic.setPixmap(QPixmap.fromImage(ImageQt.toqimage(self.pImage)))

def convertMultiColour(self):
    if self.loadPic():
        self.pImage = self.pImage.convert('RGBA')
        self.lbPic.setPixmap(QPixmap.fromImage(ImageQt.toqimage(self.pImage)))
```

12.6.2 调整宽高像素比

图 12.11 "比例"对话框

选择菜单"图像"→"比例"命令，弹出如图 12.11 所示的"比例"对话框，其中显示了当前打开图片的宽度和高度（单位为像素）。用户可从中修改图片的宽度和高度，当下方"保持宽高比"复选框选中（默认）时，图片的宽度和高度会按原始比例调整；取消勾选则可任意改变宽度和高度（但画面会失真）；也可以直接修改"原始大小百分比"栏的值，对图片尺寸进行整体缩放。例如，将一张图片宽度压缩后的效果如图 12.12 所示。

第 12 章　PyQt6 开发及实例：我的美图

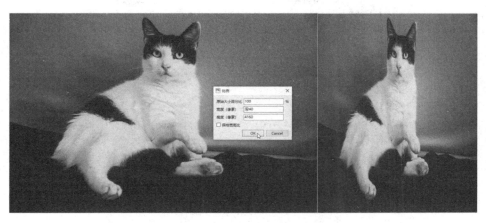

图 12.12　将一张图片宽度压缩后的效果

在主程序的类定义区定义比例对话框 RatioDialog 类，代码如下：

```
class RatioDialog(QDialog):
    def __init__(self):
        super(RatioDialog, self).__init__()
        self.setWindowTitle('比例')
        self.setWindowIcon(QIcon('image/picshop.jpg'))
        self.w = Image.open(picPath).width
        self.h = Image.open(picPath).height
        self.ratio = self.w / self.h
        grid = QGridLayout()                                    # (1)
        grid.addWidget(QLabel('原始大小百分比'), 0, 0, 1, 1)
        self.lePercent = QLineEdit()
        self.lePercent.setText('100')
        self.lePercent.textChanged.connect(self.setPercent)
        grid.addWidget(self.lePercent, 0, 1, 1, 1)
        grid.addWidget(QLabel('%'), 0, 2, 1, 1)
        grid.addWidget(QLabel('宽度（像素）'), 1, 0, 1, 1)
        self.leWidth = QLineEdit()
        self.leWidth.setText(str(self.w))
        self.leWidth.textChanged.connect(self.setWidth)
        grid.addWidget(self.leWidth, 1, 1, 1, 1)
        grid.addWidget(QLabel('高度（像素）'), 2, 0, 1, 1)
        self.leHeight = QLineEdit()
        self.leHeight.setText(str(self.h))
        self.leHeight.textChanged.connect(self.setHeight)
        grid.addWidget(self.leHeight, 2, 1, 1, 1)
        self.cbKeepRatio = QCheckBox('保持宽高比')
        self.cbKeepRatio.setChecked(True)
        grid.addWidget(self.cbKeepRatio, 3, 0, 1, 1, Qt.AlignmentFlag.AlignLeft)
        buttonBox = QDialogButtonBox()
        buttonBox.setOrientation(Qt.Orientation.Horizontal)
        buttonBox.setStandardButtons(QDialogButtonBox.StandardButton.Cancel | QDialogButtonBox.StandardButton.Ok)                                    # (2)
        buttonBox.rejected.connect(self.reject)                 # 取消
```

```
            buttonBox.accepted.connect(self.accept)          # 确定
            layout = QVBoxLayout()                           # (1)
            layout.addLayout(grid)
            layout.addWidget(buttonBox)
            self.setLayout(layout)

        def setPercent(self):                                # 调整原始大小百分比
            self.leWidth.setText(str(self.w * eval(self.lePercent.text()) / 100))
            self.leHeight.setText(str(self.h * eval(self.lePercent.text()) / 100))

        def setWidth(self):                                  # 调整宽度
            if self.cbKeepRatio.isChecked():
                self.leHeight.setText(str(eval(self.leWidth.text()) / self.ratio))

        def setHeight(self):                                 # 调整高度
            if self.cbKeepRatio.isChecked():
                self.leWidth.setText(str(eval(self.leHeight.text()) * self.ratio))
```

说明：

（1）软件中的这种弹出式对话框，其主体部分一般采用网格布局（QGridLayout），这里将网格又嵌套放入一个垂直布局（QVBoxLayout）中，这样将多种布局方式结合使用是制作简洁对话框界面的有效方法，希望读者在日常开发中多加实践。

（2）用 PyQt6 内置对话框按钮盒（DialogButtonBox）中的标准确定（StandardButton.Ok）和取消（StandardButton.Cancel）按钮来响应用户提交。

QAction 对象 actRatio 所关联的 fitRatio 函数调出比例对话框，获取用户设置值并调整图像比例，其代码如下：

```
    def fitRatio(self):
        if self.loadPic():
            ratioDialog = RatioDialog()
            if ratioDialog.exec():
                w = int(eval(ratioDialog.leWidth.text()))
                h = int(eval(ratioDialog.leHeight.text()))
                self.pImage = self.pImage.resize((w, h))
                self.showPic(w, h)
            ratioDialog.destroy()
```

12.6.3 镜像、旋转和缩放

"图像"→"变换"菜单项下的子菜单项用来对图像整体执行镜像、旋转和缩放操作，它们在主工具栏上也有对应的按钮。

1. 镜像

"镜像"就是将图像的左右（或上下）部分进行对称调换，分为水平镜像和垂直镜像，用两个函数 mirrorHorizontal 和 mirrorVertical 分别实现，如下：

```
    def mirrorHorizontal(self):
        if self.checkPic():
```

```
            self.pImage = self.pImage.transpose(Image.Transpose.FLIP_LEFT_RIGHT)
            self.pImage = self.pImage.convert('RGBA')
            self.lbPic.setPixmap(QPixmap.fromImage(ImageQt.toqimage(self.pImage)))

    def mirrorVertical(self):
        if self.checkPic():
            self.pImage = self.pImage.transpose(Image.Transpose.FLIP_TOP_BOTTOM)
            self.pImage = self.pImage.convert('RGBA')
            self.lbPic.setPixmap(QPixmap.fromImage(ImageQt.toqimage(self.pImage)))
```

2. 旋转

PIL 库的 Image 类的 ROTATE_角度属性可设置图片旋转，例如：

```
self.pImage = self.pImage.transpose(Image.ROTATE_90)   # 旋转 90°
self.pImage = self.pImage.transpose(Image.ROTATE_180)  # 旋转 180°
self.pImage = self.pImage.transpose(Image.ROTATE_270)  # 旋转 270°
```

但此种方式每次操作只能以逆时针旋转 90°的整数倍，缺乏灵活性。

本例采用调用图像对象的 rotate 方法的方式实现对图像任意方向和角度的旋转，编写两个函数 rotateLeft 和 rotateRight，如下：

```
    def rotateLeft(self):
        if self.checkPic():
            self.pImage = self.pImage.rotate(10)
            self.pImage = self.pImage.convert('RGBA')
            self.lbPic.setPixmap(QPixmap.fromImage(ImageQt.toqimage(self.pImage)))

    def rotateRight(self):
        if self.checkPic():
            self.pImage = self.pImage.rotate(-10)
            self.pImage = self.pImage.convert('RGBA')
            self.lbPic.setPixmap(QPixmap.fromImage(ImageQt.toqimage(self.pImage)))
```

3. 缩放

zoomIn 和 zoomOut 函数分别实现图像的放大和缩小，代码如下：

```
    def zoomIn(self):
        if self.checkPic():
            w = int(self.pImage.width * 1.2)
            h = int(self.pImage.height * 1.2)
            self.pImage = self.pImage.resize((w, h))
            self.showPic(w, h)

    def zoomOut(self):
        if self.checkPic():
            w = int(self.pImage.width / 1.2)
            h = int(self.pImage.height / 1.2)
            self.pImage = self.pImage.resize((w, h))
            self.showPic(w, h)
```

4．效果演示

打开一张图片，对其水平镜像后再旋转一定的角度，效果如图 12.13 所示。

图 12.13　水平镜像和旋转后的效果

12.6.4　图像加水印文字

选择菜单"图像"→"加水印"命令，弹出"添加水印"对话框，在其中输入文字，单击"OK"按钮可将文字以水印形式添加到图片上，如图 12.14 所示。

图 12.14　图片添加水印文字

在主程序的类定义区定义"添加水印"对话框 TextMarkDialog 类，代码如下：
```
class TextMarkDialog(QDialog):
    def __init__(self):
        super(TextMarkDialog, self).__init__()
        self.setWindowTitle('添加水印')
        self.setWindowIcon(QIcon('image/picshop.jpg'))
        layout = QVBoxLayout()
        self.leTextMark = QLineEdit()
        self.leTextMark.setPlaceholderText('输入水印文字')
        layout.addWidget(self.leTextMark)
        buttonBox = QDialogButtonBox()
        buttonBox.setOrientation(Qt.Orientation.Horizontal)
        buttonBox.setStandardButtons(QDialogButtonBox.StandardButton.Cancel | QDialogButtonBox.StandardButton.Ok)
        buttonBox.rejected.connect(self.reject)       # 取消
        buttonBox.accepted.connect(self.accept)       # 确定
        layout.addWidget(buttonBox)
        self.setLayout(layout)
```

说明：该对话框采用简单的垂直布局（QVBoxLayout），放置一个单行文本框（LineEdit）来接收用户输入的水印文字内容，用系统内置对话框按钮盒（QDialogButtonBox）中的标准确定（StandardButton.Ok）和取消（StandardButton.Cancel）按钮来响应用户提交文字的操作。

编写 addWaterMark 函数，用 PIL 库的 ImageDraw、ImageFont 类实现添加水印功能，代码如下：
```
def addWaterMark(self):
    textMarkDialog = TextMarkDialog()
    if textMarkDialog.exec():
        bgImg = Image.open(picPath).convert('RGBA')
        mkImg = Image.new('RGBA', bgImg.size, (255, 255, 255, 0))
        font = ImageFont.truetype('simkai.ttf', int(72 * self.scale))
        draw = ImageDraw.Draw(mkImg)
        draw.text((0, 0), textMarkDialog.leTextMark.text(), font=font, fill='#FFFF00')
        alpha = mkImg.split()[3]
        alpha = ImageEnhance.Brightness(alpha).enhance(0.618)
        mkImg.putalpha(alpha)
        self.pImage = Image.alpha_composite(bgImg, mkImg)
        self.lbPic.setPixmap(QPixmap.fromImage(ImageQt.toqimage(self.pImage)))
        textMarkDialog.destroy()
```

12.7 图像美化功能开发

图像的美化是通过调整图像对比度、饱和度、亮度和清晰度等参数实现的，利用 PIL 库的增强类或滤波器可以很方便地做到。

例如，用 ImageEnhance.Contrast 类增加照片上景物之间的对比度，使画面上的物体更加鲜明，如图 12.15 所示。

图 12.15 对比度增加

对比度增加后,作为画面主体的人和鱼都从背景中很明显地区分出来,成为整个照片的主角。

又比如,用 SHARPEN 滤波器使画面中的物体轮廓锐化,经锐化处理后的图片可以很清楚地看出场景中的细节,提高了清晰度,如图 12.16 所示。

图 12.16 清晰度提高

"我的美图"的图像美化功能由"美化"菜单实现,其下菜单项、子菜单项及相关的工具栏按钮如图 12.17 所示,各功能项以①、②…标注,对应的 QAction 如表 12.8 所示。

图 12.17 图像美化相关功能项

表 12.8 对应的 QAction

编 号	对 象 名
①	actContrast
②	actColor
③	actBright
④	actSharp
⑤	actPanel
⑥	actCompose
⑦	actFace

在主程序 initUi 函数的 QAction 设置区编写代码设置各 QAction 的属性,如下:

```
self.actContrast.triggered.connect(self.enhanceContrast)
self.actColor.triggered.connect(self.enhanceColor)
self.actBright.triggered.connect(self.enhanceBright)
```

```
self.actSharp.triggered.connect(self.enhanceSharp)
self.actPanel.triggered.connect(self.showPanel)
self.actCompose.triggered.connect(self.openComposition)
self.actFace.setIcon(QIcon('image/face.jpg'))
self.actFace.triggered.connect(self.faceFilter)
```

12.7.1 图像增强

"美化"→"增强"菜单项下的四个子菜单项"对比""饱和""加亮""清晰"用来增强图像,既可对整体画面进行处理,也可对用户选择的局部区域进行处理。

1. 圆形区的处理方法

前面介绍过区域选择的形状可以是矩形或圆形,矩形区可作为一张小图处理,而对于圆形区的处理则需要采取一种特殊方法,如图 12.18 所示。

对用户所选择的圆形区,取其外切正方形区域生成两份图像对象:一份是按照要求处理过的 tarImage,另一份是未处理的 srcImage。然后遍历圆外切正方形区域的每一个像素点,凡位于圆内部(与圆心距离≤r)的点采用 tarImage 的像素;而落在圆外(与圆心距离>r)的点则采用 srcImage 的像素,这样一来,最后生成、返回的图像就只有所选的圆形区域部分是被处理过的了,如图 12.19 所示。

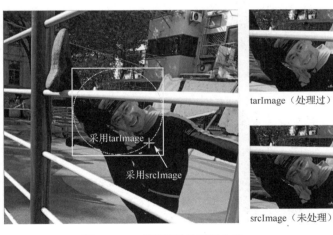

图 12.18　对圆形区的处理方法

图 12.19　对图像中圆形区的处理效果

将上面介绍的这个方法编写成 procCircle 函数,代码如下:

```
def procCircle(self, mode):
    if self.loadPic() == False:
        return
    self.selImage = self.pImage.crop(self.region)
    r = int(self.selImage.width / 2)
    srcImage = self.selImage
    srcMatrix = srcImage.load()
    tarImage = None
    if mode == 'Contrast':                                    # 对比
```

```
            tarImage = ImageEnhance.Contrast(self.selImage).enhance(1.618)
        elif mode == 'Color':                                          # 饱和
            tarImage = ImageEnhance.Color(self.selImage).enhance(3.6)
        elif mode == 'Bright':                                         # 加亮
            tarImage = ImageEnhance.Brightness(self.selImage).enhance(0.9)
        elif mode == 'Sharp':                                          # 清晰
            tarImage = ImageEnhance.Sharpness(self.selImage).enhance(2.618)
        elif mode == 'Blur':                                           # 模糊(人脸)
            tarImage = self.selImage.filter(ImageFilter.BLUR).filter(ImageFilter.SMOOTH)
        elif mode == 'Detail':                                         # 清晰(人脸)
            tarImage = self.selImage.filter(ImageFilter.DETAIL).filter(ImageFilter.SHARPEN)
        elif mode == 'Contour':                                        # 素描(人脸)
            tarImage = self.selImage.filter(ImageFilter.CONTOUR)
        elif mode == 'Emboss':                                         # 浮雕(人脸)
            tarImage = self.selImage.filter(ImageFilter.EMBOSS)
        elif mode == 'Mosaic':                                         # 马赛克(人脸)
            size = self.selImage.size
            tarImage = self.selImage.resize((26, 26)).resize(size).filter(ImageFilter.EDGE_ENHANCE)
        tarMatrix = tarImage.load()
        retImage = Image.new('RGBA', (self.selImage.width, self.selImage.width), (255, 255, 255, 0))
        retMatrix = retImage.load()
        for i in range(self.selImage.width):
            for j in range(self.selImage.width):
                dx = abs(i - r)
                dy = abs(j - r)
                d = (pow(dx, 2) + pow(dy, 2)) ** 0.5
                if d <= r:
                    retMatrix[i, j] = tarMatrix[i, j]
                elif d > r:
                    retMatrix[i, j] = srcMatrix[i, j]
        return retImage
```

后面，每当程序需要对图片中用户选择的圆形区域（或人脸）单独进行美化处理时，就直接调用这个函数，向其中传入一个 mode 参数指定处理的方式就可以了。

2．各种增强效果的实现

1）增强对比度

编写 enhanceContrast 函数增强图像对比度，代码如下：

```
def enhanceContrast(self):
    if self.checkPic():
        if regionMode != '':
            if regionMode == 'circle':                                 # 处理圆形区
                self.selImage = self.procCircle('Contrast')
            elif regionMode == 'rect':                                 # 处理矩形区
```

```
            self.selImage = ImageEnhance.Contrast(Image.open(picPath).crop
(self.region)).enhance(1.618)
            self.showRegion()
            self.pImage = self.pImage.convert('RGB')
            self.pImage.save('picture/' + basename(picPath))
        else:                                               # 处理整张图
            self.pImage = ImageEnhance.Contrast(self.pImage).enhance(1.618)
            self.pImage = self.pImage.convert('RGBA')
            self.lbPic.setPixmap(QPixmap.fromImage(ImageQt.toqimage(self.pImage)))
```

2）增强饱和度

编写 enhanceColor 函数增强图像色彩的饱和度，代码如下：

```
def enhanceColor(self):
    if self.checkPic():
        if regionMode != '':
            if regionMode == 'circle':                      # 处理圆形区
                self.selImage = self.procCircle('Color')
            elif regionMode == 'rect':                      # 处理矩形区
                self.selImage = ImageEnhance.Color(Image.open(picPath).crop(self.region)).enhance(1.2)
            self.showRegion()
            self.pImage = self.pImage.convert('RGB')
            self.pImage.save('picture/' + basename(picPath))
        else:                                               # 处理整张图
            self.pImage = ImageEnhance.Color(self.pImage).enhance(1.2)
            self.pImage = self.pImage.convert('RGBA')
            self.lbPic.setPixmap(QPixmap.fromImage(ImageQt.toqimage(self.pImage)))
```

3）调节亮度

编写 enhanceBright 函数调节图像亮度，代码如下：

```
def enhanceBright(self):
    if self.checkPic():
        if regionMode != '':
            if regionMode == 'circle':                      # 处理圆形区
                self.selImage = self.procCircle('Bright')
            elif regionMode == 'rect':                      # 处理矩形区
                self.selImage = ImageEnhance.Brightness(Image.open(picPath).crop(self.region)).enhance(0.9)
            self.showRegion()
            self.pImage = self.pImage.convert('RGB')
            self.pImage.save('picture/' + basename(picPath))
        else:                                               # 处理整张图
            self.pImage = ImageEnhance.Brightness(self.pImage).enhance(0.9)
            self.pImage = self.pImage.convert('RGBA')
            self.lbPic.setPixmap(QPixmap.fromImage(ImageQt.toqimage(self.pImage)))
```

4）增加清晰度

编写 enhanceSharp 函数增加图像清晰度，代码如下：

```
def enhanceSharp(self):
    if self.checkPic():
        if regionMode != '':
            if regionMode == 'circle':                              # 处理圆形区
                self.selImage = self.procCircle('Sharp')
            elif regionMode == 'rect':                              # 处理矩形区
                self.selImage = ImageEnhance.Sharpness(Image.open(picPath).crop(self.region)).enhance(2.618)
            self.showRegion()
            self.pImage = self.pImage.convert('RGB')
            self.pImage.save('picture/' + basename(picPath))
        else:                                                        # 处理整张图
            self.pImage = ImageEnhance.Sharpness(self.pImage).enhance(2.618)
            self.pImage = self.pImage.convert('RGBA')
            self.lbPic.setPixmap(QPixmap.fromImage(ImageQt.toqimage(self.pImage)))
```

以上 4 个函数在默认情况下都是对整张图片进行处理，而在选择模式下，只处理图片中用户所选的圆形区或矩形区。

3．增强面板

上面编写的各函数的增强因子（参数）都是固定的，无法满足用户更细致的美化处理需要，所以本软件还专门设计了一个增强面板，在其上可拖曳滑块调节，以达到满意的效果，如图 12.20 所示。

图 12.20 使用增强面板调节

这个增强面板其实就是一个置于窗体右侧的工具栏，默认是隐藏的，选择菜单"美化"→"增强"→"手动调整"命令可将其打开，用 showPanel 函数实现对增强面板的控制，代码为：

```
def showPanel(self):
    if self.tbrPanel.isVisible() == False:
        if self.checkPic():
            self.tbrPanel.setVisible(True)
            self.actPanel.setText('关闭面板')
    else:
        self.tbrPanel.setVisible(False)
        self.actPanel.setText('手动调整...')
```

面板上创建 4 个 QSlider 控件分别用来调节 4 种效果，在主程序 initUi 函数的工具栏开发区定义面板工具栏并创建其上的控件，代码如下：

```
self.tbrPanel.layout().setContentsMargins(20, 20, 20, 20)
self.tbrPanel.layout().setSpacing(10)
self.lbContrast = QLabel('对 比 度')
self.lbContrast.setAlignment(Qt.AlignmentFlag.AlignHCenter)
self.sldContrast = QSlider()
self.sldContrast.setMinimum(20)
self.sldContrast.setMaximum(360)
self.sldContrast.setValue(100)
self.sldContrast.setSingleStep(1)
self.sldContrast.setOrientation(Qt.Orientation.Horizontal)
self.sldContrast.valueChanged.connect(self.onSlideContrast)
self.tbrPanel.addWidget(self.lbContrast)
self.tbrPanel.addWidget(self.sldContrast)
self.tbrPanel.addSeparator()
self.lbColor = QLabel('饱 和 度')
self.lbColor.setAlignment(Qt.AlignmentFlag.AlignHCenter)
self.sldColor = QSlider()
self.sldColor.setMinimum(10)
self.sldColor.setMaximum(360)
self.sldColor.setValue(100)
self.sldColor.setSingleStep(1)
self.sldColor.setOrientation(Qt.Orientation.Horizontal)
self.sldColor.valueChanged.connect(self.onSlideColor)
self.tbrPanel.addWidget(self.lbColor)
self.tbrPanel.addWidget(self.sldColor)
self.tbrPanel.addSeparator()
self.lbBright = QLabel('亮    度')
self.lbBright.setAlignment(Qt.AlignmentFlag.AlignHCenter)
self.sldBright = QSlider()
self.sldBright.setMinimum(20)
self.sldBright.setMaximum(180)
self.sldBright.setValue(100)
```

```python
        self.sldBright.setSingleStep(1)
        self.sldBright.setOrientation(Qt.Orientation.Horizontal)
        self.sldBright.valueChanged.connect(self.onSlideBright)
        self.tbrPanel.addWidget(self.lbBright)
        self.tbrPanel.addWidget(self.sldBright)
        self.tbrPanel.addSeparator()
        self.lbSharp = QLabel('清晰度')
        self.lbSharp.setAlignment(Qt.AlignmentFlag.AlignHCenter)
        self.sldSharp = QSlider()
        self.sldSharp.setMinimum(0)
        self.sldSharp.setMaximum(360)
        self.sldSharp.setValue(100)
        self.sldSharp.setSingleStep(1)
        self.sldSharp.setOrientation(Qt.Orientation.Horizontal)
        self.sldSharp.valueChanged.connect(self.onSlideSharp)
        self.tbrPanel.addWidget(self.lbSharp)
        self.tbrPanel.addWidget(self.sldSharp)
        self.tbrPanel.setVisible(False)
```

说明：上面代码中用 setMinimum、setMaximum 和 setValue 分别设置各滑块的最小值、最大值和当前默认值，读者可根据自己的经验灵活设定图像美化的各种增益值，只要在感官上觉得舒服就行。

接下来对应 4 个滑块的 valueChanged 信号分别编写其关联的函数，实现增强程度的调节，代码如下：

```python
    def onSlideContrast(self):                                          # 对比度调节
        if self.loadPic():
            self.pImage = ImageEnhance.Contrast(self.pImage).enhance(self.sldContrast.value() / 100)
            self.pImage = self.pImage.convert('RGBA')
            self.lbPic.setPixmap(QPixmap.fromImage(ImageQt.toqimage(self.pImage)))

    def onSlideColor(self):                                             # 饱和度调节
        if self.loadPic():
            self.pImage = ImageEnhance.Color(self.pImage).enhance(self.sldColor.value() / 100)
            self.pImage = self.pImage.convert('RGBA')
            self.lbPic.setPixmap(QPixmap.fromImage(ImageQt.toqimage(self.pImage)))

    def onSlideBright(self):                                            # 亮度调节
        if self.loadPic():
            self.pImage = ImageEnhance.Brightness(self.pImage).enhance(self.sldBright.value() / 100)
            self.pImage = self.pImage.convert('RGBA')
            self.lbPic.setPixmap(QPixmap.fromImage(ImageQt.toqimage(self.pImage)))
```

```
def onSlideSharp(self):                                           # 清晰度调节
    if self.loadPic():
        self.pImage = ImageEnhance.Sharpness(self.pImage).enhance(self.sldSharp.value() / 100)
        self.pImage = self.pImage.convert('RGBA')
        self.lbPic.setPixmap(QPixmap.fromImage(ImageQt.toqimage(self.pImage)))
```

12.7.2 图像合成

采用本章开头介绍的两种方式进行图像合成，运行程序时需要同时打开两张图片，第二张图片就简单地用一个普通 QLabel 标签显示，对应的图像对象保存在公共变量 self.cImage 中，需要先在 initUi 函数的图片显示区中定义它们：

```
self.lbPic2 = QLabel(self.centralwidget)                          # 参与合成的第二张图片
self.cImage = None                                                # 第二张图的图像对象
```

1. 进入合成模式

在已打开一张图的情况下，选择菜单"美化"→"合成"命令，会弹出对话框让用户选择第二张图，当用户选好并打开后，它会与第一张图一起改变宽高为原尺寸的一半，并排显示于主界面工作区，如图 12.21 所示。

图 12.21 参与合成的两张图片并排显示

这时候就进入了合成模式，由 openComposition 函数实现上述功能，代码为：

```
def openComposition(self):
    if self.checkPic() == False:
        return
    global picPath2
    picPath2 = QFileDialog.getOpenFileName(self, '选择第二张图', 'D:\\PyQt6\\Picture\\', '图片 (*.jpg *.jpeg *.png *.gif *.ico *.bmp)')[0]
```

```
        if picPath2 != '':
            self.cImage = Image.open(picPath2)
            w = int(self.width / 2)
            h = int(self.height / 2)
            self.lbPic.setGeometry(0, 0, w, h)
            self.lbPic.setScaledContents(True)
            self.lbPic.setPixmap(QPixmap(picPath))
            self.lbPic2.setGeometry(w, 0, w, h)
            self.lbPic2.setScaledContents(True)
            self.lbPic2.setPixmap(QPixmap(picPath2))
            self.lbPic2.setVisible(True)
            self.cobCompose.setEnabled(True)
            self.pbCompose.setEnabled(True)
```

在进入合成模式后,主工具栏上选择合成方式的下拉列表及合成按钮变为可用状态。这个下拉列表和合成按钮是在 initUi 函数中创建的,位于工具栏开发区,代码如下:

```
self.cobCompose = QComboBox()                               # 选择合成方式下拉列表
self.composemode = ['透明插值', 'R 通道', 'G 通道', 'B 通道']
self.cobCompose.addItems(self.composemode)
font = QFont()
font.setPointSize(14)
font.setFamily('仿宋')
self.cobCompose.setFont(font)
self.cobCompose.setFixedSize(100, 32)
self.cobCompose.setToolTip('合成方式')
self.cobCompose.setEnabled(False)
self.tbrMain.addWidget(self.cobCompose)
self.pbCompose = QPushButton()                              # 合成按钮
self.pbCompose.setIcon(QIcon('image/compose.jpg'))
self.pbCompose.setIconSize(QSize(36, 36))
self.pbCompose.setToolTip('开始合成')
self.pbCompose.setStyleSheet('background-color: whitesmoke')
self.pbCompose.setEnabled(False)
self.pbCompose.clicked.connect(self.beginComposing)
self.tbrMain.addWidget(self.pbCompose)
```

2. 开始合成

用户可从下拉列表中选择合成方式,可以是简单的透明插值(叠加),也可以用颜色通道重组,若为后者,还可进一步指定颜色通道。单击合成按钮,程序开始按用户选定的方式执行合成处理,具体的操作由 beginComposing 函数实现,代码如下:

```
def beginComposing(self):
    if self.cobCompose.currentText() == '透明插值':
        self.pImage = Image.blend(self.pImage, self.cImage, 0.618)
    else:                                                   # 通道重组方式
        r, g, b = self.cImage.split()
```

```
            if self.cobCompose.currentText() == 'R 通道':
                self.pImage = Image.composite(self.cImage, self.pImage, r)
            elif self.cobCompose.currentText() == 'G 通道':
                self.pImage = Image.composite(self.cImage, self.pImage, g)
            elif self.cobCompose.currentText() == 'B 通道':
                self.pImage = Image.composite(self.cImage, self.pImage, b)
        self.lbPic.setGeometry(0, 0, int(self.width), int(self.height))
        self.pImage = self.pImage.convert('RGBA')
        self.lbPic.setPixmap(QPixmap.fromImage(ImageQt.toqimage(self.pImage)))
        self.lbPic2.setVisible(False)
        self.cobCompose.setEnabled(False)
        self.pbCompose.setEnabled(False)
```

合成完毕自动退出合成模式并显示合成后的图片，如图 12.22 所示。

图 12.22 合成后的图片

12.7.3 人脸识别与处理

1. 人脸识别

在打开一张图片的情况下，选择菜单"美化"→"人脸"命令，程序会自动识别并框出图片上的人脸，同时在界面右侧出现人脸处理面板，如图 12.23 所示。

图 12.23 人脸识别

软件通过第三方 OpenCV 库识别人脸，OpenCV 官方以 XML 形式提供了很多训练好的分类器，例如 haarcascade_frontalface_alt.xml（检测正脸）、haarcascade_eye.xml（检测双眼）、haarcascade_smile.xml（检测微笑）等，本例使用的是检测正脸的 haarcascade_frontalface_alt.xml，预先存放在项目的 detector 目录下。

在程序开头导入 OpenCV 库：

```
import cv2
```

编写 faceFilter 函数实现人脸识别功能，代码如下：

```
def faceFilter(self):
    global regionMode                                          # (1)
    if self.checkPic():
        self.pImage = cv2.cvtColor(numpy.asarray(self.pImage), cv2.COLOR_RGB2BGR)
                                                               # (2)
        faceDetector = cv2.CascadeClassifier("./detector/haarcascade_frontalface_alt.xml")                                    # 创建分类器
        faces = faceDetector.detectMultiScale(self.pImage, scaleFactor=1.19, minNeighbors=5)                                  # (3) 搜索人脸数据
        if len(faces) != 0:
            self.tbrFilter.setVisible(True)
            x1 = 0
            y1 = 0
            x2 = 0
            y2 = 0
            for x, y, w, w in faces:
```

```
                    x1 = x
                    y1 = y
                    x2 = x + w
                    y2 = y + w
                    self.pImage = cv2.rectangle(self.pImage, (x, y), (x + w, y + w),
(0, 255, 255), 2)                                          # 绘图框出人脸
                    self.pImage = Image.fromarray(cv2.cvtColor(self.pImage, cv2.COLOR_
BGR2RGB))                                                  # (2)
                    point1 = QPointF(x1, y1)
                    point2 = QPointF(x2, y2)
                    regionMode = 'face'                    # (1)
                    self.region = (point1.x() * self.scale, point1.y() * self.scale,
point2.x() * self.scale, point2.y() * self.scale)
                    self.p1 = point1
                    self.pImage = self.pImage.convert('RGBA')
                    self.lbPic.setPixmap(QPixmap.fromImage(ImageQt.toqimage(self.
pImage)))
            else:
                QMessageBox.information(self, '提示', '未找到人脸。')
```

说明：

（1）本例将人脸识别阶段也作为一种特殊的选择模式（regionMode = 'face'），这样就能与前面的图片区域选择共用同一套机制进行统一处理，简化了程序。

（2）与 PIL 库不同，OpenCV 库将图片作为矩阵数组处理，故先要将图像对象转换成矩阵数组（numpy.asarray(self.pImage)）供 OpenCV 识别，完成后又要由矩阵数组转回 PIL 库能处理的图像对象（Image.fromarray）。

（3）调用分类器对象的 detectMultiScale 方法进行检测，第 1 个参数是待检图像，第 2 个参数 scaleFactor 是检测过程中每次迭代图像缩小的比例，第 3 个参数 minNeighbors 是每次迭代时相邻矩形的最小个数（默认为 3 个），方法执行后返回检测到的所有人脸数据列表。

2. 人脸处理

通过单击人脸处理面板上的按钮对图中框出的人脸区域进行处理。

人脸处理面板实质上也是个工具栏，在 initUi 函数的工具栏开发区定义和创建，代码如下：

```
self.tbrFilter.layout().setContentsMargins(5, 5, 5, 5)
self.tbrFilter.layout().setSpacing(10)
self.pbBlur = QPushButton()
self.pbBlur.setIcon(QIcon('image/blur.jpg'))
self.pbBlur.setIconSize(QSize(128, 128))
self.pbBlur.setToolTip('模糊')
self.pbBlur.setStyleSheet('background-color: whitesmoke')
self.pbBlur.clicked.connect(self.blurFace)
self.tbrFilter.addWidget(self.pbBlur)
self.pbDetail = QPushButton()
self.pbDetail.setIcon(QIcon('image/detail.jpg'))
self.pbDetail.setIconSize(QSize(128, 128))
self.pbDetail.setToolTip('清晰')
self.pbDetail.setStyleSheet('background-color: whitesmoke')
```

```python
self.pbDetail.clicked.connect(self.detailFace)
self.tbrFilter.addWidget(self.pbDetail)
self.pbContour = QPushButton()
self.pbContour.setIcon(QIcon('image/contour.jpg'))
self.pbContour.setIconSize(QSize(128, 128))
self.pbContour.setToolTip('素描')
self.pbContour.setStyleSheet('background-color: whitesmoke')
self.pbContour.clicked.connect(self.contourFace)
self.tbrFilter.addWidget(self.pbContour)
self.pbEmboss = QPushButton()
self.pbEmboss.setIcon(QIcon('image/emboss.jpg'))
self.pbEmboss.setIconSize(QSize(128, 128))
self.pbEmboss.setToolTip('浮雕')
self.pbEmboss.setStyleSheet('background-color: whitesmoke')
self.pbEmboss.clicked.connect(self.embossFace)
self.tbrFilter.addWidget(self.pbEmboss)
self.tbrFilter.addSeparator()
self.pbMosaic = QPushButton()
self.pbMosaic.setIcon(QIcon('image/mosaic.jpg'))
self.pbMosaic.setIconSize(QSize(128, 128))
self.pbMosaic.setToolTip('马赛克')
self.pbMosaic.setStyleSheet('background-color: whitesmoke')
self.pbMosaic.clicked.connect(self.mosaicFace)
self.tbrFilter.addWidget(self.pbMosaic)
self.pbOk = QPushButton()
self.pbOk.setMinimumSize(QSize(128, 36))
self.pbOk.setStyleSheet('background-color: whitesmoke')
self.pbOk.setFont(font)
self.pbOk.setText('确 定')
self.pbOk.clicked.connect(self.okFace)
self.tbrFilter.addWidget(self.pbOk)
self.tbrFilter.setVisible(False)
```

其上各个按钮的图标已预呈现了处理效果。

人脸处理是用 PIL 库的各种滤波器实现的，编写面板上各按钮单击信号关联的函数实现各种处理功能，如下：

```python
def blurFace(self):                                    # 模糊
    self.selImage = self.procCircle('Blur')
    self.showRegion()
def detailFace(self):                                  # 清晰
    self.selImage = self.procCircle('Detail')
    self.showRegion()

def contourFace(self):                                 # 素描
    self.selImage = self.procCircle('Contour')
    self.showRegion()
def embossFace(self):                                  # 浮雕
    self.selImage = self.procCircle('Emboss')
    self.showRegion()
```

```
def mosaicFace(self):                                    # 马赛克
    self.selImage = self.procCircle('Mosaic')
    self.showRegion()
def okFace(self):                                        # 关闭（隐藏）面板
    self.tbrFilter.setVisible(False)
```

可见，由于在之前已经设计编写了图片上圆形区的处理函数 procCircle 以及结果图片显示函数 showRegion，以上各函数中简单地调用它们就能够轻松实现对人脸区域的各种修饰和处理，十分方便！

第 13 章

PyQt6 开发及实例：我的绘图板

PyQt6 的 GraphicsView 系统是非常强大的图形系统，本章将它与鼠标事件系统相结合开发一个实用的绘图板程序——"我的绘图板"，运行界面及绘图的效果如图 13.1 所示。

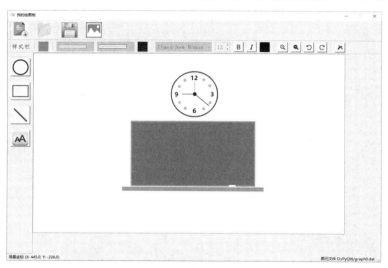

图 13.1 "我的绘图板"运行界面及绘图的效果

界面中央绘图区是一个 GraphicsView 图形视图，拖曳左侧工具箱里的按钮至绘图区可将不同类型的图元对象（圆、矩形、直线、文字）放到视图场景中的相应位置，通过上方样式栏的各控件设置图元属性（如填充色、线宽、线型、字体、字号等），窗口顶部文件管理栏的按钮提供将当前绘图场景数据写入图元文件（二进制 DAT 格式）保存、打开已存盘的图元文件重现场景画面并编辑、将画面另存为图片等功能，底部状态栏实时显示当前鼠标指针在场景中的坐标及打开（新建）的图元文件名。本例界面的工具箱、样式栏、文件管理栏三者皆使用 PyQt6 的 QToolBar 控件实现。

【技术基础】

 ## 13.1 绘图相关技术

绘图是一项需要与用户频繁互动的功能，除了需要 GraphicsView 图形系统的支持，还离不开 PyQt6 的事件系统，必须在编程中灵活运用各种鼠标事件、重新实现其响应函数，才能为用户绘图操作提供良好的使用体验。

本例绘图交互功能主要用到以下控件和技术。

（1）QToolBar 控件。

setToolButtonStyle 方法设置工具按钮样式。

layout 方法引用和设置工具栏自带布局。

QAction(QIcon('图片'), '文本')方法创建工具按钮。

addActions 方法将多个按钮一次性添加到工具栏中。

addWidget 方法添加多种类型的控件。

addSeparator 方法添加分隔条。

工具栏颜色设置按钮（PushButton）、线宽和线型下拉列表（ComboBox）外观定制。

QAction 对象的 actionTriggered 信号。

（2）图形视图 GraphicsView 与场景 GraphicsScene 关联实现绘图区。

界面窗口坐标系与场景坐标系的定义及转换（mapToScene 方法）。

鼠标指针移动 MouseMove 事件处理（重写 mouseMoveEvent 函数）、鼠标指针位置的实时获取（setMouseTracking 开启跟踪、position 方法获取坐标）。

（3）状态栏 StatusBar。

showMessage 方法显示状态信息。

addPermanentWidget 方法添加控件。

（4）拖曳工具箱按钮往场景中放置图元。

定制按钮（PushButton），重写 mouseMoveEvent 函数，使之能被拖曳。

定制图形视图（GraphicsView），setAcceptDrops 设置使能接收拖曳，重写 dragEnterEvent 函数接收拖曳事件，重写 dropEvent 函数处理拖曳释放事件。

定制场景（GraphicsScene），重写 dragMoveEvent 函数，接收图形视图转交的 DragEnter 事件。

（5）拖曳图元边界调整大小。重写图形视图的 mousePressEvent 和 mouseReleaseEvent 事件函数来处理。

13.2 绘图场景数据结构

13.2.1 数据结构设计

为了能完整地保存绘图数据并在用户打开时重现场景画面，就要对决定图元可视外观的关键属性进行获取，并组织为结构化的数据。不同类型的图元需要获取的属性和组成的数据结构是不同的，本系统所支持的图元的数据结构分别设计如下。

1. 圆和矩形

圆（QGraphicsEllipseItem）和矩形（QGraphicsRectItem）都属于封闭形状，为简单起见，

这里采用完全相同的数据结构来描述它们在场景中的外观,每一项属性的字段名、类型及程序中的获取方法如表 13.1 所示。

表 13.1　圆和矩形的数据结构

属　　性	字　段　名	类　　型	获　取　方　法
图元类型	Gtype	str	getShapeType（自定义）
场景 X 坐标	SPosX	float	pos().x()
场景 Y 坐标	SPosY	float	pos().y()
宽度	Width	float	boundingRect().width()
高度	Height	float	boundingRect().height()
线宽	PenWidth	int	pen().width()
线型	PenStyle	enum	pen().style().value
线条颜色	PenColor	tuple（元组）	pen().color().getRgb()
填充色	BrushColor	tuple（元组）	brush().color().getRgb()
缩放倍率	Scale	float	scale()
旋转角度	Rotation	float	rotation()
叠放次序	ZValue	float	zValue()

2. 直线

直线（QGraphicsLineItem）没有宽高尺寸,也不需要填充色,属性相对较少,其数据结构如表 13.2 所示。

表 13.2　直线的数据结构

属　　性	字　段　名	类　　型	获　取　方　法
图元类型	Gtype	str	getShapeType（自定义）
场景 X 坐标	SPosX	float	pos().x()
场景 Y 坐标	SPosY	float	pos().y()
线宽	PenWidth	int	pen().width()
线型	PenStyle	enum	pen().style().value
线条颜色	PenColor	tuple（元组）	pen().color().getRgb()
缩放倍率	Scale	float	scale()
旋转角度	Rotation	float	rotation()
叠放次序	ZValue	float	zValue()

3. 文字

文字（QGraphicsTextItem）图元有很多特有的属性,其数据结构如表 13.3 所示。

表 13.3　文字的数据结构

属　　性	字　段　名	类　　型	获　取　方　法
图元类型	Gtype	str	getShapeType（自定义）
场景 X 坐标	SPosX	float	pos().x()
场景 Y 坐标	SPosY	float	pos().y()
文本内容	Text	str	toPlainText()
字体	Font	str	font().family()
字号	FontSize	int	font().pointSize()
加粗	Bold	bool	font().bold()
倾斜	Italic	bool	font().italic()
颜色	TextColor	tuple（元组）	defaultTextColor().getRgb()
缩放倍率	Scale	float	scale()
旋转角度	Rotation	float	rotation()
叠放次序	ZValue	float	zValue()

13.2.2　数据结构处理

1. 保存数据

在程序中，场景中的每个图元都以一个字典的形式存储，根据表 13.1～表 13.3 分别对不同类型的图元创建不同数据结构的字典项 dictItem，所有字典项都添加到一个列表 listGraph 中，如下：

```python
listGraph = []                                          # 定义列表
for graphItem in self.scene.items():                    # 遍历场景中的图元
    shapeType = self.getShapeType(graphItem)            # 获取图元类型
    dictItem = {}                                       # 定义字典项
    if shapeType == 'Ellipse' or shapeType == 'Rect':
        dictItem = {'Gtype': shapeType, ...}            # 根据表 13.1 结构
    elif shapeType == 'Line':
        dictItem = {'Gtype': shapeType, ...}            # 根据表 13.2 结构
    elif shapeType == 'Text':
        dictItem = {'Gtype': shapeType, ...}            # 根据表 13.3 结构
    listGraph.append(dictItem)                          # 添加到列表
```

然后，将这个列表 listGraph 转化为字符串，编码后写入二进制文件：

```python
boardData = str(listGraph).encode()
length = len(boardData)                                 # 编码字符串长度
with open(filename, 'wb+') as fg:
    fg.write(struct.pack('i', length))                  # 序列化
    fg.write(boardData)                                 # 写入数据
    fg.close()
```

> **注意：** 这里首先要将编码字符串的长度（字节数）序列化后写在文件开头，因为二进制文件是按字节读取的，这么做才能让程序在读取数据的时候"知道"要读进多少字节的内容。

2. 读取数据

首先读取二进制文件开头的 4 字节，反序列化得到接下来要读的数据长度，根据这个长度（字节数）读取数据，解码后得到字符串，再还原为字典列表 listGraph，如下：

```
with open(filename, 'rb') as fg:
    byteNum = fg.read(4)                                    # 先读开头 4 字节
    length = struct.unpack('i', byteNum)                    # 反序列化
    listGraphStr = fg.read(length[0]).decode()              # 读取数据并解码
    fg.close()
    listGraph = json.loads(listGraphStr.replace("'", '"'))
```

最后，遍历字典列表 listGraph，得到其中每个图元的字典项 dictItem：

```
for item in enumerate(listGraph):
    dictItem = item[1]
    ...
```

通过引用 dictItem['字段名']获取该图元数据结构中的各个属性值，用这些属性值就可以在场景中重建图元了。

【实例开发】

13.3 创建项目

用 PyCharm 创建项目，项目名为 MyDrawBoard。

13.3.1 项目结构

在项目中创建以下内容：
（1）image 目录。存放界面要用的图片资源。
（2）ui 目录。存放设计的界面 UI 文件及对应的界面 PY 文件。
（3）主程序文件 DrawBoard.py。

打开 Qt Designer 设计器，以 Main Window 模板创建一个窗体，保存成界面 UI 文件 DrawBoard.ui，再用 PyUic 转成界面 PY 文件并更名为 DrawBoard_ui.py。

最终形成的项目结构如图 13.2 所示。

说明：本系统由于要使用工具栏和状态栏功能，故必须用主窗体（Main Window）模板来创建界面。

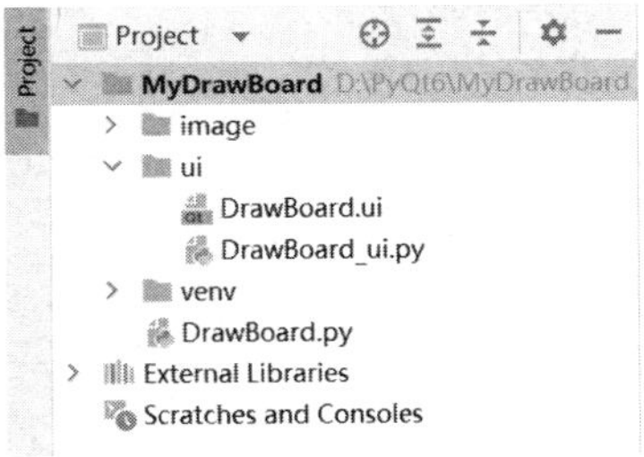

图 13.2 项目结构

13.3.2 主程序框架

主程序包括系统启动入口、全局变量及类定义、初始化和所有功能函数的代码，集中于文件 DrawBoard.py 中，程序框架如下：

完整主程序

```python
#（1）类库导入区
from ui.DrawBoard_ui import Ui_MainWindow
from PyQt6.QtWidgets import QApplication, ...
from PyQt6.QtGui import ...
from PyQt6.QtCore import ...
import sys
import struct
import json
import math
#（2）全局变量定义区
pointDragEnter = QPointF(0.0, 0.0)
currentFileName = 'graph0'
resizeDragging = False
zIndex = 0.0
#（3）类定义区
class ShapeButton(QPushButton):
    ...
class BoardGraphicsView(QGraphicsView):
    ...
class BoardGraphicsScene(QGraphicsScene):
    ...
# 主程序类
class MyDrawBoard(Ui_MainWindow):
    def __init__(self):
        super(MyDrawBoard, self).__init__()
        self.setupUi(self)
        self.initUi()
    #（4）初始化函数
    def initUi(self):
        ...
    #（5）功能函数区
    def 函数1(self):
        ...
    def 函数2(self):
        ...
    ...
# 启动入口
if __name__ == '__main__':
    app = QApplication(sys.argv)
    mainwindow = MyDrawBoard()
```

```
mainwindow.show()
sys.exit(app.exec())
```

说明：

（1）类库导入区：位于程序开头，本例除了使用 PyQt6 核心的 3 个类库（QtWidgets、QtGui 和 QtCore），还要导入几个实用模块：struct（序列化二进制数据）、json（将字符串转化为字典列表）和 math（用于场景图元的几何计算）。

（2）全局变量定义区：集中声明定义程序要用的全局变量，本例定义的全局变量有：pointDragEnter 记录鼠标拖曳工具箱按钮至绘图区释放处的位置坐标，currentFileName 保存当前打开（正在编辑）的图元文件名，resizeDragging 标志当前是否处于由用户拖曳改变图元大小的操作模式，zIndex 是当前选中图元在场景中的叠放次序。

（3）类定义区：定义主程序要创建的某些对象类，它们并不是 PyQt6 系统内置的组件类，而是由用户根据需要自定义的，往往继承自 PyQt6 系统的某个基类。本例为实现用鼠标拖曳绘图的功能，特别精心设计了 3 个类：能支持用户拖曳的工具箱按钮类 ShapeButton、能接收被拖曳对象的图形视图类 BoardGraphicsView 和场景类 BoardGraphicsScene，它们都是基于 PyQt6 的信号和事件系统工作的，具体原理与机制将在后文详细介绍。

（4）初始化函数 initUi（读者也可自定义其他名称）内编写的是程序启动要首先执行的代码，主要是设置窗体外观、往各工具栏上添加按钮控件及初始化、创建绘图区和场景、添加并显示状态栏初始信息、关联主要控件的信号与槽函数等。

（5）功能函数区：几乎所有的功能函数全都定义在这里，位置不分先后，但还是建议把与某功能相关的一组函数写在一起以便维护。后面各节在介绍系统某方面功能开发时所给出的函数代码，如不特别说明，都写在这个区域。

13.4 主界面开发

13.4.1 界面设计

用 Qt Designer 打开项目 ui 目录下的界面 UI 文件 DrawBoard.ui，按如下步骤设计界面。

（1）移除原主窗体的菜单栏。

（2）往窗体上添加 3 个工具栏，添加工具栏的操作非常简单，右击并选择"添加工具栏"命令即可，默认添加的工具栏位于窗体顶部，而用作绘图板工具箱的工具栏在界面左侧，故添加它时选择快捷菜单"Add Tool Bar to Other Area"→"左侧"命令，如图 13.3 所示。

（3）绘图板状态栏就使用原主窗体自带的。

添加到窗体中的工具栏都很窄，这是尚未往其中添加按钮和其他控件的缘故，考虑到工具栏在设计模式下的外观与运行时有所差别，故对类似这种有很多工具栏的界面，建议在设计阶段仅简单添加工具栏，到编码阶段再用程序代码来创建其上的控件，这样便于对界面运行效果进行较为灵活的控制和调整，故本例界面的可视化设计就到此为止。

此时，窗体上各控件对象的名称及属性如表 13.4 所示。

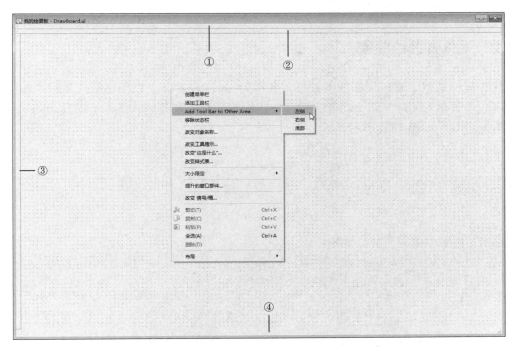

图 13.3 设计主界面

表 13.4 各控件对象的名称和属性

编号	控件类别	对象名称	属性说明
	MainWindow	默认	geometry: [(0, 0), 1200x800] windowTitle: 我的绘图板
①	ToolBar	tbrFile	geometry: [(0, 0), 1200x12]
②	ToolBar	tbrStyle	geometry: [(0, 12), 1200x12]
③	ToolBar	tbrShape	geometry: [(0, 24), 12x756]
④	StatusBar	statusbar	geometry: [(0, 780), 1200x20]

保存 DrawBoard.ui，用 PyUic 将它转成界面 PY 文件并更名为 DrawBoard_ui.py，打开，将其中界面类 Ui_MainWindow 所继承的基类改为 QMainWindow，如下：

```
...
from PyQt6 import QtCore, QtGui, QtWidgets
from PyQt6.QtWidgets import QMainWindow        # 导入 QMainWindow 基类

class Ui_MainWindow(QMainWindow):               # 修改继承的类
    def setupUi(self, MainWindow):
        ......
```

然后在主程序开头使用导入语句：

```
from ui.DrawBoard_ui import Ui_MainWindow
```

就可以运行生成界面了。

界面 PY 文件

但此时的界面上工具栏都是空的，要达到绘图板的完整效果，还需要进一步用代码开发各工具栏的控件，并创建绘图区和场景。

13.4.2 文件管理栏开发

文件管理栏是位于窗口顶部的工具栏（名称为 tbrFile），其上以图标形式显示"新建""打开""保存""另存为图片"四个功能按钮，按钮的图片事先准备好并保存于项目 image 目录下，运行时的显示效果如图 13.4 所示。

图 13.4　文件管理栏

在 initUi 函数中编写代码，如下：

```
self.setWindowIcon(QIcon('image/drawboard.jpg'))    # 设置程序窗口图标
self.setWindowFlag(Qt.WindowType.MSWindowsFixedSizeDialogHint)
                                                    # 设置窗口为固定大小
self.tbrFile.setToolButtonStyle(Qt.ToolButtonStyle.ToolButtonIconOnly)
                                                    # (1)
self.tbrFile.setIconSize(QSize(51, 51))
self.tbrFile.layout().setContentsMargins(5, 5, 5, 5)
self.tbrFile.layout().setSpacing(20)                # (2)
self.tbNew = QAction(QIcon('image/new.jpg'), '新建')
self.tbOpen = QAction(QIcon('image/open.jpg'), '打开')
self.tbSave = QAction(QIcon('image/save.jpg'), '保存')
self.tbSaveAsPic = QAction(QIcon('image/saveaspic.jpg'), '另存为图片')
self.tbrFile.addActions([self.tbNew, self.tbOpen, self.tbSave, self.tbSaveAsPic])
                                                    # (3)
```

说明：

（1）setToolButtonStyle 方法设置工具栏按钮的显示样式，样式由 Qt.ToolButtonStyle 类的枚举（Enum）属性定义，它有多个取值，本例用的 ToolButtonIconOnly 只显示按钮图标，其他几个取值的显示效果如图 13.5 所示。

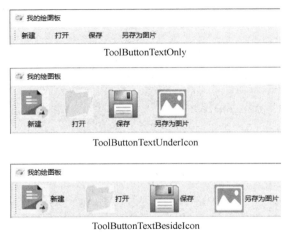

图 13.5　工具栏按钮几种不同取值的显示效果

（2）工具栏自带布局（QLayout），通过 layout 方法引用，setContentsMargins 设置按钮与工具栏的边距，setSpacing 设置按钮之间的间距。

（3）QAction(QIcon('图片'), '文本')方法用来创建工具栏上的按钮，其第 1 个参数（QIcon 类型）指定按钮的图标，第 2 个参数指定按钮的文本。用 addActions 方法可将创建的多个按钮一次性地添加到工具栏上。

13.4.3 样式栏开发

样式栏是绘图时用来设置图元外观样式的工具栏，在界面上位于文件管理栏之下、绘图区的顶部，其在运行时的显示效果如图 13.6 所示。

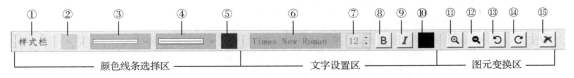

图 13.6 样式栏

在 initUi 函数中编写代码来创建和添加样式栏上的各个控件。

由于样式栏中的控件的种类和数量比较多，为方便读者阅读和理解程序，这里对样式栏上的每一个控件都用了①、②、③等编号标注，对应于程序中创建相应控件的代码段前的注释序号，并将样式栏的控件按功能类型人为地划分为三个区：颜色线条选择区、文字设置区、图元变换区（见图 13.6 中的标注）。

下面分区来介绍其中控件的创建和初始设置。

1. 颜色线条选择区

这个区域的控件主要用来对形状类图元（圆、矩形、直线）的颜色、线宽、线型等进行设置，创建代码如下：

```
self.tbrStyle.layout().setContentsMargins(5, 5, 5, 5)
self.tbrStyle.layout().setSpacing(10)
font = QFont()
font.setPointSize(14)
font.setFamily('仿宋')                                    # 样式栏文字统一字体
# ① 标题 文本标签
label = QLabel('样式栏')
label.setFont(font)
self.tbrStyle.addWidget(label)                            # (1)
self.tbrStyle.addSeparator()                              # (2)
# ② 填充色 按钮
self.pbBrushColor = QPushButton()
self.pbBrushColor.setAutoFillBackground(True)             # (3)
self.pbBrushColor.setPalette(QPalette(QColor(0, 255, 0)))
                                                          # (3)
self.pbBrushColor.setFixedSize(32, 32)
self.pbBrushColor.setFlat(True)                           # (3)
self.pbBrushColor.setToolTip('填充')
```

```python
self.pbBrushColor.setEnabled(False)
self.tbrStyle.addWidget(self.pbBrushColor)              # (1)
self.tbrStyle.addSeparator()                            # (2)
# ③ 线宽 下拉列表
self.cobPenWidth = QComboBox()
self.cobPenWidth.addItem(QIcon('image/pw2.jpg'), '')
self.cobPenWidth.addItem(QIcon('image/pw4.jpg'), '')
self.cobPenWidth.addItem(QIcon('image/pw6.jpg'), '')
self.cobPenWidth.setIconSize(QSize(90, 32))             # (4)
self.cobPenWidth.setFixedSize(120, 32)
self.cobPenWidth.setToolTip('线条粗细')
self.cobPenWidth.setEnabled(False)
self.tbrStyle.addWidget(self.cobPenWidth)               # (1)
# ④ 线型 下拉列表
self.cobPenStyle = QComboBox()
self.cobPenStyle.addItem(QIcon('image/pssolid.jpg'), '')
self.cobPenStyle.addItem(QIcon('image/psdot.jpg'), '')
self.cobPenStyle.addItem(QIcon('image/psdashdot.jpg'), '')
self.cobPenStyle.setIconSize(QSize(90, 32))             # (4)
self.cobPenStyle.setFixedSize(120, 32)
self.cobPenStyle.setToolTip('线型')
self.cobPenStyle.setEnabled(False)
self.tbrStyle.addWidget(self.cobPenStyle)               # (1)
# ⑤ 线条颜色 按钮
self.pbPenColor = QPushButton()
self.pbPenColor.setAutoFillBackground(True)             # (3)
self.pbPenColor.setPalette(QPalette(QColor(0, 0, 255)))
                                                        # (3)
self.pbPenColor.setFixedSize(32, 32)
self.pbPenColor.setFlat(True)                           # (3)
self.pbPenColor.setToolTip('线条颜色')
self.pbPenColor.setEnabled(False)
self.tbrStyle.addWidget(self.pbPenColor)                # (1)
self.tbrStyle.addSeparator()                            # (2)
```

说明：

（1）当设计的工具栏上控件种类较多（如这里有 Label、PushButton、ComboBox）时，一般采用 addWidget 方法添加控件。

（2）addSeparator 方法添加分隔条，隔离不同功能的控件组，使界面看起来更有条理。

（3）颜色设置按钮是绘图板程序必不可少的功能按钮，这类按钮要能根据用户选择的颜色来变换不同的背景色，需要对 PushButton 进行如下定制。

① 用 setAutoFillBackground 设置自动填充背景。

② 用 setPalette(QPalette(QColor(红，绿，蓝)))设置背景色，这里用到 QPalette（调色板）类，往其中传入一个 QColor 类型的参数，用红、绿、蓝（R、G、B）三原色值设定具体的颜色。

③ 用 setFlat 将按钮设成面板的外观。

（4）为了形象直观，线宽和线型下拉列表都使用图像来代替文字形式的列表选项，定制方法是：用 addItem(QIcon('图片'), '')方法添加列表项时将第 1 个 QIcon 类型的图标参数设为要显示的线条外观图片（预先准备在项目 image 目录下），而第 2 个文本参数设置为空，再用 setIconSize 方法将图标的尺寸设成与下拉列表框相适应，这样就可以在运行时呈现出如图 13.7 所示的效果。

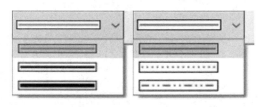

图 13.7　线宽和线型下拉列表的定制效果

此外，用 setFixedSize 将所有控件设为固定大小，setToolTip 设置控件的功能提示文字，setEnabled 设置控件初始可用性。

2．文字设置区

该区域控件用来设置文字型图元的字体、字号等属性，创建代码如下：

```
# ⑥ 字体 下拉列表
self.cobFont = QComboBox()
self.fontfamily = ['Times New Roman', '微软雅黑', '华文楷体']
self.cobFont.addItems(self.fontfamily)
self.cobFont.setFont(font)
self.cobFont.setFixedSize(180, 32)
self.cobFont.setToolTip('字体')
self.cobFont.setEnabled(False)
self.tbrStyle.addWidget(self.cobFont)
# ⑦ 字号 数字选择框
self.sbFontSize = QSpinBox()
self.sbFontSize.setMinimum(6)                          # 最小字号
self.sbFontSize.setMaximum(72)                         # 最大字号
self.sbFontSize.setValue(12)                           # 默认字号
self.sbFontSize.setFont(font)
self.sbFontSize.setAlignment(Qt.AlignmentFlag.AlignHCenter)
self.sbFontSize.setFixedSize(50, 32)
self.sbFontSize.setToolTip('字号')
self.sbFontSize.setEnabled(False)
self.tbrStyle.addWidget(self.sbFontSize)
# ⑧ 加粗 按钮
self.pbBold = QPushButton()
self.pbBold.setIcon(QIcon('image/bold.jpg'))
self.pbBold.setIconSize(QSize(16, 16))
self.pbBold.setFixedSize(32, 32)
self.pbBold.setStyleSheet('background-color: whitesmoke')
self.pbBold.setToolTip('加粗')
self.pbBold.setEnabled(False)
self.tbrStyle.addWidget(self.pbBold)
# ⑨ 倾斜 按钮
self.pbItalic = QPushButton()
self.pbItalic.setIcon(QIcon('image/italic.jpg'))
```

```python
self.pbItalic.setIconSize(QSize(16, 16))
self.pbItalic.setFixedSize(32, 32)
self.pbItalic.setStyleSheet('background-color: whitesmoke')
self.pbItalic.setToolTip('倾斜')
self.pbItalic.setEnabled(False)
self.tbrStyle.addWidget(self.pbItalic)
# ⑩ 文字颜色 按钮
self.pbTextColor = QPushButton()
self.pbTextColor.setAutoFillBackground(True)
self.pbTextColor.setPalette(QPalette(QColor(0, 0, 0)))
self.pbTextColor.setFixedSize(32, 32)
self.pbTextColor.setFlat(True)
self.pbTextColor.setToolTip('文字颜色')
self.pbTextColor.setEnabled(False)
self.tbrStyle.addWidget(self.pbTextColor)
self.tbrStyle.addSeparator()
```

说明：加粗和倾斜按钮皆以 setIcon 方法设置其图标、setIconSize 方法设定图标尺寸、setStyleSheet 方法设置背景色，这也是对工具栏普通功能按钮外观设计的常用方式；而文字颜色按钮属于颜色设置类的按钮，采用前面介绍的方法设置。

3. 图元变换区

该区域的按钮用来对场景中的任意图元进行缩放、旋转等变换，以使用户的绘图操作更加灵活，创建代码如下：

```python
# ⑪ 放大图元 按钮
self.pbZoomIn = QPushButton()
self.pbZoomIn.setIcon(QIcon('image/zoomin.jpg'))
self.pbZoomIn.setIconSize(QSize(16, 16))
self.pbZoomIn.setFixedSize(32, 32)
self.pbZoomIn.setStyleSheet('background-color: whitesmoke')
self.pbZoomIn.setToolTip('放大')
self.tbrStyle.addWidget(self.pbZoomIn)
# ⑫ 缩小图元 按钮
self.pbZoomOut = QPushButton()
self.pbZoomOut.setIcon(QIcon('image/zoomout.jpg'))
self.pbZoomOut.setIconSize(QSize(16, 16))
self.pbZoomOut.setFixedSize(32, 32)
self.pbZoomOut.setStyleSheet('background-color: whitesmoke')
self.pbZoomOut.setToolTip('缩小')
self.tbrStyle.addWidget(self.pbZoomOut)
# ⑬ 左旋图元 按钮
self.pbRotateLeft = QPushButton()
self.pbRotateLeft.setIcon(QIcon('image/rotateleft.jpg'))
self.pbRotateLeft.setIconSize(QSize(16, 16))
self.pbRotateLeft.setFixedSize(32, 32)
self.pbRotateLeft.setStyleSheet('background-color: whitesmoke')
self.pbRotateLeft.setToolTip('左旋')
self.tbrStyle.addWidget(self.pbRotateLeft)
```

```
# ⑭ 右旋图元 按钮
self.pbRotateRight = QPushButton()
self.pbRotateRight.setIcon(QIcon('image/rotateright.jpg'))
self.pbRotateRight.setIconSize(QSize(16, 16))
self.pbRotateRight.setFixedSize(32, 32)
self.pbRotateRight.setStyleSheet('background-color: whitesmoke')
self.pbRotateRight.setToolTip('右旋')
self.tbrStyle.addWidget(self.pbRotateRight)
self.tbrStyle.addSeparator()
# ⑮ 删除图元 按钮
self.pbDelete = QPushButton()
self.pbDelete.setIcon(QIcon('image/delete.jpg'))
self.pbDelete.setIconSize(QSize(16, 16))
self.pbDelete.setFixedSize(32, 32)
self.pbDelete.setStyleSheet('background-color: whitesmoke')
self.pbDelete.setToolTip('删除')
self.tbrStyle.addWidget(self.pbDelete)
```

13.4.4 工具箱开发

工具箱中有 4 个按钮，每一个代表了一种图元类型，运行效果如图 13.8 所示。

为了后面开发工具箱按钮的拖曳功能，需要对 PyQt6 的普通按钮（PushButton）进行扩展定制，在主程序类定义区定义一个 ShapeButton 类继承自 QPushButton，如下：

```
class ShapeButton(QPushButton):
    def __init__(self, parent=None):
        super().__init__(parent)
```

说明：此处先定义这个类及初始化__init__函数，是为了下面创建界面时能用它生成控件对象，至于其扩展的拖曳功能后面再补充开发。

在 initUi 函数中编写代码创建工具箱按钮，如下：

图 13.8 工具箱

```
self.tbrShape.layout().setContentsMargins(10, 10, 10, 10)
self.tbrShape.layout().setSpacing(20)
# 圆形 按钮
self.pbEllipse = ShapeButton()
self.pbEllipse.setIcon(QIcon('image/ellipse.jpg'))
self.pbEllipse.setIconSize(QSize(51, 51))
self.pbEllipse.setStyleSheet('background-color: whitesmoke')
self.tbrShape.addWidget(self.pbEllipse)
# 矩形 按钮
self.pbRect = ShapeButton()
self.pbRect.setIcon(QIcon('image/rect.jpg'))
self.pbRect.setIconSize(QSize(51, 51))
self.pbRect.setStyleSheet('background-color: whitesmoke')
self.tbrShape.addWidget(self.pbRect)
# 直线 按钮
```

```
self.pbLine = ShapeButton()
self.pbLine.setIcon(QIcon('image/line.jpg'))
self.pbLine.setIconSize(QSize(51, 51))
self.pbLine.setStyleSheet('background-color: whitesmoke')
self.tbrShape.addWidget(self.pbLine)
# 文字 按钮
self.pbText = ShapeButton()
self.pbText.setIcon(QIcon('image/text.jpg'))
self.pbText.setIconSize(QSize(51, 51))
self.pbText.setStyleSheet('background-color: whitesmoke')
self.pbText.setToolTip('添加文字')
self.tbrShape.addWidget(self.pbText)
```

说明：为简单起见，本例仅开发了圆、矩形、直线和文字这四种类型图元的工具箱按钮，有兴趣的读者可在此基础上进行扩展，创建更多类型（如三角形、梯形、多边形、椭圆、弧线等）图元的工具按钮，使软件能够支持更为复杂的场景画面的绘制。

13.4.5 绘图区和状态栏开发

绘图区处于主界面的中央，被开发好的样式栏和工具箱围住，如图 13.9 所示。状态栏也就是主窗体自带的 StatusBar，位于窗口底部，其上要显示鼠标指针在场景中的坐标、当前打开的图元文件名这两项信息。

图 13.9　绘图区和状态栏

1. 自定义视图和场景类

绘图区其实就是一个图形视图（GraphicsView）控件，它要与场景（GraphicsScene）相结合才能实现绘图。为了后面开发拖曳功能，也需要对 PyQt6 的图形视图和场景类进行扩展，分别定义一个 BoardGraphicsView 类继承自 QGraphicsView、一个 BoardGraphicsScene 类继承自 QGraphicsScene。

在类定义区编写代码如下：

```python
class BoardGraphicsView(QGraphicsView):
    mousemoved = pyqtSignal(QPointF)                        # 定义信号
    
    def __init__(self, parent=None):
        super().__init__(parent)
    # 重写的鼠标 MouseMove 事件处理函数
    def mouseMoveEvent(self, event):
        pointMouseMove = event.position()                   # 获取坐标
        self.mousemoved.emit(pointMouseMove)                # 发射信号

class BoardGraphicsScene(QGraphicsScene):
    def __init__(self, parent=None):
        super().__init__(parent)
```

说明：在 BoardGraphicsView 中定义了一个信号 mousemoved，当鼠标指针在场景中移动时会触发 MouseMove 事件，通过重写 GraphicsView 处理该事件的 mouseMoveEvent 函数，用 position 方法获取事件对象中记录的坐标（为 QPointF 类型的浮点坐标点），将其加载在 mousemoved 信号上发射出去（用 emit 方法），供程序更新状态栏信息使用。

2. 创建绘图区

在 initUi 函数中编写代码，如下：

```python
self.gvBoard = BoardGraphicsView(self.centralwidget)
                                                            # 创建图形视图
self.gvBoard.setGeometry(0, 0, 1000, 600)                   # (1)
self.gvBoard.setObjectName("gvBoard")
self.gvBoard.setMouseTracking(True)                         # (2)
w = self.gvBoard.width() - 2
h = self.gvBoard.height() - 2
rect = QRectF(-(w / 2), -(h / 2), w, h)                     # (3)
self.scene = BoardGraphicsScene(rect)                       # 创建场景
self.gvBoard.setScene(self.scene)                           # 将场景关联到视图
self.lbStatus = QLabel()
self.lbStatus.setText('图元文件 ' + currentFileName)
self.statusbar.addPermanentWidget(self.lbStatus)            # (4)
self.gvBoard.mousemoved.connect(self.updateStatus)  # mousemoved 信号关联函数
self.item = None                                            # 当前正在操作(选中)的图元
```

说明：

（1）setGeometry 方法设置绘图区在界面上的位置和尺寸，当界面上有水平、垂直两个方向的工具栏时，系统默认以工具栏内边界交点处为窗口坐标原点，如图 13.10 所示。

所以，这里设置 setGeometry(0, 0, 1000, 600) 就能让绘图区的边界紧贴工具箱。

（2）self.gvBoard.setMouseTracking(True)：GraphicsView 默认只有当用户按住鼠标左键不放移动时才能够检测到 MouseMove 事件，这显然不是我们想要的，为达成实时获取鼠标位置的目的，用 setMouseTracking 开启鼠标跟踪，这样只要用户在场景中移动鼠标指针（无须按键），程序就能随时获知指针所在处的坐标了。

（3）rect = QRectF(-(w / 2), -(h / 2), w, h)：定义场景区域的位置和宽高，这里的位置是以场景左上角的坐标表示的，采用的是场景坐标系，GraphicsView 的场景坐标系与界面窗口坐标系不一样，它是以场景中心点为坐标原点的，已知场景宽度 w 和高度 h，其左上角的场景坐标就是 (-(w / 2), -(h / 2))。

图 13.10　存在多个工具栏时的窗口坐标原点

（4）PyQt6 主窗体的状态栏 StatusBar 已提供了 showMessage 方法显示状态信息，如果想要显示多个信息项，一般通过往状态栏上添加显示控件（如 Label）的方式，但是用 addWidget 方法添加到状态栏的控件默认会靠左对齐，这样就会覆盖 showMessage 方法显示的信息内容，故这里改用 addPermanentWidget 方法添加控件，添加的 Label 在状态栏右边，不会覆盖左边的信息。

3．更新状态信息

以上鼠标指针位置移动事件处理中所发出的信号 mousemoved 已关联到一个自定义的 updateStatus 函数，由它来对状态栏信息进行更新。

在功能函数区编写 updateStatus 函数的代码，如下：

```
def updateStatus(self, point):
    sp = self.gvBoard.mapToScene(point.toPoint())   # 转换为场景坐标
    self.statusbar.showMessage('场景坐标 (X: ' + str(sp.x()) + ', Y: ' + str(sp.y()) + ')')
    self.lbStatus.setText('图元文件 ' + currentFileName)
```

说明：鼠标指针移动 MouseMove 事件获取的是指针的窗口坐标，实际应用中应当转换为场景坐标，用 mapToScene 方法。

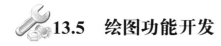13.5　绘图功能开发

13.5.1　创建图元

1．拖曳放置图元

本例支持用户以拖曳的方式往场景中放置图元，如图 13.11 所示，用鼠标左键按下工具箱里的按钮直接拖至绘图区，到达目标位置后释放鼠标左键即可将图元放置在那里。

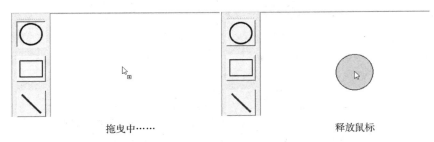

　　　　　　拖曳中……　　　　　　　　　　释放鼠标

图 13.11　拖曳放置图元的操作

1）工作原理

（1）定制工具箱图元按钮类（ShapeButton），使其能够被拖曳。

（2）设置自定义的图形视图类（BoardGraphicsView），重写其 dragEnterEvent 方法，使其能接收拖曳进来的控件对象。

（3）图形视图在接收到拖曳（DragEnter）事件后转交给关联的场景类处理，故还需要设置自定义场景类（BoardGraphicsScene），使其也一样能接收拖曳进来的控件。

（4）一旦用户释放鼠标，由图形视图的 dropEvent 方法对此事件进行处理，重写该方法，在其中获取鼠标释放位置的坐标（保存到全局变量），然后夺取工具箱图元按钮的焦点（等效于释放图元按钮）。

（5）图元按钮被释放会产生一个 released 信号，在该信号所关联的函数中绘制图元（绘图位置从全局变量得到）。

2）实现步骤

（1）定制图元按钮类。

PyQt6 的普通按钮（PushButton）在程序运行时是不能被拖曳的，想使按钮能被用户拖曳，要重写其 mouseMoveEvent 函数，在其中创建一个 QDrag 类型的对象并设置拖曳数据（mimeData），如下：

```
class ShapeButton(QPushButton):
    ...
    def mouseMoveEvent(self, event):
        if event.buttons() != Qt.MouseButton.LeftButton:
            return
        mimeData = QMimeData()
        drag = QDrag(self)                                    # 创建 QDrag 对象
        drag.setMimeData(mimeData)
        drag.setHotSpot(event.pos() - self.rect().topLeft())
        drag.exec(Qt.DropAction.MoveAction)
```

（2）定制图形视图类。

修改自定义图形视图类 BoardGraphicsView 代码如下：

```
class BoardGraphicsView(QGraphicsView):
    mousemoved = pyqtSignal(QPointF)

    def __init__(self, parent=None):
        super().__init__(parent)
        self.setAcceptDrops(True)                             # 设置使能接收拖曳
```

```python
    def dragEnterEvent(self, event):                    # ①
        event.accept()
        print('DragEnter 事件已转交给场景')

    def dropEvent(self, event):                         # ②
        global pointDragEnter                           # 保存释放处坐标的全局变量
        pointDragEnter = event.position()               # ③
        self.setFocus()                                 # ④

    def mouseMoveEvent(self, event):
        pointMouseMove = event.position()
        self.mousemoved.emit(pointMouseMove)
        if resizeDragging == False:                     # 不处在拖曳调整大小模式
            super().mouseMoveEvent(event)               # ⑤
```

说明：

① dragEnterEvent(self, event)函数的传入参数 event 是一个 QDragEnterEvent 类型的事件对象，调用其 accept 方法可接收拖曳进来的控件。

② dropEvent(self, event)函数处理拖曳鼠标的释放事件，此事件只能由图形视图处理，而不能由场景处理。

③ position 方法得到的是浮点型（QPointF）的精确位置坐标。

④ 图形视图用 setFocus 方法获取焦点，才能使工具箱图元按钮的释放信号（released）得以产生，从而触发与之关联的绘图函数。

⑤ GraphicsView 可以让放置到场景中的图元被用户鼠标选中、获取焦点和拖动，这些基本操作功能都包含在父类（QGraphicsView）的 mouseMoveEvent 事件处理函数中，在重写的 mouseMoveEvent 函数中调用父类的 super().mouseMoveEvent(event)即可使用。为使这些功能生效，还需要用程序语句调用图元的 setFlag 方法设置开启，为此，定义一个 addItemToScene 函数专门负责将创建的图元添加到场景中时设置其 GraphicsItemFlag 属性。在主程序功能函数区编写 addItemToScene 函数，如下：

```python
    def addItemToScene(self, item):
        item.setFlag(QGraphicsItem.GraphicsItemFlag.ItemIsSelectable)   # 可选
        item.setFlag(QGraphicsItem.GraphicsItemFlag.ItemIsFocusable)    # 获得焦点
        item.setFlag(QGraphicsItem.GraphicsItemFlag.ItemIsMovable)      # 可拖动
        self.scene.addItem(item)                        # 添加图元到场景中
```

（3）定制场景类。

重写自定义场景类 BoardGraphicsScene 的 dragMoveEvent 函数，使之能接收由图形视图转交给它的 DragEnter 事件，添加代码（加黑处）如下：

```python
class BoardGraphicsScene(QGraphicsScene):
    def __init__(self, parent=None):
        super().__init__(parent)

    def dragMoveEvent(self, event):
        event.accept()                                  # 接收图形视图转交的拖曳事件
```

在实现以上的工作机制后，编写各个图元按钮的释放信号（released）所关联的绘图函数，就可以往视图场景中拖曳放置不同类型的图元了。

接下来分别介绍各绘图函数。

2. 绘制圆

在 initUi 函数中将圆形按钮的 released 信号关联到 drawEllipse 函数：

```
self.pbEllipse.released.connect(self.drawEllipse)
```

在功能函数区编写 drawEllipse 函数，代码如下：

```
def drawEllipse(self):
    item = QGraphicsEllipseItem(-40, -40, 80, 80)        # (1) 创建圆形图元
    point = self.gvBoard.mapToScene(pointDragEnter.toPoint())
    item.setPos(point)                                    # (2)
    pen = QPen()
    pen.setWidth(2)                                       # 初始线宽 2
    pen.setColor(Qt.GlobalColor.blue)                     # 初始线条颜色为蓝色
    item.setPen(pen)
    item.setBrush(QBrush(Qt.GlobalColor.green))           # 初始填充色为绿色
    self.getZIndex(item)                                  # (3)
    self.addItemToScene(item)                             # 添加到场景中
```

说明：

（1）用 QGraphicsEllipseItem(局部 X, 局部 Y, 宽, 高)创建圆形图元对象，创建时用局部坐标作为参数，它是以图元形状中心为原点的，这里创建的圆的宽和高（直径）为 80，那么其右上角的局部坐标就是(-宽 / 2, -高 / 2)。

（2）拖曳鼠标释放时所获取和保存到全局变量 pointDragEnter 中的也是窗口坐标，要用 mapToScene 方法转换为场景坐标，再用 setPos 方法设为图元的绘图位置。

（3）场景中的图元以一个实数值（ZValue）确定其与其他图元之间的叠放次序，值越大的叠放在越上层。本例以一个全局变量 zIndex 保存当前图元的 ZValue 值，该值随图元的创建逐次加 1，越是新近创建的图元其 ZValue 值越大，而当前创建的图元肯定位于最上层。定义一个函数 getZIndex 为新建的图元赋 ZValue 值，代码为：

```
def getZIndex(self, item):
    global zIndex
    item.setZValue(zIndex)                                # 设置图元的 ZValue 值
    zIndex += 1
```

3. 绘制矩形

在 initUi 函数中将矩形按钮的 released 信号关联到 drawRect 函数：

```
self.pbRect.released.connect(self.drawRect)
```

在功能函数区编写 drawRect 函数，代码如下：

```
def drawRect(self):
    item = QGraphicsRectItem(-30, -30, 60, 60)           # 创建矩形图元
    point = self.gvBoard.mapToScene(pointDragEnter.toPoint())
    item.setPos(point)                                    # 设置绘图位置
    pen = QPen()
    pen.setWidth(2)                                       # 初始线宽为 2
    pen.setColor(Qt.GlobalColor.blue)                     # 初始线条颜色为蓝色
```

```
item.setPen(pen)
item.setBrush(QBrush(Qt.GlobalColor.green))    # 初始填充色为绿色
self.getZIndex(item)                            # 设置叠放次序(赋 ZValue 值)
self.addItemToScene(item)                       # 添加到场景中
```

4. 绘制直线

在 initUi 函数中将直线按钮的 released 信号关联到 drawLine 函数：

```
self.pbLine.released.connect(self.drawLine)
```

在功能函数区编写 drawLine 函数，代码如下：

```
def drawLine(self):
    item = QGraphicsLineItem(-100, 0, 100, 0)   # 创建直线图元
    point = self.gvBoard.mapToScene(pointDragEnter.toPoint())
    item.setPos(point)                          # 设置绘图位置
    pen = QPen()
    pen.setWidth(2)                             # 初始线宽为 2
    pen.setColor(Qt.GlobalColor.blue)           # 初始线条颜色为蓝色
    item.setPen(pen)
    self.getZIndex(item)                        # 设置叠放次序
    self.addItemToScene(item)                   # 添加到场景中
```

说明：与圆、矩形等封闭形状有所不同，直线图元的局部坐标是以右端点作为原点的，故长度为 100 的直线其左端点的局部坐标为(-100, 0)。

5. 添加文字

把工具箱文字按钮拖曳到视图场景中释放，会弹出对话框让用户输入要添加的文字内容，如图 13.12 所示，单击"OK"按钮，所输入的文字被创建为图元并添加到场景中。

图 13.12　添加文字操作

在 initUi 函数中将文字按钮的 released 信号关联到 drawText 函数：

```
self.pbText.released.connect(self.drawText)
```

在功能函数区编写 drawText 函数，代码如下：

```
def drawText(self):
    text, ok = QInputDialog.getText(self, '添加文字', '请输入')
    if not ok:
        return
    item = QGraphicsTextItem(text)              # 创建文字图元
    point = self.gvBoard.mapToScene(pointDragEnter.toPoint())
```

```
item.setPos(point)                                    # 设置绘图位置
font = QFont()
font.setPointSize(12)                                 # 初始字号为12
font.setFamily('Times New Roman')                     # 初始字体
item.setFont(font)
item.setDefaultTextColor(Qt.GlobalColor.black)        # 初始文字颜色为黑色
self.getZIndex(item)                                  # 设置叠放次序
self.addItemToScene(item)                             # 添加到场景中
```

13.5.2 调整图元大小

本例还支持用户用鼠标拖曳图元的边界来调整大小，操作效果如图 13.13 所示。

1. 实现机制

（1）用一个全局变量 resizeDragging 标志当前是否处于拖曳调整大小模式，默认为否（False）。

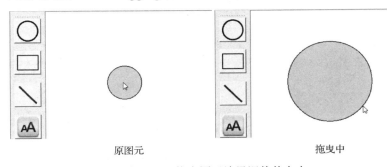

原图元　　　　　　　　　　　　　　　拖曳中

图 13.13　拖曳图元边界调整其大小

（2）以用户在图元边界按下鼠标左键作为进入拖曳调整大小模式的开始，释放鼠标左键则退出该模式。针对这两种操作，需要在定制的图形视图类 BoardGraphicsView 中定义两个信号（mousepressed 和 mousereleased），它们分别于鼠标左键按下和释放的时刻发出，通过重写图形视图的 mousePressEvent 和 mouseReleaseEvent 函数来处理这两个事件，如下：

```python
class BoardGraphicsView(QGraphicsView):
    mousepressed = pyqtSignal(QPointF)
    mousemoved = pyqtSignal(QPointF)
    mousereleased = pyqtSignal()
    ...
    def mousePressEvent(self, event):
        if event.button() == Qt.MouseButton.LeftButton:
            pointMousePress = event.position()         # 获取鼠标左键按下位置的坐标
            self.mousepressed.emit(pointMousePress)    # 发出 mousepressed 信号
        super().mousePressEvent(event)

    def mouseMoveEvent(self, event):
        pointMouseMove = event.position()
        self.mousemoved.emit(pointMouseMove)
        if resizeDragging == False:
            super().mouseMoveEvent(event)
```

```
    def mouseReleaseEvent(self, event):
        if resizeDragging == True:                    # 如果处在拖曳调整大小模式
            self.mousereleased.emit()                 # 发出 mousereleased 信号
        super().mouseReleaseEvent(event)
```

（3）将鼠标键按下、移动、释放 3 个信号分别关联到 3 个函数。

在 initUi 函数中添加语句：

```
self.gvBoard.mousepressed.connect(self.onMousePress)
self.gvBoard.mousemoved.connect(self.onMouseMove)
self.gvBoard.mousereleased.connect(self.onMouseRelease)
```

在功能函数区编写这 3 个函数就可以实现用鼠标拖曳图元调整大小的功能了。

2．进入拖曳模式

onMousePress 函数根据用户按下鼠标左键的位置来决定是否进入拖曳调整大小模式，代码如下：

```
    def onMousePress(self, point):
        global resizeDragging
        sp = self.gvBoard.mapToScene(point.toPoint())
        self.item = self.scene.itemAt(sp, self.gvBoard.transform())
        self.updateTbrStyle()
        if self.item != None:
            ip = self.item.mapFromScene(sp)
            shapeType = self.getShapeType(self.item)
            if shapeType == 'Ellipse':                                    # 圆形
                d = math.sqrt(ip.x() ** 2 + ip.y() ** 2)
                if d >= (self.item.boundingRect().width() / 2) * 0.9:
                    resizeDragging = True
            elif shapeType == 'Rect':                                     # 矩形
                if abs(ip.x()) >= (self.item.boundingRect().width() / 2) * 0.8 and
abs(ip.y()) >= (self.item.boundingRect().height() / 2) * 0.8:
                    resizeDragging = True
            elif shapeType == 'Line':                                     # 直线
                d = math.sqrt(ip.x() ** 2 + ip.y() ** 2)
                if d >= (self.item.boundingRect().width() / 2) * 0.9:
                    resizeDragging = True
```

说明：该函数首先获得用户按键处的场景坐标 sp，通过 itemAt(sp, self.gvBoard.transform()) 获取到当前正在操作的图元对象，然后用 mapFromScene 方法将按键处坐标转换为图元局部坐标 ip，再根据不同图元类型以不同的算法决定是否进入拖曳调整大小模式。以圆形为例，先算出按键处到圆心的距离 d，只有当用户在十分接近圆边界的地方按键（d >= (self.item.boundingRect().width() / 2) * 0.9）时，程序才会认为是想拖曳调整圆的大小，于是将全局变量 resizeDragging 置为 True，进入拖曳调整大小模式。

上段代码中调用的 getShapeType 函数是自定义的，用于获取图元类型，代码如下：

```
    def getShapeType(self, item):
        typeName = str(type(item))
        if typeName.find('QGraphicsEllipseItem') >= 0:
```

```python
            return 'Ellipse'                                  # 圆形
        elif typeName.find('QGraphicsRectItem') >= 0:
            return 'Rect'                                     # 矩形
        elif typeName.find('QGraphicsLineItem') >= 0:
            return 'Line'                                     # 直线
        elif typeName.find('QGraphicsTextItem') >= 0:
            return 'Text'                                     # 文字
```

3. 重绘图元

onMouseMove 函数控制鼠标拖曳过程中图元的状态，代码为：

```python
def onMouseMove(self, point):
    if resizeDragging == True:
        self.scene.removeItem(self.item)                      # 删除图元
        self.repaintItem(point)                               # 重绘图元
```

可见，在拖曳模式下，程序是通过连续不断地删除和重绘图元来呈现动态拖曳效果的。
repaintItem 函数具体实现重绘操作，代码如下：

```python
def repaintItem(self, point):
    sp = self.gvBoard.mapToScene(point.toPoint())             # 当前鼠标指针的场景坐标
    ip = self.item.mapFromScene(sp)                           # 当前鼠标指针的局部坐标
    op = self.item.mapToScene(QPointF(0.0, 0.0))              # 图元中心(原点)的场景坐标
    pw = self.item.pen().width()                              # 原图元线宽
    ps = self.item.pen().style()                              # 原图元线型
    pc = self.item.pen().color()                              # 原图元线条颜色
    bc = QColor(0, 255, 0)                                    # 原图元填充色
    shapeType = self.getShapeType(self.item)                  # 获取图元类型
    if shapeType == 'Ellipse':                                # 圆形
        bc = self.item.brush().color()
        d = math.sqrt(ip.x() ** 2 + ip.y() ** 2)              # 鼠标指针到圆心的距离 d
        self.item = QGraphicsEllipseItem(-d, -d, 2 * d, 2 * d)
                                                              # 以 d 为半径重新创建圆
    elif shapeType == 'Rect':                                 # 矩形
        bc = self.item.brush().color()
        # 由当前鼠标指针的局部坐标计算出新图元的宽和高
        w = abs(ip.x()) * 2
        h = abs(ip.y()) * 2
        self.item = QGraphicsRectItem(-(w / 2), -(h / 2), w, h)
                                                              # 以 w/h 为宽高重新创建矩形
    elif shapeType == 'Line':                                 # 直线
        self.item = QGraphicsLineItem(ip.x(), ip.y(), 100, 0)
    self.item.setPos(op)                                      # 新图元位置(中心原点)不变
    pen = QPen()
    pen.setWidth(pw)                                          # 新图元线宽
    pen.setStyle(ps)                                          # 新图元线型
    pen.setColor(pc)                                          # 新图元线条颜色
    self.item.setPen(pen)
    if shapeType == 'Ellipse' or shapeType == 'Rect':
                                                              # 只有圆和矩形需要设置填充色
```

```
        self.item.setBrush(QBrush(bc))              # 新图元填充色
        self.addItemToScene(self.item)               # 将新图元添加到场景中
```

4．退出拖曳模式

使用 onMouseRelease 函数退出拖曳模式，置全局变量 resizeDragging 为 False 即可，代码为：

```
def onMouseRelease(self):
    global resizeDragging
    resizeDragging = False
```

13.5.3 设置样式

1．设置颜色线条

1）设置填充色

当用户选中图元时，单击样式栏上的填充色按钮（pbBrushColor），弹出"选择填充颜色"对话框，让用户设置图元的填充色，如图 13.14 所示。

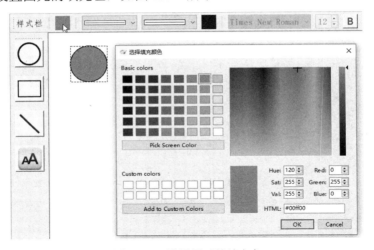

图 13.14　设置图元的填充色

在 initUi 函数中将填充色按钮的单击信号关联到 setBrushColor 函数：

```
self.pbBrushColor.clicked.connect(self.setBrushColor)
```

编写 setBrushColor 函数，代码如下：

```
def setBrushColor(self):
    brush = self.item.brush()
    color = brush.color()
    color = QColorDialog.getColor(color, self, '选择填充颜色')
    if color.isValid():
        brush.setColor(color)
        self.item.setBrush(brush)
        self.updateTbrStyle()
```

最后调用的 updateTbrStyle 函数是用于更新和维护样式栏上各控件的选项状态的，稍后介绍其具体实现。

2）设置线宽和线型

用户选中图元，选择下拉列表中的图标选项可设置图元的线宽和线型，如图 13.15 所示。

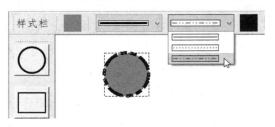

图 13.15　设置图元的线宽和线型

在 initUi 函数中分别将线宽和线型下拉列表的 currentIndexChanged 信号关联到 setPenWidth 和 setPenStyle 函数，如下：

```
self.cobPenWidth.currentIndexChanged.connect(self.setPenWidth)
self.cobPenStyle.currentIndexChanged.connect(self.setPenStyle)
```

使用 setPenWidth 函数设置线宽，代码如下：

```
def setPenWidth(self):
    if self.item == None or self.getShapeType(self.item) == 'Text':
        return
    pen = self.item.pen()
    index = self.cobPenWidth.currentIndex()
    if index == 0:
        pen.setWidth(2)
    elif index == 1:
        pen.setWidth(4)
    elif index == 2:
        pen.setWidth(6)
    self.item.setPen(pen)
    self.updateTbrStyle()
```

使用 setPenStyle 函数设置线型，代码如下：

```
def setPenStyle(self):
    if self.item == None or self.getShapeType(self.item) == 'Text':
        return
    pen = self.item.pen()
    index = self.cobPenStyle.currentIndex()
    if index == 0:
        pen.setStyle(Qt.PenStyle.SolidLine)          # 实线
    elif index == 1:
        pen.setStyle(Qt.PenStyle.DotLine)            # 虚线
    elif index == 2:
        pen.setStyle(Qt.PenStyle.DashDotDotLine)     # 点画线
    self.item.setPen(pen)
    self.updateTbrStyle()
```

> **注意：** 不仅用户操作下拉列表控件时会触发 currentIndexChanged 信号，而且在程序代码变更其选项时也会触发该信号，由于后面在用 updateTbrStyle 函数维护样式栏的过程中有时会还原列表选项至初值，从而引发 currentIndexChanged 信号，若此时场景中没有图元被选或选中的图元类型不对（如文本图元不能设置线宽、线型），就会发生异常，故以上两个函数的开头都要用语句 "if self.item == None or self.getShapeType(self.item) == 'Text':" 先判断一下当前选中的图元类型是否符合要求。

3）设置线条颜色

当用户选中图元时，单击样式栏上的线条颜色按钮（pbPenColor），弹出"选择线条颜色"对话框让用户设置图元的线条颜色。

在 initUi 函数中将线条颜色按钮的单击信号关联到 setPenColor 函数：

```
self.pbPenColor.clicked.connect(self.setPenColor)
```

编写 setPenColor 函数，代码如下：

```
def setPenColor(self):
    pen = self.item.pen()
    color = pen.color()
    color = QColorDialog.getColor(color, self, '选择线条颜色')
    if color.isValid():
        pen.setColor(color)
        self.item.setPen(pen)
        self.updateTbrStyle()
```

2. 设置文字样式

对于文字类型的图元，在样式栏文字设置区提供了一系列控件来对文字样式进行设置，如图 13.16 所示。

图 13.16　设置文字样式

1）设置字体

用户选中图元，选择下拉列表中的字体名称可设置图元的字体。

在 initUi 函数中将字体下拉列表的 currentIndexChanged 信号关联到 setTextFont 函数，如下：

```
self.cobFont.currentIndexChanged.connect(self.setTextFont)
```

使用 setTextFont 函数设置字体，代码如下：

```
def setTextFont(self):
    if self.item == None or self.getShapeType(self.item) != 'Text':
        return
    font = self.item.font()
    index = self.cobFont.currentIndex()
```

```
font.setFamily(self.fontfamily[index])
self.item.setFont(font)
self.updateTbrStyle()
```

注意： 要用语句"if self.item == None or self.getShapeType(self.item) != 'Text':"先确保当前选中的图元是文字图元，以免由程序代码触发 currentIndexChanged 信号时产生异常。

2）设置字号

字号的设置使用数字选择框（SpinBox）控件，它可以预设定可供选择的数值范围以防用户误操作。

在 initUi 函数中将字号数字选择框的 valueChanged 信号关联到 setFontSize 函数，如下：

```
self.sbFontSize.valueChanged.connect(self.setFontSize)
```

使用 setFontSize 函数设置字号，代码如下：

```
def setFontSize(self):
    if self.item == None or self.getShapeType(self.item) != 'Text':
        return
    font = self.item.font()
    font.setPointSize(self.sbFontSize.value())
    self.item.setFont(font)
    self.updateTbrStyle()
```

3）设置加粗

选中文字图元，单击加粗按钮可将文字加粗。

在 initUi 函数中将加粗按钮的单击信号关联到 setTextBold 函数，如下：

```
self.pbBold.clicked.connect(self.setTextBold)
```

使用 setTextBold 函数设置加粗，代码如下：

```
def setTextBold(self):
    font = self.item.font()
    if font.bold() == False:
        font.setBold(True)
        self.pbBold.setFlat(True)
        self.pbBold.setStyleSheet('background-color: whitesmoke; border: 1px solid black')
    else:
        font.setBold(False)
        self.pbBold.setFlat(False)
        self.pbBold.setStyleSheet('background-color: whitesmoke')
    self.item.setFont(font)
    self.updateTbrStyle()
```

说明：在将文字图元设为粗体后，还要对加粗按钮的外观进行改变，用 setFlat 将其设为面板样式，并用"setStyleSheet('background-color: whitesmoke; border: 1px solid black')"给其加上边框。

4）设置倾斜

选中文字图元，单击倾斜按钮可将文字倾斜。

在 initUi 函数中将倾斜按钮的单击信号关联到 setTextItalic 函数，如下：
```
self.pbItalic.clicked.connect(self.setTextItalic)
```
使用 setTextItalic 函数设置倾斜，代码如下：
```
def setTextItalic(self):
    font = self.item.font()
    if font.italic() == False:
        font.setItalic(True)
        self.pbItalic.setFlat(True)                              # 设置面板外观
        self.pbItalic.setStyleSheet('background-color: whitesmoke; \
border: 1px solid black')                                        # 加上边框
    else:
        font.setItalic(False)
        self.pbItalic.setFlat(False)
        self.pbItalic.setStyleSheet('background-color: whitesmoke')
    self.item.setFont(font)
    self.updateTbrStyle()
```

5）设置文字颜色

选中文字图元，单击样式栏上的文字颜色按钮（pbTextColor），弹出"选择文字颜色"对话框让用户设置文字图元的颜色。

在 initUi 函数中将文字颜色按钮的单击信号关联到 setTextColor 函数：
```
self.pbTextColor.clicked.connect(self.setTextColor)
```
编写 setTextColor 函数，代码如下：
```
def setTextColor(self):
    color = self.item.defaultTextColor()
    color = QColorDialog.getColor(color, self, '选择文字颜色')
    if color.isValid():
        self.item.setDefaultTextColor(color)
        self.updateTbrStyle()
```

3．样式栏的维护

本例具备完善的样式栏维护功能，可以根据用户当前选中的图元类型动态地变更样式栏上各控件的可用性及外观，这样既可以做到让用户通过控件状态获知当前操作图元的样式属性，又能有效地避免误操作。

编写 updateTbrStyle 函数来实现样式栏的维护功能，代码如下：
```
def updateTbrStyle(self):
    if self.item == None:                                    # 未选图元时,样式栏置为初始态
        self.pbBrushColor.setPalette(QPalette(QColor(0, 255, 0)))
        self.pbBrushColor.setEnabled(False)
        self.cobPenWidth.setCurrentIndex(0)
        self.cobPenWidth.setEnabled(False)
        self.cobPenStyle.setCurrentIndex(0)
        self.cobPenStyle.setEnabled(False)
        self.pbPenColor.setPalette(QPalette(QColor(0, 0, 255)))
        self.pbPenColor.setEnabled(False)
        self.cobFont.setCurrentIndex(0)
```

```python
            self.cobFont.setEnabled(False)
            self.sbFontSize.setValue(12)
            self.sbFontSize.setEnabled(False)
            self.pbBold.setFlat(False)
            self.pbBold.setStyleSheet('background-color: whitesmoke')
            self.pbBold.setEnabled(False)
            self.pbItalic.setFlat(False)
            self.pbItalic.setStyleSheet('background-color: whitesmoke')
            self.pbItalic.setEnabled(False)
            self.pbTextColor.setPalette(QPalette(QColor(0, 0, 0)))
            self.pbTextColor.setEnabled(False)
            return
        typeName = str(type(self.item))
        if   typeName.find('QGraphicsEllipseItem')  >=  0  or  typeName.find
('QGraphicsRectItem') >= 0 or typeName.find('QGraphicsLineItem') >= 0:
            if  typeName.find('QGraphicsEllipseItem')  >=  0  or  typeName.find
('QGraphicsRectItem') >= 0:                      # 选中圆形或矩形时,颜色线条选择区可用
                self.pbBrushColor.setEnabled(True)
                self.pbBrushColor.setPalette(QPalette(self.item.brush().color()))
            else:                                # 选中直线时,填充色按钮不可用
                self.pbBrushColor.setPalette(QPalette(QColor(0, 255, 0)))
                self.pbBrushColor.setEnabled(False)
            self.cobPenWidth.setEnabled(True)
            self.cobPenWidth.setCurrentIndex(int(self.item.pen().width() / 2) - 1)
            self.cobPenStyle.setEnabled(True)
            self.cobPenStyle.setCurrentIndex(int((self.item.pen().style().value -
1) / 2))
            self.pbPenColor.setEnabled(True)
            self.pbPenColor.setPalette(QPalette(self.item.pen().color()))
            # 使文字设置区不可用
            self.cobFont.setCurrentIndex(0)
            self.cobFont.setEnabled(False)
            self.sbFontSize.setValue(12)
            self.sbFontSize.setEnabled(False)
            self.pbBold.setFlat(False)
            self.pbBold.setStyleSheet('background-color: whitesmoke')
            self.pbBold.setEnabled(False)
            self.pbItalic.setFlat(False)
            self.pbItalic.setStyleSheet('background-color: whitesmoke')
            self.pbItalic.setEnabled(False)
            self.pbTextColor.setPalette(QPalette(QColor(0, 0, 0)))
            self.pbTextColor.setEnabled(False)
        elif typeName.find('QGraphicsTextItem') >= 0:
                                                 # 选中文字图元时,文字设置区可用
            self.cobFont.setEnabled(True)
            self.cobFont.setCurrentIndex(self.fontfamily.index(self.item.font().
family()))
            self.sbFontSize.setEnabled(True)
```

```
            self.sbFontSize.setValue(self.item.font().pointSize())
            self.pbBold.setEnabled(True)
            if self.item.font().bold() == True:
                self.pbBold.setFlat(True)
                self.pbBold.setStyleSheet('background-color: whitesmoke; border: 1px solid black')
            else:
                self.pbBold.setFlat(False)
                self.pbBold.setStyleSheet('background-color: whitesmoke')
            self.pbItalic.setEnabled(True)
            if self.item.font().italic() == True:
                self.pbItalic.setFlat(True)
                self.pbItalic.setStyleSheet('background-color: whitesmoke; border: 1px solid black')
            else:
                self.pbItalic.setFlat(False)
                self.pbItalic.setStyleSheet('background-color: whitesmoke')
            self.pbTextColor.setEnabled(True)
            self.pbTextColor.setPalette(QPalette(self.item.defaultTextColor()))
            # 使颜色线条选择区不可用
            self.pbBrushColor.setPalette(QPalette(QColor(0, 255, 0)))
            self.pbBrushColor.setEnabled(False)
            self.cobPenWidth.setCurrentIndex(0)
            self.cobPenWidth.setEnabled(False)
            self.cobPenStyle.setCurrentIndex(0)
            self.cobPenStyle.setEnabled(False)
            self.pbPenColor.setPalette(QPalette(QColor(0, 0, 255)))
            self.pbPenColor.setEnabled(False)
```

这样在每次对图元进行了操作后都及时地调用 updateTbrStyle 函数，就能始终维持绘图区当前选项与样式栏状态一致。

13.5.4 操纵图元

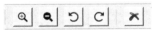

图 13.17 图元操纵按钮

为使绘图操作更加灵活多变，本例在样式栏最后的"图元变换区"中设计了一组按钮用于图元缩放、旋转等操纵功能，如图 13.17 所示。这些功能是面向任意类型图元的，所以这组按钮在任何时候都可用。

在 initUi 函数中将各图元操纵按钮的单击信号关联到各自的功能函数，如下：

```
self.pbZoomIn.clicked.connect(self.onZoomIn)                        # 放大
self.pbZoomOut.clicked.connect(self.onZoomOut)                      # 缩小
self.pbRotateLeft.clicked.connect(self.onRotateLeft)                # 左旋
self.pbRotateRight.clicked.connect(self.onRotateRight)              # 右旋
self.pbDelete.clicked.connect(self.onDelete)                        # 删除
```

编写各功能函数，代码如下：

```
def onZoomIn(self):                                                 # 放大图元
    if self.item != None:
```

```
            self.item.setScale(self.item.scale() + 0.1)
    def onZoomOut(self):                                              # 缩小图元
        if self.item != None:
            self.item.setScale(self.item.scale() - 0.1)
    def onRotateLeft(self):                                           # 左旋图元
        if self.item != None:
            self.item.setRotation(self.item.rotation() - 10)
    def onRotateRight(self):                                          # 右旋图元
        if self.item != None:
            self.item.setRotation(self.item.rotation() + 10)
    def onDelete(self):                                               # 删除图元
        if self.item != None:
            self.scene.removeItem(self.item)
```

说明：在 GraphicsView 中操纵图元非常简单，直接调用 setScale 函数设置缩放比率，调用 setRotation 函数设置旋转角，但为保险起见，在进行所有操作之前都要先用"if self.item != None:"来确保用户已选中了操纵对象。

13.6 图元文件管理功能开发

一般绘图软件都会提供让用户保存所绘图画的功能，本例将场景中的图元以前面所设计的数据结构保存成图元文件（二进制 DAT 格式），用户在需要的时候可打开和编辑之前所绘的图画，并且还可以将图画以图片（JPG）格式保存。

1. QAction 对象及信号

界面顶部文件管理栏上的一组按钮用于图元文件的新建、打开、保存和另存等管理操作，之前这组按钮是通过 addActions 方法以 QAction 对象的形式创建并添加到工具栏中的，它们被用户单击时默认都会发送 actionTriggered 信号，首先在 initUi 函数中将该信号关联到 toolButtonClicked 函数，使用语句：

```
self.tbrFile.actionTriggered[QAction].connect(self.toolButtonClicked)
```

然后编写 toolButtonClicked 函数，在其中根据传入 QAction 对象的 text() 属性（即按钮文本）来进一步确定用户单击的是哪一个按钮，代码如下：

```
    def toolButtonClicked(self, tb):
        if tb.text() == '新建':
            global currentFileName
            if len(self.scene.items()) != 0:                          # 正在编辑绘图
                reply = QMessageBox.question(self, '提示', '保存更改到 ' +
currentFileName + ' 吗？', QMessageBox.StandardButton.Save | QMessageBox.
StandardButton.Discard | QMessageBox.StandardButton.Cancel)           # (1)
                if reply == QMessageBox.StandardButton.Save:
                    if(self.saveBoard()):                             # 先保存当前绘图
                        self.clearScene()                             # (2)
                        currentFileName = 'graph0'                    # 新建文件的默认名称
                elif reply == QMessageBox.StandardButton.Discard:
```

```
                self.clearScene()                       #（2）
                currentFileName = 'graph0'
    elif tb.text() == '打开':
        self.loadBoard()
    elif tb.text() == '保存':
        if self.saveBoard():
            QMessageBox.information(self, '提示', '已写入二进制文件。')
    elif tb.text() == '另存为图片':
        if self.saveBoardAsPic():
            QMessageBox.information(self, '提示', '已保存为图片。')
```

图 13.18 标准问答对话框

说明：

（1）新建文件前如果用户在绘图区正在绘图，要提示用户保存已绘制的图画，通过弹出 PyQt6 标准的 QMessageBox.question()（问答对话框）与用户交互，如图 13.18 所示。

该对话框提供了 3 个标准按钮：单击"Save"按钮保存当前绘图，单击"Discard"按钮放弃当前绘图（不保存），单击"Cancel"按钮取消新建。由用户所单击的按钮返回一个 QMessageBox.StandardButton 类型的枚举变量，程序根据这个变量值决定接下来要执行的操作。

（2）新建文件实际就是重新初始化 GraphicsView 的绘图区，要清除场景中原来的所有图元对象，显示一个空白"画布"。

编写 clearScene 函数执行清除操作，代码为：

```
def clearScene(self):
    for graphItem in self.scene.items():        # 遍历场景中所有图元
        self.scene.removeItem(graphItem)        # 清除
```

2．保存文件

单击保存按钮弹出"保存为"对话框，如图 13.19 所示，默认保存的文件名 graph0.dat。

图 13.19 "保存为"对话框

保存功能用 saveBoard 函数实现，代码如下：

```python
def saveBoard(self):
    global currentFileName
    filename = QFileDialog.getSaveFileName(self, '保存为', 'D:\\PyQt6\\' + currentFileName + '.dat', '二进制文件(*.dat)')[0]
    if filename == '':
        return False
    listGraph = []
    for graphItem in self.scene.items():
        shapeType = self.getShapeType(graphItem)
        dictItem = {}
        if shapeType == 'Ellipse' or shapeType == 'Rect':
            dictItem = {      # 创建圆形或矩形的字典项
                        'Gtype': shapeType,
                        'SPosX': graphItem.pos().x(),
                        'SPosY': graphItem.pos().y(),
                        'Width': graphItem.boundingRect().width(),
                        'Height': graphItem.boundingRect().height(),
                        'PenWidth': graphItem.pen().width(),
                        'PenStyle': graphItem.pen().style().value,
                        'PenColor': str(graphItem.pen().color().getRgb()),
                        'BrushColor': str(graphItem.brush().color().getRgb()),
                        'Scale': graphItem.scale(),
                        'Rotation': graphItem.rotation(),
                        'ZValue': graphItem.zValue()}
        elif shapeType == 'Line':
            dictItem = {      # 创建直线图元的字典项
                        'Gtype': shapeType,
                        'SPosX': graphItem.pos().x(),
                        'SPosY': graphItem.pos().y(),
                        'PenWidth': graphItem.pen().width(),
                        'PenStyle': graphItem.pen().style().value,
                        'PenColor': str(graphItem.pen().color().getRgb()),
                        'Scale': graphItem.scale(),
                        'Rotation': graphItem.rotation(),
                        'ZValue': graphItem.zValue()}
        elif shapeType == 'Text':
            dictItem = {      # 创建文字图元的字典项
                        'Gtype': shapeType,
                        'SPosX': graphItem.pos().x(),
                        'SPosY': graphItem.pos().y(),
                        'Text': graphItem.toPlainText(),
                        'Font': graphItem.font().family(),
                        'FontSize': graphItem.font().pointSize(),
                        'Bold': str(graphItem.font().bold()),
                        'Italic': str(graphItem.font().italic()),
                        'TextColor': str(graphItem.defaultTextColor().getRgb()),
                        'Scale': graphItem.scale(),
```

```
                              'Rotation': graphItem.rotation(),
                              'ZValue': graphItem.zValue()}
            listGraph.append(dictItem)                # 字典项添加到列表中
        boardData = str(listGraph).encode()
        length = len(boardData)
        with open(filename, 'wb+') as fg:
            fg.write(struct.pack('i', length))
            fg.write(boardData)                        # 写入二进制文件
            fg.close()
            currentFileName = filename
            return True
```

说明：保存文件实际就是对画面场景中的每一个图元，根据其类型和本章开头所设计的相应数据结构，创建字典项，最后生成一个由所有图元字典项构成的列表，将其写入二进制文件。需要注意的是，在保存颜色值属性时，用 graphItem.xxx().color() 得到的是一个 QColor 类型对象，进一步调用其 getRgb 方法才得到元组型的数据。

3. 打开文件

打开文件就是根据二进制图元文件中存储的列表字典项的数据，在场景中逐一恢复和重建图元的过程，用 loadBoard 函数实现，代码如下：

```
    def loadBoard(self):
        global currentFileName, zIndex
        filename = QFileDialog.getOpenFileName(self, '打开', 'D:\\PyQt6\\', '二进制文件(*.dat)')[0]
        if filename == '':
            return
        if len(self.scene.items()) != 0:
            reply = QMessageBox.question(self, '提示', '保存更改到 ' + currentFileName
+ ' 吗？', QMessageBox.StandardButton.Save | QMessageBox.StandardButton.Discard |
QMessageBox.StandardButton.Cancel)
            if reply == QMessageBox.StandardButton.Save:
                if (self.saveBoard()):
                    self.clearScene()
                else:
                    return
            elif reply == QMessageBox.StandardButton.Discard:
                self.clearScene()
            elif reply == QMessageBox.StandardButton.Cancel:
                return
        with open(filename, 'rb') as fg:
            byteNum = fg.read(4)
            length = struct.unpack('i', byteNum)
            listGraphStr = fg.read(length[0]).decode()
            fg.close()
            listGraph = json.loads(listGraphStr.replace("'", '"'))
                                                        # (1)
            index = 0.0
            for item in enumerate(listGraph):
```

```python
            dictItem = item[1]
            graphItem = None
            if dictItem['Gtype'] == 'Ellipse' or dictItem['Gtype'] == 'Rect':
                                                        # 重建圆形或矩形
                w = dictItem['Width']
                h = dictItem['Height']
                if dictItem['Gtype'] == 'Ellipse':
                    graphItem = QGraphicsEllipseItem(-(w / 2), -(h / 2), w, h)
                elif dictItem['Gtype'] == 'Rect':
                    graphItem = QGraphicsRectItem(-(w / 2), -(h / 2), w, h)
                pen = QPen()
                pen.setWidth(dictItem['PenWidth'])
                pen.setStyle(Qt.PenStyle(dictItem['PenStyle']))
                prgb = eval(dictItem['PenColor'])           # (2)
                pen.setColor(QColor(prgb[0], prgb[1], prgb[2]))
                graphItem.setPen(pen)
                brgb = eval(dictItem['BrushColor'])         # (2)
                graphItem.setBrush(QColor(brgb[0], brgb[1], brgb[2]))
            elif dictItem['Gtype'] == 'Line':               # 重建直线图元
                graphItem = QGraphicsLineItem(-100, 0, 100, 0)
                pen = QPen()
                pen.setWidth(dictItem['PenWidth'])
                pen.setStyle(Qt.PenStyle(dictItem['PenStyle']))
                prgb = eval(dictItem['PenColor'])           # (2)
                pen.setColor(QColor(prgb[0], prgb[1], prgb[2]))
                graphItem.setPen(pen)
            elif dictItem['Gtype'] == 'Text':               # 重建文字图元
                graphItem = QGraphicsTextItem(dictItem['Text'])
                font = QFont()
                font.setPointSize(dictItem['FontSize'])
                font.setFamily(dictItem['Font'])
                if dictItem['Bold'] == 'True':
                    font.setBold(True)
                if dictItem['Italic'] == 'True':
                    font.setItalic(True)
                graphItem.setFont(font)
                trgb = eval(dictItem['TextColor'])          # (2)
                graphItem.setDefaultTextColor(QColor(trgb[0], trgb[1], trgb[2]))
            graphItem.setScale(dictItem['Scale'])
            graphItem.setRotation(dictItem['Rotation'])
            graphItem.setZValue(dictItem['ZValue'])
            if dictItem['ZValue'] > index:
                index = dictItem['ZValue']
            point = QPointF(dictItem['SPosX'], dictItem['SPosY'])
            graphItem.setPos(point)                         # 设置图元位置坐标
            self.addItemToScene(graphItem)                  # 将图元添加进场景中
currentFileName = filename                                  # 记录打开的图元文件名
zIndex = index + 1
```

说明：

（1）listGraph = json.loads(listGraphStr.replace("'", '"'))：从二进制文件中解码出的数据为字符串形式的数据，要将它们转换为字典列表才能在接下来的程序中访问，使用 Python 的 json 模块实现这种转换，在主程序开头用"import json"导入 json 模块，但该模块只能处理含双引号的 JSON 格式字符串，故这里要将字符串中所有单引号都替换为双引号才能传入 json 模块的 loads 方法中。

（2）用 eval(dictItem['字段名'])得到 RGB 元组数据，然后以下标引用其三原色分量的值来创建 QColor 对象"QColor(prgb[0], prgb[1], prgb[2])"，而一旦得到了 QColor 就可以直接拿它来设置图元的颜色属性了。

4．另存为图片

使用 PyQt6 的 QPainter 类绘图，将图元场景画面另存为图片（JPG）格式。

编写 saveBoardAsPic 函数来实现此功能，代码如下：

```
def saveBoardAsPic(self):
    filename = QFileDialog.getSaveFileName(self, '另存为', 'D:\\PyQt6\\' + currentFileName.split('.')[0] + '.jpg', '图片文件(*.jpg *.png *.gif *.ico *.bmp)')[0]
    if filename == '':
        return False
    rect = QGraphicsView.viewport(self.gvBoard).rect()
                                                        # 创建视口
    pixmap = QPixmap(rect.size())                       # 图像(QPixmap)尺寸与视口适应
    pixmap.fill(Qt.GlobalColor.white)                   # （1）
    painter = QPainter(pixmap)                          # 创建 QPainter 对象
    painter.begin(pixmap)                               # （2）开始绘图
    self.gvBoard.render(painter, QRectF(pixmap.rect()), rect)
                                                        # 将视图场景渲染到图像中
    painter.end()                                       # （2）结束绘图
    pixmap.save(filename)                               # 保存图片
    return True
```

注意：（1）一定要用"fill(Qt.GlobalColor.white)"将图像背景填充为白色，否则默认是黑色，很难看。

（2）用 QPainter 类绘图的开始和结束一定要有一对 begin/end()语句，否则运行时程序会崩溃。

至此，"我的绘图板"开发完成，有兴趣的读者可以此为基础进行扩充，使软件能支持更多类型的图元形状、线型、字体等，使其成为一个功能强大的实用绘图软件。

第 14 章
PyQt6 开发及实例：简版微信

本章运用 PyQt6 的网络模块来开发一个简版微信，它是由客户端和服务器一起组成的即时通信软件，客户端界面完全模仿真实的微信电脑版，运行于桌面，如图 14.1 所示。

图 14.1　简版微信客户端

界面上显示聊天内容的区域用 GraphicsView 图元系统实现，这样就能实现给双方发的信息加不同的底色、信息旁带用户头像、显示收发的图片等功能。

系统的用户信息存储在服务器上的 MongoDB 数据库中，用户上线时由服务器发给其客户端用来加载微信好友列表；用户之间聊天的文字信息以 UDP 直接收发，不经过服务器；而聊天时发的文件、图片、语音等则统一以文件形式上传至服务器，再由服务器传给对方，文件传输用 TCP；聊天信息即时写进客户端本地的 SQLite 中形成历史记录，若对方不在线，信息会暂存到服务器 MongoDB 数据库中，待该用户上线时再转发给他。整个软件的工作方式如图 14.2 所示。

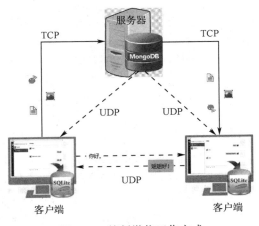

图 14.2　简版微信工作方式

另外，本例还实现了实时语音通话功能，借助 Python 的 PyAudio、wave 语音模块结合 TCP 传输技术实现。

【技术基础】

14.1 网络通信

互联网通行的 TCP/IP 自上而下分为应用层、传输层、网络层和网络接口层，应用程序的网络通信功能是由传输层定义的，涉及 UDP 和 TCP 两个协议。虽然主流操作系统（Windows/Linux/MacOS 等）都提供了统一的套接字（Socket）抽象编程接口（API）用于编写传输层的网络程序，但这种方式较烦琐，有时甚至需要直接引用操作系统底层的数据结构，而 PyQt6 提供的网络模块 QtNetwork 圆满地解决了这一问题。

14.1.1 基于 UDP 的数据通信

1. UDP 原理

UDP（User Datagram Protocol，用户数据报协议）是一种简单、轻量、无连接的传输协议，可以用在对通信可靠性要求不是很高的场合，如以下几种情形：
- 网络数据大多为短消息。
- 系统拥有大量客户端。
- 对数据安全性无特殊要求。
- 网络负载很重，但对响应速度却要求极高。

图 14.3 UDP 请求与应答

UDP 所收发数据的形式是报文（Datagram），通信时 UDP 客户端向 UDP 服务器发送一定长度的请求报文，报文大小的限制与各系统的协议实现有关，但不得超过其下层 IP 规定的 64KB，UDP 服务器同样以报文做出应答，如图 14.3 所示。即使服务器未收到此报文，客户端也不会重发，因此报文的传输是不可靠的。

在 UDP 方式下，客户端并不与服务器建立连接，它只负责调用发送函数向服务器发出数据报。类似地，服务器也不接收客户端的连接，只是调用接收函数被动等待来自某客户端的数据到达。UDP 客户端与 UDP 服务器间的交互时序如图 14.4 所示。

2. 初始化套接字

PyQt6 提供了 QUdpSocket 类实现 UDP 的套接字。

在简版微信中，用户之间的文字聊天信息、所有的通知消息都以 UDP 收发。为此，在客户端和服务器程序的初始化（initUi 函数）代码中，都要创建一个 QUdpSocket 对象绑定到指定端口，并将该对象的 readyRead 信号关联到接收数据报的 recvData 函数，语句如下：

```
self.udpsocket = QUdpSocket()                    # 创建套接字对象
self.uport = 23232                               # (1)
```

```
self.udpsocket.bind(self.uport, QUdpSocket.BindFlag.ShareAddress | QUdpSocket.
BindFlag.ReuseAddressHint)                              # 套接字绑定到端口
    self.udpsocket.readyRead.connect(self.recvData)     #（2）
```

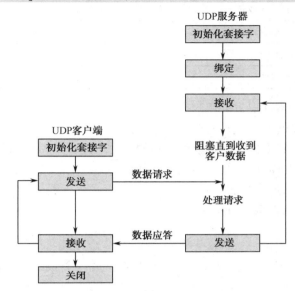

图 14.4　UDP 客户端与 UDP 服务器间的交互时序

说明：

（1）设置 UDP 的端口号，指定在此端口上监听数据，端口号可任意指定，不冲突即可。

（2）将接收数据的 recvData 函数关联到 QIODevice 的 readyRead 信号。因 UDP 套接字 QUdpSocket 类本身也是一个 I/O 设备，从 QIODevice 继承而来，所以当有数据到达时，就会发出 readyRead 信号来触发 recvData 函数去接收数据，该函数是自定义的，读者也可另取其他名称。

3．发送数据

本例的消息统一以 JSON 格式封装在数据报中发出，程序语句如下：

```
datagram = {"Type": …, "UserName": …, "PeerName": …, "Body": …, "DateTime":
self.getnowtime()}
    self.udpsocket.writeDatagram(bytes(json.dumps(datagram), encoding="utf-8"),
QHostAddress.SpecialAddress.Broadcast, self.uport)
```

说明：

（1）先将要发的消息写成一个标准的字典形式，其中：

① Type：消息类型，表示消息的用途。简版微信内部定义的各种消息列于表 14.1。

表 14.1　简版微信内部定义的消息

类　　型	用　　途
Online	表示有用户上线
Offline	表示有用户下线
Message	表示发送的是文字信息
File	表示发送的是文件

续表

类型	用途
Notif	通知消息，用于各成员之间的协调。例如，客户端向服务器发出通知，"告知"其要上传文件
ReqFile	用于客户端向服务器请求下载文件
TelUP	表示有电话打进来
TelOFF	表示对方挂断电话

② UserName：发送方（己方）用户名。

③ PeerName：接收方（对方）用户名。

④ Body：消息体，其中携带有用数据。例如，Message 类型消息的 Body 就是聊天的文字内容，而 File 类型消息的 Body 则是要传输的文件名。

⑤ DateTime：消息发出的时间。

该时间是用 Python 的 datetime 库对当前系统时间进行格式化得到的，要在程序开头导入 datetime 库：

```
from datetime import datetime
```

因每次发消息都要进行时间获取操作，故将其定义成一个 getnowtime 函数：

```
def getnowtime(self):
    return datetime.strftime(datetime.now(), '%Y年%m月%d日 %H:%M')
```

（2）消息内容按上述定义的格式组织好后，借助 Python 的 json 库将其序列化为一个 JSON 字符串，再转换为字节，通过调用套接口的 writeDatagram 函数发送出去。

在程序开头导入 json 库：

```
import json
```

然后执行发送语句：

```
套接字对象.writeDatagram(bytes(json.dumps(datagram), …), …, UDP 端口号)
```

4．接收数据

当有数据到达时，recvData 函数响应 QUdpSocket 的 readyRead 信号，一旦 UdpSocket 对象中有数据可读，即通过 readDatagram 函数将数据读出，代码如下：

```
def recvData(self):
    while self.udpsocket.hasPendingDatagrams() == True:     # (1)
        data, host, port = self.udpsocket.readDatagram(self.udpsocket.pending
DatagramSize())                                             # (2)
        datagramStr = str(data, encoding='utf-8')
        datagram = json.loads(datagramStr)                  # (3)
        if datagram['Type'] == '类型1' and 其他条件:
            ...                                             #处理类型1的消息
        elif datagram['Type'] == '类型2' and 其他条件:
            ...                                             #处理类型2的消息
```

说明：

（1）判断 UdpSocket 中是否有数据报可读，hasPendingDatagrams 方法在至少有一个数据报可读时返回 True，否则返回 False。

（2）调用套接口的 readDatagram 函数读取一个数据报，注意在读取时必须用

pendingDatagramSize 方法获得报文长度。读取的数据中不仅含报文内容,还携带对方主机及端口信息,这里将它们分别暂存到变量 host、port 中,在必要时可通过主机解析出对方 IP 地址(host.toString()[7:])。

(3)将接收到的数据先转换成字符串,再用 json 库的 loads 函数将其还原为最初的字典形式,就可以用 datagram['键名']的方式获取消息内部各字段的数据内容了。这里首先用 datagram['Type']得到消息类型,然后根据前面定义好的不同类型消息的用途及一些附加条件,进行不同的处理。

14.1.2 基于 TCP 的字节传输

1. TCP 原理

TCP(Transmission Control Protocol,传输控制协议)是一种可靠、面向数据流且需要建立连接的传输协议,许多高层应用协议(包括 HTTP、FTP 等)都以它为基础,TCP 非常适合数据的连续传输。

与 UDP 不同,TCP 能够为应用程序提供可靠的通信连接,使一台计算机发出的字节流无差错地送达网络上的其他计算机。因此,对可靠性要求高的数据通信系统往往使用 TCP 传输数据,但在正式收发数据前,通信双方必须先建立连接。

一个典型的 TCP 传输文件的过程如下:

(1)首先启动服务器,一段时间后启动客户端,它与此服务器经过三次握手后建立连接。

(2)此后的一段时间内,客户端向服务器发送一个请求,服务器处理这个请求,并为客户端发回一个响应。这个过程一直持续下去,直到客户端向服务器发一个文件结束符,并关闭客户端连接。

(3)接着服务器也关闭连接,结束运行或等待一个新的客户端连接。

TCP 客户端与 TCP 服务器之间的交互时序如图 14.5 所示。

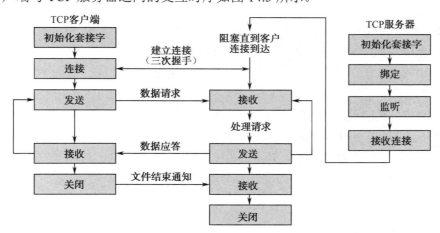

图 14.5 TCP 客户端与 TCP 服务器之间的交互时序

TCP 与 UDP 的比较如表 14.2 所示。

表 14.2 TCP 与 UDP 的比较

比 较 项	TCP	UDP
是否连接	面向连接	无连接
传输可靠性	可靠	不可靠
流量控制	提供	不提供
工作方式	全双工	可以是全双工
应用场合	大量数据	少量数据
传输速率	低	高

2. 创建服务器和套接字

PyQt6 以 QTcpServer 作为 TCP 服务器，用 QTcpSocket 类实现 TCP 的套接字。

在简版微信中，非文字类（包括文件、图片、语音等）的数据一律用 TCP 传输，经服务器转发给对方，用户之间的实时语音通话也在 TCP 连接上进行。实际运行时数据的传输可以是双向的，任何一个客户端或服务器程序皆可用作 TCP 方式下的服务器或客户端，因此，在客户端和服务器程序的初始化（initUi 函数）代码中，既要创建一个 TCP 服务器对象，也要创建一个套接字对象，语句如下：

```
self.tcpserver = QTcpServer()                               # 创建 TCP 服务器
self.tport = 5555                                           # TCP 监听端口号
self.tcpserver.newConnection.connect(self.preTrans)         #（1）
self.payloadsize = 64 * 1024                                # 缓存每次收发的字节数
self.tcpsocket = QTcpSocket()                               # 创建套接字对象
self.tcpsocket.readyRead.connect(self.recvBytes)            #（2）
self.bytesrecved = 0                                        # 已接收的字节数
```

说明：

（1）使用 TCP 传输数据，首先要由充当 TCP 服务器的一方在程序中开启监听：

```
if self.tcpserver.listen(QHostAddress.SpecialAddress.Any, self.tport):
    ...
else:
    self.tcpserver.close()
```

当有连接请求到来时，会触发 TCP 服务器的 newConnection 信号，程序将该信号关联至 preTrans 函数（自定义），在其中进行传输数据前的一些准备工作，然后启动传输。

（2）TCP 的套接字类同样继承自 PyQt6 的 I/O 设备 QIODevice 类，故在每次收到数据时都会触发 readyRead 信号，由该信号关联的 recvBytes 函数（自定义）实现对字节的接收和控制。

3. 建立连接及准备

（1）由 TCP 客户端向服务器主动发起连接请求，使用语句：

```
self.tcpsocket.connectToHost(QHostAddress(host.toString()[7:]), self.tport)
```

本例的成员在开始 TCP 会话前都会先以 UDP 数据报发通知（Notif 类型）消息给对方进行"沟通"，而 UDP 报文数据本身就携带了发送方的主机信息，对方可从中解析出 IP 地址作为发起 TCP 连接的目标地址。

（2）接收连接后，再由 TCP 服务器完成传输前的准备工作，并启动传输，这个操作是在

preTrans 函数中进行的，以传输文件为例，代码如下：

```python
def preTrans(self):
    # 准备工作
    self.socket = self.tcpserver.nextPendingConnection()
    self.socket.bytesWritten.connect(self.handleTrans)
    self.localfile.open(QFile.OpenModeFlag.ReadOnly)      # 以只读模式打开文件
    # 启动传输
    self.block = self.localfile.read(self.payloadsize)    # 读取一个缓存块
    self.bytestobesend -= self.socket.write(self.block)   # 写入套接口
```

说明：TCP 服务器针对与它连接的客户端也创建一个套接字对象（由 nextPendingConnection 方法返回），将该套接字的 bytesWritten（写字节）信号关联到 handleTrans 函数（自定义）。

4．服务器发送字节

handleTrans 函数实现字节流的持续发送，代码为：

```python
def handleTrans(self):
    # 进入 TCP 传输过程
    if self.bytestobesend > 0:
        if self.bytestobesend > self.payloadsize:       # 每次读入一个缓存块
            self.block = self.localfile.read(self.payloadsize)
        else:                                            # 读取最后剩余的字节
            self.block = self.localfile.read(self.bytestobesend)
        self.bytestobesend -= self.socket.write(self.block)
    else:                                                # 写入套接口
        self.localfile.close()                           # 关闭文件
        self.socket.abort()                              # 释放套接字
        self.tcpserver.close()                           # 关闭 TCP 服务器
```

说明：TCP 服务器程序不断调用 write 函数往套接口中写入字节，每次写入一个缓存块（64KB）的大小。

5．客户端接收字节

在 TCP 连接建立并启动传输后，客户端套接字就一直由 readyRead 信号所驱动而处于被动接收字节的状态，该信号关联的 recvBytes 函数实现对字节的接收和控制，代码为：

```python
def recvBytes(self):
    if self.bytesrecved < self.bytestotal:
        self.bytesrecved += self.tcpsocket.bytesAvailable()
        self.block = self.tcpsocket.readAll()           # 每次接收一个缓存块
        self.localfile.write(self.block)
    if self.bytesrecved == self.bytestotal:
        self.localfile.close()                           # 关闭文件
        self.tcpsocket.abort()                           # 释放套接字
        self.bytesrecved = 0                             # 复位
        ...                                              # 后续处理
```

说明：为实现对传输过程的有效控制，TCP 客户端需要提前获知服务器将要传给它的字节总数（self.bytestotal），该值在 TCP 会话前就已经由服务器写在通知消息中以 UDP 发给客户端了。传输开始后，客户端会实时统计所收到的字节数（self.bytesrecved），一旦收到字节数等于预发的字节总数（if self.bytesrecved == self.bytestotal）就断开与服务器的连接，结束传输过程。

14.2 MongoDB 数据库

微信用户数极为庞大（目前微信在全球范围内的用户总数已突破 12.6 亿），故其平台必须使用高性能的数据库才能满足日常服务需求。

MongoDB 是一个基于分布式文件存储的数据库，用 C++语言编写，旨在为互联网应用提供可扩展的高性能数据存储解决方案。MongoDB 是一个介于关系数据库和非关系数据库（NoSQL）之间的产品，是非关系数据库中功能最丰富、最像关系数据库的。它支持的数据结构非常松散，采用类似 JSON 的格式，因此可以存储比较复杂的数据类型。虽然是个非关系数据库，但 Mongo 支持的查询语言也是很强大的，其语法有点类似于面向对象的查询语言，几乎可以实现类似关系数据库单表查询的绝大部分功能，同时也支持索引。

本例就采用 MongoDB 作为服务器端数据库，它主要有两个作用：

（1）保存所有用户的注册信息；

（2）暂存离线用户收到的消息。

14.2.1 安装 MongoDB

从官网下载获得的安装包文件名为 mongodb-windows-x86_64-6.0.0-signed.msi，双击它启动安装向导，如图 14.6 所示。

安装过程很简单，跟着向导的指引操作就可以了，但有一点要特别注意：由于 MongoDB 在其安装包中默认会启动 "MongoDB Compass" 组件的安装，而该组件不包含在 MongoDB 的安装包内，向导会主动联网从第三方获取，该组件实际上目前还无法通过网络渠道获得，故向导程序会锁死在安装进程上无限期地等待下去，导致安装过程无法结束。为避免出现这样的困境，读者在安装的时候要在选择安装类型的界面上单击 "Custom" 按钮，以定制模式安装，如图 14.7 所示。

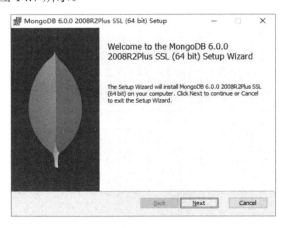
图 14.6　MongoDB 安装向导

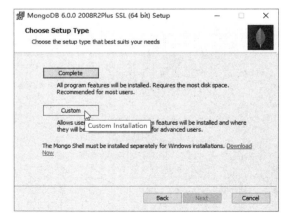
图 14.7　以定制模式安装

多次单击 "Next" 按钮，在 "Install MongoDB Compass" 界面上取消勾选底部的 "Install

MongoDB Compass"复选框,单击"Next"按钮,再单击"Install"按钮进入安装过程,就可以顺利地安装上 MongoDB 了。

提示:

如果读者在安装时不慎忘了选定制模式而进入获取 MongoDB Compass 的无限期等待中,解决办法是:通过 Windows 任务管理器强行终止安装进程,退出后再重新启动 MongoDB 安装向导并进入定制模式安装就可以了。

14.2.2 创建数据库 MyWeDb

用 Navicat Premium 可视化工具连接到 MongoDB,默认连接端口为 27017,如图 14.8 所示。

打开 MongoDB 连接,在其中新建一个数据库 MyWeDb,再在数据库中创建两个集合(相当于关系数据库的表)user 和 chatinfotemp,如图 14.9 所示。

图 14.8 Navicat Premium 连接 MongoDB

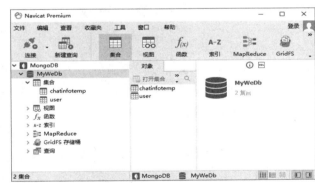

图 14.9 创建数据库和集合

其中,集合 user 用于保存所有用户的注册信息,集合 chatinfotemp 则用于服务器暂存离线用户收到的消息。

14.2.3 数据库访问与操作

通过 pymongo 驱动库访问 MongoDB 数据库,在 Windows 命令行用"pip install pymongo"命令联网安装,然后在服务器程序开头导入驱动库:

```
import pymongo
```

由于程序中多处都要访问数据库,每次访问前要先打开连接,过后都要关闭连接,为避免代码冗余,将连接打开和关闭分别封装为两个函数(位于主程序 MyWeServer 类内部)。

1. 打开连接函数 openMongo

打开连接函数 openMongo 定义为:

```
def openMongo(self):
    self.client = pymongo.MongoClient('localhost', 27017)
    self.mongodb = self.client['MyWeDb']           # 引用 MyWeDb 数据库
    self.usertb = self.mongodb['user']             # 关联 user 集合
    self.chattb = self.mongodb['chatinfotemp']     # 关联 chatinfotemp 集合
```

说明:PyQt6 连接 MongoDB 与其他数据库略有不同,不是使用 connect 函数,而是使用 MongoDB 库特有的 MongoClient 函数,在使用的时候必须指明连接的端口,MongoDB 默认使用 27017 端口,本例就使用默认的端口。连接创建后可用 client['数据库名']得到数据库对象的引用(self.mongodb),通过它进一步关联到其中的集合。这里将关联的集合 user、集合 chatinfotemp 分别赋值给公共变量 self.usertb、self.chattb,供其他的程序使用。

2. 关闭连接函数 closeMongo

为节约资源,连接使用过后要及时关闭,定义关闭函数 closeMongo:

```
def closeMongo(self):
    self.client.close()
```

3. MongoDB 数据存储与操作

MongoDB 是一个面向文档存储的数据库,它将每条数据记录存储为一个文档,文档类似于 JSON 对象,其数据结构由键值对组成,形如:

  {
    键名 1: 值 1,
    键名 2: 值 2,
    ...
    键名 n: 值 n
  }

而其中每个键的值又可以是一个文档、数组或文档数组,如此嵌套就可以构造出极为复杂的数据结构来。

例如,以下是简版微信中用 MongoDB 文档表示的几个注册用户的信息:

```
u1 = {"UserName":"水漂奇鼋", "PassWord": "123456", "Focus": "{'孙瑞涵','Easy123'}",
"Online": 0}                                                       # 文档 1
u2 = {"UserName":"孙瑞涵", "PassWord": "123456", "Focus": "{'水漂奇鼋','Easy123'}",
"Online": 0}                                                       # 文档 2
u3 = {"UserName": "Easy123", "PassWord": "123456", "Focus": "{'水漂奇鼋','孙瑞
涵'}", "Online": 0}                                                # 文档 3
[u1, u2, u3]                                                       # 文档数组
```

说明:这里每个文档的数据结构都相同,包含 UserName(用户名)、PassWord(密码)、Focus (关注用户集,即微信好友列表)、Online(是否在线)四个键,最后由定义的 3 个文档构成一个简单的文档数组来存储这三个用户的信息。

与一般的关系数据库不同,MongoDB 的操作不使用标准 SQL 语句,而是通过调用其数据

库对象的方法，在调用时以参数表给出检索条件和要执行的操作类型、操作内容等，程序语句写成如下形式：

对象名.方法名({条件}, {"类型代码":操作内容})

说明：

（1）对象名：在打开数据库连接时关联到集合的变量名，如前面的 self.usertb、self.chattb。

（2）方法名：MongoDB 针对集合的操作提供了一系列方法，各方法的名称及功能如表 14.3 所示。

表 14.3　MongoDB 集合操作方法

方　法　名	功　　能
find	查询全部文档
find_one	查询某个文档
insert_one	插入一个文档
insert_many	插入多个文档
update_one	修改某个文档
update_many	批量更新文档
delete_one	删除某个文档
delete_many	批量删除文档

（3）条件：相当于关系数据库 SQL 语句的 WHERE 子句部分，表示要对数据库集合中符合哪些检索条件的文档执行这个操作，如果写成"{}"则表示对所有文档的操作。

（4）类型代码：在 MongoDB 中以不同的字符串标识定义了不同操作动作或条件的代码，常用操作类型代码如表 14.4 所示。

表 14.4　MongoDB 常用操作类型代码

类 型 代 码	功　　能
$set	更新键值
$inc	键值上加减一个常数
$lt	对键值小于某值的文档执行操作
$lte	对键值小于或等于某值的文档执行操作
$gt	对键值大于某值的文档执行操作
$gte	对键值大于或等于某值的文档执行操作
$eq	对键值等于某值的文档执行操作
$ne	对键值不等于某值的文档执行操作

（5）操作内容：需要插入、修改、删除的具体数据内容，也是以键值对的文档形式给出。

4．程序举例

写一个简单的函数，输入以下代码：

```
    self.openMongo()                                                    # 打开 MongoDB 连接
    u1 = {"UserName":"水漂奇霭", "PassWord": "123456", "Focus": "{'孙瑞涵','Easy123'}",
"Online": 0}
    u2 = {"UserName": "孙瑞涵", "PassWord": "123456", "Focus": "{'水漂奇霭','Easy123'}",
"Online": 0}
    u3 = {"UserName": "Easy123", "PassWord": "123456", "Focus": "{'水漂奇霭','孙瑞
涵'}", "Online": 0}
    self.usertb.insert_many([u1, u2, u3])                               # 插入多个文档
    self.closeMongo()                                                   # 关闭 MongoDB 连接
```

这段代码通过向 insert_many 方法传递一个文档数组类型的参数，达到一次性往数据库中插入多个文档的目的。运行后用 Navicat Premium 打开数据库中的集合 user，可看到录入其中的用户信息，如图 14.10 所示。

图 14.10　录入 MongoDB 的用户信息

若要对录入的文档进行操作，可参考上面列出的操作方法和操作类型代码编写语句，例如：

```
# 查询某用户的在线状态
online = self.usertb.find_one({"UserName": "水漂奇霭"})['Online']
# 将某用户设为在线(Online=1)
self.usertb.update_one({"UserName": "水漂奇霭"}, {"$set": {"Online": 1}})
```

14.3　SQLite 应用

微信用户都知道可以随时查看与任何好友过往的聊天历史记录，但微信用户量很大，聊天记录更是海量的，这些数据不可能（也没必要）都保留在服务器端，所以实际上保存在用户本地，用 SQLite 无疑是最佳选择。

SQLite 是一款轻型的嵌入式数据库，由 D. Richard Hipp 开发，它被包含在一个相对小的 C 库中，可嵌入很多现有的操作系统和程序语言软件产品中。SQLite 占用资源非常少，在一些嵌入式设备中，可能只需要几百 KB 的内存就够了，广泛支持 Windows、Linux、UNIX 等主流操作系统，同时能够跟很多种高级程序语言相结合，比如 Python、C#、PHP、Java 等。SQLite 第一个 Alpha 版本诞生于 2000 年 5 月，目前已升级至 SQLite 3。

Python 语言集成了 SQLite 3 模块，这使得 PyQt6 能很方便地操作内部 SQLite 来支持用户完成一些简单的快速数据存储任务。

PyQt6 使用 SQLite 编程无须安装任何驱动，在客户端程序开头直接导入库即可：

```
import sqlite3
```

14.3.1 访问 SQLite

为方便编程，先将打开和关闭 SQLite 连接分别封装为两个函数（位于主程序 MyWeChat 类内部）。

1. 打开连接函数 openSQLite

打开连接函数 openSQLite 定义为：

```
def openSQLite(self):
    self.sqlite = sqlite3.connect('data/chatlog_' + self.currentUser + '.db')
                                                                # (1)
    self.cur = self.sqlite.cursor()                             # (2)
    self.cur.execute("CREATE TABLE IF NOT EXISTS data(Type varchar(10), UserName varchar(20), PeerName varchar(20), Body varchar(100), DateTime varchar(20))")
                                                                # (3)
```

说明：

（1）connect 函数的参数指定 SQLite 数据存放的本地路径及文件名（以.db 为后缀），简版微信以"chatlog_用户名"作为客户端 SQLite（聊天日志）文件名，其中"用户名"为当前上线客户端所对应的用户名，在程序运行前预置给主程序公共变量 self.currentUser。

（2）连接创建后返回一个连接对象和一个游标，将它们分别赋值给公共变量 self.sqlite 和 self.cur，供其他地方的程序使用。

（3）在游标上执行"CREATE TABLE IF NOT EXISTS"语句，在 SQLite 中创建表 data 用于保存聊天历史记录，data 表结构与简版微信所定义的消息格式完全一致，这样程序从 UDP 收到消息就可以直接转存入 SQLite，实时地记录聊天日志。

2. 关闭连接函数 closeSQLite

为节约资源，连接使用过后要及时关闭，定义关闭函数 closeSQLite：

```
def closeSQLite(self):
    self.cur.close()                    # 关闭游标
    self.sqlite.close()                 # 关闭连接
```

14.3.2 创建聊天日志

初次运行客户端程序时尚未建立聊天日志，要在初始化（initUi 函数）代码中写如下语句：

```
self.openSQLite()                       # 打开 SQLite 连接
self.sqlite.commit()                    # 提交更新
self.closeSQLite()                      # 关闭 SQLite 连接
```

一旦提交更新，程序就会执行 openSQLite 函数中定义在游标上的"CREATE TABLE IF NOT EXISTS"语句，如果是初次登录就会创建聊天日志文件（chatlog_用户名.db）及 data 表，以后再登录不会重复创建，每个客户端用户对应一个聊天日志文件。

14.3.3 记录日志

客户端程序在运行过程中，实时地将收到的消息写入聊天日志文件，代码如下：

```
    if datagram['UserName'] == self.currentUser or datagram['PeerName'] ==
self.currentUser:
        self.openSQLite()                                   # 打开 SQLite 连接
        self.cur.execute("INSERT INTO data VALUES('%s', '%s', '%s', '%s', '%s')" %
(datagram['Type'], datagram['UserName'], datagram['PeerName'], datagram['Body'],
datagram['DateTime']))                                      # 写入日志
        self.sqlite.commit()                                # 提交更新
        self.closeSQLite()                                  # 关闭 SQLite 连接
```

14.3.4 加载日志

当用户切换到与某个微信好友的聊天界面时，程序从日志文件 data 表中检索出该用户与此好友有关的聊天历史记录，加载到聊天内容显示区（GraphicsView 实现）中。

定义一个 loadChatLog 函数实现此功能，代码为：

```
def loadChatLog(self):
    self.stackedWidget.setCurrentIndex(1)
    self.peerUser = self.tbwFriendList.currentItem().text()
                                                            # (1)
    self.lbPeerUser.setText(self.peerUser)
    self.openSQLite()                                       # 打开 SQLite 连接
    self.cur.execute("SELECT * FROM data WHERE (UserName = '" + self.peerUser
+ "' AND PeerName = '" + self.currentUser + "') OR (UserName = '" + self.currentUser
+ "' AND PeerName = '" + self.peerUser + "')")
    rows = self.cur.fetchall()          # 查询所有与当前好友有关的聊天历史记录
    self.clearScene()                                       # (2)
    self.y0 = -(self.gvWeChatView.height() / 2) + 40
    for data in rows:
        if data[1] == self.currentUser:
            self.showSelfData(data)                         # (3) 显示己方信息
        else:
            self.showPeerData(data)                         # (3) 显示对方信息
    self.closeSQLite()                                      # 关闭 SQLite 连接
```

说明：

（1）当前聊天好友的用户名保存于主程序公共变量 self.peerUser 中，该变量在客户端 initUi 函数的开头定义：

```
def initUi(self):
    self.peerUser = ''
    ...
```

客户端程序启动时变量值为空，当用户选择了界面左侧列表中的某个好友后则被赋予对应好友的用户名。

（2）日志被加载到聊天内容区，显示前需要刷新内容区图形视图，用 clearScene 函数清除视图场景中旧的聊天内容，如下：

```
def clearScene(self):
    for graphItem in self.scene.items():                    # 遍历场景中所有图元
        self.scene.removeItem(graphItem)                    # 清除
```

（3）在把与此用户名相关的聊天历史记录读取出来后，还涉及显示的问题，本例模仿真实的微信风格，给聊天双方发送的内容带上用户头像、加不同底色且显示在不同位置，为此专门设计了两个函数 showSelfData 和 showPeerData，分别用于显示己方和对方发的信息，这两个函数的具体实现后文再介绍，此处读者只需要了解程序是如何从 SQLite 中得到数据的即可。

14.4　用到的其他控件和技术

除了前面介绍的基础技术，本例还用到了 PyQt6 的其他一些控件和技术，简要罗列如下：
（1）自定义扩展的图形视图控件 WeChatGraphicsView，添加鼠标双击 mousedoubleclicked 信号并重写 mouseDoubleClickEvent 事件处理函数，实现能响应用户操作的聊天内容区。
（2）堆栈窗体 StackedWidget 实现聊天界面切换。
（3）表格控件 TableWidget 显示带头像的微信好友列表。
（4）重写处理 CloseEvent 事件的 closeEvent 方法，向服务器发送下线通知消息。
（5）在视图场景中用 GraphicsPixmapItem、GraphicsTextItem 等不同类型图元结合图元尺寸（w、h）和位置坐标（x、y），以微信特有的方式呈现丰富多彩的聊天内容。
（6）threading 线程、PyAudio、wave 语音模块。
（7）Windows 系统机制自动打开文件存放目录或预览图片。
（8）将文件名作为资源 ID 键的值存储于图元 data 属性中。
（9）实时语音通话技术。程序直接从语音输入流中读取字节、将收到的字节写入语音输出流。

【实例开发】

14.5　创建项目

简版微信包括了客户端和服务器两个组成部分，所以对应地也要创建两个项目。创建项目使用 PyCharm 集成开发环境。

14.5.1　客户端项目

1．项目结构

创建客户端项目，项目名为 MyWeChat。在项目中创建以下内容。
（1）data 目录。存放客户端数据，包含两个子目录：files 子目录用于保存聊天过程中传输的文件（包括普通文件、图片、音频等），其下的 voice 次级子目录临时存放该用户发送给对方的语音块（voice.wav）；photo 子目录用于保存该用户与其所有微信好友的头像图片。
（2）image 目录。存放界面要用的图片资源。
（3）ui 目录。存放设计的界面 UI 文件及对应的界面 PY 文件。
（4）主程序文件 WeChat.py。

打开 Qt Designer 设计器，以 Dialog without Buttons（简易对话框）模板创建一个窗体，保存成界面 UI 文件 WeChat.ui，再用 PyUic 转成界面 PY 文件并更名为 WeChat_ui.py。

最终形成的客户端项目结构如图 14.11 所示。

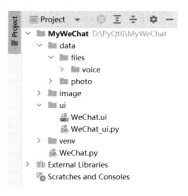

图 14.11　客户端项目结构

2．主程序框架

主程序包括系统启动入口、全局变量及类定义、初始化和所有功能函数的代码，集中于文件 WeChat.py 中，程序框架如下：

```python
#（1）类库导入区
from ui.WeChat_ui import Ui_Dialog
from PyQt6.QtWidgets import QApplication, ...
from PyQt6.QtGui import ...
from PyQt6.QtCore import ...
from PyQt6.QtNetwork import QUdpSocket, QHostAddress, QTcpServer, QTcpSocket
                                            # PyQt6 网络模块相关的类
from datetime import datetime
from os.path import basename
from os import system
import sys
import json
import sqlite3
import time
import wave
import pyaudio
import threading
#（2）全局变量及类定义区
class WeChatGraphicsView(QGraphicsView):
    ...
respath = ''
class AudioThread(QThread):
    ...
# 主程序类
class MyWeChat(Ui_Dialog):
    def __init__(self):
        super(MyWeChat, self).__init__()
```

客户端主程序

```python
        self.setupUi(self)
        self.initUi()
    # (3) 初始化函数
    def initUi(self):
        self.currentUser = '水漂奇鼋'
        ...
        # 初始化 UDP 套接字
        self.udpsocket = QUdpSocket()
        ...
        # 创建 TCP 服务器和套接字
        self.tcpserver = QTcpServer()
        ...
        self.tcpsocket = QTcpSocket()
        ...
        # 访问 SQLite、创建聊天日志
        self.openSQLite()
        self.sqlite.commit()
        self.closeSQLite()
        ...
    # (4) 功能函数区
    def openSQLite(self):                              # 打开 SQLite 连接
        ...
    def closeSQLite(self):                             # 关闭 SQLite 连接
        ...
    def getnowtime(self):                              # 获取消息发送时间
        return datetime.strftime(datetime.now(), '%Y年%m月%d日 %H:%M')
    ...
    def sendData(self):                                # UDP 发送数据
        ...
    def recvData(self):                                # UDP 接收数据
        ...
    def loadChatLog(self):                             # 加载聊天日志
        ...
    def showSelfData(self, d):                         # 显示己方信息
        ...
    def showPeerData(self, d):                         # 显示对方信息
        ...
    ...
    def sendFile(self):                                # UDP 消息通知服务器要上传文件
        ...
    def preTrans(self):                                # TCP 准备、启动传输
        ...
    def handleTrans(self):                             # TCP 发送字节
        ...
    def recvFile(self, fname):                         # UDP 消息向服务器请求下载文件
        ...
    def recvBytes(self):                               # TCP 接收字节
        ...
```

```
    ...
# 启动入口
if __name__ == '__main__':
    app = QApplication(sys.argv)
    dlg = MyWeChat()
    dlg.show()
    sys.exit(app.exec())
```

说明:

(1) 类库导入区: 位于程序开头,本例除了使用 PyQt6 核心的 3 个类库 (QtWidgets、QtGui 和 QtCore),还要导入一系列与网络模块相关的类: QUdpSocket (UDP 套接字)、QHostAddress (主机 IP)、QTcpServer (TCP 服务器)、QTcpSocket (TCP 套接字)。

(2) 全局变量及类定义区: 集中声明全局变量、定义主程序要创建的某些对象类,这些对象类并不是 PyQt6 系统内置的组件类,而是由用户根据需要自定义的,往往继承自 PyQt6 的某个基类。本例为实现在聊天区显示丰富多彩 (包括文字底色、用户头像、图片、语音、文件等) 的内容,采用了 PyQt6 的图元 (GraphicsView) 系统并对其进行扩展,基于它自定义了一个 WeChatGraphicsView 类以支持与用户的互动; 为了在聊天中播放对方发来的语音,定义了一个 AudioThread 音频播放线程类。

(3) 初始化函数 initUi (读者也可自定义其他名称) 内编写的是程序启动要首先执行的代码,主要是设置窗体外观、创建聊天内容显示区、创建 UDP/TCP 网络通信相关的组件 (如 TCP 服务器、UDP/TCP 套接字)、创建 SQLite 聊天日志 (chatlog_用户名.db) 等。

(4) 功能函数区: 几乎所有的功能函数都定义在这里,位置不分先后,但还是建议把与某功能相关的一组函数写在一起以便维护。从上面程序框架代码中可见前面技术基础部分所介绍的一些主要函数 (如打开/关闭 SQLite 连接的 openSQLite/closeSQLite 函数、接收 UDP 数据的 recvData 函数、发送/接收 TCP 字节的 handleTrans/recvBytes 函数等),后面各节在介绍系统某方面功能开发时所给出的函数代码,如不特别说明,都写在这个区域。

14.5.2 服务器项目

1. 项目结构

创建服务器项目,项目名为 MyWeServer。在项目中创建以下内容。

(1) res 目录。存放服务器资源,其中的 files 子目录用于暂存平台运行时客户端上传要求服务器代为转发的文件(包括普通文件、图片、音频等),wechat.jpg 是服务器程序窗口图标。

(2) ui 目录。存放设计的界面 UI 文件及对应的界面 PY 文件。

(3) 主程序文件 WeServer.py。

打开 Qt Designer 设计器,以 Dialog without Buttons (简易对话框) 模板创建一个窗体,保存成界面 UI 文件 WeServer.ui,再用 PyUic 转成界面 PY 文件并更名为 WeServer_ui.py。

最终形成的服务器项目结构如图 14.12 所示。

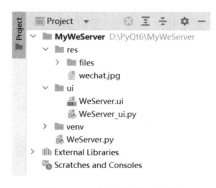

图 14.12 服务器项目结构

2. 主程序框架

主程序包括系统启动入口、初始化和所有功能函数的代码，集中于文件 WeServer.py 中，程序框架如下：

```python
# 类库导入区
from ui.WeServer_ui import Ui_Dialog
from PyQt6.QtWidgets import QApplication
from PyQt6.QtGui import QIcon
from PyQt6.QtCore import QFile, Qt
from PyQt6.QtNetwork import QUdpSocket, QTcpSocket, QHostAddress, QTcpServer
                                            # PyQt6 网络模块相关的类
from datetime import datetime
import sys
import json
import pymongo                              # 导入 MongoDB 驱动库
# 主程序类
class MyWeServer(Ui_Dialog):
    def __init__(self):
        super(MyWeServer, self).__init__()
        self.setupUi(self)
        self.initUi()
    # 初始化函数
    def initUi(self):
        self.setWindowIcon(QIcon('res/wechat.jpg'))
                                            # 设置程序窗口图标
        self.setWindowFlag(Qt.WindowType.MSWindowsFixedSizeDialogHint)
                                            # 设置窗口为固定大小
        self.teConsole.setReadOnly(True)    # 服务器窗口输出信息为只读
        # 初始化 UDP 套接字
        self.udpsocket = QUdpSocket()
        ...
        # 创建 TCP 服务器和套接字
        self.tcpserver = QTcpServer()
        ...
        self.tcpsocket = QTcpSocket()
        ...
    # 功能函数区
    def openMongo(self):                    # 打开 MongoDB 连接
        ...
    def closeMongo(self):                   # 关闭 MongoDB 连接
        ...
    def isOnline(self, username):           # 判断某客户端用户是否在线
        ...
    def getnowtime(self):                   # 获取消息发送时间
        return datetime.strftime(datetime.now(), '%Y年%m月%d日 %H:%M')
    def recvData(self):                     # UDP 接收数据
        ...
```

服务器主程序

```
    def recvBytes(self):                       # TCP 接收字节
        ...
    def sendFile(self, uname, fname):          # UDP 消息通知客户端接收文件
        ...
    def preTrans(self):                        # TCP 准备、启动传输
        ...
    def handleTrans(self):                     # TCP 发送字节
        ...

# 启动入口
if __name__ == '__main__':
    app = QApplication(sys.argv)
    dlg = MyWeServer()
    dlg.show()
    sys.exit(app.exec())
```

服务器程序框架各区域代码的结构和作用与客户端的完全一样,不再赘述。

14.6 界面开发

14.6.1 界面设计

用 Qt Designer 分别打开两个项目 ui 目录下的界面 UI 文件(包括客户端 WeChat.ui 和服务器 WeServer.ui),以可视化方式设计出简版微信的界面,如图 14.13 所示。

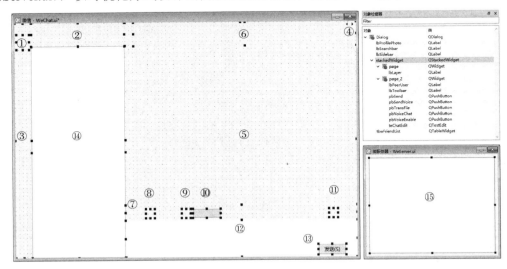

图 14.13 简版微信的界面

根据表 14.5 在属性编辑器中分别设置各控件的属性。

表 14.5 各控件的属性

编号	控件类别	对象名称	属性说明
	Dialog	默认	geometry: [(0, 0), 918x613] windowTitle: 微信
①	Label	lbProfilePhoto	geometry: [(5, 31), 34x39] frameShadow: Sunken text: 空 scaledContents: 勾选
②	Label	lbSearchbar	geometry: [(45, 0), 250x63] frameShadow: Sunken text: 空 scaledContents: 勾选
③	Label	lbSidebar	geometry: [(0, 0), 44x613] frameShadow: Sunken text: 空 scaledContents: 勾选
④	StackedWidget	stackedWidget	geometry: [(296, 0), 622x613]
⑤	Label	lbLayer	geometry: [(0, 0), 622x614] frameShadow: Sunken text: 空
⑥	Label	lbPeerUser	geometry: [(23, 0), 600x63] font: [Microsoft YaHei UI, 14] text: 空
⑦	Label	lbToolbar	geometry: [(-1, 477), 624x40] frameShadow: Sunken text: 空 scaledContents: 勾选
⑧	PushButton	pbTransFile	geometry: [(54, 487), 24x24] toolTip: 发送文件 text: 空 flat: 勾选
⑨	PushButton	pbVoiceEnable	geometry: [(150, 487), 24x24] text: 空 flat: 勾选
⑩	PushButton	pbSendVoice	geometry: [(180, 487), 75x24] text: 空
⑪	PushButton	pbVoiceChat	geometry: [(546, 487), 24x24] toolTip: 语音聊天 text: 空 flat: 勾选
⑫	TextEdit	teChatEdit	geometry: [(-1, 517), 624x96] font: [Microsoft YaHei UI, 10] frameShape: NoFrame

续表

编号	控件类别	对象名称	属性说明
⑬	PushButton	pbSend	geometry: [(517, 580), 75x28] font: [Microsoft YaHei UI, 10] text: 发送(S)
⑭	TableWidget	tbwFriendList	geometry: [(44, 62), 252x552] font: [Microsoft YaHei UI, 12] frameShape: Box alternatingRowColors: 勾选 selectionMode: SingleSelection selectionBehavior: SelectRows showGrid: 取消勾选 horizontalHeaderVisible: 取消勾选 verticalHeaderVisible: 取消勾选
	Dialog	默认	geometry: [(0, 0), 400x300] windowTitle: 微服务器
⑮	TextEdit	teConsole	geometry: [(10, 10), 381x281]

设计完成后保存 WeChat.ui 和 WeServer.ui，用 PyUic 将它们转成界面 PY 文件并分别更名为 WeChat_ui.py 和 WeServer_ui.py，打开，将其中界面类 Ui_Dialog 所继承的基类改为 QDialog，如下。

（1）WeChat_ui.py 修改为：

```
...
from PyQt6 import QtCore, QtGui, QtWidgets
from PyQt6.QtWidgets import QDialog       # 导入 QDialog 基类


class Ui_Dialog(QDialog):                 # 修改继承的类
    def setupUi(self, Dialog):
        ...
```

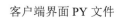

客户端界面 PY 文件

然后在客户端主程序开头使用导入语句：

```
from ui.WeChat_ui import Ui_Dialog
```

（2）WeServer_ui.py 修改为：

```
...
from PyQt6 import QtCore, QtGui, QtWidgets
from PyQt6.QtWidgets import QDialog       # 导入 QDialog 基类


class Ui_Dialog(QDialog):                 # 修改继承的类
    def setupUi(self, Dialog):
        ...
```

服务器界面 PY 文件

然后在服务器主程序开头使用导入语句：

```
from ui.WeServer_ui import Ui_Dialog
```

经以上修改，主程序在运行时就可以生成程序界面了。

14.6.2 初始化

1. 界面加载

生成界面上的很多控件元素都不可见，需要在 initUi 函数中编写代码来对控件外观进行设置，如下：

```
def initUi(self):
    ...
    self.setWindowIcon(QIcon('image/wechat.jpg'))          # 设置程序窗口图标
    self.setWindowFlag(Qt.WindowType.MSWindowsFixedSizeDialogHint)
                                                           # 设置窗口为固定大小
    palette = QPalette()
    palette.setColor(QPalette.ColorRole.Window, QColor(248, 248, 248))
    self.setPalette(palette)                               # 设置窗口背景色
    # 设置界面各区域标签的图片
    self.lbSidebar.setPixmap(QPixmap('image/侧边栏.jpg'))
    self.lbProfilePhoto.setPixmap(QPixmap('data/photo/' + self.currentUser + '.jpg'))
    self.lbSearchbar.setPixmap(QPixmap('image/搜索栏.jpg'))
    self.lbLayer.setPixmap(QPixmap('image/默认图层.jpg'))
    self.lbToolbar.setPixmap(QPixmap('image/工具栏.jpg'))
    ...
```

说明：这段代码主要用来设置界面的基本外观，模仿微信电脑版客户端，把界面分为几个区域，每个区域以标签（QLabel）控件的图片来填充，setPixmap 方法设置标签上显示的图片，用到的图片都预先存放在项目 image 目录下。

经以上设置后，简版微信的客户端界面就初具雏形了，显示效果如图 14.14 所示。

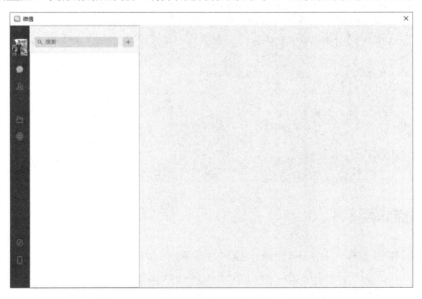

图 14.14 初具雏形的简版微信客户端界面

2. 创建聊天内容区

聊天内容区因为要显示加底色的文字、用户头像、图片等丰富多样的元素，还要能接收用户操作（下载文件、打开图片等），所以考虑对 PyQt6 图元系统的 GraphicsView 图形视图控件加以扩展来实现想要的效果。

首先，在客户端主程序"全局变量及类定义区"定义一个 WeChatGraphicsView 类，它继承自 QGraphicsView，如下：

```python
class WeChatGraphicsView(QGraphicsView):
    mousedoubleclicked = pyqtSignal(QPointF)

    def mouseDoubleClickEvent(self, event):
        if event.button() == Qt.MouseButton.LeftButton:
            point = event.position()
            self.mousedoubleclicked.emit(point)
        super().mouseDoubleClickEvent(event)
```

说明：在该类的内部定义了一个接收鼠标双击的 mousedoubleclicked 信号，并重写了原 GraphicsView 的 mouseDoubleClickEvent 事件处理函数，一旦发生鼠标左键的双击事件就将信号发给主程序，这样一来，聊天内容区就能响应用户双击操作了。

然后，在 initUi 函数中编写代码创建界面上的聊天内容区，如下：

```python
def initUi(self):
    ...
    self.gvWeChatView = WeChatGraphicsView(self.page_2)    # 位于第 2 个堆栈页
    self.gvWeChatView.setGeometry(QRect(-1, 62, 625, 417))
    self.gvWeChatView.setFrameShape(QFrame.Shape.Box)
    self.gvWeChatView.setObjectName("gvWeChatView")
    w = self.gvWeChatView.width() - 4
    h = self.gvWeChatView.height() - 4
    rect = QRectF(-(w / 2), -(h / 2), w, h)
    self.scene = QGraphicsScene(rect)                      # 创建场景
    self.scene.setBackgroundBrush(QBrush(QColor(248, 248, 248)))
    self.gvWeChatView.setScene(self.scene)                 # 将场景关联到视图
    self.gvWeChatView.mousedoubleclicked.connect(self.onMouseDoubleClick)
                                                           # 关联鼠标双击信号
    self.pbSend.setStyleSheet('background-color: whitesmoke; border: 1px solid black')
    self.pbSend.setFlat(True)                              # "发送"按钮
    ...
```

14.6.3 界面切换

就像真实的微信一样，用户刚登录上线时由于尚未选择与其聊天的好友，客户端界面上看不到聊天内容区、工具栏和"发送"按钮这些元素，只能看到雏形界面所显示的一个带浅色微信图标的默认图层（显示在标签 lbLayer 上），要看到聊天内容区必须通过界面切换。

简版微信运用了 PyQt6 的特色控件——堆栈窗体 StackedWidget 实现切换效果。

1．设计堆栈页

前面在设计客户端界面的时候，就在其上拖曳放置了一个堆栈窗体（stackedWidget），它默认有两个堆栈页（page 和 page_2），可视化设计阶段将工具栏、"发送"按钮等与聊天相关的操作控件全都布置在第 2 个堆栈页（page_2）上，而创建聊天内容区用语句"self.gvWeChatView = WeChatGraphicsView(self.page_2)"指明也创建在第 2 个堆栈页上。

2．切换堆栈页

堆栈窗体 StackedWidget 多与列表类的控件（如 ListWidget、TableWidget、ComboBox 等）配合使用。本例将它与显示微信好友列表的 TableWidget 控件（tbwFriendList）结合，客户端启动时默认显示第 1 个堆栈页，只有当用户选择好友列表中的某项后才会切换至第 2 个堆栈页。

将列表的 itemSelectionChanged（选项变更）信号关联到自定义的 loadChatLog 函数：

```
self.tbwFriendList.itemSelectionChanged.connect(self.loadChatLog)
```

再在 loadChatLog 函数中将堆栈窗体的当前页设置为第 2 页（索引值 1）即可：

```
def loadChatLog(self):
    self.stackedWidget.setCurrentIndex(1)
    ...
```

3．测试效果

编写语句往好友列表中添加一项，如下：

```
self.tbwFriendList.setColumnCount(1)
self.tbwFriendList.insertRow(0)
self.tbwFriendList.setItem(0, 0, QTableWidgetItem('好友1'))
```

运行客户端，列表中有了一个"好友 1"项，单击后就切换到与其聊天的界面，如图 14.15 所示。

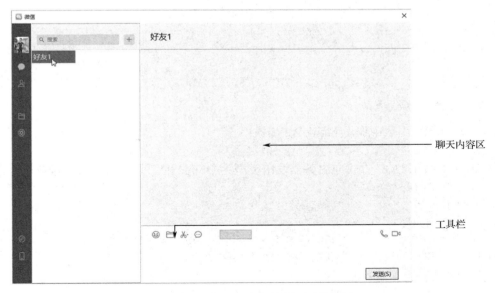

图 14.15　切换到与选定好友聊天的界面

14.7 微信基本功能开发

14.7.1 用户管理

1. 客户端显示好友列表

当一个用户通过客户端登录简版微信时,在界面左侧会显示带头像图标的好友列表(图 14.16),这个好友列表存储在服务器上的 MongoDB 数据库中,也就是集合 user 中该用户文档的"Focus"键的值,如图 14.16 所示。

图 14.16 好友列表

1)设置表格控件

用 PyQt6 的表格控件 TableWidget(tbwFriendList)显示好友列表,该控件支持带图标的列表项显示,为了让显示效果美观,需要进行一些设置,在客户端 initUi 函数中编写语句如下:

```
self.tbwFriendList.setColumnCount(1)                           # 设定为 1 列
self.tbwFriendList.setColumnWidth(0, self.tbwFriendList.width())
                                                               # 列宽占满整个控件
self.tbwFriendList.setIconSize(QSize(39, 39))                  # 设置列表项图标尺寸
```

2)客户端发出上线通知

在客户端 initUi 函数中调用 onlineWe 函数:

```
self.onlineWe()
```

onlineWe 函数以 UDP 方式向服务器发出类型为 Online 的消息,通知服务器自己上线了:

```
def onlineWe(self):
    datagram = {"Type": "Online", "UserName": self.currentUser, "PeerName": "", "Body": "", "DateTime": self.getnowtime()}
    self.udpsocket.writeDatagram(bytes(json.dumps(datagram), encoding="utf-8"), QHostAddress.SpecialAddress.Broadcast, self.uport)
```

3)服务器返回好友集合

服务器在收到类型为 Online 的消息后,根据其中的用户名 UserName 到 MongoDB 中检索出该用户文档的 Focus 键值内容,再以 UDP 方式返回客户端。

在服务器 recvData 函数中编写以下代码：

```python
def recvData(self):
    while self.udpsocket.hasPendingDatagrams() == True:
        ...
        if datagram['Type'] == 'Online' and datagram['UserName'] != '' and datagram['PeerName'] == '':
            peername = datagram['UserName']
            self.openMongo()                                         # 打开 MongoDB
            focus = self.usertb.find_one({"UserName": peername})['Focus']
                                                                     # 检索 Focus 键值内容
            datagram = {"Type": "Online", "UserName": "", "PeerName": peername, "Body": focus, "DateTime": self.getnowtime()}
            self.udpsocket.writeDatagram(bytes(json.dumps(datagram), encoding="utf-8"), QHostAddress.SpecialAddress.Broadcast, self.uport)
            ...
            self.closeMongo()                                        # 关闭 MongoDB
            ...
        elif ...
```

4）客户端解析显示好友列表

客户端在收到服务器返回的 UDP 报文后，将其消息体 Body 解析出来存放到集合 self.friendSet 中，然后调用 loadWeFriends 函数遍历集合生成好友列表项并显示出来。

在客户端 initUi 函数中定义集合：

```python
def initUi(self):
    ...
    self.friendSet = set()
    ...
```

在客户端 recvData 函数中编写以下代码：

```python
def recvData(self):
    while self.udpsocket.hasPendingDatagrams() == True:
        ...
        if datagram['Type'] == 'Online' and datagram['UserName'] == '' and datagram['PeerName'] == self.currentUser:
            self.friendSet = eval(datagram['Body'])                  # 解析消息体 Body
            self.loadWeFriends()                                     # 调用函数
        elif ...
```

loadWeFriends 函数代码如下：

```python
def loadWeFriends(self):
    i = 0
    for item in self.friendSet:                                      # 遍历集合
        friendItem = QTableWidgetItem(QIcon('data/photo/' + item + '.jpg'), item)
        self.tbwFriendList.insertRow(i)                              # 表格添加行
        self.tbwFriendList.setRowHeight(i, 60)                       # 设置行高度
        self.tbwFriendList.setItem(i, 0, friendItem)
        i += 1
```

说明：TableWidget 表格控件支持带图标的列表项显示，在创建列表项对象时额外传入一个图标类型的参数即可，语句形如：

列表项对象 = QTableWidgetItem(QIcon(图片文件), 列表项)

> 为了简单起见，本例将头像图片文件名就取为用户名，而实际的微信系统是有一套比较完善的命名规则的，而且头像图片要在用户注册填写个人资料信息时上传至服务器，被加好友时再从服务器传给其他的客户端，同样也要有一整套完备的管理机制，本例作为简版微信，将这些业务功能都省略掉了，直接将头像图片存放在客户端 data/photo 目录下。图片传输的技术将在后面聊天收发图片功能的实现中加以介绍。

2. 服务器记录用户上下线

每当一个用户的客户端启动时，在服务器窗口就会显示该用户上线信息记录，而当该用户的客户端程序关闭时，也会显示对应时间的下线记录，如图 14.17 所示。用户上下线的状态都记录于 MongoDB 数据库中，也就是集合 user 中该用户文档的"Online"键值（1 表示在线，0 表示下线）。

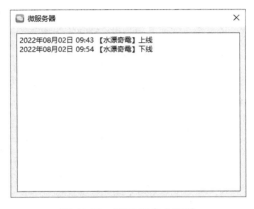

图 14.17　记录用户上下线

1）客户端发出上线通知

客户端程序启动时在 initUi 函数中调用 onlineWe 函数：

```
self.onlineWe()
```

onlineWe 函数以 UDP 方式向服务器发出类型为 Online 的消息，通知服务器自己上线了：

```
def onlineWe(self):
    datagram = {"Type": "Online", "UserName": self.currentUser, "PeerName": "", "Body": "", "DateTime": self.getnowtime()}
    self.udpsocket.writeDatagram(bytes(json.dumps(datagram), encoding="utf-8"), QHostAddress.SpecialAddress.Broadcast, self.uport)
```

2）服务器记录用户上线

服务器在收到类型为 Online 的消息后，根据其中的用户名 UserName 到 MongoDB 中将该用户的在线状态 Online 键值置为 1，并在窗口输出该用户的上线记录。

在服务器 recvData 函数中编写以下代码：

```
def recvData(self):
    while self.udpsocket.hasPendingDatagrams() == True:
        ...
```

```
            if datagram['Type'] == 'Online' and datagram['UserName'] != '' and
datagram['PeerName'] == '':
                peername = datagram['UserName']
                ...
                self.openMongo()                                      # 打开 MongoDB
                ...
                self.usertb.update_one({"UserName": peername}, {"$set": {"Online":
1}})                                                                   # 状态 Online 置为 1
                ...
                self.closeMongo()                                     # 关闭 MongoDB
                self.teConsole.append(self.getnowtime() + '【' + peername + '】上线')
                                                                       # 输出上线记录
            elif ...
```

3) 客户端发出下线通知

客户端程序关闭时会触发系统的 CloseEvent 事件，可以通过重写其事件处理的 closeEvent 方法，在其中用 UDP 向服务器发出类型为 Offline 的消息，通知服务器自己下线：

```
def closeEvent(self, event):
    datagram = {"Type": "Offline", "UserName": self.currentUser, "PeerName": "",
"Body": "", "DateTime": self.getnowtime()}
    self.udpsocket.writeDatagram(bytes(json.dumps(datagram),
encoding="utf-8"), QHostAddress.SpecialAddress.Broadcast, self.uport)
```

4) 服务器记录用户下线

服务器在收到类型为 Offline 的消息后，根据其中的用户名 UserName 到 MongoDB 中将该用户的在线状态 Online 键值置为 0，并在窗口输出该用户的下线记录。

在服务器 recvData 函数中编写以下代码：

```
def recvData(self):
    while self.udpsocket.hasPendingDatagrams() == True:
        ...
        elif datagram['Type'] == 'Offline' and datagram['UserName'] != '' and
datagram['PeerName'] == '':
            peername = datagram['UserName']
            self.openMongo()                                           # 打开 MongoDB
            self.usertb.update_one({"UserName": peername}, {"$set": {"Online":
0}})                                                                    # 状态 Online 置为 0
            self.closeMongo()                                          # 关闭 MongoDB
            self.teConsole.append(self.getnowtime() + '【' + peername + '】下线
')                                                                      # 输出下线记录
        elif ...
```

14.7.2　文字聊天

1. 信息收发

聊天过程中信息以类型为 Message 的 UDP 消息形式在客户端之间直接收发，只要双方都在线，服务器就不会干预。

1）发送信息

发送方客户端在聊天界面工具栏下的文本输入区输入文字，单击"发送"按钮将其发出去。在客户端 initUi 函数中将"发送"按钮的单击信号关联到 sendData 函数：

```
self.pbSend.clicked.connect(self.sendData)
```

编写 sendData 函数，代码如下：

```
def sendData(self):
    text = self.teChatEdit.toPlainText()
    datagram = {"Type": "Message", "UserName": self.currentUser, "PeerName": self.peerUser, "Body": text, "DateTime": self.getnowtime()}
    self.udpsocket.writeDatagram(bytes(json.dumps(datagram), encoding="utf-8"), QHostAddress.SpecialAddress.Broadcast, self.uport)
```

2）接收信息

客户端 recvData 函数收到类型为 Message 的消息，判断若是别人发给自己的，就调用 showPeerData 函数显示在聊天内容区；若是自己发的，则调用 showSelfData 函数来显示。

在 recvData 函数中编写以下代码：

```
def recvData(self):
    while self.udpsocket.hasPendingDatagrams() == True:
        ...
        elif datagram['Type'] == 'Message':
            if datagram['UserName'] == self.currentUser and datagram['PeerName'] == self.peerUser:                              # 自己发的消息
                self.showSelfData(list(datagram.values()))
            elif datagram['UserName'] == self.peerUser and datagram['PeerName'] == self.currentUser:                            # 别人发给自己的消息
                self.showPeerData(list(datagram.values()))
                # 写入聊天日志(SQLite)
                ...
        elif …
```

说明：设计的两个信息显示函数 showSelfData 和 showPeerData 均以列表（list）作为参数，但 datagram.values() 返回的是一个 dict_values 类型的对象，形如：

```
dict_values(['Message', 'Easy123', '水漂奇鼋', '好的，收到。Easy123', '2022 年 07 月 15 日 13:37'])
```

必须先用"list(datagram.values())"强制转换为列表类型后才能传给显示函数。

2. 信息显示

前文已经说过，信息收到后还有如何把它呈现在聊天内容区的问题，微信的显示风格比较独特，聊天双方所发的文字分别显示在内容区的不同侧，添加了不同的底色，还有各自的用户头像，如图 14.18 所示。对于这种较为复杂的呈现方式，考虑对信息的收发方分别设计独立的函数来实现各自的显示样式。

1）显示己方信息

用户自己发的文字加草绿色底纹、显示在内容区右侧、头像位于文字右边。

设计 showSelfData 函数实现己方信息的显示样式，代码如下：

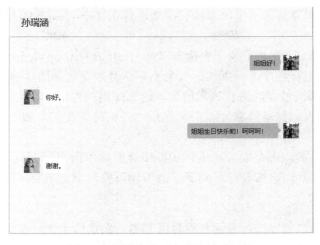

图 14.18　微信聊天文字的显示风格

```
def showSelfData(self, d):
    w = 100
    h = 30
    texture = QPixmap('image/TextureSelf.jpg')
    if d[0] == 'Message':
        w = len(d[3]) * 16                                  # 根据内容长度设置宽度
        h = 32
    x = (self.gvWeChatView.width() / 2) - w - 5 - 32 - 30
    y = self.y0
    texture = texture.scaled(w, h, Qt.AspectRatioMode.IgnoreAspectRatio)
    textureItem = QGraphicsPixmapItem(texture)              # 显示文字底纹
    textureItem.setPos(x, y)
    self.scene.addItem(textureItem)                         # 添加进场景中
    self.y0 = y + h + 40
    if d[0] == 'Message':
        textItem = QGraphicsTextItem()                      # 显示文字内容
        font = QFont()
        font.setPointSize(10)
        textItem.setFont(font)
        textItem.setPlainText(d[3])
        if d[0] == 'Message':
            textItem.setPos(x + 5, y + 5)
        self.scene.addItem(textItem)
    photo = QPixmap('data/photo/' + d[1] + '.jpg')
    photo = photo.scaled(32, 32, Qt.AspectRatioMode.KeepAspectRatio)
    photoItem = QGraphicsPixmapItem(photo)                  # 显示己方用户头像
    photoItem.setPos(x + w + 5, y)
    self.scene.addItem(photoItem)
```

说明：上面函数代码实际就是用 PyQt6 图元系统的 **QGraphicsPixmapItem** 显示文字底纹（图片）和用户头像，用 **QGraphicsTextItem** 显示文字内容，然后将各图元添加进场景，就可以在图形视图中看到想要的效果。

难点：如何正确设置图元的尺寸（w、h）和位置坐标（x、y）？

- 宽度 w 必须根据要显示文字内容的长度动态变化（w = len(d[3]) * 16），高度 h 固定不变（h = 32）。
- 由于是靠右显示，x 坐标取决于宽度 w（x = (self.gvWeChatView.width() / 2) - w - 5 - 32 - 30），编程时需要经常运行程序，根据实际效果不断调整才能达到满意的显示效果。
- y 坐标会随着聊天过程的进行等距增大，这里采用的方法是：先固定一个初始值 self.y0（即第一条聊天信息的纵向显示位置），以后每显示一条信息就在其上加一个固定值（self.y0 = y + h + 40）。

以上代码中的相关数值都是编者在编程实践中反复调整所得到的自己觉得满意的值，读者可以先用书上的代码运行，再按着自己的喜好适当地调整，不一定要跟书上代码完全一样。

2）显示对方信息

对方发的文字加亮白色底纹、显示在内容区左侧、头像位于文字左边。

设计 showPeerData 函数实现这种显示样式，代码如下：

```python
def showPeerData(self, d):
    w = 100
    h = 30
    texture = QPixmap('image/TexturePeer.jpg')
    if d[0] == 'Message':
        w = len(d[3]) * 16                                      # 根据内容长度设置宽度
        h = 32
    x = -(self.gvWeChatView.width() / 2) + 30
    y = self.y0
    photo = QPixmap('data/photo/' + d[1] + '.jpg')
    photo = photo.scaled(32, 32, Qt.AspectRatioMode.KeepAspectRatio)
    photoItem = QGraphicsPixmapItem(photo)                      # 显示对方用户头像
    photoItem.setPos(x, y)
    self.scene.addItem(photoItem)
    texture = texture.scaled(w, h, Qt.AspectRatioMode.IgnoreAspectRatio)
    textureItem = QGraphicsPixmapItem(texture)                  # 显示文字底纹
    textureItem.setPos(x + 32 + 5, y)
    self.scene.addItem(textureItem)
    self.y0 = y + h + 40
    if d[0] == 'Message':
        textItem = QGraphicsTextItem()                          # 显示文字内容
        font = QFont()
        font.setPointSize(10)
        textItem.setFont(font)
        textItem.setPlainText(d[3])
        if d[0] == 'Message':
            textItem.setPos((x + 32 + 5) + 5, y + 5)
        self.scene.addItem(textItem)
```

同样地，在编程时也要根据实际显示效果反复地调整程序中相关的变量数值，但由于对方发的信息是靠左显示的，x 坐标与宽度 w 不再相关（x = -(self.gvWeChatView.width() / 2) + 30），调整起来要容易一些。

14.7.3 信息暂存与转发

生活中使用微信肯定会有这样的体验：当长时间没看手机，重新打开微信时也会收到离线这段时间好友们发给自己的信息，这是通过微信平台实现的离线用户信息暂存与转发功能。简版微信将发给离线用户的信息暂存到服务器 MongoDB 中，待该用户上线时再转发给他。

在服务器 recvData 函数中编写以下代码：

```python
def recvData(self):
    while self.udpsocket.hasPendingDatagrams() == True:
        ...
        if datagram['Type'] == 'Online' and datagram['UserName'] != '' and datagram['PeerName'] == '':
            peername = datagram['UserName']
            self.openMongo()                                         # 打开 MongoDB
            ...
            # 将该用户离线时其他人发给他的信息转发给他
            chatinfo = self.chattb.find({"PeerName": peername})
            for info in chatinfo:
                datagram = {"Type": info['Type'], "UserName": info['UserName'], "PeerName": info['PeerName'], "Body": info['Body'], "DateTime": info['DateTime']}
                self.udpsocket.writeDatagram(bytes(json.dumps(datagram), encoding="utf-8"), QHostAddress.SpecialAddress.Broadcast, self.uport)
            self.chattb.delete_many({"PeerName": peername})
                                                                     # (1)
            self.closeMongo()                                        # 关闭 MongoDB
            self.teConsole.append(self.getnowtime() + ' 【' + peername + '】上线')
        ...
        elif datagram['Type'] == 'Message' or datagram['Type'] == 'File':
                                                                     # (2)
            # 如果对方用户不在线，将发给他的信息暂存到 MongoDB 的 chatinfotemp 集合中
            if self.isOnline(datagram['PeerName']) == False:
                self.openMongo()                                     # 打开 MongoDB
                self.chattb.insert_one(datagram)                     # (3)
                self.closeMongo()                                    # 关闭 MongoDB
```

在这里大家需要特别关注三点：

（1）暂存的信息在转发给用户后要及时地清除（self.chattb.delete_many({"PeerName": peername})），以免在服务器上累积信息。

（2）暂存的信息不限于文字，也可以是文件、图片或语音消息（or datagram['Type'] == 'File'），这种情况下服务器会将用户要发给对方的资源也一并接收保存起来（在 res/files 目录中），待对方重新上线后会收到消息通知，可向服务器请求下载。

（3）服务器收到 UDP 报文解析后得到的是 JSON 数据，可以直接作为参数写入 MongoDB（self.chattb.insert_one(datagram)）而无须任何转换，这也是当今互联网应用之间数据传输普遍采用 JSON 的原因。

另外，上面代码中服务器用于判断用户是否在线的 isOnline 函数代码为：

```python
def isOnline(self, username):
    self.openMongo()                                                    # 打开MongoDB
    online = self.usertb.find_one({"UserName": username})['Online']
    self.closeMongo()                                                   # 关闭MongoDB
    if online == 1:
        return True
    elif online == 0:
        return False
```

小知识：

在测试简版微信时，如果条件所限，只能在一台计算机上运行，想要同时启动多个客户端，可以采用这样的方式：

在 PyCharm 集成开发环境选择主菜单 "Run" → "Edit Configurations" 命令，在打开的配置窗口顶部勾选 "Allow parallel run" 复选框，单击 "OK" 按钮后就可以同时启动同一个 PyQt6 项目的多个不同程序（相当于多个用户客户端）并行运行，如图 14.19 所示。

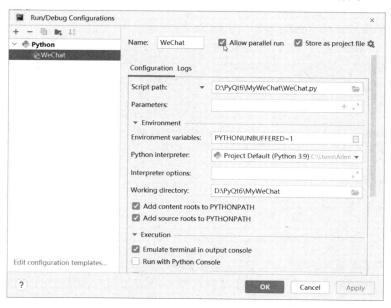

图 14.19 配置启动同一项目的多个不同程序并行运行

运行时，只要在 initUi 函数中通过代码注释来变换不同的当前用户名即可，如下：

```python
def initUi(self):
    # self.currentUser = '水漂奇鼋'
    self.currentUser = '孙瑞涵'
    # self.currentUser = 'Easy123'
```

14.8 微信增强功能开发

我们知道，微信除了普通文字聊天，在聊天中还可以传文件、发表情和图片、发语音甚至直接进行实时的语音通话和视频聊天，接下来就介绍一些增强功能的实现，有兴趣的读者可以跟着做一做。

14.8.1 功能演示

为了便于大家更好地理解程序，先来演示一下要实现的功能。

1. 传文件

用户在聊天时可单击工具栏"发送文件"按钮，选择本地计算机中的文件传给对方（图 14.20）；对方在聊天内容区会收到一个带文件图标和文件名的消息项，双击文件名可将该文件下载至本地计算机，程序自动打开文件的存放目录（图 14.21）。

图 14.20　选择文件传给对方

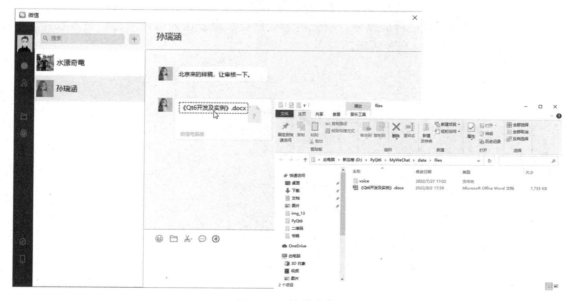

图 14.21　接收文件

2. 发图片

用户在聊天时单击工具栏"发送文件"按钮，选择本地计算机中的图片发给对方，对方在聊天内容区能直接看到图像，双击还可启动 Windows 的图片查看器来预览大图，效果如图 14.22 所示。

图 14.22　收到图片和预览大图

3. 发语音

微信聊天时发语音是人们常用的功能之一，它可以避免手动输入大段文字的麻烦，高效、便捷。用户单击工具栏上的 图标，图标变为 且旁边出现"按住 说话"按钮，用鼠标按住按钮的同时说话，说完释放鼠标，聊天内容区就会出现发送的语音消息，对方收到消息后双击就能听到语音，如图 14.23 所示。

图 14.23　聊天时收发语音

14.8.2 文件、图片、语音的传输

1. 实现思路

（1）无论文件、图片还是语音，看似收发的内容类型不一样，实则存在共同点。

① 图片本身就是一种文件，语音也是以音频格式保存的文件，故三者都可以统一作为文件来处理。

② 对方要能对收到的内容进行操作（双击）：下载文件、预览图片、收听语音。

鉴于以上两点，考虑将文件、图片和语音的传输用同一种机制编程实现。

（2）对方收到消息后未必立即下载、预览或收听，所以这个过程不同于文字聊天，用户发的内容必须先由服务器暂存，对方可在任何时候有选择地从服务器接收。

（3）聊天内容区必须能响应用户双击操作（已用定制 WeChatGraphicsView 类实现），且在发生双击事件时要能正确判断用户操作的是哪一个对象，故涉及对聊天内容区图元类型及对应文件资源的识别问题。

（4）为保证接收内容的完整可靠，传输通过 TCP 进行，上传时，客户端扮演的角色是"TCP服务器"，服务器的角色则是"TCP客户端"，下载内容时则相反。

根据上述思路，分以下四个阶段实现：

- 内容产生。选择要发的文件、图片，或录入语音。
- 内容上传。将所选文件或录制的语音上传给服务器暂存。
- 内容呈现。在聊天内容区根据收到的不同内容类型显示不同样式的信息，例如，图片就直接显示，而语音则显示为一个带喇叭的消息底图 ◢。
- 内容接收。对方向服务器请求下载文件、预览图片或收听语音。

下面分别介绍。

2. 内容产生

1）选择文件、图片

将客户端工具栏"发送文件"按钮的单击信号关联到 openFile 函数，在 initUi 函数中添加语句：

```
self.pbTransFile.clicked.connect(self.openFile)
```

openFile 函数弹出"打开"对话框让用户选择文件或图片，代码为：

```
def openFile(self):
    self.filename = QFileDialog.getOpenFileName(self, '打开', 'D:\\PyQt6\\', '所有文件 (*.*);;图片 (*.jpg *.jpeg *.png *.gif *.ico *.bmp)')[0]
    if self.filename != '':
        self.teChatEdit.setText('file:///' + self.filename)
```

选中的路径文件名自动显示在工具栏下的文本输入区，单击"发送"按钮。

"发送"按钮的单击信号关联到 sendData 函数，因它也同时用于文字聊天，所以需要对其所发的内容类型加以判断，修改 sendData 函数代码：

```
def sendData(self):
    text = self.teChatEdit.toPlainText()
    if text.startswith('file:///'):                    # 发送的是文件或图片
```

```
                self.sendFile()                                    # 统一作为文件以 TCP 方式上传
            else:                                                  # 发的是聊天文字
                datagram = {"Type": "Message", "UserName": self.currentUser, "PeerName":
self.peerUser, "Body": text, "DateTime": self.getnowtime()}
                self.udpsocket.writeDatagram(bytes(json.dumps(datagram),
encoding="utf-8"), QHostAddress.SpecialAddress.Broadcast, self.uport)
```

> **注意**：如果发的内容是文件或图片（信息以"file:///"打头），程序就会调用 sendFile 函数来启动文件上传机制，进入 TCP 上传流程。

2）语音录入

（1）首先，对工具栏录音相关的按钮控件设置外观、控制逻辑及关联的功能函数，在客户端 initUi 函数中添加如下代码：

```
self.pbVoiceEnable.setIcon(QIcon('image/voiceoff.jpg'))
self.pbVoiceEnable.clicked.connect(self.enableVoice)
self.pbSendVoice.setIcon(QIcon('image/pressedspeak.jpg'))
self.pbSendVoice.setIconSize(QSize(48, 48))
self.pbSendVoice.setStyleSheet('background-color: white')
self.pbSendVoice.setVisible(False)                                 # 录音按钮初始不可见
self.pbSendVoice.pressed.connect(self.startSpeak)                  # 按下信号(开始录音)
self.pbSendVoice.released.connect(self.stopSpeak)                  # 释放信号(停止录音)
self.recording = False                                             # 录音状态标识
```

按钮控制开关录音模式，它的单击信号关联 enableVoice 函数，代码为：

```
def enableVoice(self):
    if self.pbSendVoice.isVisible() == False:
        self.pbSendVoice.setVisible(True)                          # 录音按钮可见
        self.pbVoiceEnable.setIcon(QIcon('image/voiceon.jpg'))
    else:
        self.pbSendVoice.setVisible(False)
        self.pbVoiceEnable.setIcon(QIcon('image/voiceoff.jpg'))
```

（2）开始录音。

录音按钮的按下信号关联 startSpeak 函数，由它启动录音线程开始录音，代码为：

```
def startSpeak(self):
    self.frames = []                                               # 存放录入的音频帧
    self.rpa = pyaudio.PyAudio()
    self.recordStream = self.rpa.open(format=self.rpa.get_format_from_width
(width=2),                                                         # 采样量化格式
                        channels=2,                                # 声道数
                        rate=44100,                                # 采样率
                        input=True,                                # 输入(录音)模式
                        frames_per_buffer=1024)
    self.recording = True                                          # 正在录入
    threading._start_new_thread(self.onSpeaking, ())
                                                                   # 启动录音线程
```

说明：这里用到了 Python 的 PyAudio（音频模块）和 threading（线程模块），要在客户端主程序的开头分别导入：

```python
import pyaudio
import threading
```

其中，音频模块是第三方库，需要安装才能使用，在 Windows 命令行执行 "pip install pyaudio" 联网安装。

录音线程关联的 onSpeaking 函数实现录音功能，代码为：

```python
def onSpeaking(self):
    while self.recording:                               # 处于录音状态
        voiceData = self.recordStream.read(1024)        # 读入音频流
        self.frames.append(voiceData)                   # 保存音频帧
    self.recordStream.stop_stream()
    self.recordStream.close()
    self.rpa.terminate()
    # 保存
    wf = wave.open('data/files/voice/voice.wav', 'wb')
    wf.setnchannels(2)
    wf.setsampwidth(2)
    wf.setframerate(44100)
    wf.writeframes(b''.join(self.frames))
    wf.close()
    self.filename = 'data/files/voice/voice.wav'        # 文件名赋给公共变量
```

说明：录制完成的语音块以一个音频文件 voice.wav 存放在客户端项目的 data/files/voice 目录下，保存音频文件用了 Python 的 wave 语音模块，也要在客户端主程序的开头导入：

```python
import wave
```

（3）停止录音。

录音按钮的释放信号关联 stopSpeak 函数，由它关闭录音线程，停止录音，代码为：

```python
def stopSpeak(self):
    self.recording = False
    time.sleep(1)
    self.sendFile()
```

说明：该函数通过置状态变量 self.recording 为 False 来关闭录音线程，在录音线程关闭后要等待一小段时间间隔（time.sleep(1)）以确保录入的音频文件已保存好了，然后调用 sendFile 函数启动文件上传机制，这样就并入了与前面文件和图片完全一致的 TCP 上传流程。

下面介绍 TCP 上传流程的实现。

3. 内容上传

内容上传即通过 TCP 上传，需要发送方客户端与服务器的密切交互配合，在此过程中，客户端扮演的角色是 TCP 服务器，而服务器充当了 TCP 客户端，这一点请读者务必搞清楚，以免发生混淆。TCP 上传流程所依赖的技术基础就是本章开头所介绍的"基于 TCP 的字节传输"。

1）客户端开启监听、通知服务器

进入 TCP 上传流程后，首先由发送方客户端程序打开 TCP 服务器监听，并用 UDP 预先向服务器发出一个通知（Notif 类型）消息，告诉服务器自己要上传文件。

在 sendFile 函数中完成这些工作，代码如下：

```python
def sendFile(self):
    if self.tcpserver.listen(QHostAddress.SpecialAddress.Any, self.tport):
```

```
            self.localfile = QFile(self.filename)          # 要上传的文件名
            self.bytestobesend = self.localfile.size()     # 要上传的字节总数(文件大小)
            # 向服务器发出通知消息,"告知"其要上传文件
            datagram = {"Type": "Notif", "UserName": self.currentUser, "PeerName":
"", "Body": basename(self.filename) + ',' + str(self.bytestobesend), "DateTime":
self.getnowtime()}
            self.udpsocket.writeDatagram(bytes(json.dumps(datagram),
encoding="utf-8"), QHostAddress.SpecialAddress.Broadcast, self.uport)
        else:
            self.tcpserver.close()
```

说明：要上传的文件名在公共变量 self.filename 中，之前打开文件/图片和录音完成时已经被赋值了，通过 basename(self.filename)得到不含本地路径的纯文件名，与要上传的字节总数一起封装在 UDP 报文的 Body 消息体中发送给服务器。

2）服务器收到通知，向客户端 TCP 服务器发起连接请求

在服务器的 recvData 函数中编写如下代码：

```
def recvData(self):
    while self.udpsocket.hasPendingDatagrams() == True:
        data, host, port = self.udpsocket.readDatagram(self.udpsocket.pending
DatagramSize())
        ...
        elif datagram['Type'] == 'Notif' and datagram['PeerName'] == '':
            self.localfile = QFile('D:/PyQt6/MyWeServer/res/files/' + str
(datagram['Body']).split(',')[0])
            self.localfile.open(QFile.OpenModeFlag.WriteOnly)
            self.bytestotal = int(str(datagram['Body']).split(',')[1])
            self.tcpsocket.connectToHost(QHostAddress(host.toString()[7:]),
self.tport)                                              # 发起连接请求
        elif …
```

说明：服务器从消息体中解析出客户端要上传的文件名，然后在自己本地 res/files 目录中创建一个与之同名的文件，以写入模式（QFile.OpenModeFlag.WriteOnly）打开；同时，由消息体中得到要上传的字节总数。

3）客户端接收服务器的连接请求、做好准备并启动传输

这些操作在 preTrans 函数中进行，代码如下：

```
def preTrans(self):
    # 有连接进来了
    self.socket = self.tcpserver.nextPendingConnection()
    self.socket.bytesWritten.connect(self.handleTrans)
    self.localfile.open(QFile.OpenModeFlag.ReadOnly)
    # 启动传输
    self.block = self.localfile.read(self.payloadsize)
    self.bytestobesend -= self.socket.write(self.block)
```

传输过程在套接口 bytesWritten 信号关联的 handleTrans 函数中持续进行，代码如下：

```
def handleTrans(self):
    # 进入传输过程
    if self.bytestobesend > 0:
```

```python
        if self.bytestobesend > self.payloadsize:
            self.block = self.localfile.read(self.payloadsize)
        else:
            self.block = self.localfile.read(self.bytestobesend)
        self.bytestobesend -= self.socket.write(self.block)
    else:
        self.localfile.close()
        self.socket.abort()
        self.tcpserver.close()
        # 文件已上传到服务器
        time.sleep(1)        # 当前线程暂停(休眠)1秒,等待服务器上的文件句柄关闭
        datagram = {"Type": "File", "UserName": self.currentUser, "PeerName":
self.peerUser, "Body": basename(self.filename), "DateTime": self.getnowtime()}
                    # 发出 File 类型的消息给对方
        self.udpsocket.writeDatagram(bytes(json.dumps(datagram),
encoding="utf-8"), QHostAddress.SpecialAddress.Broadcast, self.uport)
```

说明：在文件上传到服务器后，客户端会发出一个 File 类型的 UDP 消息，其消息体 Body 数据（basename(self.filename)）包含的文件名是带后缀的，因而对方的客户端程序在收到这个消息后，能根据后缀得知所发内容的类型（普通文件、图片或语音），在聊天内容区呈现相应类型的内容。

4）服务器接收字节

服务器在其套接字 readyRead 信号关联的 recvBytes 函数中接收字节，代码如下：

```python
def recvBytes(self):
    if self.bytesrecved < self.bytestotal:
        self.bytesrecved += self.tcpsocket.bytesAvailable()
        self.block = self.tcpsocket.readAll()
        self.localfile.write(self.block)
    if self.bytesrecved == self.bytestotal:
        self.localfile.close()
        self.tcpsocket.abort()
        self.bytesrecved = 0        # 必须复位(考虑到用户还可能要上传其他文件)
```

4. 内容呈现

内容呈现功能只需要对原来所设计的两个聊天信息显示函数（showSelfData 和 showPeerData）略加修改，增加显示几种内容类型信息的逻辑即可，代码如下：

```python
def showSelfData(self, d):
    ...
    elif d[0] == 'File' and self.getFileType(d[3]) == 'File':
        w = 224
        h = 96
        texture = QPixmap('image/TextureFile.jpg')    # 文件显示带文件名的消息项
    elif d[0] == 'File' and self.getFileType(d[3]) == 'Pixmap':
        texture = QPixmap(self.filename)
        w = int(texture.width() * 0.1)
        h = int(texture.height() * 0.1)               # 图片缩小后原样显示
    elif d[0] == 'File' and self.getFileType(d[3]) == 'Audio':
```

```python
            texture = QPixmap('image/TextureVoiceSelf.jpg')
                                                            # 己方语音为绿色喇叭底图
            w = 86
            h = 32
        x = (self.gvWeChatView.width() / 2) - w - 5 - 32 - 30
        y = self.y0
        texture = texture.scaled(w, h, Qt.AspectRatioMode.IgnoreAspectRatio)
        textureItem = QGraphicsPixmapItem(texture)
        textureItem.setPos(x, y)
        self.scene.addItem(textureItem)
        self.y0 = y + h + 40
        if d[0] == 'Message' or (d[0] == 'File' and self.getFileType(d[3]) == 'File'):
            textItem = QGraphicsTextItem()              # 显示消息文字
            ...
            elif d[0] == 'File':
                textItem.setPos(x + 10, y + 10)         # 文件名位置稍有不同
            self.scene.addItem(textItem)
        photo = QPixmap('data/photo/' + d[1] + '.jpg')
        ...
def showPeerData(self, d):
    ...
    elif d[0] == 'File' and self.getFileType(d[3]) == 'File':
        w = 224
        h = 96
        texture = QPixmap('image/TextureFile.jpg')   # 文件显示带文件名的消息项
    elif d[0] == 'File' and self.getFileType(d[3]) == 'Pixmap':
        texture = QPixmap('data/files/' + d[3])
        w = int(texture.width() * 0.1)
        h = int(texture.height() * 0.1)              # 图片缩小后原样显示
    elif d[0] == 'File' and self.getFileType(d[3]) == 'Audio':
        texture = QPixmap('image/TextureVoicePeer.jpg')
                                                     # 对方语音为亮白喇叭底图
        w = 86
        h = 32
    x = -(self.gvWeChatView.width() / 2) + 30
    y = self.y0
    photo = QPixmap('data/photo/' + d[1] + '.jpg')
    ...
    texture = texture.scaled(w, h, Qt.AspectRatioMode.IgnoreAspectRatio)
    textureItem = QGraphicsPixmapItem(texture)
    textureItem.setPos(x + 32 + 5, y)
    self.scene.addItem(textureItem)
    self.y0 = y + h + 40
    if d[0] == 'Message' or (d[0] == 'File' and self.getFileType(d[3]) == 'File'):
        textItem = QGraphicsTextItem()
            ...
        if d[0] == 'Message':
            textItem.setPos((x + 32 + 5) + 5, y + 5)
```

```
        elif d[0] == 'File':
            textItem.setPos((x + 32 + 5) + 10, y + 10)
            textItem.setFlag(QGraphicsItem.GraphicsItemFlag.ItemIsSelectable)
                                                          # 文件名图元可选
        self.scene.addItem(textItem)
```

说明：对于文件类型的内容消息，将其图元的属性设为可选（QGraphicsItem.GraphicsItemFlag.ItemIsSelectable）是为了让对方能够通过双击文件名下载文件。

上面代码中多处用 getFileType 函数来判断 File 消息内容的类型，这个函数就是根据文件名后缀得到具体的内容类型的，代码为：

```
def getFileType(self, file):
    if file.endswith(('.jpg', '.jpeg', '.png', '.gif', '.ico', '.bmp')):
        return 'Pixmap'                          # 图片
    elif file.endswith(('.mp3', '.wav')):
        return 'Audio'                           # 语音
    else:
        return 'File'                            # 文件
```

5. 内容接收

由于在呈现阶段图片就要在聊天内容区中原样显示，语音也最好马上下载到本地以便即时收听，普通文件则可以留待用户在以后需要时再下载。基于这些考量，对方一收到 File 类型的消息就要先对其内容类型做出预判，如果发现是图片或语音，程序就自动将对应资源文件下载到本地，无须用户操作。

在客户端 recvData 函数中编写代码如下：

```
def recvData(self):
    while self.udpsocket.hasPendingDatagrams() == True:
        ...
        elif datagram['Type'] == 'Message' or datagram['Type'] == 'File':
            if datagram['UserName'] == self.currentUser and datagram['PeerName'] == self.peerUser:
                self.showSelfData(list(datagram.values()))
            elif datagram['UserName'] == self.peerUser and datagram['PeerName'] == self.currentUser:
                if self.getFileType(datagram['Body']) == 'Pixmap' or self.getFileType(datagram['Body']) == 'Audio':
                    self.datagramcache = list(datagram.values())   # (1)
                    self.recvFile(datagram['Body'])                # (2)
                                            # 自动接收(从服务器下载)图片、语音
                else:
                    self.showPeerData(list(datagram.values()))
        ...
        elif ...
```

说明：

（1）对于图片和语音类型消息的数据报，将其内容转成列表后用公共变量 self.datagramcache 先保存起来，这样后面既可以作为参数传给 showPeerData 函数以便接收（查看）内容时提取图片和语音资源的文件名,也可用于控制文件下载完成后是否有必要打开存放目录。公共变量 self.datagramcache 在客户端初始化的 initUi 函数中定义,初值为空:

```python
def initUi(self):
    ...
    self.udpsocket.readyRead.connect(self.recvData)
    self.datagramcache = None
    ...
```

(2) recvFile 函数启动文件下载机制,使接收方客户端与服务器程序一起进入 TCP 下载流程。

这个流程类似于前面 TCP 上传的流程,只不过此时服务器才真正成为了 "TCP 服务器",而客户端也是名副其实的 "TCP 客户端" 了,流程介绍如下。

1)客户端发请求通知,服务器开启监听、通知客户端准备好

首先,接收方客户端在 recvFile 函数中用 UDP 方式向服务器发一个请求通知(ReqFile 类型)消息,告诉服务器要下载文件:

```python
def recvFile(self, fname):
    datagram = {"Type": "ReqFile", "UserName": self.currentUser, "PeerName": "",
"Body": fname, "DateTime": self.getnowtime()}
    self.udpsocket.writeDatagram(bytes(json.dumps(datagram),
encoding="utf-8"), QHostAddress.SpecialAddress.Broadcast, self.uport)
```

其中,Body 消息体中就是要下载的文件名。

服务器在收到请求通知后执行自己的 sendFile 函数,在其中开启 TCP 服务器监听,同时也向客户端返回一个通知消息(Notif 类型),让其准备好接收文件,相关的代码如下:

```python
def recvData(self):
    while self.udpsocket.hasPendingDatagrams() == True:
        ...
        elif datagram['Type'] == 'ReqFile':
            self.sendFile(datagram['UserName'], datagram['Body'])
        elif ...

def sendFile(self, uname, fname):
    if self.tcpserver.listen(QHostAddress.SpecialAddress.Any, self.tport):
        self.localfile = QFile('D:/PyQt6/MyWeServer/res/files/' + fname)
        self.bytestobesend = self.localfile.size()
        # 向客户端返回通知消息,让其准备好接收文件
        datagram = {"Type": "Notif", "UserName": "", "PeerName": uname, "Body":
fname + ',' + str(self.bytestobesend), "DateTime": self.getnowtime()}
        self.udpsocket.writeDatagram(bytes(json.dumps(datagram),
encoding="utf-8"), QHostAddress.SpecialAddress.Broadcast, self.uport)
    else:
        self.tcpserver.close()
```

2)客户端收到通知,向服务器发起连接请求

在客户端的 recvData 函数中编写如下代码:

```python
def recvData(self):
    while self.udpsocket.hasPendingDatagrams() == True:
```

```
    ...
        elif datagram['Type'] == 'Notif' and datagram['UserName'] == '' and
datagram['PeerName'] == self.currentUser:
            self.localfile   =   QFile('D:/PyQt6/MyWeChat/data/files/'   +
str(datagram['Body']).split(',')[0])
            self.localfile.open(QFile.OpenModeFlag.WriteOnly)
            self.bytestotal = int(str(datagram['Body']).split(',')[1])
            self.tcpsocket.connectToHost(QHostAddress(host.toString()[7:]),
self.tport)                                        # 发起连接请求
        elif ...
```

说明：客户端从消息体中解析出服务器上的文件名，然后在自己本地 data/files 目录中创建一个与之同名的文件，以写入模式（QFile.OpenModeFlag.WriteOnly）打开；同时，由消息体中得到要下载的字节总数。

3）服务器接收客户端的连接请求、做好准备并启动传输

这些操作在服务器的 preTrans 函数中进行，代码如下：

```
def preTrans(self):
    # 有连接进来了
    self.socket = self.tcpserver.nextPendingConnection()
    self.socket.bytesWritten.connect(self.handleTrans)
    self.localfile.close()
    self.localfile.open(QFile.OpenModeFlag.ReadOnly)
    # 启动传输
    self.block = self.localfile.read(self.payloadsize)
    self.bytestobesend -= self.socket.write(self.block)
```

传输过程在套接口 bytesWritten 信号关联的 handleTrans 函数中持续进行，代码如下：

```
def handleTrans(self):
    # 进入传输过程
    if self.bytestobesend > 0:
        if self.bytestobesend > self.payloadsize:
            self.block = self.localfile.read(self.payloadsize)
        else:
            self.block = self.localfile.read(self.bytestobesend)
        self.bytestobesend -= self.socket.write(self.block)
    else:
        self.localfile.close()
        self.socket.abort()
        self.tcpserver.close()              # 文件已传输给客户端
```

4）客户端接收字节

客户端在其套接字 readyRead 信号关联的 recvBytes 函数中接收字节，代码如下：

```
def recvBytes(self):
    if self.bytesrecved < self.bytestotal:
        self.bytesrecved += self.tcpsocket.bytesAvailable()
        self.block = self.tcpsocket.readAll()
        self.localfile.write(self.block)
    # 一旦收到字节数等于预定传输的总字节数，就要立即关闭文件和 Socket，以免程序占用文件资源
而导致下载的文件无法打开
```

```python
    if self.bytesrecved == self.bytestotal:
        self.localfile.close()
        self.tcpsocket.abort()
        self.bytesrecved = 0                              # 必须复位
        if self.datagramcache == None:
            system(r"start explorer D:\PyQt6\MyWeChat\data\files")
        else:
            self.showPeerData(self.datagramcache)
            self.datagramcache = None
```

说明：

如果下载的是文件（self.datagramcache == None），则通过 Windows 机制自动打开文件存放目录（system(r"start explorer D:\PyQt6\MyWeChat\data\files")），为使用这个操作系统机制必须在程序开头导入操作系统相关的库：

```
from os import system
```

如果下载的是图片或语音，则直接调用 showPeerData 函数，注意这里传给 showPeerData 函数的参数是 self.datagramcache（内含图片或语音的文件名）。

5）接收（查看）内容

对于不同类型的内容，用户接收的方式也不一样。聊天内容区经过定制能够接收鼠标双击事件，其双击 mousedoubleclicked 信号关联的 onMouseDoubleClick 函数的代码如下：

```python
def onMouseDoubleClick(self, point):
    global respath                                        # 资源路径
    sp = self.gvWeChatView.mapToScene(point.toPoint())
    item = self.scene.itemAt(sp, self.gvWeChatView.transform())
                                                          # (1)
    if item != None and item.isSelected():
        if self.getItemType(item) == 'Pixmap':            # (1)
            resname = str(item.data(self.__ItemResId))    # (2)
            respath = "D:\\PyQt6\\MyWeChat\\data\\files\\" + resname
                                                          # (2)
            if resname.endswith(('.jpg', '.jpeg', '.png', '.gif', '.ico', '.bmp')):
                system('explorer.exe ' + respath)         # (3) 打开图片
            elif resname.endswith(('.mp3', '.wav')):
                self.audiothread.start()                  # (4) 播放语音
        elif self.getItemType(item) == 'Text':            # (1)
            self.recvFile(item.toPlainText())             # (5) 下载文件
```

说明：

（1）该函数首先由鼠标双击处的场景坐标 sp，通过 itemAt(sp, self.gvWeChatView.transform()) 获取用户所操作的图元对象，再根据图元的内容类型来决定接收的具体方式。获取图元内容类型的 getItemType 函数的代码为：

```python
def getItemType(self, item):
    typeName = str(type(item))
    if typeName.find('QGraphicsPixmapItem') >= 0:
        return 'Pixmap'                                   # 图片、语音
    elif typeName.find('QGraphicsTextItem') >= 0:
        return 'Text'                                     # 文字
```

（2）因图片和语音的图元上不能有文件名，所以只能将其文件名作为资源 ID 键的值存储于图元 data 属性中，方法如下。

① 在 initUi 函数中声明公共变量作为资源 ID：
```
self.__ItemResId = 0
```

② 在呈现图元时从 showPeerData 函数的参数中提取出文件名，将其设为图元 data 属性中资源 ID 键的值，为此，要在 showPeerData 函数中添加如下代码：

```python
def showPeerData(self, d):
    ...
    textureItem.setPos(x + 32 + 5, y)
    if d[0] == 'File' and self.getFileType(d[3]) == 'Pixmap':
        textureItem.setData(self.__ItemResId, d[3])
        textureItem.setFlag(QGraphicsItem.GraphicsItemFlag.ItemIsSelectable)
    elif d[0] == 'File' and self.getFileType(d[3]) == 'Audio':
        textureItem.setData(self.__ItemResId, d[3])
        textureItem.setFlag(QGraphicsItem.GraphicsItemFlag.ItemIsSelectable)
    self.scene.addItem(textureItem)
    ...
```

> **注意**：这里之所以能够从参数中提取到文件名，是因为之前收到图片和语音类型的消息数据报时，已将其存入了公共变量 self.datagramcache，而当客户端接收完全部字节呈现图元时所传给 showPeerData 函数的参数正是 self.datagramcache。

③ 最后，在接收（查看）内容时用"str(item.data(资源 ID))"就得到了文件名。

将得到的文件名拼接上路径成为资源路径（respath），若为图片，打开预览大图；若为语音，就播放出来；若为文件，则下载到本地。程序中，respath 被声明为一个全局变量是为了能够让外部的音频播放线程类 AudioThread 共享使用。

（3）打开图片用的是操作系统的 explorer.exe 程序，与前面自动打开文件存放目录的机制一样。

（4）播放语音通过自定义线程类 AudioThread 实现，其代码位于主程序的全局变量及类定义区，如下：

```python
respath = ''                                           # 资源路径
class AudioThread(QThread):
    def __init__(self):
        super(AudioThread, self).__init__()
    def run(self):
        self.playAudio()

    def playAudio(self):
        voice = wave.open(respath, 'rb')
        pa = pyaudio.PyAudio()
        mystream = pa.open(format=pa.get_format_from_width(
                                                            # 采用量化格式
            voice.getsampwidth()),
            channels=voice.getnchannels(),                  # 声道数
            rate=voice.getframerate(),                      # 采样频率
            output=True)                                    # 输出(播放)模式
```

```
            chunk = 1024
            while True:
                mdata = voice.readframes(chunk)          # 读取音频数据
                if mdata == "":
                    break
                mystream.write(mdata)
            mystream.close()                              # 关闭音频流
            pa.terminate()
```

在 initUi 函数中创建线程对象：

```
self.audiothread = AudioThread()
```

就可以使用它来播放声音了。

（5）文件图元上带文件名，双击文件名调用 recvFile 函数就能启动文件下载机制，进入 TCP 下载流程。

14.8.3 实时语音通话

实时语音通话可在任意两个在线客户端之间进行，其功能也是基于 TCP 字节传输技术实现的，但与发送语音（本质是文件传输）所不同的是：

● 主叫方（相当于文件传输发送方）直接从语音输入流（而非音频文件）中读取字节：

```
self.pa = pyaudio.PyAudio()
self.audioStream = self.pa.open(…)
...
self.block = self.audioStream.read(1024)
```

● 被叫方（相当于文件传输接收方）也直接将收到的字节写入语音输出流（而非音频文件）中：

```
self.streamrecved += self.telClient.bytesAvailable()
self.block = self.telClient.readAll()
self.audioStream.write(self.block.data())
```

1. 定义 TCP 服务器和套接字

虽然使用的基础技术相同，但由于实时通话与文件传输的实现方式和逻辑功能的差异，无法直接复用已有的文件传输 TCP 服务器、套接字及现成的函数，需要重新定义。

在客户端 initUi 函数中编写定义和初始化代码，如下：

```
self.telServer = QTcpServer()
self.telPort = 6666
self.telServer.newConnection.connect(self.preComm)        #（1）TCP 服务器

self.telClient = QTcpSocket()
self.telClient.readyRead.connect(self.recvStream)         #（2）TCP 套接字

self.pbVoiceChat.clicked.connect(self.ringUp)             #（3）"语音聊天"按钮
self.pbVoiceChat.setIconSize(QSize(24, 24))
self.telStatus = 'OFF'                                     #（4）状态
self.toggleStatus(self.telStatus)                          #（4）
self.role = ''                                             #（5）角色
```

说明：

（1）这里定义的 TCP 服务器 telServer 相当于文件传输用的 tcpserver，newConnection 信号关联的 preComm 函数相当于文件传输的 preTrans 函数。

（2）这里定义的 TCP 套接字 telClient 相当于文件传输用的 tcpsocket，readyRead 信号关联的 recvStream 函数相当于文件传输接收字节的 recvBytes 函数。

（3）"语音聊天"按钮位于工具栏右侧，如图 14.24 所示。它的单击信号关联 ringUp 函数，用于拿起、接听或挂断电话，具体功能要在运行程序的时候视实际状态而定。

图 14.24　"语音聊天"按钮

（4）本例设计了 3 种状态：呼叫（UP）、通话（ON）和结束（OFF），由于在不同状态下"语音聊天"按钮会呈现不同外观（📞、📞），所以还专门设计了 toggleStatus 函数用于在状态切换时同步更改按钮外观和提示文字。

（5）通话双方的角色可以是主叫方（caller）或被叫方（callee）。

2．通话状态控制和切换

"语音聊天"按钮单击信号关联的 ringUp 函数负责控制通话状态，代码如下：

```python
def ringUp(self):
    if self.telStatus == 'OFF' and self.peerUser != '':        # 拿起电话
        if self.telServer.listen(QHostAddress.SpecialAddress.Any, self.telPort):
            self.telStatus = 'UP'
            self.toggleStatus(self.telStatus)
            # 发起通话
            datagram = {"Type": "TelUP", "UserName": self.currentUser, "PeerName": self.peerUser, "Body": "", "DateTime": self.getnowtime()}
            self.udpsocket.writeDatagram(bytes(json.dumps(datagram), encoding="utf-8"), QHostAddress.SpecialAddress.Broadcast, self.uport)
        else:
            self.telServer.close()
    elif self.telStatus == 'ON':                               # 挂断电话
        if self.role == 'caller':
            self.telStatus = 'OFF'
            self.toggleStatus(self.telStatus)
        elif self.role == 'callee':
            # 结束通话
            datagram = {"Type": "TelOFF", "UserName": self.currentUser, "PeerName": self.peerUser, "Body": 0, "DateTime": self.getnowtime()}
            self.udpsocket.writeDatagram(bytes(json.dumps(datagram), encoding="utf-8"),QHostAddress.SpecialAddress.Broadcast, self.uport)
    elif self.telStatus == 'UP':                               # 接听电话
        if self.role == 'caller':
            return
        elif self.role == 'callee':
```

```python
        self.telStatus = 'ON'
        self.toggleStatus(self.telStatus)
        self.telClient.connectToHost(QHostAddress(self.peerip), self.telPort)
```

对应于不同的状态,在 toggleStatus 函数中更改"语音聊天"按钮的外观和提示文字,代码如下:

```python
def toggleStatus(self, status):
    if status == 'OFF':                                              # 结束状态
        self.pbVoiceChat.setIcon(QIcon(''))
        self.pbVoiceChat.setToolTip('语音聊天')
    elif status == 'UP':                                             # 呼叫状态
        self.pbVoiceChat.setIcon(QIcon('image/pickup.jpg'))
        self.pbVoiceChat.setToolTip('接听')
    elif status == 'ON':                                             # 通话状态
        self.pbVoiceChat.setIcon(QIcon('image/ringoff.png'))
        self.pbVoiceChat.setToolTip('挂断')
```

3. 发起通话

当主叫方单击"语音聊天"按钮(相当于拿起电话)时,也就开启了自己的 TCP 服务器监听:

```python
self.telServer.listen(QHostAddress.SpecialAddress.Any, self.telPort)
```

接着它向被叫方发一个 TelUP 类型的 UDP 消息:

```python
datagram = {"Type": "TelUP", "UserName": self.currentUser, "PeerName": self.peerUser, "Body": "", "DateTime": self.getnowtime()}
self.udpsocket.writeDatagram(bytes(json.dumps(datagram), encoding="utf-8"), QHostAddress.SpecialAddress.Broadcast, self.uport)
```

被叫方在收到类型为 TelUP 的消息后,知道有电话打进来了,于是创建一个输出语音(接听)流,并变更自己的状态为"呼叫"。在 recvData 函数中编写如下代码:

```python
def recvData(self):
    while self.udpsocket.hasPendingDatagrams() == True:
        data, host, port = self.udpsocket.readDatagram(self.udpsocket.pendingDatagramSize())
        ...
        elif datagram['Type'] == 'TelUP' and datagram['PeerName'] == self.currentUser:                                           # 有电话打进来
            self.pa = pyaudio.PyAudio()
            self.audioStream = self.pa.open(format=self.pa.get_format_from_width(width=2),
                                            channels=2,
                                            rate=44100,
                                            output=True)             # 开启接听(输出)流
            self.streamrecved = 0
            self.streamtotal = -1
            self.telStatus = 'UP'                                    # 变更自身状态
            self.toggleStatus(self.telStatus)
            self.peerip = host.toString()[7:]                        # 记录主叫 IP 地址以便连线
            self.role = 'callee'                                     # 用户角色为被叫方
        elif ...
```

4. 接听电话

接听电话的过程其实就是被叫方向主叫方发起 TCP 连接请求和建立连接的过程。

先由被叫方客户端单击"语音聊天"按钮（也相当于拿起电话），用自己的套接字向主叫方 IP 地址发起连接请求：

```
self.telClient.connectToHost(QHostAddress(self.peerip), self.telPort)
```

主叫方的 TCP 服务器接收请求，执行 preComm 函数，在其中创建一个语音输入流，然后启动传输（相当于电话连线），如下：

```python
def preComm(self):
    # 对方接了电话
    self.telSocket = self.telServer.nextPendingConnection()
    self.telSocket.bytesWritten.connect(self.handleComm)
    # 创建语音流
    self.pa = pyaudio.PyAudio()
    self.audioStream = self.pa.open(format=self.pa.get_format_from_width(width=2),
                                    channels=2,
                                    rate=44100,
                                    input=True,                 # 为语音输入流
                                    frames_per_buffer=1024)
    self.commsendbytes = 0
    self.telStatus = 'ON'
    self.toggleStatus(self.telStatus)
    self.role = 'caller'                                        # 用户角色为主叫方
    # 开启语音通道(连线)
    self.block = self.audioStream.read(1024)
    self.commsendbytes += self.telSocket.write(self.block)
```

通话过程也就是 TCP 语音流的实时传输，在 handleComm 函数中持续进行，如下：

```python
def handleComm(self):
    # 进入通话状态
    if self.telStatus == 'ON':
        self.block = self.audioStream.read(1024)
        self.commsendbytes += self.telSocket.write(self.block)
    else:
        self.audioStream.stop_stream()
        self.audioStream.close()
        self.pa.terminate()
        self.telSocket.abort()
        self.telServer.close()
        # 结束通话
        datagram = {"Type": "TelOFF", "UserName": self.currentUser, "PeerName": self.peerUser, "Body": self.commsendbytes, "DateTime": self.getnowtime()}
        self.udpsocket.writeDatagram(bytes(json.dumps(datagram), encoding="utf-8"), QHostAddress.SpecialAddress.Broadcast, self.uport)
```

通话过程中被叫方的套接字通过 recvStream 函数接收语音字节流，代码如下：

```python
def recvStream(self):
    self.streamrecved += self.telClient.bytesAvailable()
```

```
self.block = self.telClient.readAll()
self.audioStream.write(self.block.data())
if self.streamrecved == self.streamtotal:
    self.audioStream.stop_stream()
    self.audioStream.close()
    self.pa.terminate()
    self.telClient.abort()
    # 必须复位
    self.streamrecved = 0
    self.streamtotal = -1
```

5. 挂断电话

可以由主叫方或被叫方来挂断电话。

如果是主叫方，在单击"语音聊天"按钮（相当于放下电话）后，将状态置为结束（OFF）：

```
if self.role == 'caller':
    self.telStatus = 'OFF'
```

其 handleComm 函数在发现状态不为 ON 时会自动关闭语音输入流，并向对方发出类型为 TelOFF 的 UDP 消息来结束通话。

如果被叫方挂断，则必须主动发出 TelOFF 消息：

```
...
elif self.role == 'callee':
    # 结束通话
    datagram = {"Type": "TelOFF", "UserName": self.currentUser, "PeerName": self.peerUser, "Body": 0, "DateTime": self.getnowtime()}
    self.udpsocket.writeDatagram(bytes(json.dumps(datagram), encoding="utf-8"),QHostAddress.SpecialAddress.Broadcast, self.uport)
```

无论哪一方的客户端程序，在收到类型为 TelOFF 的消息后，都要变更自己的状态为 OFF，对于被叫方来说，还要获取消息体 Body 中由主叫方写入的已发送字节数 self.streamtotal = datagram['Body']（self.commsendbytes），并据此决定是否断开话路，保证对方已把话说完了。接收消息的代码在 recvData 函数中，如下：

```
def recvData(self):
    while self.udpsocket.hasPendingDatagrams() == True:
        ...
        elif datagram['Type'] == 'TelOFF' and datagram['PeerName'] == self.currentUser:                           # 挂断电话
            self.telStatus = 'OFF'
            self.toggleStatus(self.telStatus)
            if self.role == 'callee':
                self.streamtotal = datagram['Body']
```

第 15 章
PyQt6 开发及实例：简版抖音

在如今的互联网短视频自媒体时代，抖音是最流行的视频应用之一，本章综合运用 PyQt6 的各种高级技术来开发一个简版抖音，运行于计算机桌面，其运行效果如图 15.1 所示。

图 15.1　简版抖音运行效果

界面上用 TabWidget 制作了 3 个选项页，分别为推荐（👍）、录制（📹）和发布（▶），程序启动默认显示推荐页，根据用户喜好加载对应类别的视频播放，视频存储在 MySQL 数据库中。

【技术基础】

15.1　视频播放处理

本例视频播放处理功能的实现用到以下 PyQt6 的控件和技术。

1．所用控件

（1）TabWidget 选项页控件。
（2）GraphicsView 图形视图控件及图元系统。
（3）TableWidget 表格控件。
（4）Slider 滑条控件。
（5）自定义评论对话框：垂直布局（QVBoxLayout）。自定义编辑对话框：网格布局（QGridLayout）、控件组（QGroupBox）、水平布局（QHBoxLayout）。自定义发布对话框：垂直布局（QVBoxLayout）、控件组（QGroupBox）、水平布局（QHBoxLayout）。
（6）基于 Widget 控件定制 QVideoWidget 组件。

2．所用技术（类/类库）

（1）媒体播放器类 QMediaPlayer。
（2）视频图元 QGraphicsVideoItem。
（3）自定义线程类 GraphicsThread、VideoClipThread。
（4）事件过滤器 installEventFilter/def eventFilter(self, watched, event)。
（5）自定义图元继承 QGraphicsTextItem 使用定时器实现弹幕。
（6）摄像头控制，相机（QCamera）、录像机（QMediaRecorder）与会话（QMediaCaptureSession）类。
（7）OpenCV 获取视频属性、处理视频。
（8）PIL 图像处理库对帧图像的处理。
（9）moviepy 库给视频加背景音乐。

15.2　MySQL 数据库

15.2.1　设计数据库 MyTikTok

在 MySQL 中创建数据库 MyTikTok，其中创建 5 个表，如下。

1．视频信息表 videoinfo

它用于存储平台所有视频的分类、描述、作者等信息，每个视频用唯一的"视频号"作为标识，表结构如表 15.1 所示。

表 15.1　videoinfo 表结构

项　　目	列　　名	类　　型	说　　明
视频号	Vid	int	主键
分类	Category	set	为简单起见，本例只设"生活""运动""探索发现"三个分类
描述	DescNote	varchar	允许空值，默认为 NULL

续表

项　目	列　名	类　型	说　明
作者	UserName	varchar	即上传（发布）该视频的用户名
权限	Permit	bit	1 表示所有人可看，0 表示仅作者可看，默认为 1
优先级	Prior	tinyint	值越大越优先推荐，默认为 0。现实中平台会根据每个短视频的热度动态调整优先级，作者也可以通过向平台付费来提高自己发布视频的优先级
发布时间	PTime	datetime	允许空值，默认为 NULL

2. 视频表 video

由于视频数据较大，单独用这个表来存储，通过"视频号"与视频信息表建立一对一的关系，表结构如表 15.2 所示。

表 15.2　video 表结构

项　目	列　名	类　型	说　明
视频号	Vid	int	主键
视频数据	VideoData	longblob	最大不超过 64MB

3. 用户表 user

它用于存储平台注册用户的信息，表结构如表 15.3 所示。

表 15.3　user 表结构

项　目	列　名	类　型	说　明
用户名	UserName	varchar	主键
头像	Photo	blob	最大不超过 64KB，允许空值，默认为 NULL
密码	PassWord	varchar	默认为 123456
关注	Focus	varchar	该用户所关注的用户（可以有多个，以形如{'用户名 1','用户名 2',…}的字符串形式存储，程序中转为集合处理），允许空值，默认为 NULL
喜欢	Likes	json	该用户对各类视频的关注度（以点赞次数来衡量），用{"分类 1": 次数值 1, "分类 2": 次数值 2,…}表示，例如{"生活": 2, "运动": 2, "探索发现": 10}

4. 评论表 evaluate

它用于存储所有视频的评论，因一个用户可对同一个视频发表多条评论，故系统对每条评论加了"编号"来唯一标识，表结构如表 15.4 所示。

表 15.4　evaluate 表结构

项　目	列　名	类　型	说　明
编号	Eid	int	主键

续表

项目	列名	类型	说明
视频号	Vid	int	被评论的视频
用户名	UserName	varchar	发布这条评论的用户
评论内容	Comment	varchar	不能为空

5. 点赞表 likes

一个用户对一个视频只能点赞一次，唯一对应该表中的一条记录，表结构如表 15.5 所示。

表 15.5　likes 表结构

项目	列名	类型	说明
视频号	Vid	int	主键
用户名	UserName	varchar	主键

15.2.2　数据库访问与操作

本例通过 pymysql 驱动库访问 MySQL 数据库，在 Windows 命令行用"pip install pymysql"命令联网安装，然后在程序开头导入驱动库：

```
import pymysql
```

由于系统的很多功能模块都要访问数据库，每次访问前要先打开连接，过后都要关闭连接，为避免代码冗余，将连接打开和关闭分别封装为两个函数（位于主程序 MyTikTok 类内部），如下：

1. 打开连接函数 openDb

打开连接函数 openDb 定义为：

```
def openDb(self):
    self.db = pymysql.connect(host='localhost', user='root', passwd='123456', db='mytiktok')
    self.cur = self.db.cursor()
```

说明：connect 函数的参数 host（主机名）、user（用户名）和 passwd（密码）请读者对应填写自己的 MySQL 数据库所在的计算机名、安装根用户名及密码。连接创建后返回一个连接对象和一个游标，将它们分别赋值给公共变量 self.db 和 self.cur，供其他模块的程序使用。

2. 关闭连接函数 closeDb

为节约资源，连接使用过后要及时关闭，定义关闭函数 closeDb：

```
def closeDb(self):
    self.cur.close()                           # 关闭游标
    self.db.close()                            # 关闭连接
```

3. 操作数据库的步骤

本例各模块代码操作数据库的流程基本相同。

（1）查询操作的一般步骤为：

```
self.openDb()                                    # 打开连接
self.cur.execute("SELECT 语句")                   # 执行语句
rs = self.cur.fetchall()                         # 获取数据
# 使用结果集 rs 的数据或引用游标 self.cur 属性
...
self.closeDb()                                   # 关闭连接
```

（2）若执行的是更新（插入、修改或删除）操作，则需要提交，步骤变为：

```
self.openDb()                                    # 打开连接
self.cur.execute("INSERT/UPDATE/DELETE 语句")     # 执行语句
self.db.commit()                                 # 提交更新
self.closeDb()                                   # 关闭连接
```

15.2.3 读写特殊数据类型

本例用到对以下这些 MySQL 特殊数据类型的读写技术：
（1）视频数据 longblob 类型的读取。
（2）图片数据 blob 类型的读取和显示。
（3）关注用户读取到程序中以集合 set 类型处理。
（4）用户喜好 json 类型读写与处理、MySQL 集合 set 类型数据查询/json 类型数据更新。

【实例开发】

15.3 创建项目

用 PyCharm 创建项目，项目名为 MyTikTok。

15.3.1 项目结构

在项目中创建以下内容：
（1）image 目录，存放界面要用的图片资源。
（2）ui 目录，存放设计的界面 UI 文件及对应的界面 PY 文件。
（3）video 目录，存放视频临时文件 temp.mp4。
（4）主程序文件 TikTok.py。

打开 Qt Designer 设计器，以 Widget 模板创建一个窗体，保存成界面 UI 文件 TikTok.ui，再用 PyUic 转成界面 PY 文件并更名为 TikTok_ui.py。

最终形成的项目结构如图 15.2 所示。

图 15.2 项目结构

说明：

本例将从数据库读到的视频数据先以临时文件 temp.mp4 暂存于 video 目录，再由媒体播放器 QMediaPlayer 以 setSource 方法定位和播放，代码形如：

```
self.player = QMediaPlayer(self)
...
self.player.setSource(QUrl.fromLocalFile('video/temp.mp4'))
self.player.play()
```

在更换当前播放的视频时，用新视频数据保存的 temp.mp4 覆盖掉上一个视频的临时文件，重新定位、播放即可。

15.3.2 主程序框架

主程序包括系统启动入口、类定义、初始化及所有功能模块的代码，集中于文件 TikTok.py 中，程序框架如下：

```
# (1) 类库导入区
from ui.TikTok_ui import Ui_Form
from PyQt6.QtWidgets import QApplication, …
from PyQt6.QtGui import …
from PyQt6.QtCore import …
from PyQt6.QtMultimedia import QMediaPlayer, …
from PyQt6.QtMultimediaWidgets import QGraphicsVideoItem
from datetime import datetime
import sys
import pymysql
…
# (2) 类定义区
class GraphicsThread(QThread):
    …
# 全局变量定义
…
class VideoClipThread(QThread):
    …
class GraphicsDanmakuTextItem(QGraphicsTextItem):
    …
class CommentDialog(QDialog):
    …
class EditDialog(QDialog):
    …
class UploadDialog(QDialog):
    …
# 主程序类
class MyTikTok(Ui_Form):
    def __init__(self):
        super(MyTikTok, self).__init__()
        self.setupUi(self)
        self.initUi()
```

完整主程序

```
    #（3）初始化函数
    def initUi(self):
        ...
    #（4）功能函数区
    def 函数1(self):
        ...
    def 函数2(self):
        ...
    ...
# 启动入口
if __name__ == '__main__':
    app = QApplication(sys.argv)
    widget = MyTikTok()
    widget.show()
    sys.exit(app.exec())
```

说明：

（1）类库导入区：位于程序开头，本例除了使用 PyQt6 核心的 3 个类库（QtWidgets、QtGui 和 QtCore），还要导入与视频多媒体处理有关的两个库——QtMultimedia 和 QtMultimediaWidgets。

（2）类定义区：定义主程序要创建的某些对象类，它们并不是 PyQt6 系统内置的组件类，而是由用户根据需要自定义的，往往继承自 PyQt6 的基类。就本程序而言，定义了用于播放视频的线程类 GraphicsThread、处理视频的线程类 VideoClipThread、实现动态弹幕的图元类 GraphicsDanmakuTextItem，还有程序运行与用户交互的几个对话框类 CommentDialog（评论对话框）、EditDialog（编辑对话框）和 UploadDialog（上传对话框）。后面在讲到系统某方面功能时会分别介绍它们的具体实现。

（3）初始化函数 initUi（读者也可自定义为其他名称）内编写的是程序启动要首先执行的代码，主要是设置窗体及控件外观、设置播放器参数、加载推荐给当前用户的视频、关联主要控件的信号与槽函数等。

（4）功能函数区：几乎所有的功能函数全都定义在这里，位置不分先后，但还是建议把与某功能模块相关的一组函数写在一起以便维护。后面各节在介绍系统某方面功能开发时所给出的函数代码，如不特别说明，都写在这个区域。

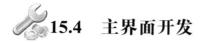 15.4 主界面开发

15.4.1 界面设计

用 Qt Designer 打开项目 ui 目录下的界面 UI 文件 TikTok.ui，以可视化方式设计出简版抖音的主界面，如图 15.3 所示。

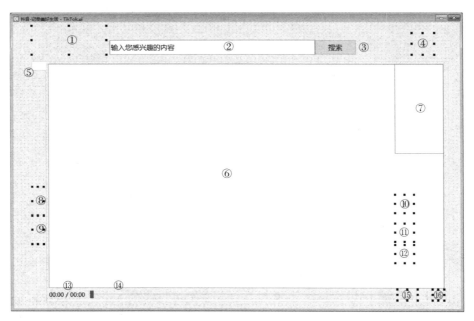

图 15.3　简版抖音的主界面

根据表 15.6 在属性编辑器中设置各控件的属性。

表 15.6　各控件的属性

编　号	控件类别	对象名称	属性说明
	Widget	默认	geometry: [(0, 0), 1200x800] windowTitle: 抖音-记录美好生活
①	Label	lbLogo	geometry: [(50, 10), 201x81] text: 空 scaledContents: 勾选
②	LineEdit	leInterestKey	geometry: [(260, 50), 551x41] font: [Microsoft YaHei UI, 14] placeholderText: 输入您感兴趣的内容
③	PushButton	pbSearch	geometry: [(810, 50), 111x41] font: [Microsoft YaHei UI, 14] text: 搜索
④	Label	lbCurrentUser	geometry: [(1070, 30), 61x61] text: 空 scaledContents: 勾选
⑤	TabWidget	tabWidget	geometry: [(50, 110), 1121x671] font: [Microsoft YaHei UI, 18] tabPosition: 右对齐，垂直中心对齐 currentIndex: 0
⑥	GraphicsView	gvWatchOnline	geometry: [(5, 5), 1061x626] font: [Microsoft YaHei UI, 18]

续表

编号	控件类别	对象名称	属性说明
⑦	TableWidget	tbwFocusUsers	geometry: [(935, 5), 131x251] font: [Microsoft YaHei UI, 12] alternatingRowColors: 勾选 selectionMode: SingleSelection selectionBehavior: SelectRows verticalHeaderVisible: 取消勾选
⑧	PushButton	pbPrev	geometry: [(50, 460), 31x81] font: [Microsoft YaHei UI, 18] text: 空 flat: 勾选
⑨	PushButton	pbNext	geometry: [(50, 540), 31x81] font: [Microsoft YaHei UI, 18] text: 空 flat: 勾选
⑩	PushButton	pbFocus	geometry: [(935, 370), 51x51] font: [Microsoft YaHei UI, 14], 粗体 text: 空 flat: 勾选
⑪	PushButton	pbLike	geometry: [(935, 450), 51x51] font: [Microsoft YaHei UI, 14] toolTip: 点赞 text: 空 flat: 勾选
⑫	PushButton	pbComment	geometry: [(935, 510), 51x51] font: [Microsoft YaHei UI, 14] toolTip: 评论 text: 空 flat: 勾选
⑬	Label	lbDuration	geometry: [(5, 635), 107x30] font: [Microsoft YaHei UI, 12] text: 00:00 / 00:00 scaledContents: 勾选
⑭	Slider	hsPosition	geometry: [(115, 639), 811x22] font: [Microsoft YaHei UI, 18]
⑮	PushButton	pbDanmaku	geometry: [(940, 634), 55x31] font: [Microsoft YaHei UI, 14] toolTip: 弹幕 text: 空 flat: 勾选
⑯	PushButton	pbFullScreen	geometry: [(1035, 634), 31x31] font: [Microsoft YaHei UI, 14] toolTip: 全屏 text: 空 flat: 勾选

设计完成后保存 TikTok.ui，用 PyUic 将它转成界面 PY 文件并更名为 TikTok_ui.py，打开，将其中界面类 Ui_Form 所继承的基类改为 QWidget，如下：

```
...
from PyQt6 import QtCore, QtGui, QtWidgets
from PyQt6.QtWidgets import QWidget          # 导入 QWidget 基类

class Ui_Form(QWidget):                       # 修改继承的类
    def setupUi(self, Form):
        ...
```

然后在主程序开头用导入语句：

```
from ui.TikTok_ui import Ui_Form
```

就可以运行生成所设计的图形界面了。

15.4.2 初始化

生成界面上的很多控件元素都不可见，需要在 initUi 函数中编写代码来对主界面进行初始化，如下：

```
def initUi(self):
    self.setWindowIcon(QIcon('image/tiktok.jpg'))           # 设置程序窗口图标
    self.setWindowFlag(Qt.WindowType.MSWindowsFixedSizeDialogHint)
                                                             # 设置窗口为固定大小
    palette = QPalette()
    palette.setColor(QPalette.ColorRole.Window, Qt.GlobalColor.white)
    self.setPalette(palette)                                # 设置窗口背景色
    self.lbLogo.setPixmap(QPixmap('image/logo.jpg'))
    self.pbSearch.setIcon(QIcon('image/search.jpg'))
    self.pbSearch.setIconSize(QSize(23, 23))
    self.pbSearch.setStyleSheet('background-color: whitesmoke')
    # 设置选项页各标签的图标
    self.tabWidget.setTabIcon(0, QIcon('image/tuijian.jpg'))
    self.tabWidget.setTabIcon(1, QIcon('image/luzhi.jpg'))
    self.tabWidget.setTabIcon(2, QIcon('image/fabu.jpg'))
    self.tabWidget.setIconSize(QSize(36, 36))

    self.pbPrev.setIcon(QIcon('image/prev.jpg'))
    self.pbPrev.setIconSize(QSize(26, 80))
    self.pbPrev.setStyleSheet('background-color: whitesmoke')
    self.pbNext.setIcon(QIcon('image/next.jpg'))
    self.pbNext.setIconSize(QSize(26, 80))
    self.pbNext.setStyleSheet('background-color: whitesmoke')
    self.pbLike.setIcon(QIcon('image/offlike.jpg'))
    self.pbLike.setIconSize(QSize(55, 55))
    self.pbComment.setIcon(QIcon('image/comment.jpg'))
    self.pbComment.setIconSize(QSize(47, 47))
    self.pbDanmaku.setIcon(QIcon('image/ondanmaku.jpg'))
    self.pbDanmaku.setIconSize(QSize(81, 29))
```

```
self.pbFullScreen.setIcon(QIcon('image/fullscreen.jpg'))
self.pbFullScreen.setIconSize(QSize(27, 27))
```

说明：这段代码主要用来设置界面上各控件的基本外观，以 setIcon 方法设置控件图标、setIconSize 方法设定图标尺寸、setStyleSheet 方法设置控件背景色，具体值可根据实际运行的效果适当调整，用到的所有图标资源都预先存放在项目 image 目录下。

15.4.3 运行效果

经以上初始化后，简版抖音的主界面已具雏形，如图 15.4 所示。

图 15.4　已具雏形的主界面

15.5 视频基本功能开发

15.5.1 视频播放

1. 播放器 QMediaPlayer 与视频图元

用 PyQt6 的媒体播放器类 QMediaPlayer 将视频输出到 GraphicsView 系统的视频图元上来实现播放。在 initUi 函数中创建播放器、场景和图元，并进行设置，代码如下：

```
def initUi(self):
    ...
    self.duration = '00:00'                          # 视频总时长
    self.position = '00:00'                          # 当前位置（已播放时长）
    self.player = QMediaPlayer(self)                 # 创建播放器对象
```

```
    self.scene = QGraphicsScene(self)                              # 创建场景
    self.gvWatchOnline.setScene(self.scene)                        # 场景关联图形视图控件
    self.videoItem = QGraphicsVideoItem()                          # 创建视频图元
    self.videoItem.setSize(QSizeF(self.gvWatchOnline.width() - 2, self.gvWatch
Online.height() - 30))
    self.player.setVideoOutput(self.videoItem)                     # 将视频输出到图元上
    self.audioItem = QAudioOutput(self)
    self.player.setAudioOutput(self.audioItem)                     # 输出声音
    self.player.setLoops(QMediaPlayer.Loops.Infinite)              # 设为循环播放模式
    self.player.durationChanged.connect(self.setDuration)          # (1)
    self.player.positionChanged.connect(self.setPosition)          # (1)
    self.pbPrev.clicked.connect(self.showPrevVideo)
    self.pbNext.clicked.connect(self.showNextVideo)
    self.hsPosition.valueChanged.connect(self.setDragValue)
    self.thread = GraphicsThread()                                 # (2)
    self.thread.trigger.connect(self.replaceVideo)                 # (2)
    self.loadOnlineVideos()                                        # 加载视频
```

说明:

（1）播放器 QMediaPlayer 有两个关键的信号：durationChanged 当播放视频被更换时可获取新视频的总时长，positionChanged 可在播放过程中随时得到当前位置（已播放时长），由这两个信号关联到相应的函数，就能编写代码来动态显示播放进度。

（2）视频播放和切换需要占用一定的系统资源，为保证界面不卡顿，通常的做法是另开一个专门的线程来播放视频。

在主程序的类定义区定义一个线程类 GraphicsThread，如下：

```
class GraphicsThread(QThread):
    trigger = pyqtSignal()
    def __init__(self):
        super(GraphicsThread, self).__init__()
    def run(self):
        self.trigger.emit()
```

创建线程对象，将其信号关联到播放视频的 replaceVideo 函数，在需要播放时启动线程就可以了。

2. 显示/调节播放进度

1）显示视频总时长

播放器的 durationChanged 信号所关联的 setDuration 函数显示当前播放视频的总时长，代码如下：

```
def setDuration(self, duration):
    self.hsPosition.setMaximum(duration)                  # 设置滑条最大值为视频总时长
    dursecs = duration / 1000                             # 总时长单位为毫秒,换算为秒
    mins = dursecs / 60                                   # 得到分值
    secs = dursecs % 60                                   # 得到秒值
    self.duration = '%02d:%02d' % (mins, secs)            # 分、秒值都格式化成两位数显示
    self.lbDuration.setText(self.position + ' / ' + self.duration)
```

2）显示已播放时长

播放器的 positionChanged 信号所关联的 setPosition 函数显示当前视频已播放的时长，代码如下：

```python
def setPosition(self, position):
    possecs = position / 1000
    mins = possecs / 60
    secs = possecs % 60
    self.position = '%02d:%02d' % (mins, secs)
    self.lbDuration.setText(self.position + ' / ' + self.duration)
    self.hsPosition.setSliderPosition(position)     # 刷新进度滑条
```

3）调节播放进度

为了让用户能够手动拖曳滑条来调节播放进度，将滑条控件的 valueChanged 信号关联到 setDragValue 函数，该函数代码为：

```python
def setDragValue(self, value):
    self.player.setPosition(value)
```

3. 加载和播放视频

（1）loadOnlineVideos 函数实现对视频的加载，代码如下：

```python
def loadOnlineVideos(self):
    self.openDb()                                                   # 打开连接
    self.cur.execute("SELECT Vid, VideoData FROM video")
    rs = self.cur.fetchall()                                        # 获取所有视频
    cnt = self.cur.rowcount                                         # 得到视频总数
    self.closeDb()                                                  # 关闭连接
    if cnt != 0:
        self.result = rs                                            # 视频数据
        self.count = cnt                                            # 视频数
        self.index = 0                                              # 当前视频索引
        self.playByIndex(self.index)                                # 播放视频
```

说明：这里用了 3 个变量，self.result 存放加载的所有视频数据，self.count 记录视频数，self.index 保存当前视频的索引（默认是第一个视频，索引为 0）。

（2）playByIndex 函数播放视频，它接收一个参数，即要播放的视频的索引，代码如下：

```python
def playByIndex(self, index):
    self.player.stop()
    self.player.setSource(QUrl.fromLocalFile(''))
    file = QFile('video/temp.mp4')          # 创建视频临时文件 temp.mp4
    if file.exists():
        file.remove()
    if file.open(QIODevice.OpenModeFlag.ReadWrite):
        file.write(QByteArray(self.result[index][1]))           # 写入视频数据
    file.close()
    for item in self.scene.items():
        self.scene.removeItem(item)          # 清除场景中原有(包括上个视频的)图元
    self.scene.addItem(self.videoItem)       # 添加当前视频的图元
    self.thread.start()                      # 启动播放线程
```

（3）replaceVideo 函数与播放线程直接关联，执行播放操作，代码为：

```
def replaceVideo(self):
    self.player.setSource(QUrl.fromLocalFile('video/temp.mp4'))
    self.player.play()                        # 开始播放
```

4．更换视频

视频索引 self.index 决定当前要播放的视频，通过控制索引的增减就可以实现播放视频的更换。

（1）按钮 pbNext 单击信号关联的 showNextVideo 函数播放下一个视频，代码为：

```
def showNextVideo(self):
    if self.index == self.count - 1:
        return
    else:
        self.index += 1
        self.playByIndex(self.index)
```

（2）按钮 pbPrev 单击信号关联的 showPrevVideo 函数播放上一个视频，代码为：

```
def showPrevVideo(self):
    if self.index == 0:
        return
    else:
        self.index -= 1
        self.playByIndex(self.index)
```

5．运行测试

1）数据准备

准备一些短视频文件（可以用手机通过抖音、快手等 App 下载得到，也可自己录制），放在 MySQL 的安全文件目录（由 MySQL 系统全局变量 secure_file_priv 设定的目录）下，多次执行语句：

```
INSERT INTO video VALUES(视频号, LOAD_FILE('E:/MySQL8/DATAFILE/视频文件名.mp4'));
```

向数据库视频表中存入视频。其中，"E:/MySQL8/DATAFILE/"是编者 MySQL 数据库的安全文件目录，读者请使用自己配置的目录。注意，每次执行语句的"视频号"不要重复。

2）运行效果

启动程序，视频播放效果如图 15.5 所示。

图 15.5　视频播放效果

15.5.2 视频控制

实际的抖音播放器还支持用户直接单击视频画面控制启停、手指上下滑动翻看及全屏模式等功能，这些可通过事件过滤器机制来实现。

1. 事件过滤器

在 GraphicsView 控件上安装一个事件过滤器，使用语句：

```
self.gvWatchOnline.installEventFilter(self)
```

然后重写事件系统的 eventFilter 函数，就可以实现对视频区域的各种控制。

重写的 eventFilter 函数代码如下：

```
def eventFilter(self, watched, event):
    if event.type() == QEvent.Type.MouseButtonPress:        # 按下了鼠标键
        if event.button() == Qt.MouseButton.LeftButton:     # 按的是鼠标左键
            if self.player.playbackState() == \
QMediaPlayer.PlaybackState.PlayingState:                    # 正在播放状态
                self.player.pause()                         # 暂停画面
            else:
                self.player.play()                          # 继续播放
    if event.type() == QGraphicsSceneMouseEvent.Type.Wheel: # 滚动鼠标滑轮
        if event.angleDelta().y() < 0:                      # 向后滚动
            self.showNextVideo()                            # 播放下一个
        else:                                               # 向前滚动
            self.showPrevVideo()                            # 播放上一个
    return super().eventFilter(watched, event)
```

说明：以上代码先通过传入事件参数的类型（event.type()）判断用户在视频区进行了怎样的动作，再根据当前播放器状态或事件的属性进一步决定所要执行的操作。

2. 全屏模式

1）进入全屏

将按钮 pbFullScreen 的单击信号关联至 enterFullScreen 函数，使用语句：

```
self.pbFullScreen.clicked.connect(self.enterFullScreen)
```

enterFullScreen 函数实现进入全屏功能，代码为：

```
def enterFullScreen(self):
    self.gvXY = QPoint(self.gvWatchOnline.x(), self.gvWatchOnline.y())
    self.gvWH = QPoint(self.gvWatchOnline.width(), self.gvWatchOnline.height())
                                                    # 记录视频区当前位置和尺寸
    self.gvWatchOnline.setWindowFlag(Qt.WindowType.Window)
    self.gvWatchOnline.showFullScreen()             # 显示全屏
```

说明：在进入全屏模式之前，要先记录 GraphicsView 控件当前的坐标及宽高尺寸，这么做是为了在退出全屏后还能将视频区域恢复到之前的状态。

2）退出全屏

在全屏模式下，用户通过按 Esc 键退出全屏，这个按键动作同样也是由事件过滤器捕获和处理的，在 eventFilter 函数中添加以下代码段：

```python
def eventFilter(self, watched, event):
    ...
    if event.type() == QEvent.Type.KeyPress:           # 按了键盘按键
        if event.key() == Qt.Key.Key_Escape:           # 按的是 Esc 键
            if self.gvWatchOnline.isFullScreen():      # 处于全屏模式
                self.gvWatchOnline.setWindowFlag(Qt.WindowType.SubWindow)
                self.gvWatchOnline = QGraphicsView(self.tab)
                self.gvWatchOnline.setGeometry(QRect(self.gvXY.x(), 
self.gvXY.y(), self.gvWH.x(), self.gvWH.y()))         # 视频区恢复原先位置和尺寸
                self.gvWatchOnline.lower()
                self.gvWatchOnline.setScene(self.scene)
                self.gvWatchOnline.installEventFilter(self)
                self.gvWatchOnline.showNormal()        # 回到普通模式
    return super().eventFilter(watched, event)
```

注意：在切换回普通模式前，还要用 installEventFilter 方法给 GraphicsView 控件加上事件过滤器，不然退出全屏后视频区将无法响应用户新的动作。

15.5.3 视频信息显示

抖音在放映的画面上会同时显示出该视频的作者、描述文字及点赞数等信息，这可以用其他图元叠放在视频图元上来实现。

1. 显示作者及描述文字

1）定义图元

创建两个 QGraphicsTextItem（文字图元）对象，分别用来显示视频作者及描述文字，在 initUi 函数中添加代码段，如下：

```python
self.usernameTextItem = QGraphicsTextItem()                # 用于显示作者
font = QFont()
font.setBold(True)
font.setPointSize(14)
font.setFamily('微软雅黑')
self.usernameTextItem.setFont(font)
self.usernameTextItem.setPos(365, 535)
self.usernameTextItem.setDefaultTextColor(Qt.GlobalColor.white)
self.descnoteTextItem = QGraphicsTextItem()                # 用于显示描述文字
font = QFont()
font.setBold(True)
font.setPointSize(12)
font.setFamily('微软雅黑')
self.descnoteTextItem.setFont(font)
self.descnoteTextItem.setPos(365, 565)
self.descnoteTextItem.setDefaultTextColor(Qt.GlobalColor.white)
```

说明：用图元的 setFont 方法设置字体字号、setPos 方法设置图元位置坐标、setDefaultTextColor 方法设置文字颜色，读者可根据实际显示效果灵活调整设置值。

2）添加图元

addDescText 函数从数据库视频信息表 videoinfo 中读取作者和描述信息，将其设为图元显示内容，并将图元添加进视图场景中，代码如下：

```python
def addDescText(self, vid):
    self.openDb()
    self.cur.execute('SELECT DescNote, UserName FROM videoinfo WHERE Vid = ' + str(vid))
    rs = self.cur.fetchall()
    self.closeDb()
    self.usernameTextItem.setPlainText('@' + rs[0][1])
    self.descnoteTextItem.setPlainText(rs[0][0])
    self.scene.addItem(self.usernameTextItem)
    self.scene.addItem(self.descnoteTextItem)
```

2. 显示点赞数

1）定义图元

创建两个图元对象，一个 QGraphicsTextItem（文字图元）用于显示点赞次数，另一个 QGraphicsPixmapItem（图片图元）显示一个翘起大拇指的图标。在 initUi 函数中添加代码段，如下：

```python
self.likecountTextItem = QGraphicsTextItem()       # 用于显示点赞次数
font = QFont()
font.setBold(True)
font.setPointSize(10)
font.setFamily('微软雅黑')
self.likecountTextItem.setFont(font)
self.likecountTextItem.setPos(655, 540)
self.likecountTextItem.setDefaultTextColor(Qt.GlobalColor.yellow)
pixmap = QPixmap('image/like.jpg')
pixmap = pixmap.scaled(28, 28, Qt.AspectRatioMode.KeepAspectRatio)
self.likepicItem = QGraphicsPixmapItem(pixmap)      # 显示大拇指图标
self.likepicItem.setPos(660, 560)
```

2）添加图元

addLikeText 函数从数据库视频信息表 videoinfo 中读取作者和描述信息，将其设为图元显示内容，并将图元添加进视图场景中，代码如下：

```python
def addLikeText(self, vid):
    self.openDb()
    self.cur.execute('SELECT * FROM likes WHERE Vid = ' + str(vid))
    self.likecountTextItem.setPlainText(str(985 + self.cur.rowcount))
    self.closeDb()
    self.scene.addItem(self.likepicItem)
    self.scene.addItem(self.likecountTextItem)
```

说明：由于本例仅是一个简版抖音，不像实际的抖音平台那样拥有大量用户点赞数据，故这里代码中将点赞次数人为地加上一个较大的固定值（985，读者也可设定其他更大的值）以使运行界面上视频的点赞数更切合现实中的情形。

3. 叠放图元

最后，在播放视频的 playByIndex 函数中调用以上 addDescText 和 addLikeText 函数，将定义好的图元叠放在视频图元上，如下：

```
def playByIndex(self, index):
    ...
    self.thread.start()
    self.addDescText(self.result[index][0])
    self.addLikeText(self.result[index][0])
```

4. 运行测试

1）数据准备

在视频信息表 videoinfo 中录入一条视频信息记录，同时在点赞表 likes 中录入该视频的点赞记录，如图 15.6 所示。

图 15.6　录入的视频信息记录及点赞记录

2）运行效果

启动程序，可看到视频画面左下角显示作者及描述文字，右下角出现的大拇指图标上显示点赞次数，如图 15.7 所示。

15.6　特色功能开发

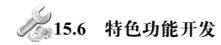

1. 用户信息加载、显示

在程序启动时，要在主界面右上方显示当前（登录）用户的头像，同时还要显示该用户所关注的用户列表，如图 15.8 所示。

为了开发和测试该功能，需要在数据库用户表 user 中预先录入一些用户信息，其中用户头像图片放在 MySQL 安全文件目录下，在 SQL 语句中以 LOAD_FILE 函数载入数据库，完成后的用户表 user 记录如图 15.9 所示。

图15.7 显示视频信息及点赞次数

图15.8 显示用户头像及关注用户列表

UserName	Photo	PassWord	Focus
Easy123	(BLOB)	123456	{'孙瑞涵'}
孙瑞涵	(BLOB)	123456	{'Easy123','水漂奇鼋'}
水漂奇鼋	(BLOB)	123456	{'孙瑞涵', 'Easy123'}

图15.9 用户表 user 记录

下面来开发相应功能。

1）显示当前用户

在 initUi 函数中添加代码：

```
self.currentUser = '水漂奇鼋'
self.lbCurrentUser.setPixmap(self.getPhotoByName(self.currentUser))
self.loadFocusUsers()                  # 加载当前用户关注的用户列表
```

通过 getPhotoByName 函数获取当前用户的头像，代码如下：

```
def getPhotoByName(self, username):
    self.openDb()
    self.cur.execute("SELECT Photo FROM user WHERE UserName = '" + username + "'")
    rs = self.cur.fetchall()
    self.closeDb()
    photo = QPixmap()
    photo.loadFromData(QByteArray(rs[0][0]), 'jpg')
    return photo
```

2）显示关注用户列表

loadFocusUsers 函数加载并显示当前用户所关注的用户列表，代码如下：

```
def loadFocusUsers(self):
    self.openDb()
    self.cur.execute("SELECT Focus FROM user WHERE UserName = '" + self.currentUser + "'")
    rs = self.cur.fetchall()
    self.closeDb()
    self.tbwFocusUsers.clear()                              # 清空列表
```

```python
self.tbwFocusUsers.setColumnCount(1)                      # 设定为1列
self.tbwFocusUsers.setHorizontalHeaderLabels(['关注'])
                                                          # 设置列标题
self.tbwFocusUsers.setColumnWidth(0, self.tbwFocusUsers.width())
                                                          # 列宽占满整个控件
self.tbwFocusUsers.setIconSize(QSize(25, 25))             # 设置列表项图标尺寸
if rs[0][0] == None:
    self.focusSet = set()
    return
self.focusSet = eval(rs[0][0])                            # 关注用户转为集合形式
self.tbwFocusUsers.setRowCount(len(self.focusSet))        # 列表行数为集合元素数
i = 0
for item in self.focusSet:
    userItem = QTableWidgetItem(QIcon(self.getPhotoByName(item)), item)
    self.tbwFocusUsers.setItem(i, 0, userItem)
    i += 1
```

说明：这里用到 PyQt6 的 TableWidget 表格控件来显示用户列表，该控件支持带图标的列表项显示，在创建列表项对象时额外传入一个图标类型的参数即可，语句形如：

```
列表项对象 = QTableWidgetItem(QIcon(图片对象), 列表项文本)
```

2. 添加/取消关注

首先设置关注按钮 pbFocus 的外观并为其关联功能函数，在 initUi 函数中添加代码：

```python
self.pbFocus.setLayoutDirection(Qt.LayoutDirection.RightToLeft)
self.pbFocus.clicked.connect(self.onFocus)
```

说明：这里设置按钮的 LayoutDirection 属性为 Qt.LayoutDirection.RightToLeft（从右往左），即图标在右边、文字在左边，运行时未加关注状态的按钮就可以呈现如 ＋ 😊 的效果。

实现加关注功能的 onFocus 函数，代码如下：

```python
def onFocus(self):
    username = self.getNameById(self.result[self.index][0])
    if username not in self.focusSet:       # 若当前视频的作者不在关注用户列表中
        self.focusSet.add(username)         # 添加到关注用户列表
    else:
        self.focusSet.remove(username)      # 移出关注用户列表(取消关注)
    # 更新数据库
    self.openDb()
    self.cur.execute("UPDATE user SET Focus = \"" + str(self.focusSet) + "\" WHERE UserName = '" + self.currentUser + "'")
    self.db.commit()
    self.closeDb()
    self.loadFocusUsers()                   # 刷新界面上的关注用户列表
    self.addFocusIcon(self.result[self.index][0])
```

上面代码中调用了以下两个函数。

（1）getNameById 函数获取当前视频作者用户名，代码为：

```python
def getNameById(self, vid):
    self.openDb()
    self.cur.execute('SELECT UserName FROM videoinfo WHERE Vid = ' + str(vid))
```

```
        rs = self.cur.fetchall()
        self.closeDb()
        return rs[0][0]
```

（2）addFocusIcon 函数根据当前关注状态动态设置按钮 pbFocus 的外观，代码如下：

```
    def addFocusIcon(self, vid):
        # 根据视频作者用户名设置按钮图标
        username = self.getNameById(vid)
        self.pbFocus.setIcon(QIcon(QPixmap(self.getPhotoByName(username))))
        # 根据当前关注状态设置按钮外观
        if username in self.focusSet:
            self.pbFocus.setText('')
            self.pbFocus.setIconSize(QSize(49, 49))
            self.pbFocus.setToolTip('取消关注')
        else:
            self.pbFocus.setText('＋')
            self.pbFocus.setIconSize(QSize(31, 31))
            self.pbFocus.setToolTip('加关注')
```

然后在播放视频的 playByIndex 函数中调用 addFocusIcon 函数，才能在运行界面上看到关注按钮，添加语句：

```
    def playByIndex(self, index):
        ...
        self.addDescText(self.result[index][0])
        self.addFocusIcon(self.result[index][0])
        self.addLikeText(self.result[index][0])
```

3. 点赞/取消赞

在 initUi 函数中为点赞按钮 pbLike 关联功能函数，语句为：

```
self.pbLike.clicked.connect(self.onLike)
```

onLike 函数代码如下：

```
    def onLike(self):
        self.openDb()
        self.cur.execute("SELECT * FROM likes WHERE Vid = " + str(self.result[self.index][0]) + " AND UserName = '" + self.currentUser + "'")
        if self.cur.rowcount == 1:          # 若已点过则取消赞
            self.cur.execute("DELETE From likes WHERE Vid = " + str(self.result[self.index][0]) + " AND UserName = '" + self.currentUser + "'")
        else:                               # 未点过赞则往数据库 likes 表中增加点赞记录
            self.cur.execute("INSERT INTO likes VALUES(" + str(self.result[self.index][0]) + ", '" + self.currentUser + "')")
        self.db.commit()
        self.closeDb()
        self.addLikeText(self.result[self.index][0])
```

本例的点赞界面效果模仿抖音，用两个红色心形图标切换：未点赞时是空心（offlike.jpg），点赞过后变为实心（onlike.jpg），在 addLikeText 函数中添加代码：

```
    def addLikeText(self, vid):
        ...
```

```
        self.likecountTextItem.setPlainText(str(985 + self.cur.rowcount))
        self.cur.execute("SELECT * FROM likes WHERE Vid = " + str(vid) + " AND UserName
= '" + self.currentUser + "'")
        if self.cur.rowcount == 1:
            self.pbLike.setIcon(QIcon('image/onlike.jpg'))
        else:
            self.pbLike.setIcon(QIcon('image/offlike.jpg'))
        self.closeDb()
        ...
```

运行效果如图 15.10 所示。

图 15.10　点赞/取消赞运行效果

15.6.2　评论与弹幕

1. 发表评论

用户单击视频画面右侧的"评论"按钮，弹出如图 15.11 所示的对话框，可在其中输入评论内容，单击"OK"按钮将其发表到数据库评论表 evaluate 中。

图 15.11　"评论"对话框　　1）自定义"评论"对话框

在主程序的类定义区定义"评论"对话框类 CommentDialog，代码如下：

```
class CommentDialog(QDialog):
    def __init__(self):
        super(CommentDialog, self).__init__()
        self.setWindowTitle('评论')
        self.setWindowIcon(QIcon('image/comment.jpg'))
        layout = QVBoxLayout()
        self.leComment = QLineEdit()
        self.leComment.setPlaceholderText('留下你的精彩评论吧')
        layout.addWidget(self.leComment)
        buttonBox = QDialogButtonBox()
        buttonBox.setOrientation(Qt.Orientation.Horizontal)
        buttonBox.setStandardButtons(QDialogButtonBox.StandardButton.Cancel |
QDialogButtonBox.StandardButton.Ok)
        buttonBox.rejected.connect(self.reject)    # 取消
        buttonBox.accepted.connect(self.accept)    # 确定
        layout.addWidget(buttonBox)
        self.setLayout(layout)
```

说明：该对话框采用简单的垂直布局（QVBoxLayout）中放置一个单行文本框（LineEdit）来接收用户输入的评论内容，用系统内置对话框按钮盒（DialogButtonBox）中的标准确定

（StandardButton.Ok）和取消（StandardButton.Cancel）按钮来响应用户提交评论的操作。

2）功能开发

在 initUi 函数中为评论按钮 pbComment 关联功能函数，语句为：

```
self.pbComment.clicked.connect(self.onComment)
```

onComment 函数代码如下：

```
def onComment(self):
    commentDialog = CommentDialog()
    if commentDialog.exec():
        self.openDb()
        self.cur.execute("INSERT INTO evaluate(Vid, UserName, Comment) VALUES(" + str(self.result[self.index][0]) + ", '" + self.currentUser + "', '" + commentDialog.leComment.text() + "')")
        self.db.commit()
        self.closeDb()
    commentDialog.destroy()
```

2．开启/关闭弹幕

弹幕就是在视频画面上滚动显示的实时评论内容，其效果如图 15.12 所示，它是当下互联网视频应用中最流行的功能之一。在实现这个功能之前，先用上面开发好的"评论"对话框往数据库中发表一些评论，完成后评论表 evaluate 的记录如图 15.13 所示。

说明：

读者修改 initUi 函数中的 self.currentUser 赋值、运行程序，就可以以不同用户名（UserName）发表评论，评论的内容可任意写，不一定非要与书中一样。

下面来开发弹幕功能。

1）自定义动态图元

GraphicsView 系统内置的图元并无运动功能，要实现弹幕文字的滚动效果，需要自定义图元类，这里对原有的文字图元类（QGraphicsTextItem）进行继承扩展，内置一个定时器来实现动态文字功能。

图 15.12　弹幕效果

Eid	Vid	UserName	Comment
1	1	Easy123	这古镇好干净哦！
2	1	孙瑞涵	美女，去哪里的古镇玩了？
3	1	孙瑞涵	好惬意哦！
4	1	Easy123	我也想去玩！
5	1	孙瑞涵	有时间去玩真好！

图 15.13　用于测试弹幕的评论表记录

在主程序的类定义区定义 GraphicsDanmakuTextItem 类，如下：

```
class GraphicsDanmakuTextItem(QGraphicsTextItem):
    def __init__(self):
        super(GraphicsDanmakuTextItem, self).__init__()
    def timerEvent(self, event):
        if self.x() > 100:
            self.setPos(self.x() - 1, self.y())        # 文字左移
        else:# 当 X 坐标<=100 时，重设到画面右边(X>500)的一个随机位置
            self.setPos(500 + random.randint(0, 200), self.y())
```

2）开关弹幕

程序以一个 self.danmakuHide 变量控制弹幕的开关，默认为 False（开启状态），在 initUi 函数中为弹幕开关按钮 pbDanmaku 关联函数，语句如下：

```
self.danmakuHide = False                              # 默认开启弹幕
self.pbDanmaku.clicked.connect(self.onDanmaku)
```

onDanmaku 函数代码如下：

```
def onDanmaku(self):
    if self.danmakuHide == False:
        self.pbDanmaku.setIcon(QIcon('image/offdanmaku.jpg'))
        self.danmakuHide = True
    else:
        self.pbDanmaku.setIcon(QIcon('image/ondanmaku.jpg'))
        self.danmakuHide = False
    self.playByIndex(self.index)
```

说明：这个函数仅仅设置开关变量及弹幕开关按钮的外观，真正添加弹幕文字的功能由视频播放 playByIndex 函数调用 addDanmakuText 函数实现。为此，在 playByIndex 函数最后添加代码：

```
def playByIndex(self, index):
    ...
    self.addLikeText(self.result[index][0])
    if self.danmakuHide == False:
        self.addDanmakuText(self.result[index][0])
```

3）添加弹幕

addDanmakuText 函数真正实现添加弹幕的功能，它从数据库评论表 evaluate 中读取当前视频的所有评论，为每条评论逐一创建动态图元并添加到视频场景中，代码如下：

```
def addDanmakuText(self, vid):
    self.openDb()
    self.cur.execute('SELECT Comment FROM evaluate WHERE Vid = ' + str(vid))
    rs = self.cur.fetchall()
    if self.cur.rowcount == 0:
        return
    font = QFont()
    font.setBold(True)
    font.setPointSize(12)
    font.setFamily('微软雅黑')
```

```python
        for n in range(0, self.cur.rowcount):
            danmakuTextItem = GraphicsDanmakuTextItem()        # 创建动态图元
            danmakuTextItem.setPlainText(rs[n][0])
            danmakuTextItem.setFont(font)
            danmakuTextItem.setPos(500 + random.randint(0, 200), 40 + 30 * n)
            danmakuTextItem.setDefaultTextColor(Qt.GlobalColor.white)
            danmakuTextItem.startTimer(10)                     # 启动定时器(时间间隔为10ms)
            self.scene.addItem(danmakuTextItem)                # 添加动态图元到视频场景中
        self.closeDb()
```

为了能在用户发表新的评论后马上同步更新弹幕内容,还需要在 onComment 函数中添加两句代码,如下:

```python
    def onComment(self):
        commentDialog = CommentDialog()
        if commentDialog.exec():
            ...
            self.closeDb()
            if (self.danmakuHide == False) and \
(commentDialog.leComment.text() != ''):
                self.playByIndex(self.index)
        commentDialog.destroy()
```

15.6.3 根据用户喜好推荐视频

之前开发视频基本功能时,程序启动默认加载的是视频表 video 中所有的视频,而抖音可根据用户以往的观看行为推断出该用户的喜好,并为其精准推荐相应分类下的视频。

1. 实现思路

本例以用户最频繁点赞的视频所属分类来记录用户喜好。在用户表 user 中有一个 json 类型的 Likes 列,其中统计了用户对各类视频的点赞次数,以{"分类1": 次数值1, "分类2": 次数值2,…}表示。

例如:{"生活": 2, "运动": 2, "探索发现": 10}表示该用户对生活和运动类视频各点赞了两次,而对探索发现类的视频点赞多达 10 次,显然,他更关注探索发现类视频,由此得出其喜好,于是在下一次该用户登录系统的时候,就将平台上最新发布的探索发现类视频推荐给该用户。

2. 根据喜好加载视频

1)加载视频

修改加载视频的 loadOnlineVideos 函数,如下:

```python
    def loadOnlineVideos(self):
        self.openDb()
        self.cur.execute("SELECT Likes FROM user WHERE UserName = '" + self.currentUser + "'")
        rs = self.cur.fetchall()
        self.likesDict = eval(rs[0][0])
        likeCategory = max(self.likesDict, key=self.likesDict.get)
```

```
        self.cur.execute("SELECT video.Vid, VideoData FROM videoinfo, video WHERE
FIND_IN_SET('" + likeCategory + "', Category) AND (Permit = 1 OR UserName = '" +
self.currentUser + "') AND videoinfo.Vid = video.Vid AND PTime >= NOW() - INTERVAL
2 DAY")
        # self.cur.execute("SELECT Vid, VideoData FROM video")
        ...
```

说明：这里先从用户表 user 读取 json 类型的 Likes 列数据，用 eval 转为 Python 字典 dict 类型，再用 max 方法获取字典中值最大的键（分类），然后用 MySQL 的 FIND_IN_SET 函数查询视频信息表 videoinfo 的 set 类型 Category 列中包含这个分类的视频，根据发布时间 PTime 取最近两天的视频进行加载。

2）记录喜好

在用户进行点赞操作的时候就要及时记录该用户的喜好信息，为此要修改点赞功能函数 onLike，在其中添加如下代码：

```
    def onLike(self):
        self.openDb()
        self.cur.execute("SELECT Category FROM videoinfo WHERE Vid = " +
str(self.result[self.index][0]))
        rs = self.cur.fetchall()
        cateSet = set(rs[0][0].split(','))              # 得到该视频所属的分类集合
        self.cur.execute("SELECT * FROM likes WHERE Vid = " + str(self.result
[self.index][0]) + " AND UserName = '" + self.currentUser + "'")
        if self.cur.rowcount == 1:
            self.cur.execute("DELETE From likes WHERE Vid = " + str(self.result
[self.index][0]) + " AND UserName = '" + self.currentUser + "'")
            for cate in cateSet:
                self.cur.execute("UPDATE user SET Likes = JSON_SET(Likes, '$.\"" +
cate + "\"', JSON_EXTRACT(Likes, '$.\"" + cate + "\"') - 1) WHERE UserName = '" +
self.currentUser + "'")
                                                        # 取消赞时该分类计数减一
        else:
            self.cur.execute("INSERT INTO likes VALUES(" + str(self.result
[self.index][0]) + ", '" + self.currentUser + "')")
            for cate in cateSet:
                self.cur.execute("UPDATE user SET Likes = JSON_SET(Likes, '$.\"" +
cate + "\"', JSON_EXTRACT(Likes, '$.\"" + cate + "\"') + 1) WHERE UserName = '" +
self.currentUser + "'")
                                                        # 点赞时该分类计数加一
        self.db.commit()
        self.closeDb()
        self.addLikeText(self.result[self.index][0])
```

说明：这里用 set 方法将 MySQL 集合类型转为 Python 集合类型，程序以 for 循环遍历集合，更新数据库时再以 MySQL 的 JSON_SET、JSON_EXTRACT 函数操作 json 类型的列。

3. 搜索视频

根据用户输入的关键词到视频信息表 videoinfo 中模糊查询描述信息（DescNote），匹配的视频按优先级（Prior）加载播放。

给搜索按钮 pbSearch 关联功能函数，在 initUi 函数中添加代码：

```
        self.pbSearch.clicked.connect(self.onSearch)
```

onSearch 函数实现搜索功能，代码如下：

```
def onSearch(self):
    key = self.leInterestKey.text()
    self.openDb()
    if key != '':
        self.cur.execute("SELECT video.Vid, VideoData FROM videoinfo, video WHERE DescNote LIKE '%" + key + "%' AND (Permit = 1 OR UserName = '" + self.currentUser + "') AND videoinfo.Vid = video.Vid")
    else:
        self.cur.execute("SELECT video.Vid, VideoData FROM videoinfo, video WHERE (Permit = 1 OR UserName = '" + self.currentUser + "') AND videoinfo.Vid = video.Vid ORDER BY Prior DESC")
    rs = self.cur.fetchall()
    cnt = self.cur.rowcount
    self.closeDb()
    if cnt != 0:
        self.result = rs
        self.count = cnt
        self.index = 0
        self.playByIndex(self.index)
```

15.7 视频录制、编辑与发布功能开发

15.7.1 视频录制

1. 界面设计

用 Qt Designer 打开项目界面 UI 文件 TikTok.ui，切换到 TabWidget 控件的第二个选项页，在其上设计"录制"页，如图 15.14 所示。

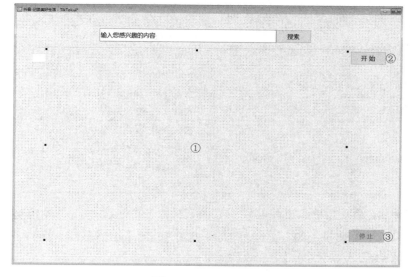

图 15.14 "录制"页

其中，编号①的控件是一个定制组件，类别为 QVideoWidget，由 Widget 控件提升而来，具体操作如下：

（1）从窗口部件盒中拖曳一个 Widget 控件（ Widget ）至窗体上，右击，选择"提升为"命令，弹出"提升的窗口部件"对话框。

（2）在该对话框下部"新建提升的类"选项组的"提升的类名称"文本框中输入类名"QVideoWidget"，"头文件"文本框会自动填写头文件名"qvideowidget.h"，勾选"全局包含"复选框，单击"添加"按钮，如图 15.15 所示。

（3）此时，该对话框上部"提升的类"列表框中出现 QVideoWidget 类的条目，单击"提升"按钮，如图 15.16 所示。

图 15.15　添加提升的类　　　　　　　　图 15.16　提升控件

根据表 15.7 在属性编辑器中分别设置各控件的属性。

表 15.7　各控件的属性

编号	控件类别	对象名称	属性说明
①	QVideoWidget	vwViewFinder	geometry: [(5, 5), 941x611] font: [Microsoft YaHei UI, 18]
②	PushButton	pbStart	geometry: [(955, 5), 111x41] font: [Microsoft YaHei UI, 14] text: 开　始
③	PushButton	pbStop	enabled: 取消勾选 geometry: [(955, 576), 111x41] font: [Microsoft YaHei UI, 14] text: 停　止

保存 TikTok.ui，再次用 PyUic 将它转成界面 PY 文件并更名为 TikTok_ui.py（删除原来的界面 PY 文件），打开，除了像之前一样将界面类 Ui_Form 继承的类改为 QWidget，还要在文件末尾修改 QVideoWidget 类的导入语句，如下：

```
...
from PyQt6.QtWidgets import QWidget          # 导入 QWidget 基类

class Ui_Form(QWidget):                       # 修改继承的类
    def setupUi(self, Form):
        ...
    def retranslateUi(self, Form):
        ...
from PyQt6.QtMultimediaWidgets import QVideoWidget
                                              # 修改 QVideoWidget 类的导入语句
```

界面 PY 文件

2. 功能开发

录制功能比较简单，其实就是用程序对摄像头的开关进行控制，首先要准备一个摄像头连接到计算机。

为"开始""停止"按钮关联功能函数，在 initUi 函数中添加语句：

```
self.pbStart.clicked.connect(self.startCamera)
self.pbStop.clicked.connect(self.stopCamera)
```

1）开始录制

"开始"按钮 pbStart 关联的 startCamera 函数打开摄像头录制视频，代码如下：

```
def startCamera(self):
    cameraInfo = QMediaDevices.defaultVideoInput()  # 获取摄像头信息
    self.camera = QCamera(cameraInfo)                # 创建相机对象
    self.session = QMediaCaptureSession()            # 创建媒体捕获会话
    self.session.setCamera(self.camera)              # 将相机连接到会话
    self.session.setVideoOutput(self.vwViewFinder)   # 录制过程同步输出至界面
    self.recorder = QMediaRecorder()                 # 创建录像机对象
    self.session.setRecorder(self.recorder)          # 将录像机连接到会话
    self.recorder.setOutputLocation(QUrl.fromLocalFile('D:\\PyQt6\\temp.mp4'))
                    # 录制视频文件的保存位置（读者也可设为其他路径和文件名）
    self.camera.start()                              # 打开摄像头
    self.recorder.record()                           # 开始录制
    self.pbStart.setEnabled(False)
    self.pbStop.setEnabled(True)
```

2）结束录制

"停止"按钮 pbStop 关联的 stopCamera 函数关闭摄像头结束录制，代码如下：

```
def stopCamera(self):
    self.recorder.stop()                             # 停止录制
    self.camera.stop()                               # 关闭摄像头
    self.pbStart.setEnabled(True)
    self.pbStop.setEnabled(False)
```

3. 运行测试

启动程序，切换到第二个选项页，单击"开始"按钮，打开摄像头开始录制视频，界面上显示出实时录制的影像，如图 15.17 所示。

图 15.17 录制视频

15.7.2 视频编辑与发布

1. 界面设计

用 Qt Designer 打开项目界面 UI 文件 TikTok.ui,切换到 TabWidget 控件的第三个选项页,在其上设计"发布"页,如图 15.18 所示。

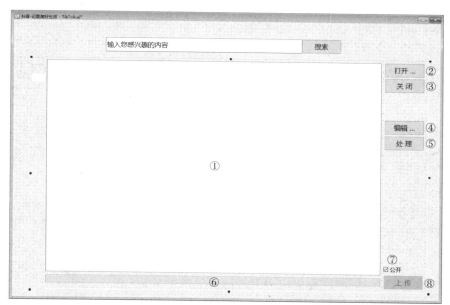

图 15.18 "发布"页

根据表 15.8 在属性编辑器中分别设置各控件的属性。

表 15.8 各控件的属性

编号	控件类别	对象名称	属性说明
①	GraphicsView	gvVideoClip	geometry: [(5, 5), 941x611] font: [Microsoft YaHei UI, 18]
②	PushButton	pbOpen	geometry: [(955, 5), 111x41] font: [Microsoft YaHei UI, 14] text: 打开 ...
③	PushButton	pbClose	geometry: [(955, 50), 111x41] font: [Microsoft YaHei UI, 14] text: 关闭
④	PushButton	pbEdit	geometry: [(955, 170), 111x41] font: [Microsoft YaHei UI, 14] text: 编辑 ...
⑤	PushButton	pbProc	geometry: [(955, 215), 111x41] font: [Microsoft YaHei UI, 14] text: 处理
⑥	ProgressBar	pgbUpload	geometry: [(5, 625), 941x23] font: [Microsoft YaHei UI, 14] value: 0 textVisible: 取消勾选
⑦	CheckBox	cbPublic	geometry: [(955, 589), 80x20] font: [Microsoft YaHei UI, 12] text: 公开 checked: 勾选
⑧	PushButton	pbUpload	enabled: 取消勾选 geometry: [(955, 616), 111x41] font: [Microsoft YaHei UI, 14] text: 上传

保存 TikTok.ui，再次用 PyUic 将它转成界面 PY 文件并更名为 TikTok_ui.py（删除原来的界面 PY 文件），打开，将界面类 Ui_Form 继承的类改为 QWidget，并在文件末尾修改 QVideoWidget 类的导入语句，修改内容同前。

2. 视频预览

1）预览视频的播放

在编辑和发布之前，用户可预览已有的视频，预览视频的播放原理与主界面一样，也使用 GraphicsView 图元系统，为此需要创建媒体播放器、场景、视频图元并将它们关联起来。

在 initUi 函数中添加代码：

```
self.preplayer = QMediaPlayer(self)
self.prescene = QGraphicsScene(self)
self.gvVideoClip.setScene(self.prescene)
self.preVideoItem = QGraphicsVideoItem()
self.preVideoItem.setSize(QSizeF(self.gvVideoClip.width() - 2,
```

```
self.gvVideoClip.height() - 30))
    self.preplayer.setVideoOutput(self.preVideoItem)
    self.preAudioItem = QAudioOutput(self)
    self.preplayer.setAudioOutput(self.preAudioItem)
    self.preplayer.setLoops(QMediaPlayer.Loops.Infinite)
    self.prethread = GraphicsThread()                       # 创建线程对象
    self.prethread.trigger.connect(self.previewVideo)       # 关联到播放函数
```

可见，播放预览视频也要通过新建的线程，其信号关联到播放函数 previewVideo。

previewVideo 函数代码为：

```
def previewVideo(self):
    self.preplayer.setSource(QUrl.fromLocalFile(prefilename))
    self.preplayer.play()
```

说明：prefilename 是全局变量（定义在主程序的类定义区），用于保存用户打开的视频文件名。

2）打开视频

为了接下来的编辑处理做准备，在打开视频时需要顺带获取视频的一些属性信息。本例的视频属性获取、视频处理功能都使用著名的 OpenCV 库实现，在 Windows 命令行用 "pip install opencv-python" 命令联网安装，然后在程序开头导入：

```
import cv2
```

为打开按钮 pbOpen 关联功能函数，在 initUi 函数中添加语句：

```
self.pbOpen.clicked.connect(self.openVideo)
```

功能函数 openVideo 代码如下：

```
def openVideo(self):
    global prefilename, frameTotal, frameWidth, frameHeight, scaleX, scaleY, frameFps                                        # 全局变量若要赋值必须用 global 声明
    prefilename = QFileDialog.getOpenFileName(self, '选择视频', 'D:\\PyQT6\\', '视频文件(*.mp4)')[0]                  # 获取打开的视频文件名
    if prefilename != '':
        self.closeVideo()                                   # 若已有视频在播放，先关闭
        self.prescene.addItem(self.preVideoItem)
        self.pbUpload.setEnabled(True)
        self.prethread.start()                              # 启动线程播放预览
        ###===============以下用 OpenCV 库获取视频关键属性===============###
        videoIn = cv2.VideoCapture(prefilename)
        frameTotal = int(videoIn.get(cv2.CAP_PROP_FRAME_COUNT))
                                                            # 获取总帧数
        frameWidth = int(videoIn.get(cv2.CAP_PROP_FRAME_WIDTH))
                                                            # 获取帧画面宽度
        frameHeight = int(videoIn.get(cv2.CAP_PROP_FRAME_HEIGHT))
                                                            # 获取帧画面高度
        # 计算画面缩放率
        scaleX = frameWidth / (self.gvVideoClip.width() - 2)
        scaleY = frameHeight / (self.gvVideoClip.height() - 30)
        frameFps = int(round(videoIn.get(cv2.CAP_PROP_FPS)))
                                                            # 获取帧速
```

```
        print('视频总长:' + str(frameTotal) + '帧,帧速:' + str(frameFps) + ',时长:'
              + str(int(frameTotal / frameFps)) + ',' + str(frameWidth) + 'x' + str(frameHeight))
```

说明： 函数开头用 global 声明了一些全局变量（定义在主程序的类定义区），其中 frameTotal（总帧数）、frameWidth（帧画面宽度）、frameHeight（帧画面高度）、frameFps（帧速）都是处理视频必需的关键属性，在程序中通过 OpenCV 库获取。

3）关闭视频

为关闭按钮 pbClose 关联功能函数，在 initUi 函数中添加语句：

```
self.pbClose.clicked.connect(self.closeVideo)
```

功能函数 closeVideo 代码如下：

```
def closeVideo(self):
    self.preplayer.stop()                                # 关闭媒体播放器
    self.preplayer.setSource(QUrl.fromLocalFile(''))
    for item in self.prescene.items():                   # 清除视频放映区的所有图元
        self.prescene.removeItem(item)
    self.pbUpload.setEnabled(False)
```

预览功能开发完成，读者可打开自己计算机里的视频文件观看效果。

3. 视频编辑

本例支持在视频中的设定时段往画面上添加图片和文字，并且还可以为视频配上喜欢的背景音乐。用户单击视频预览区右侧的"编辑"按钮，弹出如图 15.19 所示的对话框，就可在其中进行编辑设置了。

1）自定义"编辑"对话框

在主程序的类定义区定义"编辑"对话框类 EditDialog，代码如下：

图 15.19 "编辑"对话框

```
class EditDialog(QDialog):
    def __init__(self):
        super(EditDialog, self).__init__()
        self.setWindowTitle('编辑')
        self.setWindowIcon(QIcon('image/tiktok.jpg'))
        self.resize(375, 300)
        grid = QGridLayout()
        grid.addWidget(QLabel('添加文字'), 0, 0, 1, 1)
        self.leText = QLineEdit()
        grid.addWidget(self.leText, 0, 1, 1, 1)
        grid.addWidget(QLabel('添加图片'), 1, 0, 1, 1)
        self.lePicPath = QLineEdit()
        self.lePicPath.setEnabled(False)
        grid.addWidget(self.lePicPath, 1, 1, 1, 1)
        self.pbOpenPic = QPushButton('打 开...')
        self.pbOpenPic.clicked.connect(self.openPic)
        grid.addWidget(self.pbOpenPic, 2, 0, 1, 1, Qt.AlignmentFlag.AlignTop)
        self.lbPic = QLabel('预 览')
```

```python
            self.lbPic.setAlignment(Qt.AlignmentFlag.AlignCenter)
            self.lbPic.setFixedSize(128, 128)
            self.lbPic.setFrameShape(QFrame.Shape.Box)
            self.lbPic.setFrameShadow(QFrame.Shadow.Sunken)
            grid.addWidget(self.lbPic, 2, 1, 1, 1, Qt.AlignmentFlag.AlignCenter)
            grid.addWidget(QLabel('设定时段'), 3, 0, 1, 1)
            group = QGroupBox()
            self.sbStart = QSpinBox()
            self.sbStart.setMaximum(100)
            self.sbStart.setMaximum(int(frameTotal / frameFps) - 1)
            self.sbEnd = QSpinBox()
            self.sbEnd.setMinimum(1)
            self.sbEnd.setMaximum(int(frameTotal / frameFps))
            self.sbEnd.setValue(10)
            hbox = QHBoxLayout()
            hbox.addWidget(self.sbStart)
            hbox.addWidget(QLabel('—'))
            hbox.addWidget(self.sbEnd)
            hbox.addWidget(QLabel('秒'))
            group.setLayout(hbox)
            grid.addWidget(group, 3, 1, 1, 1, Qt.AlignmentFlag.AlignLeft)
            self.pbOpenMusic = QPushButton('背景音乐...')
            self.pbOpenMusic.clicked.connect(self.openMusic)
            grid.addWidget(self.pbOpenMusic, 4, 0, 1, 1)
            self.leMusicPath = QLineEdit()
            self.leMusicPath.setEnabled(False)
            grid.addWidget(self.leMusicPath, 4, 1, 1, 1)

            buttonBox = QDialogButtonBox()
            buttonBox.setOrientation(Qt.Orientation.Horizontal)
            buttonBox.setStandardButtons(QDialogButtonBox.StandardButton.Cancel | QDialogButtonBox.StandardButton.Ok)
            buttonBox.rejected.connect(self.reject)   # 取消
            buttonBox.accepted.connect(self.accept)   # 确定

            layout = QVBoxLayout()
            layout.addLayout(grid)
            layout.addWidget(buttonBox)
            self.setLayout(layout)

    def openPic(self):
        filename = QFileDialog.getOpenFileName(self, '选择图片', 'E:\\MySQL8\\DATAFILE\\', '图片文件(*.jpg *.png *.gif *.ico *.bmp)')[0]
        if filename != '':
            self.lePicPath.setText(filename)
            self.lbPic.setPixmap(QPixmap(filename).scaled(128, 128, Qt.AspectRatioMode.KeepAspectRatio))
```

```
        def openMusic(self):
            filename = QFileDialog.getOpenFileName(self, '选择音乐', 'E:\\MySQL8\\DATAFILE\\', '音频文件(*.mp3 *.wav)')[0]
            if filename != '':
                self.leMusicPath.setText(filename)
```

说明：由于这个对话框设置项较多，界面稍显复杂，故其主体部分采用了网格布局（QGridLayout），网格中再放置控件组（QGroupBox），组中控件又被放入一个水平布局（QHBoxLayout）中——像这样将多种布局方式与容器结合使用是制作简洁对话框界面的有效方法，希望读者在日常开发中多加实践。

2）编辑视频

在 initUi 函数中为编辑按钮 pbEdit 关联功能函数，语句为：

```
self.pbEdit.clicked.connect(self.editVideo)
```

editVideo 函数代码如下：

```
    def editVideo(self):
        global caption, picfilename, start, end, musicfilename
        editDialog = EditDialog()
        if editDialog.exec():
            # 添加图片
            picfilename = editDialog.lePicPath.text()
            if picfilename != '':
                pixmap = QPixmap(picfilename)
                pixmap = pixmap.scaled(128, 128, Qt.AspectRatioMode.KeepAspectRatio)
                self.myPicItem = QGraphicsPixmapItem(pixmap)
                self.myPicItem.setPos(100, 200)
                self.myPicItem.setFlag(QGraphicsItem.GraphicsItemFlag.ItemIsSelectable)
                self.myPicItem.setFlag(QGraphicsItem.GraphicsItemFlag.ItemIsFocusable)
                self.myPicItem.setFlag(QGraphicsItem.GraphicsItemFlag.ItemIsMovable)
                self.prescene.addItem(self.myPicItem)
            # 添加文字
            caption = editDialog.leText.text()
            if caption != '':
                self.myTextItem = QGraphicsTextItem(caption)
                font = QFont()
                font.setPointSize(36)
                font.setFamily('黑体')
                self.myTextItem.setFont(font)
                self.myTextItem.setPos(100, 100)
                self.myTextItem.setDefaultTextColor(Qt.GlobalColor.white)
                self.myTextItem.setFlag(QGraphicsItem.GraphicsItemFlag.ItemIsSelectable)
                self.myTextItem.setFlag(QGraphicsItem.GraphicsItemFlag.ItemIsFocusable)
                self.myTextItem.setFlag(QGraphicsItem.GraphicsItemFlag.ItemIs
```

```
Movable)
            self.prescene.addItem(self.myTextItem)
        # 记录起止时段
        start = editDialog.sbStart.value()
        end = editDialog.sbEnd.value()
        # 添加音乐
        musicfilename = editDialog.leMusicPath.text()
    editDialog.destroy()
```

说明：

① 以上代码将用户在"编辑"对话框中选择的图片、输入的文字都以图元形式添加到视频画面场景中，并用 setFlag 方法设置图元属性为 ItemIsSelectable（可选）、ItemIsFocusable（可获得焦点）和 ItemIsMovable（可移动），这样在用户设置完成单击"OK"按钮返回预览界面后，还可以用鼠标任意拖动图片和文字来调整它们在视频画面中的位置。

② 用全局变量（定义在主程序的类定义区）来保存用户添加的图片文件名（picfilename）、文字内容（caption）、选择的背景音乐文件名（musicfilename）以及各元素加入视频的起止时段（start/end），供视频处理线程使用。

3）视频处理线程

在用户确认了要添加内容（图片和文字）的位置后，单击"处理"按钮开始处理，将添加的各元素合成到原视频中生成新视频。处理操作用 OpenCV 库编程实现，由于处理过程需要耗费一定的时间并占用一些资源，所以专门开发了一个线程类 VideoClipThread 来执行处理任务。

处理线程要用到的一些参数（包括视频属性、添加的元素信息等）都以全局变量的形式统一定义在主程序类定义区，如下：

```
prefilename = ''              # 视频文件名
caption = ''                  # 要添加的文字内容
picfilename = ''              # 要添加的图片文件名
start = 0                     # 添加起始时刻(秒)
end = 10                      # 添加终止时刻(秒)
musicfilename = ''            # 背景音乐文件名
frameTotal = 0                # 总帧数
frameFps = 1                  # 帧速
frameWidth = 0                # 帧画面宽度
frameHeight = 0               # 帧画面高度
scaleX = 1                    # 画面横向(X)缩放比率
scaleY = 1                    # 画面纵向(Y)缩放比率
curIndex = 0                  # 处理的当前帧
textPosX = 0                  # 文字添加位置(X)
textPosY = 0                  # 文字添加位置(Y)
picPosX = 0                   # 图片添加位置(X)
picPosY = 0                   # 图片添加位置(Y)
```

定义线程类 VideoClipThread，代码如下：

```
class VideoClipThread(QThread):
    trigger = pyqtSignal()
    def __init__(self):
        super(VideoClipThread, self).__init__()
```

```python
    def run(self):
        global curIndex
        videoIn = cv2.VideoCapture(prefilename)
        myFont = ImageFont.truetype('simhei.ttf', int(36 * scaleX * 1.2), encoding='utf-8')        # 设置视频中添加文字的字体
        curIndex = 0                                  # 当前处理帧
        tmpPath = 'D:/PyQt6/temp/snap_'
        self.clearTemp()
        while True:
            ret, frame = videoIn.read()
            if not ret:
                break
            if curIndex == frameTotal:         # 至处理结束处
                break
            frameCapture = cv2.resize(frame, (frameWidth, frameHeight), interpolation=cv2.INTER_AREA)
            '''以下对采集到的帧图像进行处理'''
            if (caption != '' or picfilename != '') and curIndex >= start * frameFps and curIndex < end * frameFps:
                frameImg = Image.fromarray(cv2.cvtColor(frameCapture, cv2.COLOR_BGR2RGB))            # OpenCV 转 PIL 格式
                if picfilename != '':
                    myPic = Image.open(picfilename)
                    myPic = myPic.resize((int(128 * scaleX * 1.2), int(128 * scaleY * 1.2)))
                    frameImg.paste(myPic, (int(picPosX * scaleX), int(picPosY * scaleY)))             # 添加图片
                if caption != '':
                    myDraw = ImageDraw.Draw(frameImg)
                    myDraw.text((textPosX * scaleX, textPosY * scaleY), caption, (255, 255, 255), font=myFont)         # 添加文字
                frameCapture = cv2.cvtColor(npy.array(frameImg), cv2.COLOR_RGB2BGR)
                                                      # PIL 转回 OpenCV 格式
            '''处理完毕'''
            cv2.imwrite(tmpPath + str(curIndex) + '.jpg', frameCapture)
            curIndex += 1
            self.trigger.emit()                       # 发出信号(通知主线程更新界面进度条)
        videoIn.release()
        myFourcc = cv2.VideoWriter_fourcc('m', 'p', '4', 'v')
        videoOut = cv2.VideoWriter('D:\\PyQt6\\temp0.mp4', myFourcc, frameFps, (frameWidth, frameHeight))
        for n in range(0, frameTotal):
            frameSave = cv2.imread(tmpPath + str(n) + '.jpg')
            videoOut.write(frameSave)
            curIndex += 1
            self.trigger.emit()                       # 发出信号(通知主程序更新界面进度条)
        cv2.destroyAllWindows()
```

```
                curIndex = -1                          # 处理完毕
                self.trigger.emit()                    # 发出信号(通知主程序更新界面进度条)

        def clearTemp(self):                           # 清理临时目录
            dir = QDir("D:\\PyQt6\\temp")
            if dir.isEmpty() == False:
                iterator = QDirIterator("D:\\PyQt6\\temp", QDir.Filter.Files,
QDirIterator.IteratorFlag.NoIteratorFlags)
                while iterator.hasNext():
                    dir.remove(iterator.next())
```

视频处理的过程是这样的：
① 循环读取视频的每一帧图像。
② 转为 PIL 格式。
③ 对位于用户设定起止时段内（curIndex >= start * frameFps and curIndex < end * frameFps）的帧图像添加图片和文字。
④ 转回 OpenCV 格式。
⑤ 将处理完成的帧图像以文件名"snap_x.jpg"（x 为帧序号）保存于一个临时目录（temp）中。
⑥ 将临时目录（temp）中的每一帧图像依序写入一个 temp0.mp4 文件，合成为新视频。

其中，对帧图像的处理要用 PIL 图像处理库的类，需要在程序开头导入：

```
from PIL import Image, ImageDraw, ImageFont
```

线程在每处理完一帧后都会及时发出信号，通知主程序更新界面上的进度条。在 initUi 函数中创建线程对象，将其信号关联到 updProgress 函数，语句为：

```
self.procthread = VideoClipThread()
self.procthread.trigger.connect(self.updProgress)
```

updProgress 函数负责根据处理的进度动态更新界面进度条，并在线程处理完毕后，给生成的视频配上背景音乐，代码如下：

```
    def updProgress(self):
        if musicfilename == '':
            self.pgbUpload.setMaximum(frameTotal * 2)
        else:
            self.pgbUpload.setMaximum(frameTotal * 2 + 10) # 设置进度条最大值
        self.pgbUpload.setValue(curIndex)
        self.pgbUpload.setTextVisible(True)                # 更新进度条
        if curIndex == -1:                                 # 线程处理完毕
            self.procthread.quit()                         # 退出处理线程
            '''以下为给视频配背景音乐'''
            if musicfilename != '':
                videoFile = 'D:\\PyQt6\\temp0.mp4'
                video = VideoFileClip(videoFile)
                videos = video.set_audio(AudioFileClip(musicfilename))
                videos.write_videofile('D:\\PyQt6\\temp.mp4', audio_codec='aac')
                self.pgbUpload.setValue(curIndex + 10)     # 进度条走满格
            QMessageBox.information(self, '提示', '剪辑处理完毕！')
            self.pgbUpload.setValue(0)
            self.pgbUpload.setTextVisible(False)           # 进度条复位
```

说明：

① 必须用"self.procthread.quit()"语句先退出处理线程，才能对视频文件进行配音，否则处理线程仍占用着视频文件，将导致操作失败。

② 给视频配音用到 moviepy 库的类，需要在程序开头导入：

```
from moviepy.editor import VideoFileClip, AudioFileClip
```

③ 配音后重新生成的 temp.mp4 文件为最终处理结果。

最后，为界面上的"处理"按钮关联函数，在 initUi 函数中添加语句：

```
self.pbProc.clicked.connect(self.procVideo)
```

函数 procVideo 就是用来启动视频处理线程的，代码为：

```
def procVideo(self):
    global textPosX, textPosY, picPosX, picPosY
    if picfilename != '':
        picPosX = self.myPicItem.pos().x()
        picPosY = self.myPicItem.pos().y()
    if caption != '':
        textPosX = self.myTextItem.pos().x()
        textPosY = self.myTextItem.pos().y()
    self.procthread.start()                              # 启动线程
```

在启动线程前，先将要添加的图片和文字的坐标位置保存到全局变量中。

4）运行测试

打开一个本地视频，单击"编辑"按钮，输入要添加的文字和选择图片、设定添加的起止时段，并选择要配此视频的背景音乐文件，单击"OK"按钮回到预览界面，调整视频场景中图片和文字的位置，满意后单击"处理"按钮，开始处理过程，如图 15.20 所示。

图 15.20　处理视频

4．视频发布

用户单击"上传"按钮可将本地视频发布到简版抖音平台（MySQL 数据库中），在发布之前会弹出"发布"对话框要求用户添加作品描述和选择视频所属分类，如图 15.21 所示。

图 15.21 "发布"对话框

1）自定义"发布"对话框

在主程序的类定义区定义"发布"对话框类 UploadDialog，代码如下：

```python
class UploadDialog(QDialog):
    def __init__(self):
        super(UploadDialog, self).__init__()
        self.setWindowTitle('发布')
        self.setWindowIcon(QIcon('image/tiktok.jpg'))
        layout = QVBoxLayout()
        self.teDescribe = QTextEdit()
        self.teDescribe.setPlaceholderText('添加作品描述...')
        layout.addWidget(self.teDescribe)
        self.gbCate = QGroupBox()
        self.cbYunDong = QCheckBox('运动')
        self.cbShengHuo = QCheckBox('生活')
        self.cbShengHuo.setChecked(True)
        self.cbTanSuoFaXian = QCheckBox('探索发现')
        hbox = QHBoxLayout()
        hbox.addWidget(self.cbYunDong)
        hbox.addWidget(self.cbShengHuo)
        hbox.addWidget(self.cbTanSuoFaXian)
        self.gbCate.setLayout(hbox)
        layout.addWidget(self.gbCate)

        buttonBox = QDialogButtonBox()
        buttonBox.setOrientation(Qt.Orientation.Horizontal)
        buttonBox.setStandardButtons(QDialogButtonBox.StandardButton.Cancel | QDialogButtonBox.StandardButton.Ok)
        buttonBox.rejected.connect(self.reject)   # 取消
        buttonBox.accepted.connect(self.accept)   # 确定

        layout.addWidget(buttonBox)
        self.setLayout(layout)
```

2）功能实现

为"上传"按钮关联函数，在 initUi 函数中添加语句：

```
self.pbUpload.clicked.connect(self.uploadVideo)
```

uploadVideo 函数实现视频发布的功能，代码如下：

```
def uploadVideo(self):
    uploadDialog = UploadDialog()
    if uploadDialog.exec():
        oldname = "D:\\PyQt6\\temp.mp4"
        newname = "E:\\MySQL8\\DATAFILE\\temp.mp4"
        shutil.copyfile(oldname, newname)
        self.openDb()
        self.cur.execute("SELECT MAX(Vid) FROM videoinfo")
        rs = self.cur.fetchall()
        vid = rs[0][0] + 1
        category = ''
        for cb in uploadDialog.gbCate.findChildren(QCheckBox):
            if cb.isChecked():
                category += cb.text() + ','
        category = category.rstrip(',')
        describe = uploadDialog.teDescribe.toPlainText()
        uploadDialog.destroy()
        permit = 1
        if self.cbPublic.isChecked() == False:
            permit = 0
        ptime = datetime.strftime(datetime.now(), '%Y-%m-%d %H:%M:%S')
        self.cur.execute("INSERT INTO video VALUES (" + str(vid) + ", LOAD_FILE('E:/MySQL8/DATAFILE/temp.mp4'))")
        self.cur.execute(
            "INSERT INTO videoinfo VALUES (" + str(vid) + ", '" + category + "', '" + describe + "', '" + self.currentUser + "', " + str(
                permit) + ", 0, '" + ptime + "')")
        self.db.commit()
        self.closeDb()
        QMessageBox.information(self, '完毕', '发布成功！')
        uploadDialog.destroy()
```

说明：

（1）要发布的视频文件先用 shutil 库的 copyfile 方法复制到 MySQL 安全文件目录中，在执行 SQL 语句用 LOAD_FILE 函数写入数据库。为此，要在程序开头导入 shutil 库，使用语句：

```
import shutil
```

（2）发布视频的时候要向视频信息表 videoinfo 中写入发布时间（PTime），要对当前时间进行格式化处理，使用 datetime 库，在程序开头导入，使用语句：

```
from datetime import datetime
```

（3）操作前若用户取消勾选"上传"按钮旁的"公开"复选框，则所发布视频记录的权限（Permit）字段会被置为 0，仅发布者本人可看到此视频。

附录
PyQt6 项目工程打包

在实际应用中，PyQt6 程序完成后应该编译成可执行文件（后缀为.exe），脱离集成开发环境直接运行。著名的 PyInstaller 第三方打包库可以实现将 PY 文件源代码转换成 Windows、Linux 或 MacOS X 下的可执行文件。对于 Windows，PyInstaller 可以将 PyQt6 源代码变成后缀为.exe 的可执行文件。

不同于只有单个 PY 文件的简单 PyQt6 小程序，对于一个包含了诸多功能程序包、界面文件、主程序文件及配套资源的完整项目工程，要对其打包则必须进行一些配置。下面以本书所开发的"网上商城"为例，介绍 PyQt6 项目工程的打包方法。

网上商城的项目结构及所有界面文件如图 1 所示。

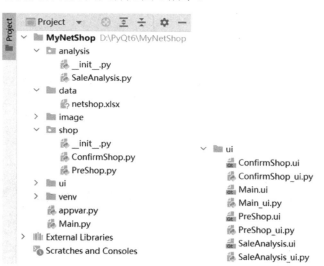

图 1 项目结构及所有界面文件

1. 生成配置文件

（1）在 Windows 命令行窗口通过 cd 指令进入项目当前目录：

```
D:
cd D:\PyQt6\MyNetShop
```

（2）在命令行下执行命令：

```
pyi-makespec Main.py
```

完成后在项目文件夹中生成一个名为 Main.spec 的配置文件。

| | 一定要针对项目的入口文件（本项目的是 Main.py）生成的配置文件才可以用于接下来的打包。 |

2. 修改配置文件

用"记事本"打开 Main.spec 文件，修改内容（加黑处）如下：

```
# -*- mode: python ; coding: utf-8 -*-


block_cipher = None


a = Analysis(
    ['Main.py', 'appvar.py', 'D:\\PyQt6\\MyNetShop\\shop\\PreShop.py', 'D:\\PyQt6\\MyNetShop\\shop\\ConfirmShop.py', 'D:\\PyQt6\\MyNetShop\\analysis\\SaleAnalysis.py', 'D:\\PyQt6\\MyNetShop\\ui\\ConfirmShop_ui.py', 'D:\\PyQt6\\MyNetShop\\ui\\Main_ui.py', 'D:\\PyQt6\\MyNetShop\\ui\\PreShop_ui.py', 'D:\\PyQt6\\MyNetShop\\ui\\SaleAnalysis_ui.py'],
    pathex=['D:\\PyQt6\\MyNetShop'],
    binaries=[],
    datas=[('D:\\PyQt6\\MyNetShop\\data', 'data'), ('D:\\PyQt6\\MyNetShop\\image', 'image')],
    hiddenimports=[],
    hookspath=[],
    hooksconfig={},
    runtime_hooks=[],
    excludes=[],
    win_no_prefer_redirects=False,
    win_private_assemblies=False,
    cipher=block_cipher,
    noarchive=False,
)
pyz = PYZ(a.pure, a.zipped_data, cipher=block_cipher)

exe = EXE(
    pyz,
    a.scripts,
    [],
    exclude_binaries=True,
    name='Main',
    debug=False,
    bootloader_ignore_signals=False,
    strip=False,
    upx=True,
    console=True,
```

```
        disable_windowed_traceback=False,
        argv_emulation=False,
        target_arch=None,
        codesign_identity=None,
        entitlements_file=None,
)
coll = COLLECT(
        exe,
        a.binaries,
        a.zipfiles,
        a.datas,
        strip=False,
        upx=True,
        upx_exclude=[],
        name='Main',
)
```

说明：

（1）Analysis 第一个列表中填写项目所有的 PY 文件，与 Main.py 在同一个文件夹的（如 appvar.py）可以直接写文件名，不在一个文件夹的（如 PreShop.py、ConfirmShop.py、SaleAnalysis.py 及 ui 目录下的所有界面 PY 文件）则需要逐一写出完整的路径。

（2）pathex 列表填写项目所在的根目录路径。

（3）datas 中的元素是元组类型的，用于配置项目的资源。每个元组包含两个元素：第一个是该资源在原项目中的路径，第二个是打包生成可执行文件所在目录中保存此资源的文件夹名，注意要与项目中的资源文件夹名称相同。

> Main.py 是项目入口文件，生成的 Marn.spec 配置文件中调用的所有 PY 文件的路径都是以它所在的目录进行定位的，故通常将 Main.py 放在最外层项目文件夹中。

3. 用配置文件打包

在生成并正确地设置了配置文件后，打包操作就非常简单了，只要在项目目录下执行命令：

```
pyinstaller Main.spec
```

屏幕输出很多信息，稍候片刻，看到"xxxxx INFO: Building COLLECT COLLECT-00.toc completed successfully."字样的提示信息，表示打包已完成。

此时，在原项目目录下生成了一个 dist 文件夹，可看到里面有一个 Main（与入口文件同名）目录，它就是打包后项目发布的目录，可以看到其中囊括了原项目的资源目录、开发环境所用到的库及 DLL 文件等，如图 2 所示。

从目录中找到一个 Main.exe 文件（与原项目入口文件同名的可执行文件），双击即可启动程序。将此目录复制到任何地方（脱离 PyQt6 开发环境）都可以运行程序。

至此，PyQt6 项目工程打包完成。

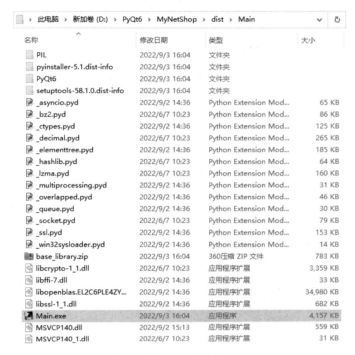

图 2　打包项目发布的目录